国家职业资格培训教材
技能型人才培训用书

钳工（初级）

第2版

国家职业资格培训教材编审委员会　组编
徐　彬　主编

机械工业出版社

本教材是依据《国家职业技能标准　装配钳工》（初级）的理论知识要求和技能要求（为照顾行业习惯，本教材仍沿用传统名称“钳工”），按照岗位培训需要的原则编写的。本教材主要内容包括：钳工专业基本知识，划线，锯削、锉削、錾削、刮削和研磨加工，孔加工和螺纹加工，零件清洗与防护，固定连接装配，传动机构装配，轴承、轴组装配和液压传动装配，部件和整机装配，设备检测与调试。书末附有与之配套的试题库和答案，每章前有培训目标，章末配有复习思考题，以便于企业培训和读者自测。

本教材既可作为各级职业技能鉴定培训机构、企业培训部门的考前培训教材，又可作为读者考前复习用书，还可作为职业技术院校、技工院校的专业课教材。

图书在版编目（CIP）数据

钳工：初级/徐彬主编；国家职业资格培训教材编审委员会组编．—2版．—北京：机械工业出版社，2012.7（2023.9重印）
国家职业资格培训教材．技能型人才培训用书
ISBN 978-7-111-39379-5

Ⅰ．①钳…　Ⅱ．①徐…②国…　Ⅲ．①钳工—技术培训—教材
Ⅳ．①TG9

中国版本图书馆CIP数据核字（2012）第183793号

机械工业出版社（北京市百万庄大街22号　邮政编码100037）
策划编辑：赵磊磊　责任编辑：赵磊磊　周晓伟
版式设计：霍永明　责任校对：陈延翔
封面设计：饶　薇　责任印制：郜　敏
北京富资园科技发展有限公司印刷
2023年9月第2版第9次印刷
169mm×239mm・21印张・406千字
标准书号：ISBN 978-7-111-39379-5
定价：39.80元

电话服务
客服电话：010-88361066
　　　　　010-88379833
　　　　　010-68326294

网络服务
机　工　官　网：www. cmpbook. com
机　工　官　博：weibo. com/cmp1952
金　书　网：www. golden-book. com
机工教育服务网：www. cmpedu. com

国家职业资格培训教材（第2版）

编 审 委 员 会

本书主编　徐　彬

本书参编　蔡　湧　葛建成

本书主审　黄涛勋

第 2 版序

在“十五”末期，为贯彻落实“全国职业教育工作会议”和“全国再就业会议”精神，加快培养一大批高素质的技能型人才，机械工业出版社精心策划了与原劳动和社会保障部《国家职业标准》配套的《国家职业资格培训教材》。这套教材涵盖41个职业工种，共172种，有十几个省、自治区、直辖市相关行业的200多名工程技术人员、教师、技师和高级技师等从事技能培训和鉴定的专家参加编写。教材出版后，以其兼顾岗位培训和鉴定培训需要，理论、技能、题库合一，便于自检自测的特点，受到全国各级培训、鉴定部门和广大技术工人的欢迎，基本满足了培训、鉴定和读者自学的需要，在“十一五”期间为培养技能人才发挥了重要作用，本套教材也因此成为国家职业资格鉴定考证培训及企业员工培训的品牌教材。

2010年，《国家中长期人才发展规划纲要（2010—2020年）》、《国家中长期教育改革和发展规划纲要（2010—2020年）》、《关于加强职业培训促就业的意见》相继颁布和出台，2012年1月，国务院批转了七部委联合制定的《促进就业规划（2011—2015年）》，在这些规划和意见中，都重点阐述了加大职业技能培训力度、加快技能人才培养的重要意义，以及相应的配套政策和措施。为适应这一新形势，同时也鉴于第1版教材所涉及的许多知识、技术、工艺、标准等已发生了变化的实际情况，我们经过深入调研，并在充分听取了广大读者和业界专家意见的基础上，决定对已经出版的《国家职业资格培训教材》进行修订。本次修订，仍以原有的大部分作者为班底，并保持原有的“以技能为主线，理论、技能、题库合一”的编写模式，重点在以下几个方面进行了改进：

1. 新增紧缺职业工种——为满足社会需求，又开发了一批近几年比较紧缺的以及新增的职业工种教材，使本套教材覆盖的职业工种更加广泛。

2. 紧跟国家职业标准——按照最新颁布的《国家职业技能标准》（或《国家职业标准》）规定的工作内容和技能要求重新整合、补充和完善内容，涵盖职业标准中所要求的知识点和技能点。

3. 提炼重点知识技能——在内容的选择上，以“够用”为原则，提炼出应重点掌握的必需专业知识和技能，删减了不必要的理论知识，使内容更加精练。

4. 补充更新技术内容——紧密结合最新技术发展，删除了陈旧过时的内容，补充了新的技术内容。

5. 同步最新技术标准——对原教材中按旧技术标准编写的内容进行更新，所有内容均与最新的技术标准同步。

6. 精选技能鉴定题库——按鉴定要求精选了职业技能鉴定试题，试题贴近教材、贴近国家试题库的考点，更具典型性、代表性、通用性和实用性。

7. 配备免费电子教案——为方便培训教学，我们为本套教材开发配备了配套的电子教案，免费赠送给选用本套教材的机构和教师。

8. 配备操作实景光盘——根据读者需要，部分教材配备了操作实景光盘。

一言概之，经过精心修订，第2版教材在保留了第1版精华的同时，内容更加精练、可靠、实用，针对性更强，更能满足社会需求和读者需要。全套教材既可作为各级职业技能鉴定培训机构、企业培训部门的考前培训教材，又可作为读者考前复习和自测使用的复习用书，也可供职业技能鉴定部门在鉴定命题时参考，还可作为职业技术院校、技工院校、各种短训班的专业课教材。

在本套教材的调研、策划、编写过程中，得到了许多企业、鉴定培训机构有关领导、专家的大力支持和帮助，在此表示衷心的感谢！

虽然我们已经尽了最大努力，但是教材中仍难免存在不足之处，恳请专家和广大读者批评指正。

国家职业资格培训教材第2版编审委员会

第1版序一

当前和今后一个时期，是我国全面建设小康社会、开创中国特色社会主义事业新局面的重要战略机遇期。建设小康社会需要科技创新，离不开技能人才。“全国人才工作会议”、“全国职教工作会议”都强调要把“提高技术工人素质、培养高技能人才”作为重要任务来抓。当今世界，谁掌握了先进的科学技术并拥有大量技术娴熟、手艺高超的技能人才，谁就能生产出高质量的产品，创出自己的名牌；谁就能在激烈的市场竞争中立于不败之地。我国有近一亿技术工人，他们是社会物质财富的直接创造者。技术工人的劳动，是科技成果转化为生产力的关键环节，是经济发展的重要基础。

科学技术是财富，操作技能也是财富，而且是重要的财富。中华全国总工会始终把提高劳动者素质作为一项重要任务，在职工中开展的“当好主力军，建功‘十一五’，和谐奔小康”竞赛中，全国各级工会特别是各级工会职工技协组织注重加强职工技能开发，实施群众性经济技术创新工程，坚持从行业和企业实际出发，广泛开展岗位练兵、技术比赛、技术革新、技术协作等活动，不断提高职工的技术技能和操作水平，涌现出一大批掌握高超技能的能工巧匠。他们以自己的勤劳和智慧，在推动企业技术进步，促进产品更新换代和升级中发挥了积极的作用。

欣闻机械工业出版社配合新的《国家职业标准》为技术工人编写了这套涵盖41个职业的172种“国家职业资格培训教材”。这套教材由全国各地技能培训和考评专家编写，具有权威性和代表性；将理论与技能有机结合，并紧紧围绕《国家职业标准》的知识点和技能鉴定点编写，实用性、针对性强，既有必备的理论和技能知识，又有考核鉴定的理论和技能题库及答案，编排科学，便于培训和检测。

这套教材的出版非常及时，为培养技能型人才做了一件大好事，我相信这套教材一定会为我们培养更多更好的高技能人才做出贡献！

（李永安　中国职工技术协会常务副会长）

第1版序二

为贯彻“全国职业教育工作会议”和“全国再就业会议”精神，全面推进技能振兴计划和高技能人才培养工程，加快培养一大批高素质的技能型人才，我们精心策划了这套与劳动和社会保障部最新颁布的《国家职业标准》配套的《国家职业资格培训教材》。

进入21世纪，我国制造业在世界上所占的比重越来越大，随着我国逐渐成为“世界制造业中心”进程的加快，制造业的主力军——技能人才，尤其是高级技能人才的严重缺乏已成为制约我国制造业快速发展的瓶颈，高级蓝领出现断层的消息屡屡见诸报端。据统计，我国技术工人中高级以上技工只占3.5%，与发达国家40%的比例相去甚远。为此，国务院先后召开了“全国职业教育工作会议”和“全国再就业会议”，提出了“三年50万新技师的培养计划”，强调各地、各行业、各企业、各职业院校等要大力开展职业技术培训，以培训促就业，全面提高技术工人的素质。

技术工人密集的机械行业历来高度重视技术工人的职业技能培训工作，尤其是技术工人培训教材的基础建设工作，并在几十年的实践中积累了丰富的教材建设经验。作为机械行业的专业出版社，机械工业出版社在“七五”、“八五”、“九五”期间，先后组织编写出版了“机械工人技术理论培训教材”149种，“机械工人操作技能培训教材”85种，“机械工人职业技能培训教材”66种，“机械工业技师考评培训教材”22种，以及配套的习题集、试题库和各种辅导性教材约800种，基本满足了机械行业技术工人培训的需要。这些教材以其针对性、实用性强，覆盖面广，层次齐备，成龙配套等特点，受到全国各级培训、鉴定和考工部门和技术工人的欢迎。

2000年以来，我国相继颁布了《中华人民共和国职业分类大典》和新的《国家职业标准》，其中对我国职业技术工人的工种、等级、职业的活动范围、工作内容、技能要求和知识水平等根据实际需要进行了重新界定，将国家职业资格分为5个等级：初级（5级）、中级（4级）、高级（3级）、技师（2级）、高级技师（1级）。为与新的《国家职业标准》配套，更好地满足当前各级职业培训和技术工人考工取证的需要，我们精心策划编写了这套《国家职业资格培训教材》。

这套教材是依据劳动和社会保障部最新颁布的《国家职业标准》编写的，

为满足各级培训考工部门和广大读者的需要，这次共编写了41个职业的172种教材。在职业选择上，除机电行业通用职业外，还选择了建筑、汽车、家电等其他相近行业的热门职业。每个职业按《国家职业标准》规定的工作内容和技能要求编写初级、中级、高级、技师（含高级技师）四本教材，各等级合理衔接、步步提升，为高技能人才培养搭建了科学的阶梯型培训架构。为满足实际培训的需要，对多工种共同需求的基础知识我们还分别编写了《机械制图》、《机械基础》、《电工常识》、《电工基础》、《建筑装饰识图》等近20种公共基础教材。

在编写原则上，依据《国家职业标准》又不拘泥于《国家职业标准》是我们这套教材的创新。为满足沿海制造业发达地区对技能人才细分市场的需要，我们对模具、制冷、电梯等社会需求量大又已单独培训和考核的职业，从相应的职业标准中剥离出来单独编写了针对性较强的培训教材。

为满足培训、鉴定、考工和读者自学的需要，在编写时我们考虑了教材的配套性。教材的章首有培训要点、章末配复习思考题，书末有与之配套的试题库和答案，以及便于自检自测的理论和技能模拟试卷，同时还根据需求为20多种教材配制了VCD光盘。

为扩大教材的覆盖面和体现教材的权威性，我们组织了上海、江苏、广东、广西、北京、山东、吉林、河北、四川、内蒙古等地相关行业从事技能培训和考工的200多名专家、工程技术人员、教师、技师和高级技师参加编写。

这套教材在编写过程中力求突出“新”字，做到“知识新、工艺新、技术新、设备新、标准新”；增强实用性，重在教会读者掌握必需的专业知识和技能，是企业培训部门、各级职业技能鉴定培训机构、再就业和农民工培训机构的理想教材，也可作为技工学校、职业高中、各种短训班的专业课教材。

在这套教材的调研、策划、编写过程中，曾经得到广东省职业技能鉴定中心、上海市职业技能鉴定中心、江苏省机械工业联合会、中国第一汽车集团公司以及北京、上海、广东、广西、江苏、山东、河北、内蒙古等地许多企业和技工学校的有关领导、专家、工程技术人员、教师、技师和高级技师的大力支持和帮助，在此谨向为本套教材的策划、编写和出版付出艰辛劳动的全体人员表示衷心的感谢！

教材中难免存在不足之处，诚恳希望从事职业教育的专家和广大读者不吝赐教，批评指正。我们真诚希望与您携手，共同打造职业培训教材的精品。

国家职业资格培训教材编审委员会

前　　言

随着社会主义市场经济的发展，各行各业对人才的需求也更为迫切。一个企业不但要有高素质的管理人才和科技人才，更要有高素质的一线技术工人。企业有了技术过硬、技艺精湛的操作技能人才，才能确保产品的加工质量，才能有较高的劳动生产率和低的物资消耗，使企业获得较好的经济效益。同时技能人才是支持企业不断推出新品种去占领市场，在市场中处于领先地位的重要因素。为此我们于2005年编写了钳工（初级）一书，以满足广大钳工学习的需要，帮助他们提高相关理论知识水平和技能操作水平。该书自出版以来，得到了读者的广泛关注和热情支持，全国各地很多读者纷纷通过电话、信函、E-mail等形式向我们提出很多宝贵的意见和建议。

随着时间的推移，钳工技术不断发展，新的国家标准和行业技术标准也相继颁布和实施，为了进一步提高技术工人的职业素质，中华人民共和国人力资源和社会保障部制定了新的《国家职业技能标准　装配钳工》（2009年修订），为此我们对第1版教材进行了修订。本教材依据新标准中规定的初级钳工必须掌握的理论知识和操作技能，以“实用、够用”为宗旨，按照岗位培训需要编写。在修订过程中，删除了陈旧过时的内容，补充了新的技术内容，采用了新的国家标准和技术标准，并且参照读者提出的意见和建议对相应内容进行了重新编写。

本教材主要内容包括：钳工专业基本知识，划线，锯削、锉削、錾削、刮削和研磨加工，孔加工和螺纹加工，零件清洗与防护，固定连接装配，传动机构装配，轴承、轴组装配和液压传动装配，部件和整机装配，设备检测与调试。本教材既可作为各级职业技能鉴定培训机构、企业培训部门的考前培训教材，又可作为读者考前复习用书，还可作为职业技术院校、技工院校的专业课教材。

本教材由徐彬任主编，蔡湧、葛建成参加编写。全书由黄涛勋主审。

由于时间仓促，以及编者的水平有限，修订后的内容仍难免存在不足之处，欢迎广大读者批评指正，在此表示衷心的感谢。

编　者

目　录

第一章

钳工专业基本知识

培训目标 通过培训，了解钳工的工作内容、性质、特点及其重要性。熟悉钳工常用工具、量具、设备的使用以及日常的维护保养知识。初步掌握钳工的基本操作技能和安全技术。熟悉金属切削原理、刀具几何角度及切削要素。掌握尺寸公差和测量知识。

第一节 钳工在工业生产中的作用和任务

一、钳工的工作范围及其重要性

工业生产中钳工是利用各种手用工具以及一些简单设备来完成目前采用机械加工方法不太适宜或还不能完成的工作。

钳工的主要任务是对产品进行零件加工、装配和机械设备的维护修理。一台机器是由许多不同零件组成的，这些零件通过各种加工手段加工完成后，需要由钳工来进行装配，在装配过程中，有些零件往往还需经过钳工的钻孔、攻螺纹、配键、销等的补充加工后才能装配得起来。甚至有些精度并不高的零件，经过钳工的仔细修配，可以达到较高的装配精度。另外使用时间较久的机器，其自然磨损或事故损坏是免不了的，这就需要钳工来进行修理。再如精密的量具、样板、夹具和模具等的制造都离不开钳工加工。由此可见，钳工的任务是多方面的，而且具有很强的专业性。

随着机械加工的日益发展，生产效率的不断提高，钳工技术也越来越复杂，其应用的范围也越来越广。由于钳工技术应用的广泛性，钳工产生了专业性的分工，如装配钳工、机修钳工、工具钳工等，以适应不同工作和不同场合的需要。

二、钳工必须具备的基本操作技能和工作内容

钳工的工作范围很广，而且专业化的分工也比较明确，但是每个钳工都必须熟练掌握下述各项基本操作技能，并能很好地应用。

1. 划线

划线作为零件加工的头道工序，对零件的加工质量有着密切的关系。钳工在划线时，首先应熟悉图样，合理使用划线工具，按照划线步骤在待加工工件上划出零件的加工界限，作为零件安装（定位）、加工的依据。

2. 錾削技术

錾削技术是钳工的最基本操作。錾削是利用錾子和锤子等简单工具对工件进行切削或切断。此技术在零件加工要求不高或机械无法加工的场合采用。熟练的锤击技术在钳工装配、修理中也是一项必不可少的基本功，其应用的地方比较多。

3. 锉削技术

利用各种形状的锉刀，对工件进行锉削、整形以及修配，使工件达到较高的精度和较为准确的形状。锉削是钳工工作中的主要操作方法之一，它可以对工件的外平面、曲面、内外角、沟槽、孔和各种形状的表面进行锉削加工。

4. 锯削技术

锯削是用来分割材料或在工件上锯出符合技术要求的沟槽。锯削时，必须根据工件的材料性质和形状，正确选用锯条和锯削方法，从而使锯削操作能顺利地进行并达到规定的技术要求。

5. 钻孔、扩孔、锪孔和铰孔技术

钻孔、扩孔、锪孔和铰孔是钳工对孔进行粗加工、半精加工和精加工的三种方法。应用时根据孔的精度要求、加工条件进行选用。钳工的钻孔、扩孔、锪孔是在钻床上进行的，铰孔可手工铰削，也可通过钻床进行机铰。所以掌握钻孔、扩孔、锪孔、铰孔的操作技术，也必须要熟悉钻孔、扩孔、锪孔、铰孔等的刀具切削性能，以及钻床和一些工夹具的结构和性能，合理选用切削用量，熟练掌握手工操作的具体方法，以保证钻孔、扩孔、锪孔、铰孔的加工质量。

6. 攻螺纹和套螺纹技术

攻螺纹和套螺纹是用丝锥和圆板牙在工件内孔或外圆柱面上加工出内螺纹或外螺纹。这就是钳工平时应用较多的攻螺纹和套螺纹技术。钳工所加工的螺纹，通常都是直径较小或不适宜在机床上加工的螺纹。为了使加工后的螺纹符合技术要求，钳工应对螺纹的形成、各部分尺寸关系，以及切削螺纹的刀具要熟悉，并

掌握螺纹加工的操作要点和避免产生废品的方法。

7. 刮削和研磨技术

刮削是钳工对工件进行精加工的一种方法。刮削后的工件表面，不仅可获得几何精度，尺寸精度、接触精度和传动精度的精确性，而且还能通过刮刀在刮削过程中对工件表面产生的挤压，使表面组织紧密，从而提高力学性能。

研磨是最精密的加工方法。研磨时，磨料可在研具和工件之间作滑动、滚动而产生微量切削，即研磨中的物理作用；同时，利用某些研磨剂的化学作用，使工件表面产生氧化膜，但氧化膜本身在研磨中又很容易被研磨掉。这样氧化膜不断地产生又不断地被磨去，从而使工件表面得到很高的精度。研磨的实质是物理作用和化学作用的综合。

8. 矫正和弯形技术

矫正利用金属的塑性变形，采用合适的方法对变形或存在某种缺陷的原材料和零件加以矫正，消除变形等缺陷。弯形是使用简单机械或专用工具将原材料弯形成图样所需要的形状，并对弯形前的材料进行落料长度计算。

9. 装配和修理技术

装配是按图样规定的技术要求，将零件通过适当的连接形式组合成部件或完整的机器。对使用日久或由于操作不当造成机器或零件精度和性能下降甚至损坏，通过钳工的修复、调整，使机器或零件恢复到原来的精度和性能要求，这就是钳工的装配和修理技术。

10. 掌握必须的测量技能和简单的热处理技术

生产过程中，要保证零件的加工精度和要求，首先对产品要进行必要的测量和检验。钳工在零件加工和装配过程中，经常利用平板、游标卡尺、千分尺、指示表、水平仪等对零件或装配件进行测量检查，这些都是钳工必须掌握的测量技能。

钳工必须了解和掌握金属材料热处理的一般知识，熟悉和掌握一些钳工工具的制造和热处理，并能针对如样冲、錾子、刮刀等工具由于使用要求的不同而分别采取合适的热处理方法，从而得到各自所需要的硬度和性能。

三、钳工的安全技术

安全为了生产，生产必须安全。在现代工业生产中，安全问题是一个头等重要的问题。

钳工在生产实践中除了要严格按“钳工加工通用工艺守则”操作（见表1-1）外，还应注意：

表 1-1　钳工加工通用工艺守则

<table>
<tr><th>项　目</th><th>主 要 规 则</th></tr>
<tr><td>台虎钳的使用</td><td>1）使用台虎钳夹持工件已加工面时，需垫铜、铝等软材料的垫板；夹持有色金属或玻璃等工件时，则需加木板、橡胶垫等；夹持圆形薄壁件需用 V 形或弧形垫块
2）夹紧工件时，不许用锤子敲打手柄</td></tr>
<tr><td>錾削</td><td>1）錾削时，錾刃应经常保持锋利，錾子楔角应根据被錾削的材料按下表选用
<table>
<tr><th>工件材料</th><th>錾子楔角</th></tr>
<tr><td>低碳钢</td><td>50°～60°</td></tr>
<tr><td>中碳钢</td><td>60°～70°</td></tr>
<tr><td>有色金属</td><td>30°～50°</td></tr>
</table>
2）錾削脆性材料时，应从两端向中间錾削</td></tr>
<tr><td>锯削</td><td>1）锯条安装的松紧程度要适当
2）工件的锯削部位，装夹时应尽量靠近钳口，防止振动
3）锯削薄壁管件，必须选用细齿锯条，锯薄板件，除选用细齿锯条外，薄板两侧必须加木板，而且在锯削时锯条相对工件的倾斜角应小于或等于 45°</td></tr>
<tr><td>锉削</td><td>1）根据工件材质选用锉刀；有色金属件应选用单齿纹锉刀，钢铁件应选用双齿纹锉刀，不得混用
2）根据工件加工余量、精度或表面粗糙度，按下表选择锉刀
<table>
<tr><th rowspan="2">锉刀</th><th colspan="3">适用条件</th></tr>
<tr><th>加工余量/mm</th><th>尺寸精度/mm</th><th>表面粗糙度值 Ra/μm</th></tr>
<tr><td>粗齿锉</td><td>0.5～2</td><td>0.2～0.5</td><td>100～25</td></tr>
<tr><td>中齿锉</td><td>0.2～0.5</td><td>0.05～0.2</td><td>12.5～6.3</td></tr>
<tr><td>细齿锉</td><td>0.05～0.2</td><td>0.01～0.05</td><td>6.3～3.2</td></tr>
</table>
3）不得用一般锉刀锉削带有氧化铁皮的毛坯及工件淬火表面
4）锉刀不得沾油，若锉刀齿面有油渍，可用煤油或清洗剂清洗后再用</td></tr>
<tr><td>攻螺纹</td><td>1）丝锥切入工件时，应保证丝锥轴线对孔端面的垂直
2）攻螺纹时，应勤倒转，必要时退出丝锥，清除切屑
3）根据工件的材料合理选用润滑剂</td></tr>
<tr><td>铰削</td><td>1）手铰孔时用力要均衡，铰刀退出时必须正转，不得反转
2）机铰孔见 JB/T 9168.5
3）在铰孔时应根据工件材料和孔的表面粗糙度要求，合理选用润滑剂</td></tr>
</table>

（续）

<table>
<tr><th>项　目</th><th>主 要 规 则</th></tr>
<tr><td>刮削</td><td>
（1）刮削显示剂一般用红丹油（铅丹油），稀释度要适当，使用时要涂得薄而均匀，显示剂要保持清洁，无灰尘杂质，不用时要盖严
（2）平面刮削操作要点应按下表规定
<table>
<tr><th>种　类</th><th>操 作 要 点</th></tr>
<tr><td>粗刮</td><td>1）刮削量最大的部位采用长刮法
2）刮削方向一般应顺工件长度方向
3）在 25mm×25mm 内应有 3～4 点，点的分布要均匀</td></tr>
<tr><td>细刮</td><td>1）采用短刀栓刮削
2）每遍刮削方向应相同，并与前一遍刮削方向交错
3）在 25mm×25mm 内应有 12～15 点，点的分布要均匀</td></tr>
<tr><td>精刮</td><td>1）采用点刮法刮削，每个研点只刮一刀不重复，大的研点全刮去，中等研点刮去一部分，小而虚的研点不刮
2）在 25mm×25mm 内出现点数达到要求即可</td></tr>
</table>
（3）曲面刮削
1）刮削圆孔时，一般应使用三角刮刀，刮削圆弧面时一般应使用蛇头刮刀或半圆弧刮刀
2）刮削轴瓦时，最后一遍刀迹应与轴瓦轴线成 45°交叉刮削
3）刮削轴瓦时，靠近两端接触点数应比中间的点数多，圆周方向上，工作中受力的接触角部位的点应比其余部位的点密集
</td></tr>
<tr><td>研磨</td><td>
（1）研磨前应根据工件材料及加工要求，选好磨料种类和粒度，磨料种类和粒度的选择见下表
<table>
<tr><th colspan="4">磨料种类的选择</th></tr>
<tr><th>工件材料</th><th>加工要求</th><th>磨料名称</th><th>代号①</th></tr>
<tr><td>碳钢、可锻铸铁、硬青铜</td><td>粗、精研</td><td>棕刚玉</td><td>A（GZ）</td></tr>
<tr><td>淬火钢、高速钢、高碳钢</td><td>精研</td><td>白刚玉</td><td>WA（GB）</td></tr>
<tr><td>淬火钢、轴承钢、高速钢</td><td>精研</td><td>铬刚玉</td><td>PA（GG）</td></tr>
<tr><td>不锈钢、高速钢等高强度高韧性材料</td><td></td><td>单晶刚玉</td><td>SA（GD）</td></tr>
<tr><td>铸铁、黄铜、铝、非金属材料</td><td></td><td>黑碳化硅</td><td>C（TH）</td></tr>
<tr><td>硬质合金、陶瓷、宝石、玻璃</td><td></td><td>绿碳化硅</td><td>GC（TL）</td></tr>
<tr><td>硬质合金、宝石</td><td>精研、抛光</td><td>碳化硼</td><td>BC（TP）</td></tr>
<tr><td>硬质合金、人造宝石等高硬脆材料</td><td>粗、精研</td><td>人造金刚石</td><td>MBD</td></tr>
<tr><td>钢、铁、光学玻璃</td><td>精研、抛光</td><td>氧化铁、氧化铬</td><td></td></tr>
</table>
</td></tr>
</table>

（续）

<table>
<tr><th>项　目</th><th>主 要 规 则</th></tr>
<tr><td>研磨</td><td>
<table>
<tr><th colspan="2">磨料粒度的选择</th></tr>
<tr><td>加工要求　表面粗糙度值/μm</td><td>粒度号数</td></tr>
<tr><td>开始粗研（Ra 0.80）</td><td>F100～F240</td></tr>
<tr><td>粗研（Ra 0.40～Ra 0.10）</td><td>F280～F400</td></tr>
<tr><td>半精研（Ra 0.20～Ra 0.10）</td><td>F500～F800</td></tr>
<tr><td>精研（Ra 0.10 以下）</td><td>F1000 以上或微粉</td></tr>
</table>
(2) 研磨剂应保持清洁无杂质，使用时应调得干稀合适，涂得薄而均匀
(3) 研磨工具的选择及要求
1) 粗研平面时，应用一般研磨平板，精研时用精研平板
2) 研磨外圆柱面用的研磨套长度一般应是工件外径的1～2倍，孔径应比工件外径大0.025～0.05mm
3) 研磨圆柱孔用的研磨棒工作部分的长度一般应为被研磨孔长度的1.5倍左右，研磨棒的直径应比被研磨孔小0.010～0.025mm
4) 研磨圆锥面用的研磨棒（套）工作部分的长度应是工件研磨长度的1.5倍左右
(4) 研磨操作
1) 研磨平面时，应采用8字形旋转和直线运动相结合的方式进行研磨
2) 研磨外圆和内孔时，研出的网纹应与轴线成45°。在研磨的过程中应注意调整研磨套（棒）与工件配合的松紧程度，以免产生椭圆或棱圆，且在研孔过程中应注意及时除去孔端多余的研磨剂，以免产生喇叭口
3) 研磨圆锥面时，每旋转4～5圈应将研磨棒拔出一些，然后再推入继续研磨
4) 研磨薄型工件时，必须注意温升的影响，研磨时应不断变换研磨方向
5) 在研磨过程中用力要均匀、平稳，速度不宜太快
(5) 研磨后应及时将工件清洗干净并采取防锈措施
</td></tr>
</table>

①括号内代号为旧代号。

1）工作场地要经常保持整齐清洁，搞好环境卫生；使用的工具和加工零件、毛坯和原材料等的放置要有序，并且要整齐稳固，以保证操作中的安全和方便。

2）使用的机床、工具要经常检查（如砂轮机、钻床、手电钻和锉刀等），发现损坏要停止使用，修好后再用。

3）在很多工作中，如錾削、锯削、钻孔以及砂轮上修磨工具等，都会产生很多切屑，消除切屑时要用刷子，不要直接用手去清除，更不可用嘴去吹，以免切屑飞进眼里，受到不必要的伤害。

4）使用电器设备时，必须严格遵守操作规程，防止触电，造成人身事故。

第二节　钳工常用量具及其设备

一、钳工常用量具

1. 钢直尺

钢直尺是用不锈钢制成的一种直尺，如图 1-1 所示。钢直尺是钳工常用量具中最基本的一种。尺边平直，尺面有米制或英制的刻度，可以用来测量工件的长度、宽度、高度和深度。有时还可用来对一些要求较低的工件表面进行平面度误差的检查。

钢直尺的规格（测量范围）有 150mm、300mm、500mm 和 1000mm 四种。尺面上米制尺寸刻线间距一般为 1mm，但在 1 ~ 50mm 一段内刻线间距为 0. 5mm，为钢直尺的最小刻度。由于刻度线本身的宽度就有 0. 1 ~ 0. 2mm，再加上尺本身的刻度误差，所以用钢直尺测量出的数值误差比较大，而且 1mm 以下的小数值只能靠估计得出，因此不能用作精确测定。

钢直尺的背面还刻有米、英制换算表。有的钢直尺，将米制与英制尺寸线条分别刻在尺面相对的两条边上，做到一尺两用。

2. 游标卡尺

游标卡尺是一种常用量具。它能直接测量零件的外径、内径、长度、宽度、深度和孔距等。钳工常用的游标卡尺测量范围有 0 ~ 125mm、0 ~ 200mm、0 ~ 300mm 等几种。

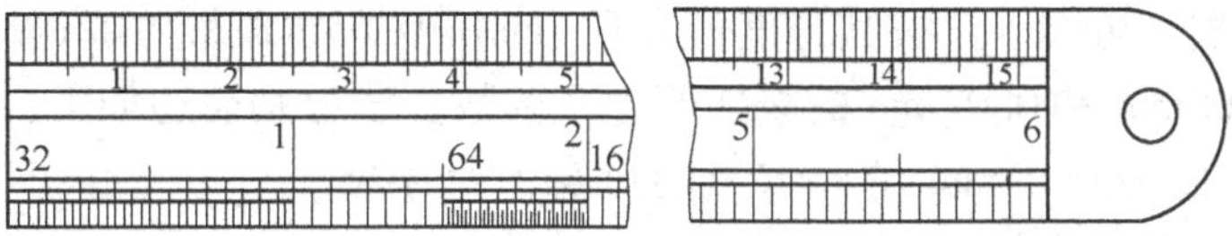

图 1-1　钢直尺

（1）游标卡尺的结构　如图 1-2 所示是两种常见的结构形式。图 1-2a 所示为可微量调节的游标卡尺，其主要由尺身 1 和游标 2 组成，3 是辅助游标。使用时，松开螺钉 4 和 5，即可推动游标在尺身上移动。测量工件需要微量调节时，可拧紧螺钉 5，松开螺钉 4，旋动微调螺母 6，通过小螺杆 7 使游标 2 微动。量得尺寸后，拧紧螺钉 4，使游标位置固定，然后读数。游标卡尺下量爪 9 的内侧面可测量外径和长度，外侧面用来测量内孔或沟槽。

图 1-2b 所示是带深度尺的游标卡尺，结构简单轻巧，上量爪可测量孔径、

孔距和槽宽，下量爪可测量外径和长度，尺后的深度尺还可测量内孔和沟槽深度。

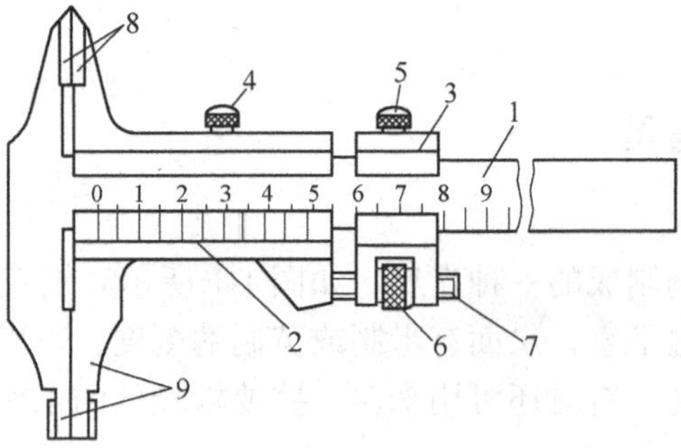

a)

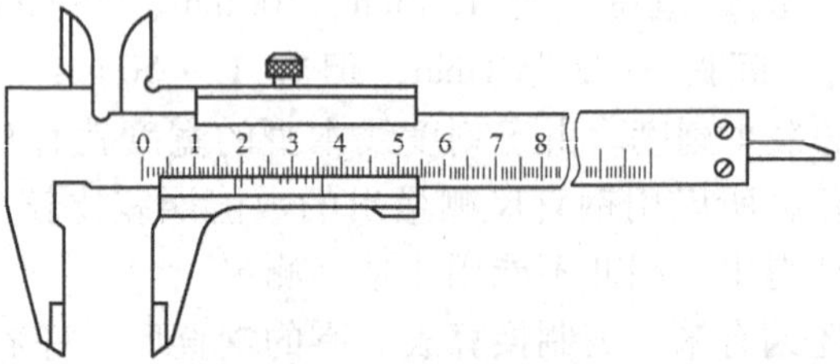

b)

图 1-2　游标卡尺

a）可微量调节的游标卡尺　b）带深度尺的游标卡尺

1—尺身　2—游标　3—辅助游标　4、5—螺钉　6—微调螺母

7—小螺杆　8—上量爪　9—下量爪

（2）读数　游标卡尺按其分度值有 0.1mm、0.05mm 和 0.02mm 三种。现将分度值为 0.05mm 和 0.02mm 的刻线原理及读数方法分别简述如下：

1）分度值为 0.05mm 游标卡尺的尺身上每小格为 1mm，当两量爪合并时，尺身上的 19mm 刚好等于游标上的 20 格，见图 1-3，则

游标上每格 = 19mm ÷ 20 = 0.95mm

尺身与游标上每格相差为 1mm − 0.95mm = 0.05mm

图 1-4 所示是分度值为 0.05mm 的游标卡尺所表示的尺寸。

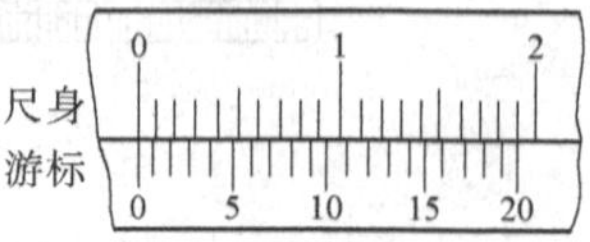

图 1-3　分度值为 0.05mm 游标卡尺的刻线原理

2）分度值为 0.02mm 游标卡尺的尺身上每小格为 1mm，当两量爪合并时，尺身上的 49mm 刚好等于游标上 50 格，如图 1-5 所示，则

游标上每格为 49mm ÷ 50 = 0.98mm。

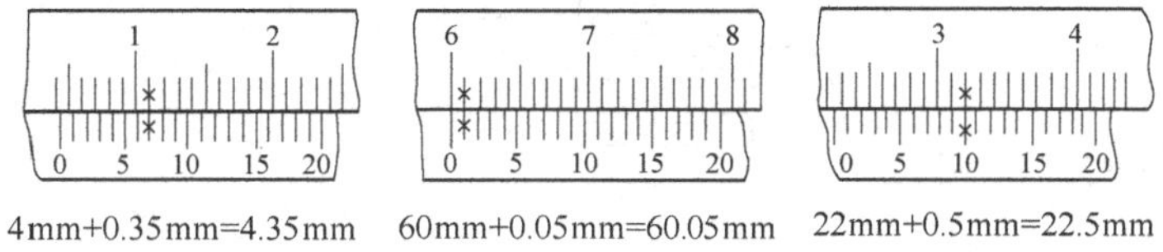

图 1-4　分度值为 0.05mm 游标卡尺的读数方法

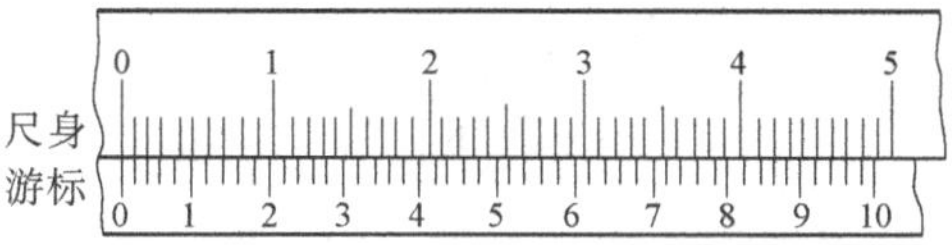

图 1-5　分度值为 0.02mm 游标卡尺的刻线原理

尺身与游标上每格相差 1mm－0.98mm＝0.02mm。

图 1-6 所示是分度值为 0.02mm 游标卡尺所表示的尺寸。

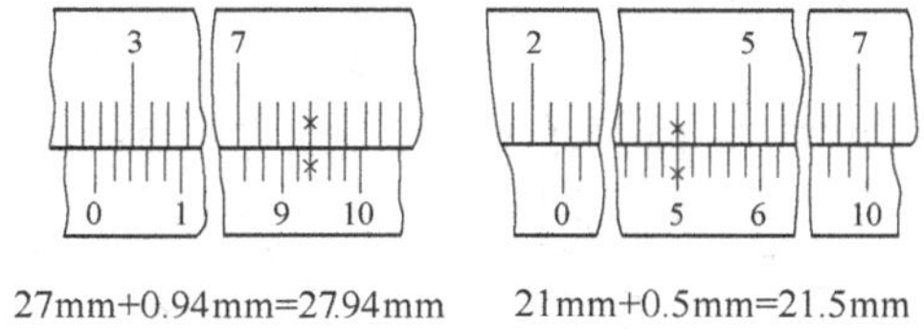

图 1-6　分度值为 0.02mm 游标卡尺读数方法

（3）注意事项　游标卡尺如使用不当，不但会影响其本身的精度，同时也会影响零件尺寸测量的准确性。因此使用游标卡尺时，应注意以下几点：

1）按工件的尺寸大小和尺寸精度要求，选用合适的游标卡尺。游标卡尺只适用于中等公差等级（IT10～IT16）尺寸的测量和检验，不能用游标卡尺去测量铸锻件等毛坯尺寸，否则量具很快磨损而失去精度；也不能用游标卡尺去测量精度要求过高的工件，因为分度值为 0.02mm 的游标卡尺可产生 ±0.02mm 的示值误差。

2）使用前对游标卡尺要进行检查，擦净量爪，检查量爪测量面和测量刃口是否平直无损；两量爪贴合时应无漏光现象，尺身和游标的零线要对齐。

3）测量外尺寸时，两量爪应张开到略大于被测尺寸而自由进入工件，以固定量爪贴住工件。然后用轻微的压力把活动量爪推向工件，卡尺测量面的连线应垂直于被测表面，不能歪斜，如图 1-7 所示。

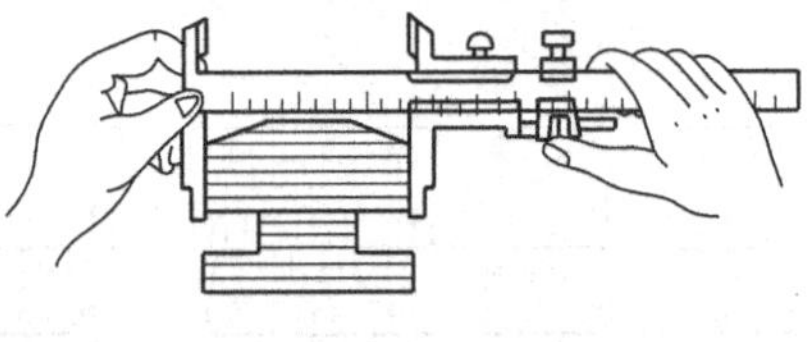

a)

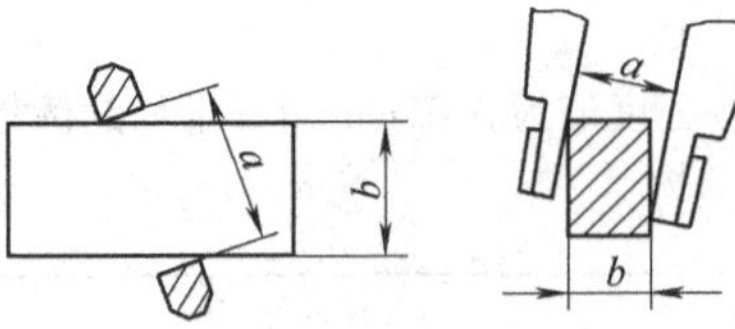

b)

图 1-7 测量外尺寸

a）正确 b）错误

4）测量内尺寸时，两量爪应张开到略小于被测尺寸，使量爪自由进入孔内，再慢慢张开并轻轻地接触零件的内表面。两量爪应在孔的直径上，不能偏歪，见图 1-8。

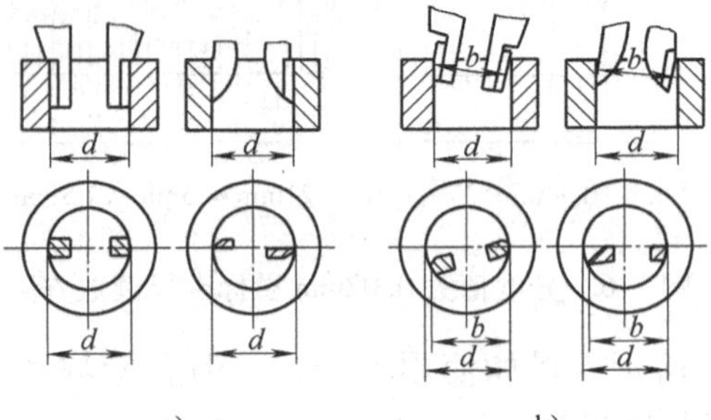

a) b)

图 1-8 测量内尺寸

a）正确 b）错误

5）读数时，游标卡尺置于水平位置，使人的视线尽可能与游标卡尺的刻线表面垂直，以免视线歪斜造成读数误差。

（4）其他游标卡尺

1）游标深度卡尺 图 1-9 所示为游标深度卡尺的外形结构。游标深度卡尺是用来测量台阶长度和孔、槽的深度，其刻线原理和读法与普通游标卡尺相同。使用方法是：把尺框 2 贴在工件孔或槽端面，再将尺身 1 插到底部，并用螺钉 3 紧固后看尺寸。

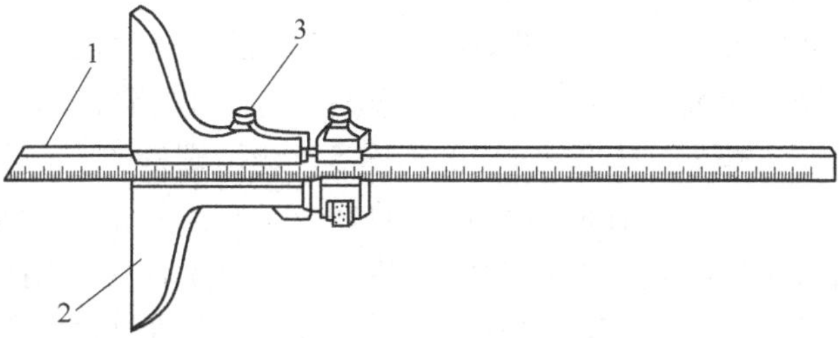

图 1-9　游标深度卡尺

1—尺身　2—尺框　3—螺钉

2）游标高度卡尺（图 1-10）。它是用来测量零件的高度和进行精密划线的，其刻线原理和读数方法与普通游标卡尺相同。

3）游标齿厚卡尺（图 1-11）。它是用来测量齿轮和蜗杆的弦齿厚和弦齿顶。这种游标卡尺由两个互相垂直的尺身和两个游标组成。*A* 尺寸由垂直尺调整测量，*B* 尺寸由水平尺调整测量，其刻线原理和读数方法也与普通游标卡尺相同。

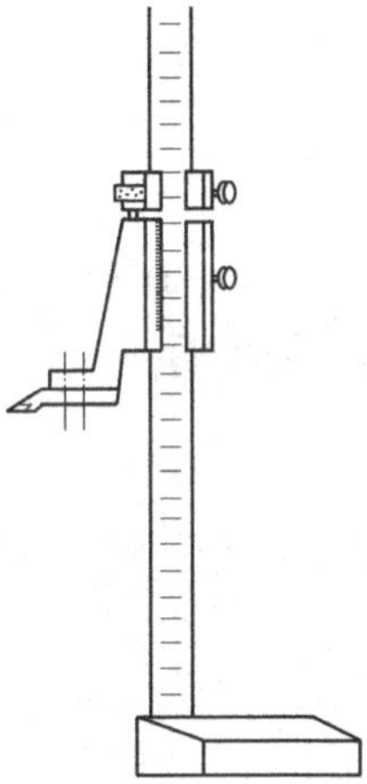

图 1-10　游标高度卡尺

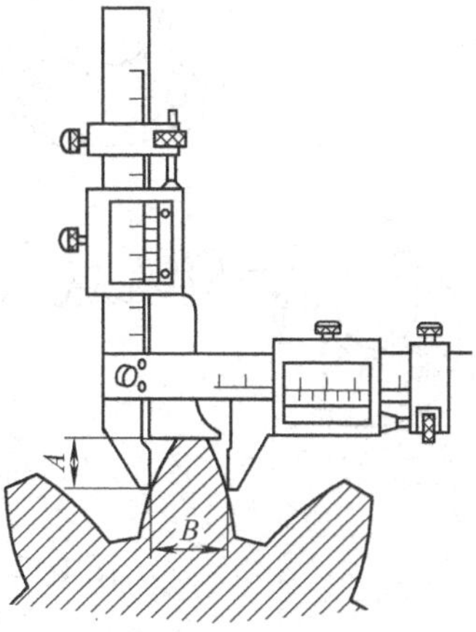

图 1-11　游标齿厚卡尺

以上三种游标卡尺都有微调机构。

3. 千分尺

千分尺是一种精密量具。千分尺的精度比游标卡尺高，而且比较灵敏。因此对于一些加工精度要求较高的零件尺寸，要用千分尺来测量。

千分尺按用途和结构可分为外径千分尺、内径千分尺和深度千分尺。外径千分尺是最常用的一种。当测量范围在 500mm 之内，则每 25mm 分为一种规格，如 0 ~ 25mm、25 ~ 50mm 等。测量范围为 500 ~ 1000mm，则每 100mm 分为一种规格，如500～600mm、600～700mm等。

（1）千分尺的外形和结构　图1-12所示为外径千分尺的外形和结构图。图中在尺架1的右端是表面有刻线的固定套管3；尺架的左端是砧座2；固定套管3里面装有带内螺纹（螺距为0.5mm）的衬套5。测微螺杆7右面螺纹可沿此内螺纹回转，并用轴套4定心。在固定套管3的外面是有刻线的微分筒6，它用锥孔与测微螺杆7右端锥体相连。测微螺杆7转动时的松紧程度可用衬套5上的螺母来调节。当测微螺杆7要固定不动时，可转动手柄13通过偏心锁紧。松开罩壳8，可使测微螺杆7与微分筒6分离，以便调整零线位置。转动棘轮盘11，通过螺钉12与罩壳8的连接使测微螺杆7产生移动，当测微螺杆7左端面接触工件时，棘轮盘11在棘爪销10的斜面上打滑，测微螺杆7就停止前进，由于弹簧9的作用，使棘轮盘11在棘爪销10上滑过而发出吱吱声。如果棘轮盘11以反方向转动，则拨动棘爪销10和微分筒6以及测微螺杆7转动，使测微螺杆向右移动。

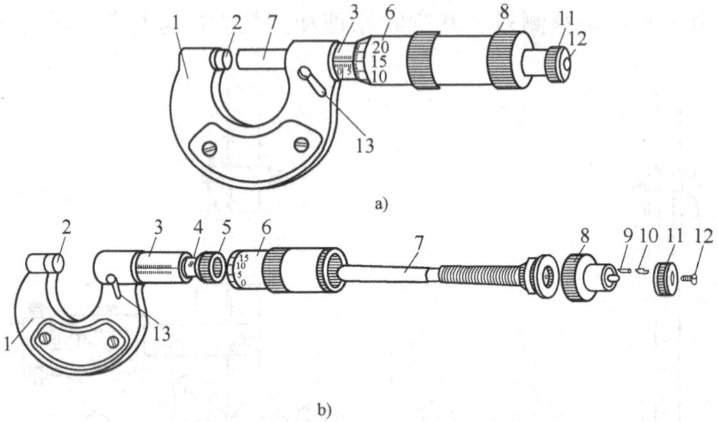

图1-12　外径千分尺

a）外形　b）结构

1—尺架　2—砧座　3—固定套管　4—轴套　5—衬套　6—微分筒　7—测微螺杆　8—罩壳　9—弹簧　10—棘爪销　11—棘轮盘　12—螺钉　13—手柄

（2）千分尺的读数　千分尺测微螺杆7右端螺纹的螺距为0.5mm。当微分筒转一周时，测微螺杆7就移动0.5mm，微分筒前端圆锥面的圆周上共刻50格，因此当微分筒转一格，测微螺杆7就移动0.01mm，即0.5mm÷50=0.01mm。

固定套管上刻有间距为0.5mm的刻线。

千分尺的读数可为三步：

第一步，读出微分筒边缘在固定套管的多少尺寸后面。

第二步，微分筒上哪一格与固定套管上的基准线对齐。

第三步，把两个读数相加即得到实测尺寸，见图 1-13。

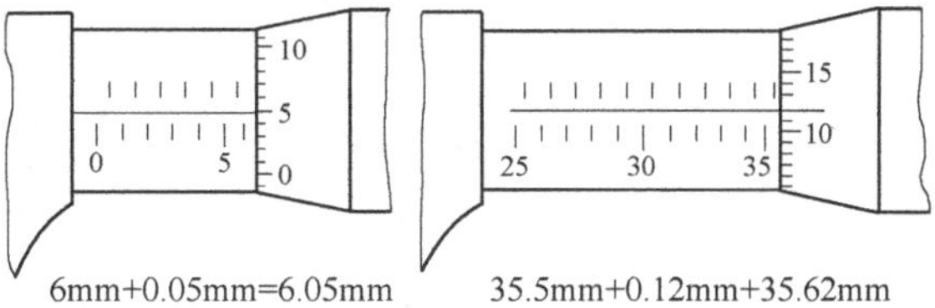

图 1-13　千分尺读数方法

（3）用千分尺测量工件时，可以单手使用，也可以双手使用，具体方法如图 1-14 所示。

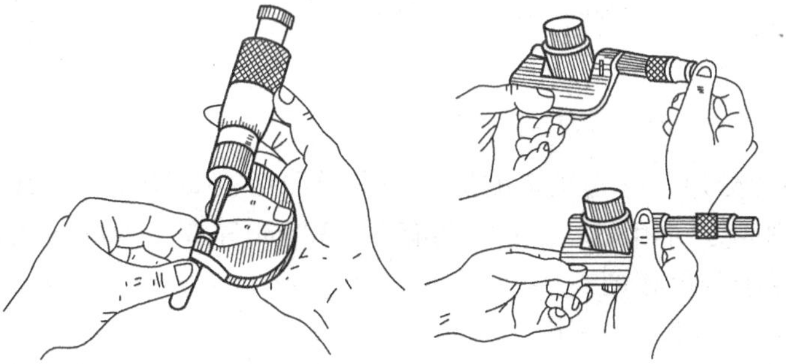

a)　　b)

图 1-14　千分尺使用方法

a）单手使用外径千分尺　b）双手使用外径千分尺

使用外径千分尺应注意以下几点：

1）千分尺的测量面应保持干净，使用前应校准尺寸。对测量范围为 0 ~ 25mm 的千分尺应将两测量面接触，此时微分筒上零线应与固定套管上基准线对齐，否则应先进行调正。对测量范围在 25mm 以上的千分尺则用标准样棒来校准。

2）测量时，先转动微分筒，当测量面将接近工件时，改用棘轮，直到棘轮发出吱吱声为止。

3）测量时，千分尺要放正，并要注意温度影响。

4）不能用千分尺测量毛坯，更不能当工件转动时测量。

5）测量完毕，千分尺应保持干净，放置时测量范围为0 ~ 25mm的千分尺两测量面之间需保持一定间隙。

（4）其他千分尺　千分尺除了外径千分尺之外，还有内径千分尺（图 1-15）、深度千分尺（图 1-16）和螺纹千分尺（图 1-17）等。

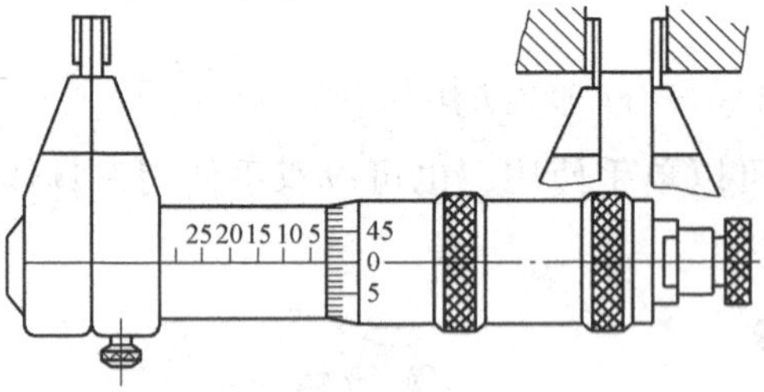

图 1-15　普通内径千分尺

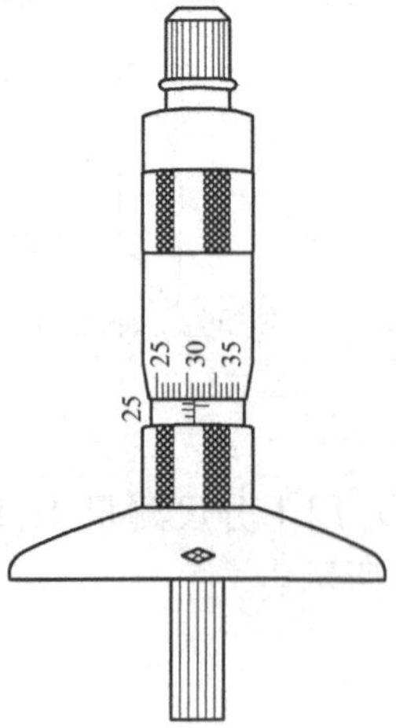

图 1-16　深度千分尺

1）内径千分尺，它是用来测量零件内径和槽宽等尺寸的。其刻线方向与外径千分尺的刻线方向相反。测量范围有 5 ~ 30mm 和 25 ~ 50mm 两种，读数步骤和方法与外径千分尺相同。

2）深度千分尺，它是用来测台阶长度和槽或孔的深度的。其结构与外径千分尺基本相同，但它的测微螺杆长度可根据工件尺寸不同进行调换。

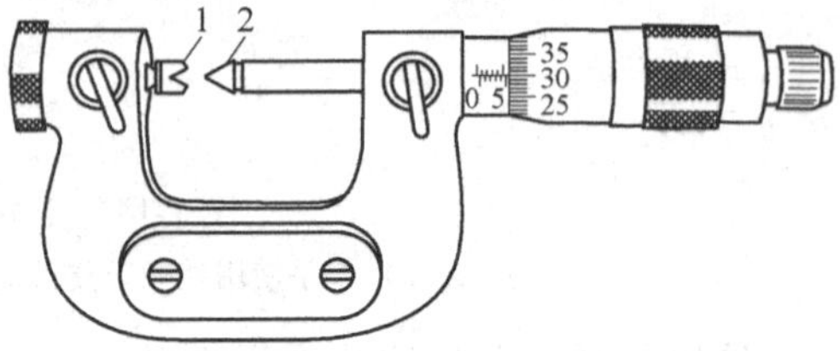

图 1-17　螺纹千分尺

1、2—可调换的量头

3）螺纹千分尺，它是用来测量螺纹中径的，其结构与外径千分尺相似。它有两个可调换的量头 1 和 2（图 1-17），量头的角度与螺纹牙型角相同。可用于测量螺距为 0.4 ~6mm 的普通螺纹。

4. 指示表

指示表是在零件加工或机器装配、修理时用于检验尺寸精度和形状精度用的一种量具。分度值为 0.01mm 的指示表也称为百分表，分度值为 0.001mm 和 0.002mm 的指示表也称为千分表。测量范围有 0 ~ 3mm、0 ~ 5mm、0 ~ 10mm 等规格，其他还有杠杆指示表和内径指示表。

（1）指示表的结构　如图1-18所示为百分表，图中 1 是淬硬的测头，用螺纹旋入齿杆 2 的下端。齿杆 2 的上端铣出齿纹。当齿杆上升时，带动 $z = 16$ 的小齿轮 3，在小齿轮 3 的同一轴上装有 $z = 100$ 的大齿轮 4，该齿轮带动中间 $z = 10$ 的小齿轮10。在小齿轮10同一轴上装有长指针7，因此长指针就随着一起转动。在小齿轮的另一边装有另一只大齿轮9，齿轮轴下端装有游丝，用来消除齿轮间的间隙，确保测量精度。齿轮轴上端装有短指针8，用来记录长指针的转数，长指针转一周，短指针转一格。在表盘5上刻有线条，共分100格。转动表圈6可带动表盘5一起转动，从而调正表盘刻线与长指针的相对位置。

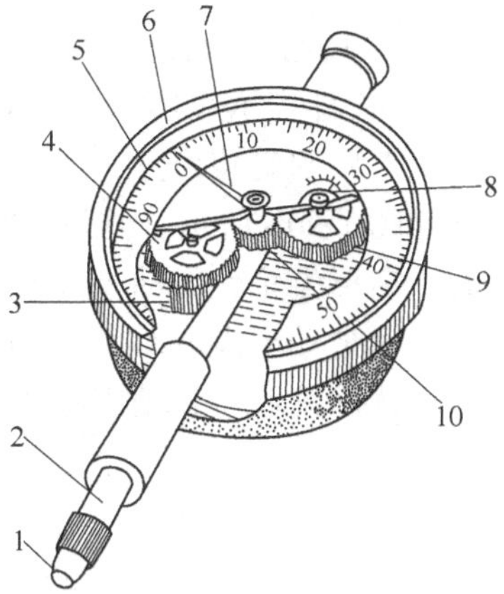

图1-18　百分表

1—测头　2—齿杆　3、10—小齿轮　4、9—大齿轮　5—表盘　6—表圈　7—长指针　8—短指针

百分表内齿杆和齿轮的齿距是0.625mm，当齿杆上升16齿时（即上升0.625mm×16=10mm），$z=16$ 的小齿轮转一周，$z=100$ 的大齿轮也转一周，带动 $z=10$ 的小齿轮和长指针转10周。当齿杆移动1mm时，长指针转1周，由于表盘上共刻100格，所以长指针每转一格表示齿杆移动0.01mm。

（2）指示表的使用　使用时可装在专用表架上或磁性表架上，如图1-19所示。表架放在平板上或某一位置上（测量需要）。表架上的接头和伸缩杆可以调节指示表的上下、前后及左右位置。使用时应注意以下几点：

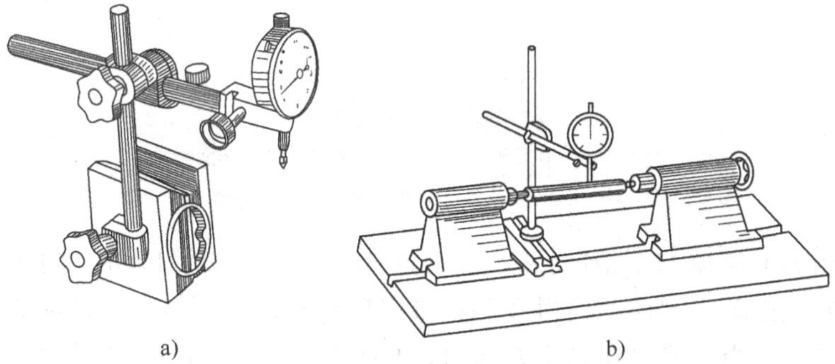

图1-19　指示表安装方法

a）在磁性表架上安装指示表　b）在专用检验工具上安装指示表

1）指示表装在表架上后，一般转动表盘，使指针处于零位。

2）测量平面或圆柱形工件时，指示表的测头应与平面垂直或与圆柱形工件中心线垂直。否则指示表齿杆移动不灵活，测量结果不准确。

3）使用指示表测量时，齿杆的升降范围不宜太大，以减少由于存在间隙而产生误差。

(3) 其他指示表

1）杠杆指示表如图1-20a所示，这种指示表小巧灵活，常用于车床、磨床上找正工件的安装位置，或用于普通指示表不便使用的场合。杠杆指示表的结构原理如图1-20b所示。测头1与扇形齿板2用板11连接，当测头向上或向下摆动时，扇形齿轮就带动小齿轮3转动。与小齿轮3同轴的端面齿轮4也随之转动，从而带动小齿轮5。当小齿轮5转动时，同轴的指针6也随之转动，即可在表盘上读出读数。转动表圈7，可调整表盘刻线与指针的相对位置。

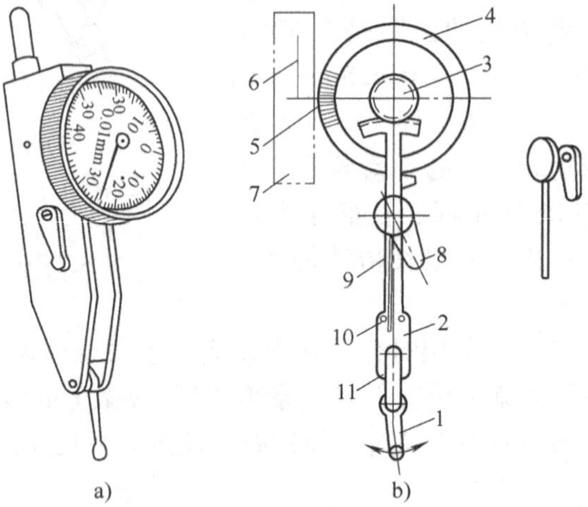

图1-20　杠杆指示表

a）外形图　b）原理图

1—测头　2—扇形齿板　3、5—小齿轮　4—端面齿轮

6—指针　7—表圈　8—扳手　9—钢丝　10—挡销　11—板

由于测头1与板11之间仅靠摩擦力连接，所以测头可以自上向下摆动，也可以自下向上摆动。这样就使得在测量难以接近表面的时候，能把测头安置到所要求的位置上。当需要改变测头方向时，只要摆动表壳侧面的扳手8，通过钢丝9和挡销10，就可使扇形齿偏下面或偏上面，从而使测头处在所需的方向。

2）内径指示表，图1-21所示为内径指示表的结构。内径指示表可用来测量孔径和孔的形状误差，对于测量深孔极为方便。

由图1-21b所示可知，内径指示表在测量头端部有可换测头1和量杆2。测量内孔时，孔壁使量杆2向左移动而推动摆块3，摆块3把杆4向上推，就推动指示表测头6，从而使指示表指针指出读数。测量完毕后，在弹簧5的作用下，量杆就回到原位。

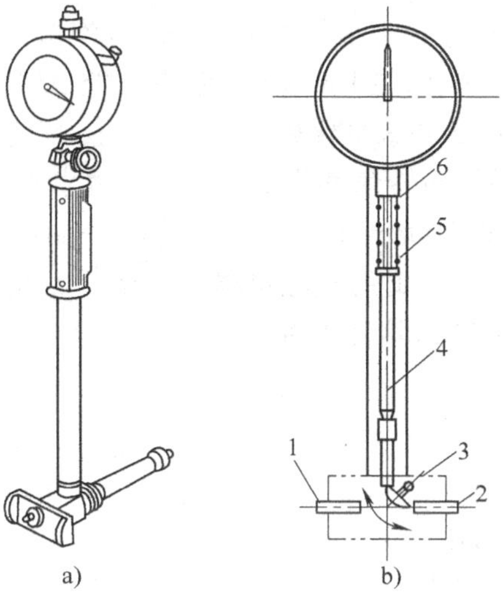

图 1-21　内径指示表

a）外形图　b）原理图

1—可换测头　2—量杆　3—摆块

4—杆　5—弹簧　6—测头

通过更换可换测头 1，可改变内径指示表的测量范围。内径指示表的测量范围有 6 ~ 10mm、10 ~ 18mm、18 ~ 35mm、35 ~ 50mm、50 ~ 100mm、100 ~ 160mm、160 ~ 250mm 等。

内径指示表的示值误差较大，一般为 ±0.015mm。因此，在每次测量前都必须用外径千分尺校对尺寸。

5. 水平仪

水平仪主要用来检验平面对水平或垂直位置的误差，也可用来检验机床导轨的直线度误差、机件相互平行表面间的平行度误差、相互垂直表面间的垂直度误差以及机件上的微小倾角等。

水平仪有条式水平仪、框式水平仪以及比较精密的合像水平仪等。常用的一般是框式水平仪。

（1）框式水平仪有 150mm × 150mm、200mm × 200mm 和 300mm × 300mm 等几种规格，其分度值有 0.04mm/1000mm、0.02mm/1000mm 及 0.01mm/1000mm 等几种，钳工常用的是 200mm × 200mm、分度值为 0.02mm/1000mm 的框式水平仪。

框式水平仪由框架和水准器（封闭玻璃管）组成。框架的测量面上制有 V 形槽，便于测量圆柱形零件，如图 1-22 所示。

玻璃管内壁应成一定曲率半径的弧状，内装酒精或乙醇等流动性较好的液体，并留有一定长度的气泡。水平仪的读数是以气泡偏移一格，表面所倾斜的角度 φ（或气泡偏移一格，表面在1m内倾斜的高度差 Δh）来表示。

若把0.02mm/1000mm的水平仪放在1000mm长的直尺上，把直尺一端垫高0.02mm，即相当于水平仪回转角度为 $\varphi=4''$，这时水平仪气泡便移动一格，见图1-23。如果水平仪放在200mm长的垫板上，其一端垫高0.004mm，则水平仪回转的角度也同样为 $\varphi=4''$，此时气泡也移动一格。因此如果两点间距离不等于1000mm时，就应进行换算，其公式为

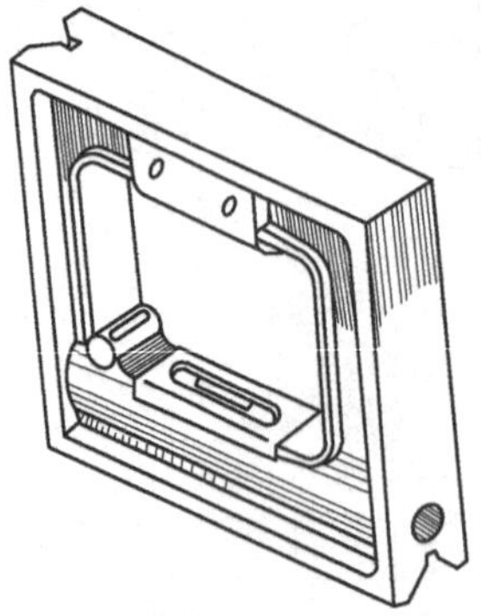

图1-22　框式水平仪

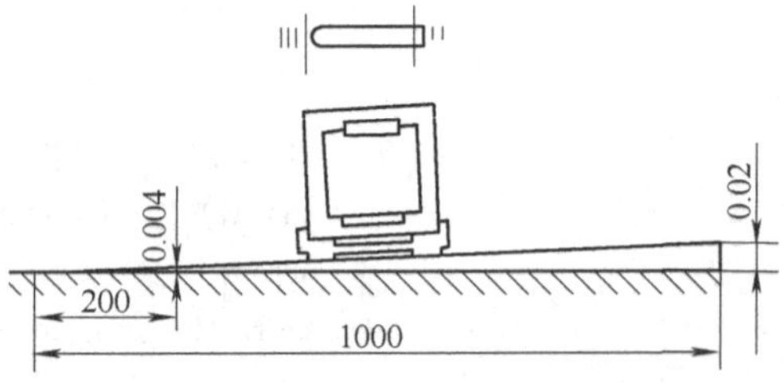

图1-23　水平仪刻线原理

$$\Delta h = L\alpha$$

式中　Δh——水平仪移动一格时两支点在垂直面内的绝对值（mm）；

L——两支点距离（mm）；

α——水平仪分度值（0.02mm/1000mm）。

例　将一分度值为0.02mm/1000mm的水平仪放在长度为800mm直尺上，要使水平仪气泡移动一格，那么在直尺一端应垫多少厚度？

解　$\Delta h = L\alpha = 800\text{mm} \times \dfrac{0.02\text{mm}}{1000\text{mm}} = 0.016\text{mm}$

（2）水平仪使用方法

1）根据被测量精度要求，选用合适的水平仪。因为水平仪精度越高，稳定气泡的时间越长，成本也越高，且需要精心维护。

2）测量前，应仔细擦净表面，并检查被测表面有无毛刺，发现毛刺可用磨石打磨。

3）为减少水平仪测量面的磨损，不可将水平仪在被测表面上拖动，最好将水平仪放置在特制的垫板上使用，常用的垫板形状见图1-24。

4）测量时不应对准气泡呼吸或用手擦摸气泡，尽量避免过冷和过热，更不

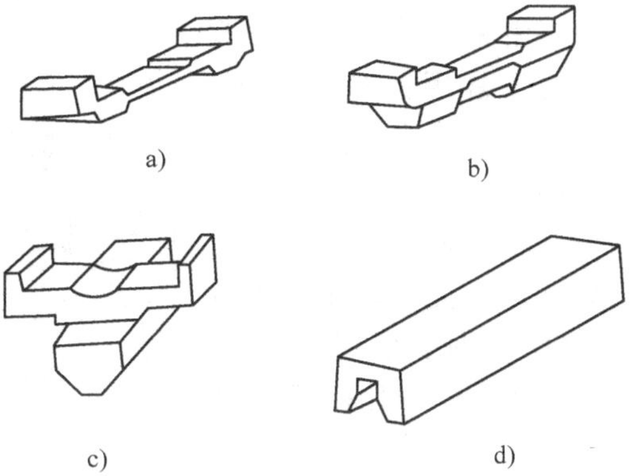

图 1-24　垫板形状

a）用于平面导轨　b）、c）用于 V 形导轨　d）用于棱形导轨

允许有任何的撞击。

6. 塞尺

塞尺用来检验两个结合面之间的间隙大小。钳工也常将工件放在标准平板上，然后通过用塞尺检测工件与平板之间的间隙来确定工件表面平面度情况。

塞尺具有两个平行的测量平面，见图 1-25，其长度有 50mm、100mm 和 200mm，厚度为 0. 03 ~0. 1mm，中间每片相隔 0. 01mm，厚度为 0. 1 ~1mm，则中间每片相隔 0. 05mm。

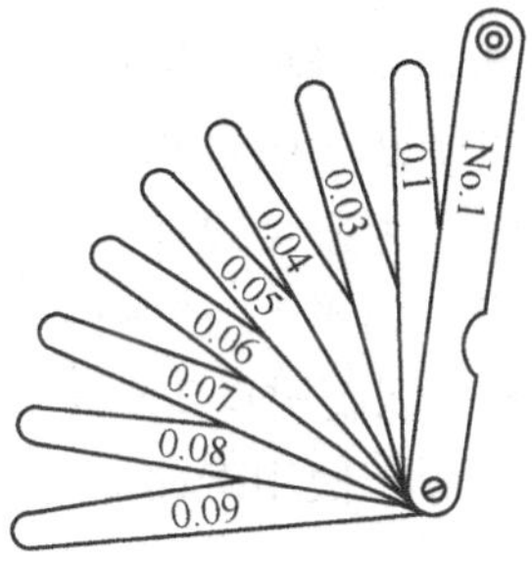

图 1-25　塞尺

使用塞尺时，根据尺寸需要，可用一片或数片重叠在一起使用，但是尽量减少重叠片数，以减少积累误差。测量时如用 0. 03mm 一片能插入，而用 0. 04mm 一片不能插入，这说明间隙在 0. 03 ~0. 04mm 之间，所以塞尺也是一种界限量规。使用塞尺时要注意以下几点：

1）使用前清除工件和塞尺上的灰尘和油污。

2）测量时不能用力太大，以免塞尺弯曲和折断。

二、钳工常用设备

1. 钳桌

它是钳工专用的工作台，是用来安装台虎钳、放置工具和工件的。钳桌有多种式样，有木制的、钢结构的或在木制的台面上覆盖铁皮。其高度约为 800 ~900mm，长度和宽度可随工作需要而定，如图 1-26 所示。

2. 台虎钳

台虎钳装在钳桌上，用来夹持工件，其规格是用钳口宽度表示的，常用的有100mm、125mm和150mm等。

图1-26　钳桌

台虎钳有固定式和回转式两种，如图1-27所示。两者的主要结构基本相同，由于回转式台虎钳的整个钳身可以回转，能满足工件各种不同方位的加工需要，使用方便，应用广泛。

（1）回转式台虎钳的结构　如图1-27b所示，其主要有固定钳身9、活动钳身12两部分，通过转盘底座8上三个螺栓固定在钳桌上。固定钳身9装在转盘底座上，并能在转盘底座上绕其轴线转动，当转到合适的加工位置时，利用手柄6使夹紧螺钉旋紧，并通过夹紧盘7使固定钳身与转盘底座紧固。螺母5固定在固定钳身上，活动钳身导轨与固定钳身导轨孔相滑配，螺杆1穿过活动钳身与螺母配合，当摇动手柄2使螺杆旋转时，便带动活动钳身相对固定钳身产生移动，完成夹紧或松开工件的动作。在夹紧工件时，为避免螺杆受到冲击力，以及松开工件时活动钳身能平稳地退出，螺杆1上套有弹簧11并用挡圈10将其固定。为了防止钳口磨损，在台虎钳上通过螺钉4装有钢制钳口3，其上有交叉的斜纹，用来夹紧工件使其不易滑动，钳口经淬火以延长使用寿命。

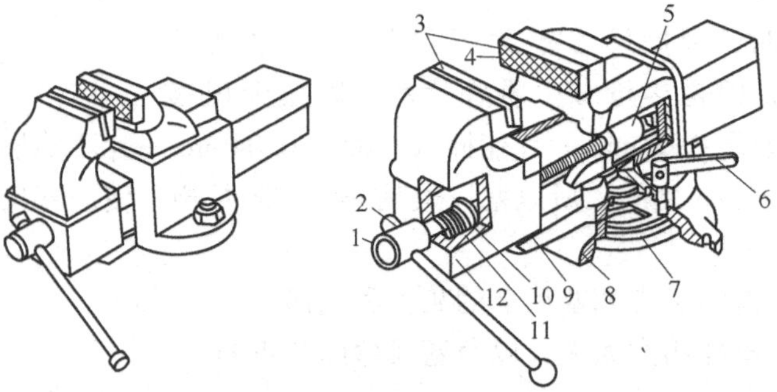

a)　　b)

图1-27　台虎钳

a）固定式　b）回转式

1—螺杆　2、6—手柄　3—钢制钳口　4—螺钉　5—螺母　7—夹紧盘　8—转盘底座　9—固定钳身　10—挡圈　11—弹簧　12—活动钳身

（2）台虎钳的使用和维护

1）台虎钳安装在钳桌上，必须使固定钳身的钳口工作面处于钳桌边缘之外，以便在夹持长工件时不受钳桌边缘的阻碍。

2）台虎钳必须牢固地固定在钳桌上，两个夹紧螺钉须拧紧，以免有松动现象，保证加工质量。

3）夹紧工件时只允许依靠手的力量来扳动手柄，不能用锤子敲击手柄或套上长管子来扳手柄，以免螺杆、螺母或钳床损坏。

4）强力作业时，应尽量使力量朝向固定钳身，避免螺杆、螺母受力过大而造成损坏。

5）不允许在活动钳身的光滑平面上进行敲击作业。

6）螺杆、螺母和其他活动表面上都要经常加油并保持清洁。

第三节　金属切削原理、刀具几何角度及切削要素

一、金属切削原理

金属切削原理的主要内容有：刀具材料的性能与选用；刀具切削部分的几何参数；切削过程现象与变化规律；被切削材料的加工性；提高加工表面质量与经济效益的方法；车削、钻削、铣削、磨削过程的特点等。这些内容又可以归纳为以下两个方面的问题：

1. 几何问题

主要指刀具的几何参数及其相互关系。一般先熟悉车刀几何角度，掌握定义、画图标注以及基本的换算方法。进而在车刀、钻头、铣刀、铰刀、螺纹刀具、切齿刀具等各类刀具中反复应用，不断深化提高，切实掌握。

2. 规律问题

主要指切削变形、切削力、切削温度、刀具磨损等规律。首先应认识切削变形规律，进而学习切削力、切削温度、刀具磨损等规律。通过学习有关加工表面质量、切削加工的经济性等内容，逐渐掌握切削规律在生产中的应用方法。

二、金属切削刀具的几何角度

1. 车刀的辅助基面

车刀的切削部分要素由刀尖、主切削刃、副切削刃和前、后面组成，在空间形成一定的位置，为了度量和标注车刀上这些重要的点、线、面及几何角度，必须建立静止参考系坐标平面。见图 1-28。

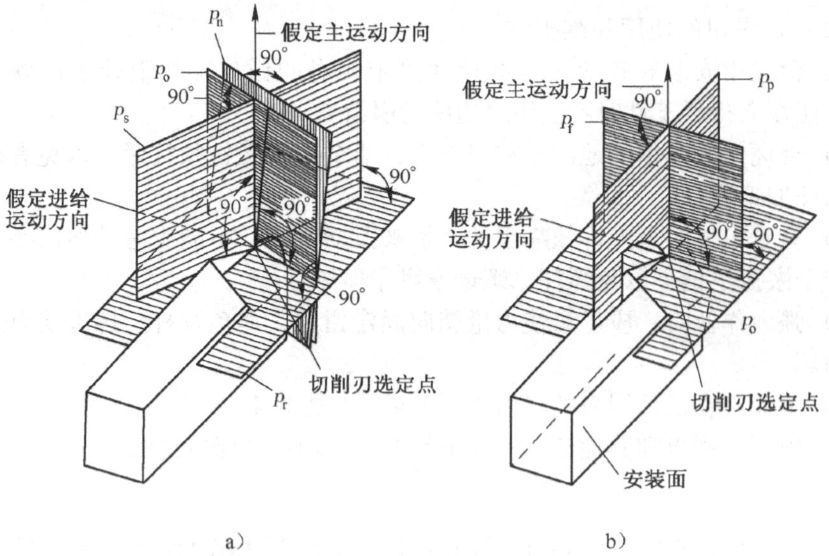

图 1-28　刀具静止参考系坐标平面

（1）基面 p_r　过切削刃选定点而和该点假定主运动方向垂直的面。

（2）切削平面 p_s　过切削刃选定点与切削刃相切并垂直于基面的平面。选定点在主切削刃上的为主切削平面 p_s，选定点在副切削刃上的为副切削平面 p'_s，$p_s \perp p_r$。

（3）正交平面 p_o　过切削刃选定点同时垂直于基面和切削平面的平面。选定点在主切削刃上的为正交平面 p_o，选定点在副切削刃上的为副正交平面 p'_o。正交平面和切削刃在基面上的投影互相垂直。$p_o \perp p_r$，$p_o \perp p_s$。

（4）法平面 p_n　过切削刃选定点垂直于切削刃的平面。$p_n \perp p_s$。当 $p_n \perp p_r$ 时，p_n和 p_o重合为同一平面。

（5）假定工作平面 p_f　又称进给剖面，它是过切削刃选定点而垂直于基面且与假定进给运动方向平行的剖面。

（6）背平面 p_p　又称切深平面，它是过切削刃选定点且同时垂直于基面和假定工作平面的平面。当 $p_f \perp p_s$时，p_s和 p_p重合为同一平面。

2. 车刀的主要几何角度

（1）主偏角 κ_r　主切削平面 p_s与假定工作平面 p_f之间的夹角，在基面 p_r中度量标注。

（2）副偏角 κ'_r　副切削平面 p'_s与假定工作平面 p_f之间的夹角，在基面 p_r中度量标注。

（3）刃倾角 λ_s　主切削刃 S 与基面 p_r之间的夹角，在主切削平面 p_s中度量标注。以 p_r为基准，当 S 在选定点以后的部分位于 p_r之上时（刀尖位置最低），

规定 $\lambda_s<0°$，也称为负 λ_s。当 S 在选定点以后的部分位于 p_r 之下时（刀尖位置最高），规定 $\lambda_s>0°$，也称为正 λ_s。当 S 位于 p_r 上，则 $\lambda_s=0°$。

（4）刀尖角 ε_r　主、副切削平面之间的夹角，也在基面 p_r 中度量标注，那么 $\varepsilon_r+\kappa_r+\kappa'_r=180°$。

（5）前角 γ_o　前面 A_γ 与基面 p_r 之间的夹角，在正交平面 p_o 中度量标注。以 p_r 为基准，当 A_γ 在 p_r 之上时规定 $\gamma_o<0°$，为副前角。当 A_γ 在 p_r 之下时规定 $\gamma_o>0°$，为正前角。当 A_γ 和 p_r 重合时 $\gamma_o=0°$。

（6）后角 α_o　后面 A_α 与切削平面 p_s 之间的夹角，在正交平面 p_o 中度量标注。副后面 A_α 与副切削平面 p_s' 之间的夹角称为副后角，记作 α_o'，在副正交平面 p_o' 中度量标注，前、后面之间的夹角 β_o 称作楔角，在 p_o 中度量标注。由于 $p_s\perp p_r$，所以 $\gamma_o+\alpha_o+\beta_o=90°$。

3. 车刀角度的标注

外圆车刀角度的投影表达见图 1-29。

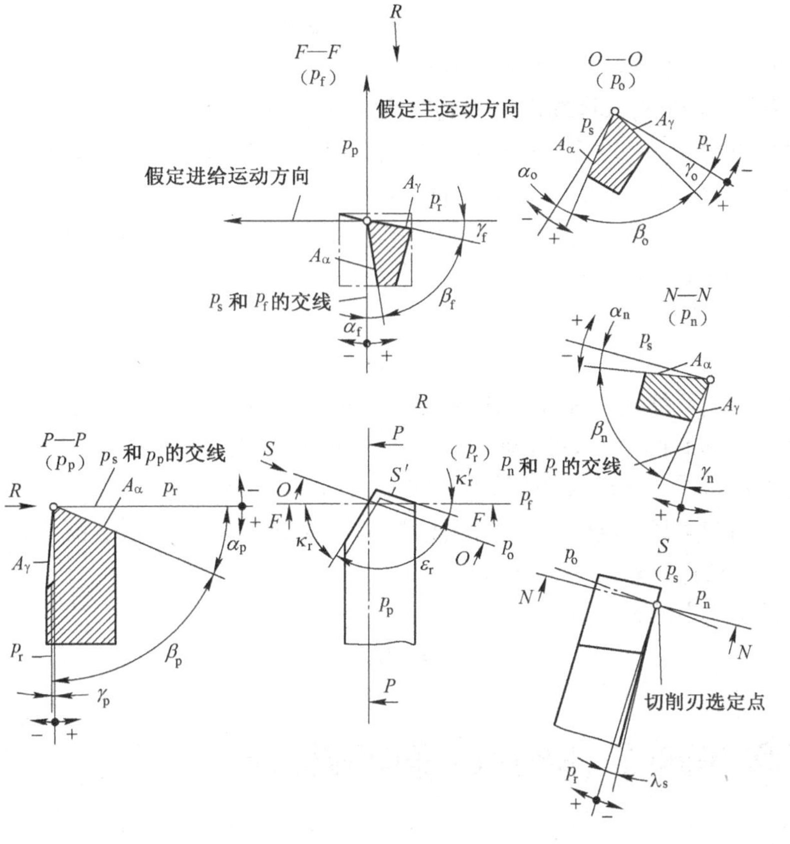

图 1-29　外圆车刀角度的投影表达

三、金属切削的切削要素

1. 切削运动与切削层

（1）主运动　主运动是进行切削时最主要的、消耗动力最多的运动，它使刀具与工件之间产生相对运动。车、镗削的主运动是机床主轴的旋转运动。

（2）进给运动　进给运动是刀具与工件之间产生的附加相对运动，以保持切削能连续进行。

（3）切削层　切削时刀具切过工件的一个单程所切除的工件材料层为切削层。

2. 切削用量、切削时间与材料切除率

（1）切削速度 v_c　切削刃选定点相对于工件主运动的瞬间速度，单位为m/s（m/min）。

切削时的切削速度计算式为

$$v_c = \frac{\pi dn}{1000} = \frac{dn}{318}$$

式中　n——工件或刀具的转速（r/min）；

　　d——工件或刀具选定点的旋转直径（mm）。

（2）进给量 f　刀具在进给运动方向上相对于工件的位移量，可用工件每转（行程）的位移量来度量，单位为 mm/r。

（3）进给速度 v_f　切削刃选定点相对于工件进给运动的瞬时速度，单位为 mm/s（mm/min，m/min）。

进给速度的计算式为

$$v_f = nf$$

（4）背吃刀量 α_p　垂直于进给速度方向测量的切削层最大尺寸，单位为 mm。

（5）切削时间（机动时间）t_m　切削时直接改变工件尺寸、形状等工艺过程所需的时间，它是反映切削效率高低的一个指标。

（6）材料切除率 Q　单位时间内所切除材料的体积。它是衡量切削效率高低的另一个指标，单位为 mm^3/min。

材料切除率的计算式为

$$Q = 1000\alpha_p f v_c$$

第四节　尺寸公差和测量知识

机械零件在加工过程中，不可避免地会产生各种误差。尺寸误差直接决定两个相互配合零件的配合性质，只要把零件的尺寸误差控制在允许变动的范围内，就能满足互换性的要求。尺寸公差用于限制零件的制造尺寸误差，它代表公差带的大小并影响配合精度。加工后的零件是否满足公差要求，则需要通过检测加以判断。检测的作用不仅用于判断零件的合格与否，而且用于分析零件不合格的原因，便于及时调整生产、监督工艺过程，预防废品产生。

一、尺寸公差

1. 尺寸

尺寸是以特定单位表示线性长度的数值。尺寸表示长度的大小，由数字和长度单位组成。所谓特定单位是因为在机械制图中，图样中的尺寸通常以毫米（mm）为单位。当以毫米（mm）为单位时，在标注时允许仅标注数字而可将单位（mm）省略。当图样中不是以 mm 作单位时，则必须完整地标注数字和单位。

2. 公称尺寸

由图样规范确定的理想形状要素的尺寸。公称尺寸可以是一个整数或是一个小数值。通过公称尺寸并应用上、下极限偏差可以计算出极限尺寸。

3. 极限尺寸

极限尺寸是指允许尺寸变化的两个极限值。极限尺寸是根据设计要求确定的，其目的是为了限制实际尺寸的变动范围，其中较大的称为最大尺寸“max”，较小的称为最小尺寸“min”。极限尺寸可以大于、等于或小于基本尺寸（见图 1-30）。

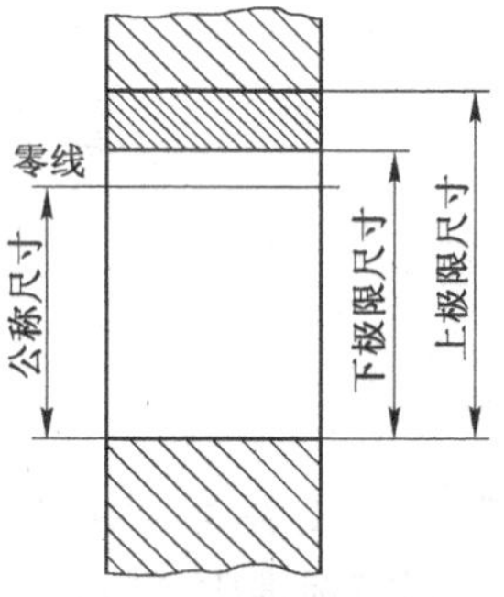

图 1-30 公称尺寸、极限尺寸

4. 局部尺寸

1）提取组成要素的局部尺寸：是指一切提取要素上两对应点之间距离的统称，简称提取要素的局部尺寸。

2）提取圆柱面的局部尺寸：是指要素上两对应点之间的距离。其中两对应点之间的连线通过拟合圆的圆心；横截面垂直于由提取表面得到的拟合圆柱面的轴线。

3）两平行提取表面的局部尺寸：是指两平行对应提取表面上两对应点之间的距离。其中所有对应点的连线均垂直于拟合中心平面；拟合中心平面是由两平行提取表面得到的两拟合平行平面的中心（两拟合平行平面之间的距离可能与公称距离不同）。

5. 尺寸公差

尺寸公差是指上极限尺寸减下极限尺寸之差，或上极限偏差减下极限偏差之差，它是允许尺寸的变动量。公差表示一个尺寸的变动范围是属于绝对值，在公差数值前面不可冠以符号。

6. 公差带

在公差带图解中，由代表上极限偏差和下极限偏差或上极限尺寸和下极限尺寸的两条直线所规定的一个区域，或是由一个或几个理想的几何线或面所规定的、由线性公差值表示其大小的区域。它是由公差大小和其相对零线的位置（如基本偏差）来确定的（见图1-31）。

（1）上极限偏差代号　标准规定上极限偏差代号，对孔用大写字母“ES”表示，对轴用小写字母“es”表示。

（2）下极限偏差代号　标准规定下极限偏差代号，对孔用大写字母“EI”表示，对轴用小写字母“ei”表示。

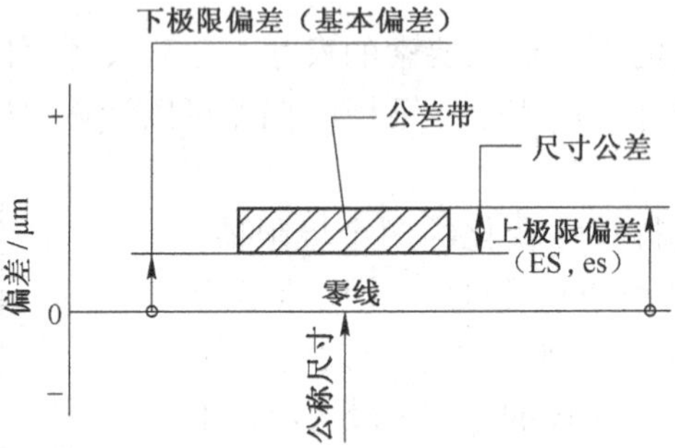

图1-31　公差带图解

7. 标准公差与等级代号

在国家标准中所规定的任一公差。标准公差等级代号由符号IT和数字组成。当其与代表基本偏差的字母一起组成公差带时，省略IT字母。

公称尺寸在0～500mm内规定了IT01、IT0、IT1～IT18共20个标准公差等级；公称尺寸在500mm～3150mm内规定了IT1～IT18共18个标准公差等级。公称尺寸大于500mm的IT1到IT5的标准公差值为试行的。公称尺寸小于或等于1mm时，无IT14到IT18。同一公差等级对所有公称尺寸的一组公差被认为具有同等精确程度。不同尺寸与IT精度通过查表可得。

在基本偏差代号中，对孔用大写字母A、…、ZC表示，对轴用小写字母a、…、zc表示（见图1-32），代号各28个。基本偏差H代表基准孔，h代表基准轴。为了避免在使用代号中出现混淆，不用下列字母：I、i，L、l；O、o；Q、q；W、w。

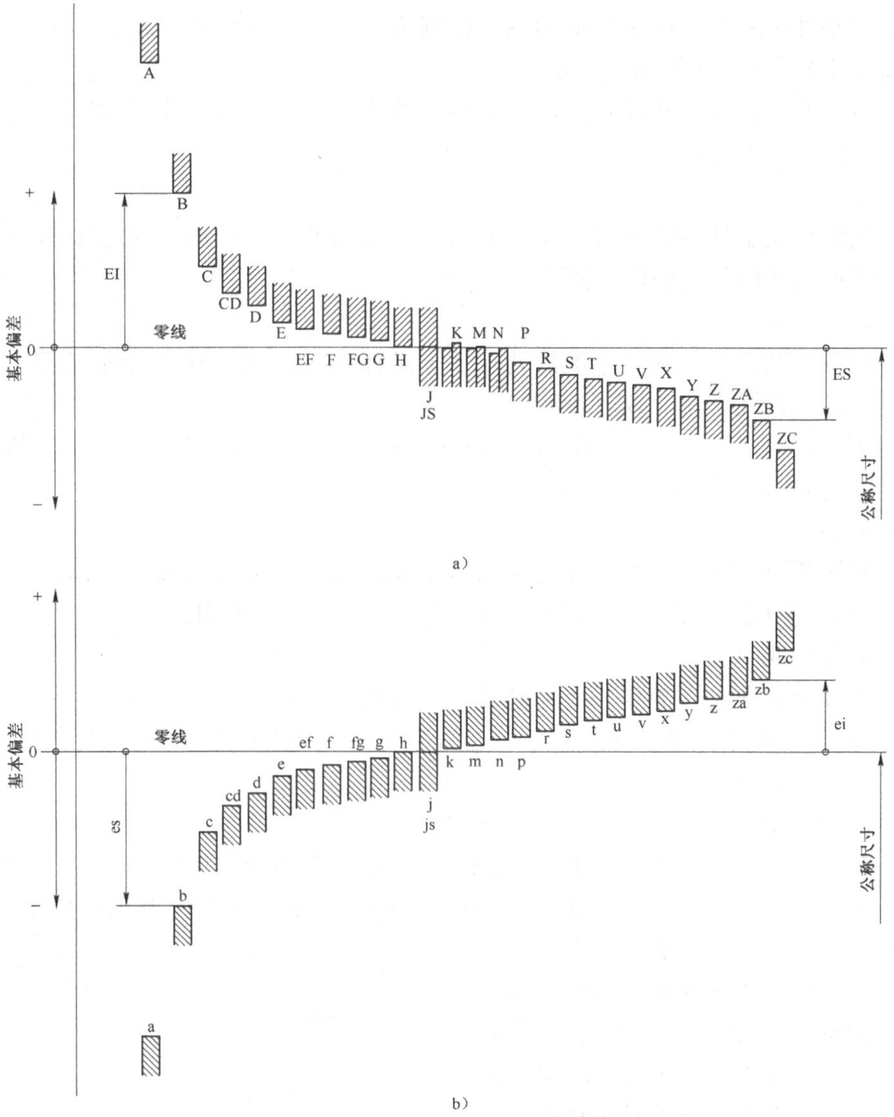

图 1-32　基本偏差系列示意图

a）孔　b）轴

二、轴、孔与基准

1. 轴

通常是指工件的圆柱形外尺寸要素，也包括非圆柱形的外尺寸要素（由二平行平面或切面形成的被包容面）。

2. 基准轴

在基轴制配合中选作基准的轴。在国家标准中，选作基准的轴（即上极限偏差为零）的轴，用“h”表示。

例：ϕ35h7mm　基轴制直径为ϕ35mm的轴，公差等级为IT 7级，查表得尺寸公差为$\phi35_{-0.025}^{\ 0}$mm。

3. 孔

通常是指工件的圆柱形内尺寸要素，也包括非圆柱形的内尺寸要素（由二平行平面或切面形成的包容面）。

4. 基准孔

在基孔制配合中选作基准的孔。在国家标准中，选作基准的孔（即下极限偏差为零）的孔，用“H”表示。

例：ϕ35H7mm　基孔制直径为ϕ35mm的孔，公差等级为IT 7级，查表得尺寸公差为$\phi35_{\ 0}^{+0.025}$mm。

5. 基准

与被测要素有关且用来确定其几何位置关系的一个几何拟合（理想）要素（如轴线、直线、平面等），可由零件上的一个或多个要素组成。

6. 基准要素

零件上用来建立基准并实际起基准作用的实际要素（如一条边、一个表面或一个孔）。由于基准要素必然存在着加工误差，因此在建立基准时应对其规定适当的几何公差。

7. 基准符号

基准是用来建立关联要素之间几何关系的基础。GB/T 1182—2008《产品几何技术规范（GPS）　几何公差　形状、方向、位置和跳动公差标注》中规定：与被测要素相关的基准用一个大写字母表示。字母标注在基准方格内，与一个涂黑的或空白的三角形相连（见图1-33）以表示基准；表示基准的字母还应标注在公差框格内，涂黑的和空白的基准三角形含义相同。

图1-33　基准符号

三、配合

1. 配合公差

配合公差是组成配合的孔与轴的公差之和，它是允许间隙或过盈的变动量。配合公差是一个没有符号的绝对值。配合制是同一极限制的孔和轴组成的一种配合制度。

（1）基孔制配合　是基本偏差为一定的孔的公差带，与不同基本偏差的轴的公差带形成各种配合的一种制度。在国家标准中，基孔制是孔的下极限尺寸与公称尺寸相等、孔的下极限偏差为零的一种配合制度（见图 1-34）。图中水平实线代表孔或轴的基本偏差，虚线代表另一个极限，表示孔与轴之间可能的不同组合与它们的公差等级有关。

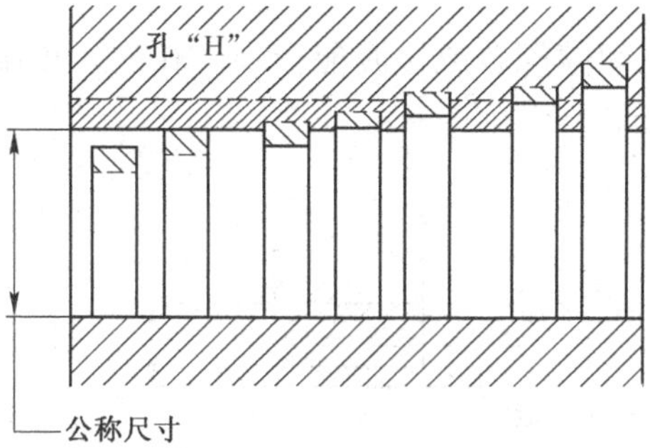

图 1-34　基孔制配合示意图

（2）基轴制配合　是基本偏差为一定的轴的公差带，与不同基本偏差的孔的公差带形成各种配合的一种制度。在国家标准中，基轴制是轴的上极限尺寸与公称尺寸相等、轴的上极限偏差为零的一种配合制度（见图 1-35）。图中水平实线代表孔或轴的基本偏差，虚线代表另一个极限，表示孔与轴之间可能的不同组合与它们的公差等级有关。

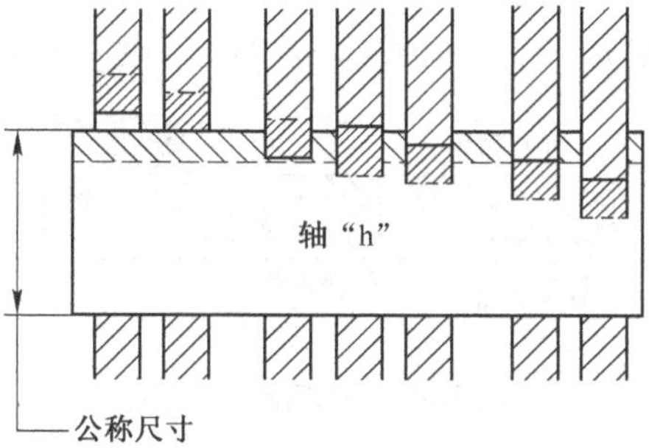

图 1-35　基轴制配合示意图

2. 配合

配合是公称尺寸相同的并且相互结合的孔和轴公差带之间的关系。配合分基孔制配合与基轴制配合两种，在一般情况下优先选用基孔制配合。在国家标准中，将配合分为间隙配合、过渡配合和过盈配合，在这些配合中属于哪一种配合取决于孔、轴公差带的相互关系。

在基孔制（基轴制）配合中：基本偏差 a ~ h（A ~ H）用于间隙配合；基本偏差 j ~ k（J ~ K）用于过渡配合；基本偏差 m ~ zc（M ~ ZC）用于过盈配合。

（1）间隙配合　具有间隙（包括最小间隙等于零）的配合称为间隙配合。

1）间隙。孔的尺寸减去相配合的轴尺寸之差为正（见图 1-36）。

2）最小间隙。在间隙配合中，孔的下极限尺寸与轴的上极限尺寸之差（见图 1-37）。

3）最大间隙。在间隙配合或过渡配合中，孔的上极限尺寸与轴的下极限尺寸之差（见图 1-37 和图 1-38）。

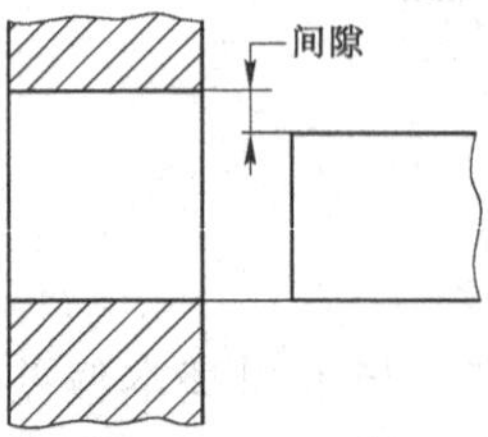

图 1-36　间隙示意图

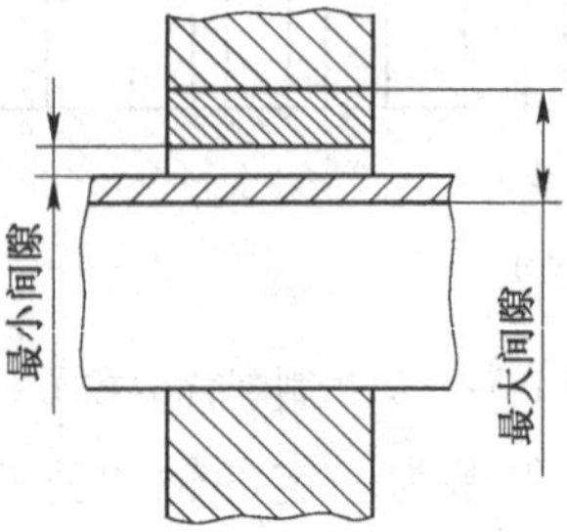

图 1-37　间隙配合示意图

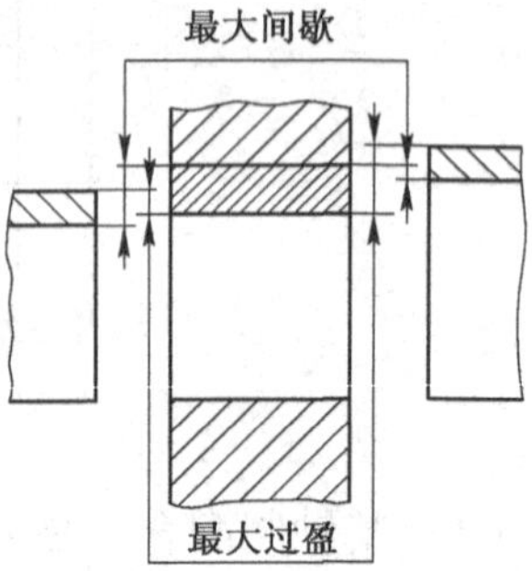

图 1-38　过渡配合示意图

（2）过渡配合　可能具有间隙或过盈的配合称为过渡配合。此时，孔的公差带与轴的公差带相互交叠（见图 1-39）。过渡配合用基本偏差符号 j（J）、js（JS）、R（K）表示。大部分基本偏差 j（J）和 k（K）是标准公差带不对称于零线的两侧，基本偏差 js 和 JS 是标准公差对称于零线的两侧（见图1-40）。

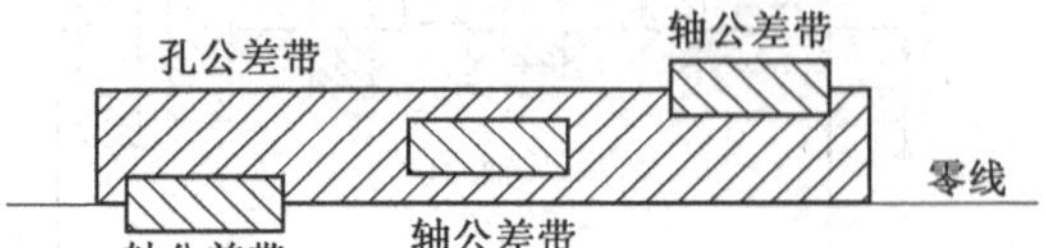

图 1-39　过渡配合示意图

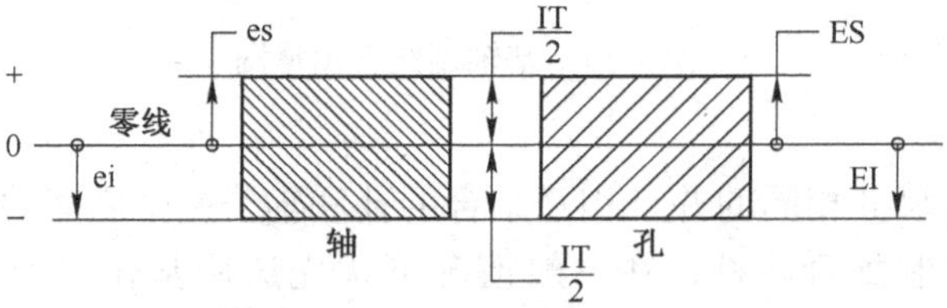

图 1-40　偏差 js 和 JS 示意图

(3) 过盈配合　具有过盈（包括最小过盈等于零）的配合称为过盈配合。此时，孔的公差带在轴的公差带之下（见图1-41）。在过盈配合中，孔的上极限尺寸减轴的下极限尺寸所得的差值为最小过盈 Y_{min}，是孔、轴配合的最松状态；孔的下极限尺寸减轴的上极限尺寸所得的差值为最大过盈 Y_{max}，是孔、轴配合的最紧状态。

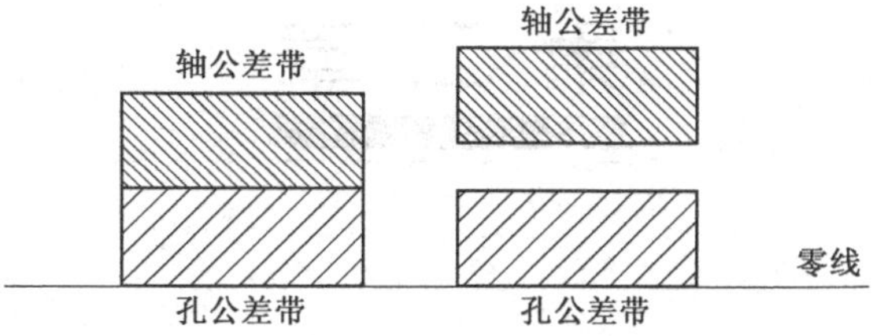

图1-41　过盈配合的示意图

(4) 三种配合类别的区别

1) 间隙配合。

① 孔的实际尺寸永远大于或等于轴的实际尺寸。

② 孔的公差带在轴的公差带的上方。

③ 允许孔轴配合后能产生相对运动。

2) 过盈配合。

① 孔的实际尺寸永远小于或等于轴的实际尺寸。

② 孔的公差带在轴的公差带的下方。

③ 允许孔轴配合后使零件位置固定或传递载荷。

3) 过渡配合。

① 孔的实际尺寸可能大于或小于轴的实际尺寸。

② 孔的公差带与轴的公差带相互交叠。

③ 孔轴配合时，可能存在间隙，也可能存在过盈。

复习思考题

1. 钳工的基本工作内容是什么？
2. 钳工的常用量具是什么？试分析分度值为0.02mm的游标卡尺的刻线原理及读数方法。
3. 试分析外径千分尺的读数方法。
4. 钳工的常用设备有哪些？
5. 试分析金属切削刀具的几何角度。
6. 金属切削的切削要素有哪些？
7. 尺寸包括哪些内容？
8. 配合包括哪些内容？

第二章

划线

培训目标 掌握基本的划线方法和技能，正确使用划线工具。

第一节 划线常用的工具及其使用方法

根据图样或实物的尺寸，在工件表面上（毛坯表面或已加工表面）划出零件的加工界线，这种操作称为划线。

划线的作用不但能使零件在加工时有一个明确的界线，而且能及时发现和处理不合格的毛坯，避免加工后造成损失。当毛坯误差不大时，又可通过划线的借料得到补救，此外划线还便于复杂工件在机床上安装、找正和定位。

划线分平面划线和立体划线两种。平面划线是在工件的一个表面上划线，即明确反映出加工界线，如图 2-1 所示是在板料上的划线。同时要在工件几个不同表面（通常是互相垂直，反映工件三个方向尺寸的表面）上都划线才能反映出加工界线，这种划线称为立体划线，如在支架箱体上划线，如图 2-2 所示。

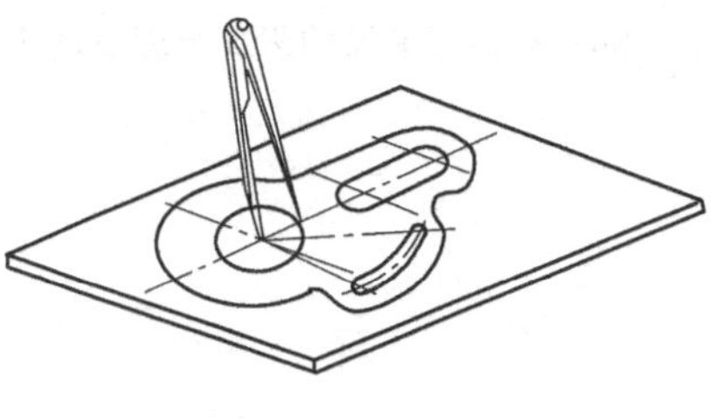

图 2-1 平面划线

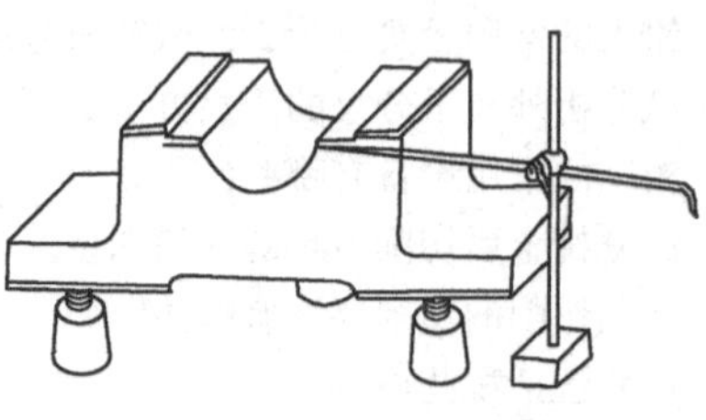

图 2-2 立体划线

在划线工作中，为了保证尺寸的正确性和达到较高的工作效率，必须熟悉各种划线工具及其正确使用的方法，以及各种显示涂料的应用方法。

一、划线平板

划线平板是划线的基本工具。一般由铸铁制成，工作表面经过精刨或刮削加工，如图 2-3 所示。

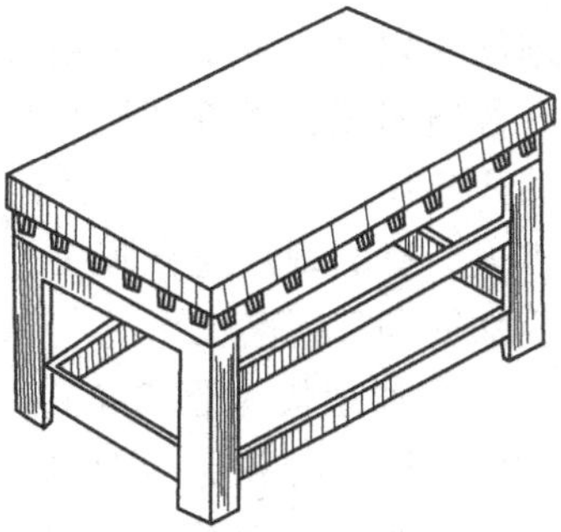

图 2-3　划线平板

由于平板表面是划线的基本平面，其平整性直接影响划线的质量，因此安装时必须使工作平面（即平板面）保持水平位置。在使用过程中要保持清洁，防止铁屑、灰砂等在划线工具或工件移动时划伤平板表面。划线时工件和工具在平板上要轻放，防止台面受撞击，更不允许在平板上进行任何敲击工作，划线平板要各处平均使用，避免局部地方起凹，影响平板的平整性，平板使用后应擦净，涂油防锈。

二、划针

划针是划线时用来在工件上划线条的，划线时一般要与钢直尺、直角尺或样板等导向工具配合使用。

划针通常用工具钢或弹簧钢丝制成，其长度约为 200 ~ 300mm，直径为 $\phi3$ ~ $\phi6$mm，尖端磨成10° ~20°角，并经淬火。为了使针尖更锐利耐磨，划出的线条更清晰，可以焊上硬质合金后磨锐，见图 2-4。

划线时，划针尖端要紧贴导向工具移动，上部向外侧倾斜 15° ~20°角，向划线方向倾斜 45° ~75°角，见图 2-5。

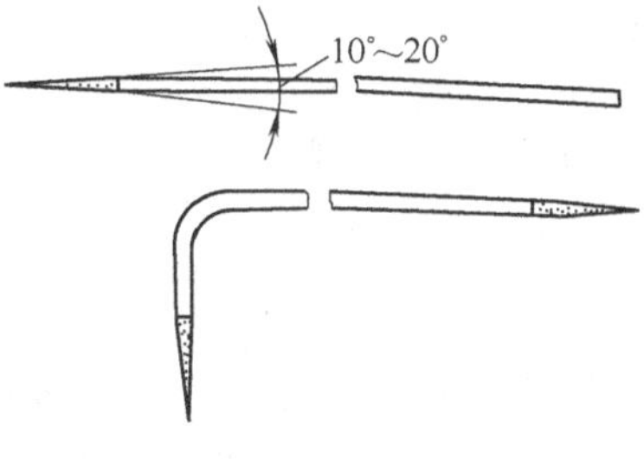

图 2-4　划针

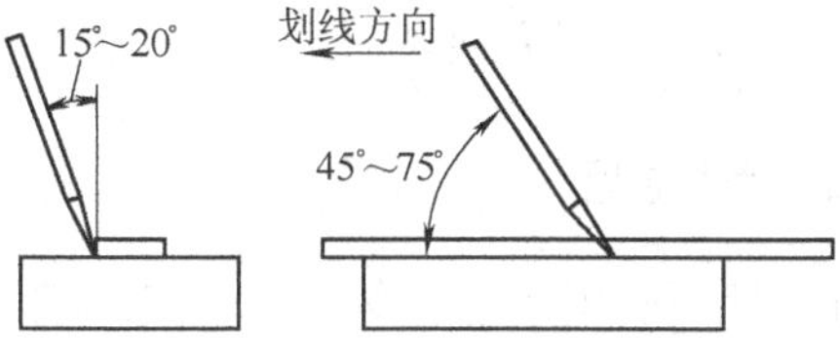

图 2-5　划针的使用方法

用钝了的划针，可在砂轮或磨石上磨锐后再使用，否则划出的线条过粗而不精确。

三、划规

划规在划线中主要用来划圆和圆弧、等分线段、角度及量取尺寸等。钳工用划规有普通划规、弹簧划规和长划规。划规的脚尖必须坚硬，才能使金属表面上划出的线条清晰。一般划规用工具钢制成，脚尖经淬火，有的划规还在脚尖上加焊硬质合金，使之更加锋利和耐磨。

（1）普通划规（图2-6a） 其结构简单、制造方便。铆合处松紧要适当。两脚长短要一致，如在普通划规上装上锁紧装置，如图2-6b所示。当拧紧锁紧螺钉时，则可保持已调节好的尺寸不会松动。

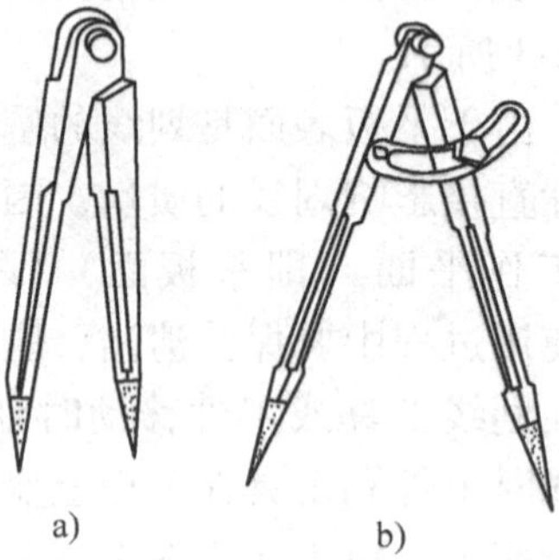

图2-6 普通划规

（2）弹簧划规（图2-7） 使用时，旋动调节螺母，使调节尺寸方便。该划规结构刚度较差，适用于在光滑表面上划线。

（3）长划规 又称滑杆划规，如图2-8所示。

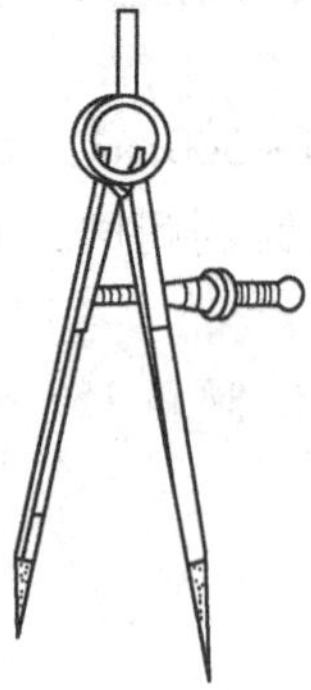
图2-7 弹簧划规

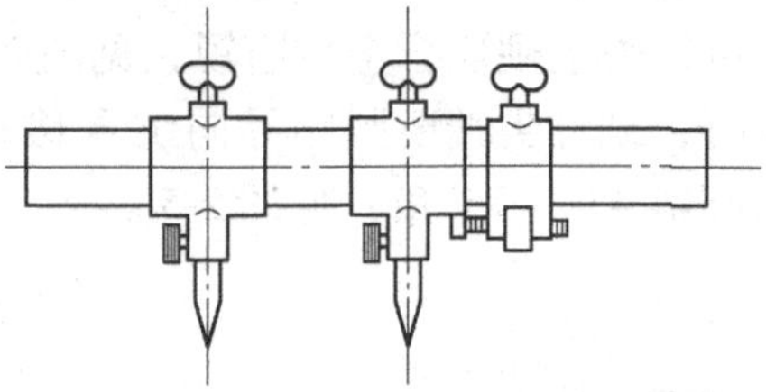
图2-8 滑杆划规

四、划线盘

划线盘一般用于立体划线和用来校正工件的位置。它由底座、立柱、划针和夹紧螺母等组成，如图2-9所示。夹紧螺母可将划针固定在立柱的任何位置上。划针的直头端用来划线，为了增加划线时划针的刚度，划针不宜伸出过长。弯头端用来找正工件的位置，如找正工件表面与划线平板平行等。

划线盘使用完毕后，将划针的直头端向下，置于垂直状态，以防伤人和减少所占的空间位置。

五、高度尺

高度尺由钢尺和底座组成，如图 2-10 所示。它配合划线盘量取尺寸，和决定划针在平板上的高度尺寸。

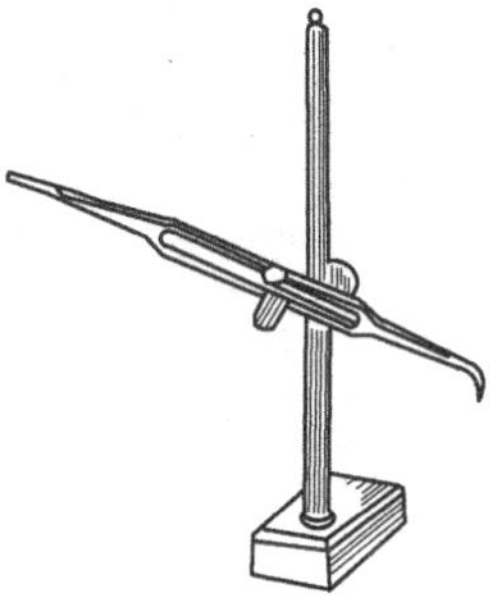

图 2-9 划线盘

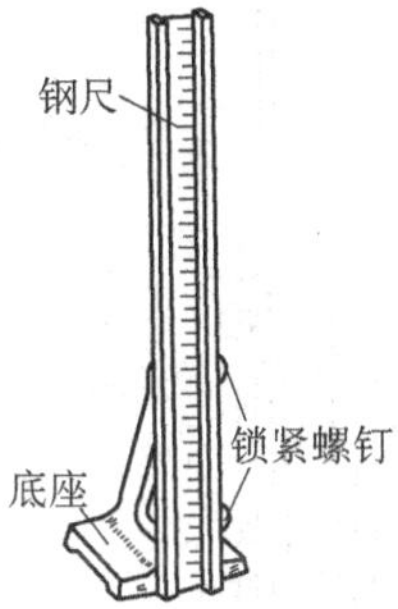

图 2-10 高度尺

六、宽座直角尺

宽座直角尺如图 2-11 所示，是钳工常用的测量工具，划线时用来划垂直或平行线，同时可用来校正工件在平台上的垂直位置，如图 2-12 所示。

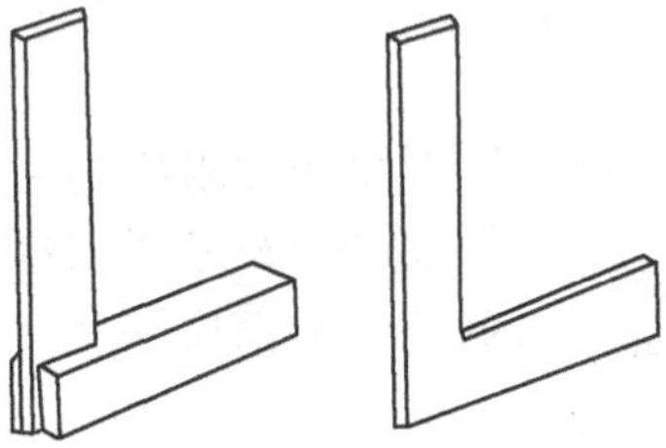

图 2-11 宽座直角尺

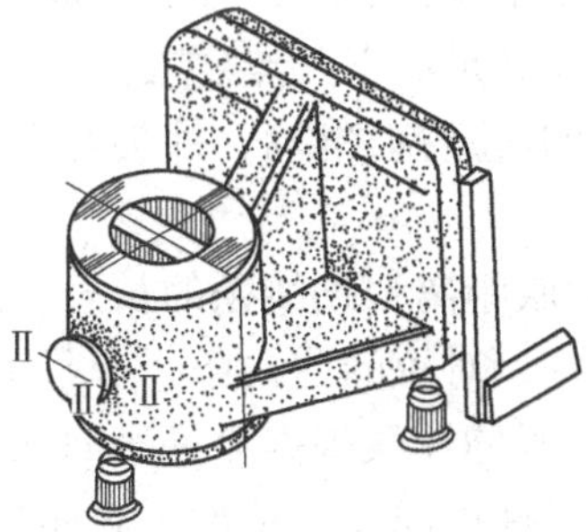

图 2-12 用宽座直角尺校正工件

七、游标高度卡尺

游标高度卡尺如图 2-13 所示，它是高度尺和划线盘的组合，它的划线量爪前端镶有硬质合金，它的分数值一般为 0. 02mm。

八、样冲

样冲是在划好的线上冲眼用的工具，如图 2-14 所示。冲眼的目的是使划出来的线条具有永久性的标记，同时用划规划圆和钻孔中心时也需要打上样冲眼作为圆心的定点。

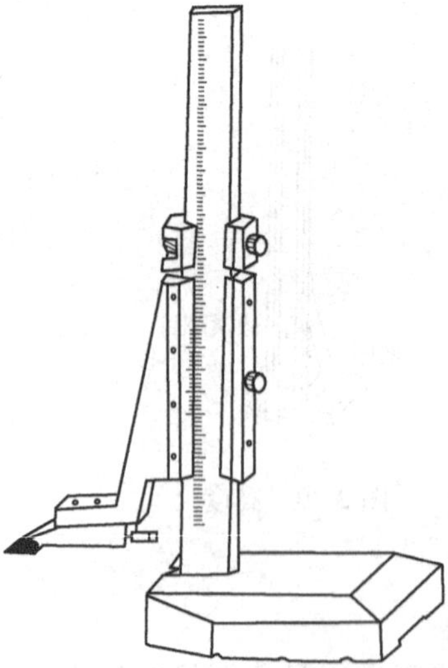

图 2-13　游标高度卡尺

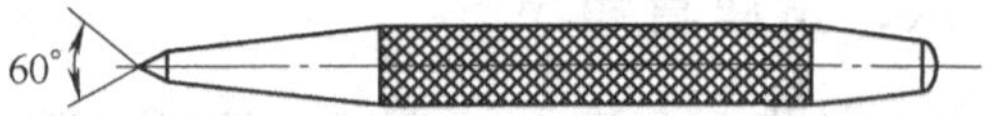

图 2-14　样冲

样冲用工具钢制成，冲尖磨成45°～60°，并淬火硬化。

冲眼要满足如下几点要求：

1）冲眼位置要准确，冲尖对准线条中间。若有偏离或歪斜，必须立即纠正重打。

2）冲眼距离根据线条的长短、曲直而定，对长的直线条冲眼应均匀布点且距离可大些，对短的曲线条，冲眼距离可小些，在线条的交叉转折处必须冲眼。

3）冲眼的深浅根据零件表面质量情况而定，粗糙毛坯表面应深些，光滑表面或薄壁工件可浅些，精加工表面禁止冲眼。

九、各种支承工具

支承工具用来支承和调整划线工件，以保证工件划线位置的正确性。

支承工具有V形铁、千斤顶、方箱、直角铁等。

（1）V形铁　V形铁是用来安放圆形、圆柱形工件（如轴类、套筒类工件）的工具，如图2-15所示。圆柱形工件安置在V形槽内，它的轴线平行于平面，这样就便于用划线盘或游标高度卡尺找出中心或划出中心线，以及完成其他划线工作。V形铁一般用铸铁制成。V形铁应成对加工，制成相同尺寸，避免因两个V形铁尺寸不同而引起误差。

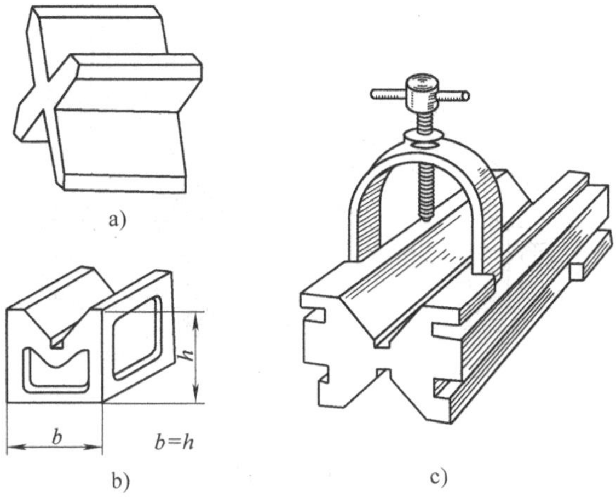

图 2-15 V 形铁的使用

a）普通 V 形铁 b）精密 V 形铁 c）带夹持弓架的 V 形铁

（2）千斤顶 图 2-16 所示为千斤顶结构图，它是用来支承毛坯或不规则工件进行立体划线的，它可以调整工件高度。

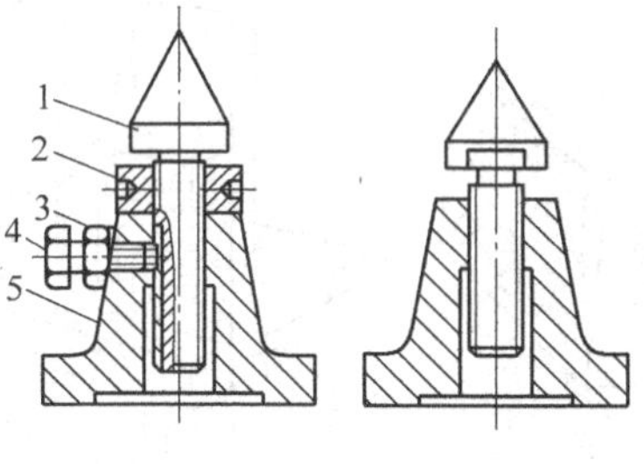

图 2-16 千斤顶

1—螺杆 2—螺母 3—锁紧螺母 4—螺钉 5—底座

千斤顶由底座、螺杆、螺母、锁紧螺母等组成，螺杆可上下升降。拧紧锁紧螺母，可以防止已调好的千斤顶松动，从而使已调整好的高度发生变动。使用千斤顶支承工件时，以三个为一组作为主要支承，对被支承面或体积较大的工件，为使其稳定可靠，在三个千斤顶间，另设支承。为防止工件滑倒造成事故，可采取在工件下面加垫块等安全措施。

（3）方箱 方箱是用灰铸铁制成的空心立方体或长方体，其相对平面互相平行、相邻平面互相垂直（图 2-17）。划线时，可用 C 形夹头将工件夹于方箱上，再通过翻转方箱，便可在一次安装的情况下，将工件上互相垂直的线全部划出来。

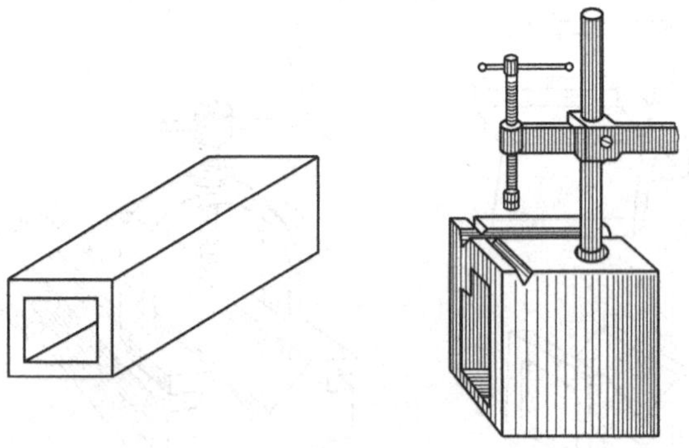

a)　　b)

图 2-17　方箱

a）一般方箱　b）特殊方箱

方箱上的 V 形槽平行于相应的平面，用于装夹圆柱形工件。

（4）直角铁　直角铁一般都用铸铁制成，如图 2-18 所示。它有两个互相垂直的平面。直角铁上的孔或槽是搭压板时穿螺栓用的。

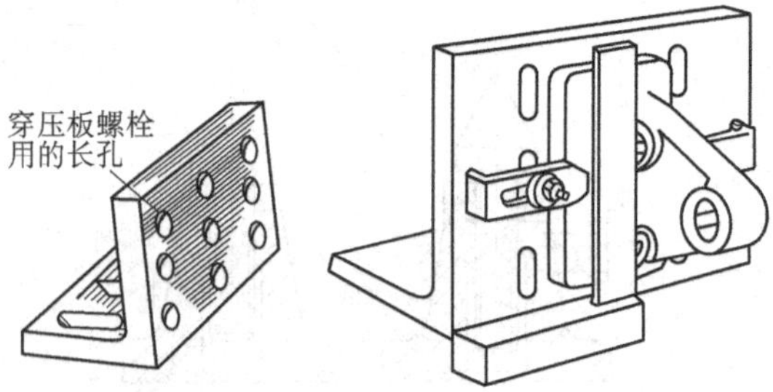

a)　　b)

图 2-18　直角铁

a）直角铁　b）直角铁的应用

十、分度头

分度头是用来对工件进行等分、分度的重要工具，也是铣床加工的一个重要附件。

钳工在划线时，将分度头放在划线平板上，工件夹持在分度头的自定心卡盘上，配以划线盘或游标高度卡尺，即可对工件进行分度、等分或划平行线、垂直线、倾斜角度线和圆的等分线或不等分线等，其方法简便，适用于大批量中小零件的划线。

分度头的主要规格是以主轴中心到底面的高度表示的。例如 F11125 万能分度头，主轴中心到底面的高度为 125mm，常用的有 F11100、F11125、F11160 等规格。

1. 分度头结构

分度头外形见图 2-19，主要由壳体和壳体中部的鼓形回转体、主轴以及分度盘和分度叉等组成。

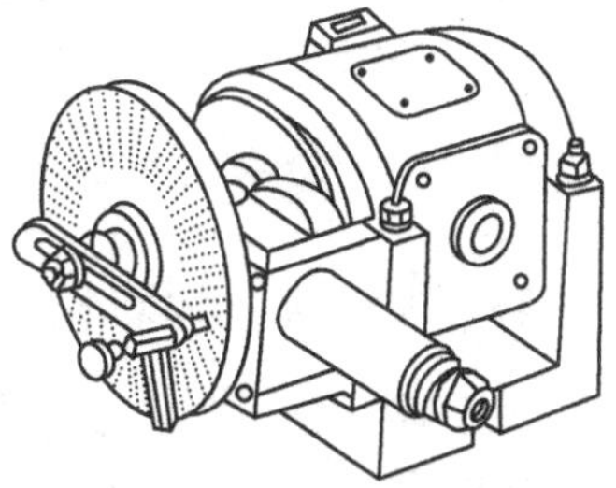

图 2-19　分度头外形

分度头主轴前端有内锥孔，可以装入顶尖。主轴前端的外螺纹，用来安装夹持工件的自定心卡盘。刻度盘固定在主轴上，和主轴一起旋转。刻度盘上有 0°～360°的刻度，可用来对工件直接分度。

2. 分度头的传动原理

分度头的传动原理见图 2-20，将工件装在与主轴螺纹连接的自定心卡盘 1 上，固定在主轴上的蜗轮 2 为 40 齿，3 是单头蜗杆。B_1、B_2 是齿数相同的两只圆柱齿轮，A_1、A_2 是锥齿轮，5 是分度盘，7 是分度手柄，6 是定位销。拔出定位销 6，转动分度手柄 7 时，分度盘不转动，通过传动比为 1∶1 的圆柱齿轮 B_1、B_2 的传动，带动单头蜗杆 3 转动，然后通过传动比为 1∶40 的蜗杆传动机构带动主轴（工件）转动进行分度。

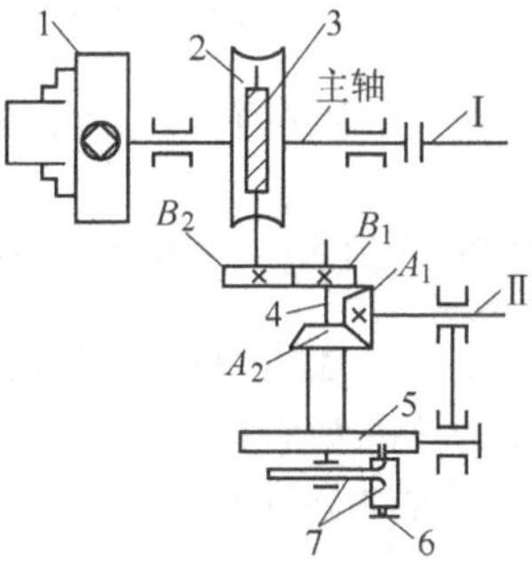

图 2-20　分度头传动原理

1—自定心卡盘　2—蜗轮
3—单头蜗杆　4—心轴　5—分度盘
6—定位销　7—分度手柄

3. 简单分度法

由分度头传动系统（图 2-20）可知，分度头手柄心轴 4 与蜗杆之间传动比为 1∶1，蜗杆为单头，主轴上蜗轮齿数为 40。若分度手柄转过一周，分度头主轴 1 即转动 1/40 周。因此分度头手柄的转数可按下列传动关系式算出

$$n = \frac{40}{Z}$$

式中　n——分度手柄转数；

Z——工件等分数。

例 1　要划出均匀分布在工件圆周上的 10 个孔，试求每划一个孔的位置后，分度头手柄应转几周后再划第二个孔的位置？

解　根据公式 $n = 40/Z = 40/10 = 4$

答　即每划完一个孔的位置后，手柄应转过四周再划第二个孔的位置。

例2 要在一圆盘端面划出7等分线，求每划一条线后，手柄应转过几周后再划第二条线？

解 根据公式 $n = 40/Z = 40/7 = 5\frac{5}{7}$

答 即每划一条线后，手柄应转过$5\frac{5}{7}$周再划第二条线。

由上述例题可见，手柄的转数可能不是整周数，如何使手柄精确地转过5/7周？这时就需要利用分度盘一起进行分度。

4. 分度盘的应用

分度盘是分度计数的依据。在分度盘上有若干圈孔数不同、等分准确的孔眼，当分度计算手柄转数值为带分数时，应把其分数部分的分母和分子同时扩大（或缩小）一个倍数，使分母与分度盘某一圈孔数相同。分子就是手柄应在该圈上转过的孔距数。在例2中，手柄应转过5周后，还要转5/7周，这时可根据分度盘某一圈的孔数（如28），把分数$\frac{5}{7}\times\frac{4}{4}=\frac{20}{28}$，于是就可在28孔的孔圈内转过20个孔距。根据另一孔距数42也可将$\frac{5}{7}\times\frac{6}{6}=\frac{30}{42}$即在42孔的孔圈内转过30个孔距。还可以扩大为其余多种倍数值，选用哪一种较好？经验证明，应尽可能选用孔圈数较多的孔圈，准确度比较高，同时摇动也比较方便。

万能分度头附带的分度盘有一块、二块和三块的。分度盘各圈的孔数见表2-1。

表2-1 分度盘各圈的孔数

		分度盘各圈的孔数
带一块分度盘		正面：24，25，28，30，34，37，38，39，41，42，43 反面：46，47，49，51，53，54，57，58，59，62，66
带两块分度盘	第一块	正面：24，25，28，30，34，37 反面：38，39，41，42，43
	第二块	正面：46，47，49，51，53，54 反面：57，58，59，62，66
带三块分度盘	第一块	15，16，17，18，19，20
	第二块	21，23，27，29，31，33
	第三块	37，39，41，43，47，49

用分度盘分度时，可结合分度叉同时进行。分度叉能使分度准确而迅速。在转动手柄前要调整好分度叉，两叉脚间的夹角可按分度时的孔距数进行调正，见图2-21。为了消除分度头中的蜗杆与蜗轮或齿轮之间的间隙对分度产生的影响，分度手柄必须朝一个方向摇动，如发现已摇过了预定的孔位，则需反向摇过半圈后，再重新摇到预定的孔位，并把定位销插入孔内。

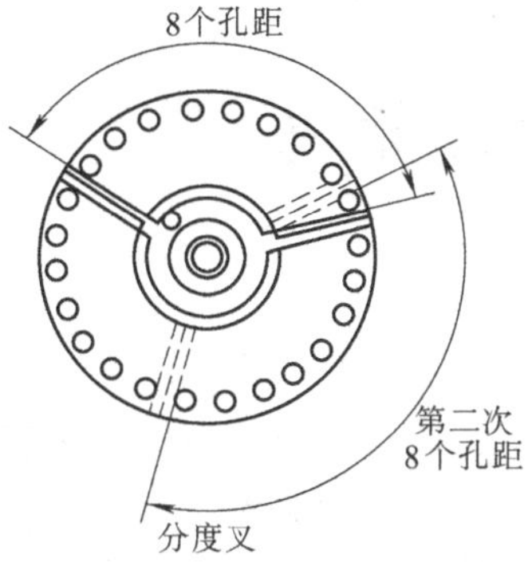

图 2-21　分度盘

第二节　划线涂料

一、划线涂料的种类

为了使工件上划出的线条清晰，划线前需要在划线部位涂上一层涂料。常用的涂料有白喷漆和石灰水、蓝油、锌钡白、无水涂料等。

二、划线涂料的配制和选用知识

（1）白喷漆和石灰水　适用于一般的铸件和锻件的划线。熟石灰经泡开即成石灰水，再加入适量熬成糊状的牛皮胶，可增加附着力。

（2）蓝油　由质量分数为2% ~4%的龙胆紫、质量分数为3% ~5%的虫胶漆和质量分数为91% ~95%的酒精配制而成，适用于已加工表面的划线。

（3）锌钡白　俗名立德粉，主要成分为硫化锌和硫化钡。它的优点是颜色纯白，遮盖能力强，能耐热抗碱，受日光长久曝晒后虽会变色，但只要重新放在阴暗处，仍可恢复原色。这种涂料的成品是粉末，使用时必须加水和适量熬成糊状的牛皮胶调匀。一般用于重要的铸、锻件毛坯表面划线时涂色。

（4）无水涂料　由香蕉水100g、人造树脂0.7g、火棉胶39g、甲基紫1g配制而成。其配制方法为：先将研成粉末状的人造树脂缓缓加入到醋酸丁酯里，搅拌均匀，再将研细的甲基紫倒入调匀，最后将按配比称好的火棉胶慢慢加入，并使三者均匀混合。等沉淀数小时后，进行试涂，若不易附着，可再加入少许人造树脂与醋酸丁酯的混合液体。如易脱落，可再加入几克火棉胶。无水涂料的优点是所含水分极少，涂在工件上，工件不易锈蚀。但必须置于密封的容器内，否则容易挥发掉。使用时且须注意防火，一般用于精密工件划线时涂色。

第三节 划线基准

一、基准的概念

划线时用来确定零件上其他点、线、面位置的依据，称为划线基准。

正确选择划线基准是划线操作的关键，有了合理的基准，才能使划线准确、方便和提高效率。划线应从基准开始。

二、划线基准的选择原则

在零件图上，用来确定其他点、线、面位置的基准，称为设计基准。划线时，应使划线基准与设计基准一致。

选择划线基准时，应先分析图样，了解零件结构以及零件各部分尺寸的标注关系。

1. 划线基准的选择

1）以两个相互垂直的平面（或直线）为基准，如图2-22所示，该零件在两个垂直的方向上都有尺寸要求。

2）以一个平面（或直线）和一条中心线为基准，见图2-23。该零件高度方向的尺寸是以底面为依据，宽度方向的尺寸对称于中心线。此时底平面和中心线分别为该零件两个方向上的划线基准。

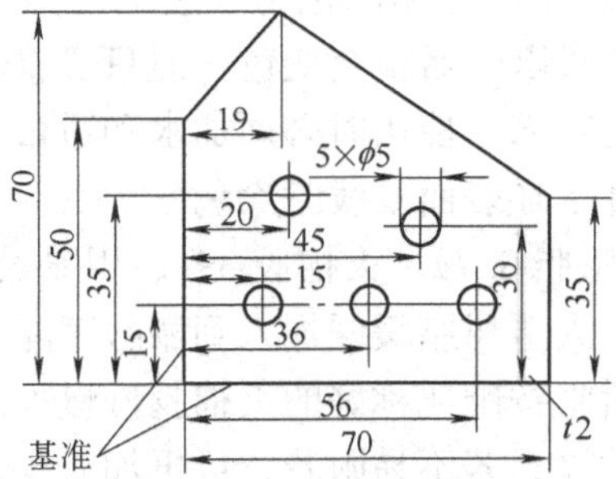

图2-22 划线基准选择（一）

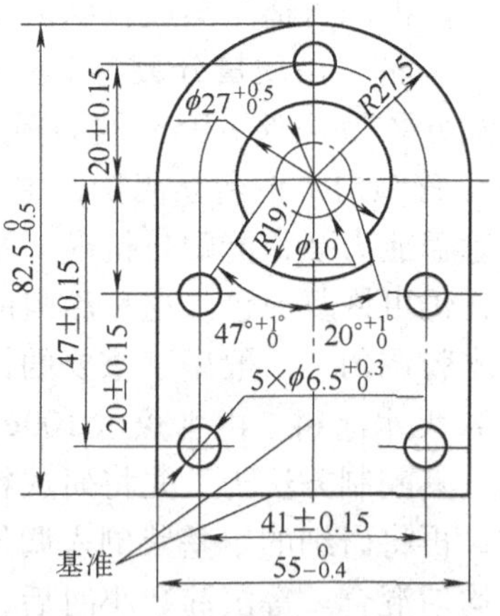

图2-23 划线基准选择（二）

3）以两条互相垂直的中心线为基准，如图 2-24 所示。该零件两个方向尺寸与其中心线具有对称性，并且其他尺寸也是从中心线开始标注。此时两条中心线分别为两个方向的划线基准。

由上可见，划线时在零件的每一个尺寸方向都需要选择一个基准。因此，平面划线一般要选择两个划线基准。立体划线要选择三个划线基准。

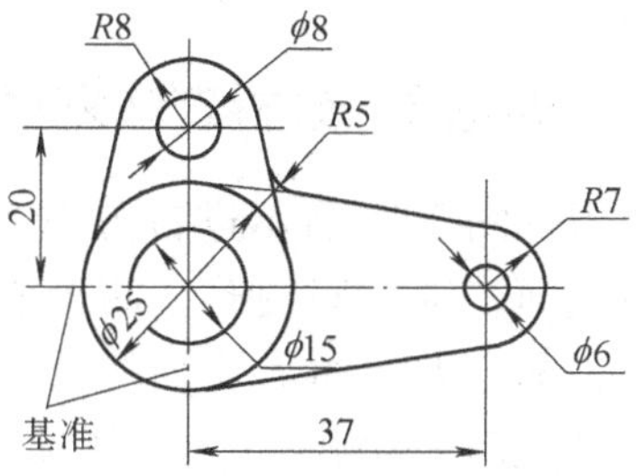

图 2-24 划线基准选择（三）

2. 划线基准的选择原则

1）划线基准应尽量与设计基准重合。

2）形状对称的工件，应以对称中心线为基准。

3）有孔或凸台的工件，应以主要的孔或凸台中心线为基准。

4）在未加工的毛坯上划线，应以不加工面作基准。

5）在加工过的工件上划线，应以加工过的表面作基准。

三、平面划线基准

• 训练 1 分析平面划线基准

1）菱形镶配件各个部位尺寸的标注情况如图 2-25 所示，图中标有各要素形位公差要求。可见菱形镶配件其宽度方向尺寸如 $48_{-0.039}^{\ 0}$ mm，$12_{-0.027}^{\ 0}$ mm，52mm，均对称于中心线Ⅰ-Ⅰ。其高度方向尺寸如 $40_{-0.08}^{+0.08}$mm，$60_{-0.046}^{\ 0}$mm 以及两个 90°±5′的直角均对称于中心线Ⅱ-Ⅱ，故菱形镶配件中，Ⅰ-Ⅰ，Ⅱ-Ⅱ为设计基准，按划线基准选择原则，该零件划线时，应选择Ⅰ-Ⅰ，Ⅱ-Ⅱ两条中心线为划线基准。划线即从基准开始。

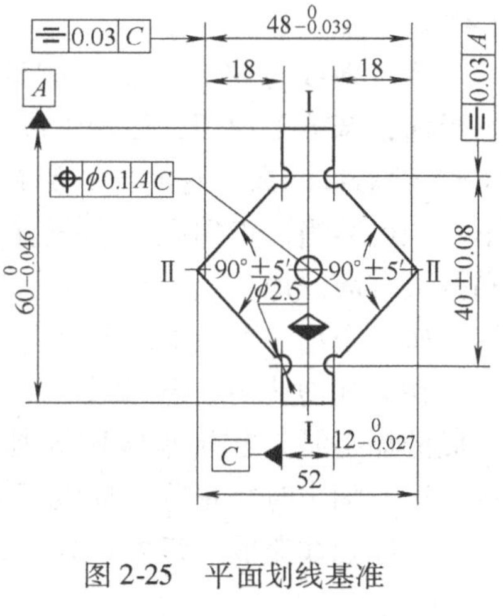

图 2-25 平面划线基准

2）图 2-26 所示为 Y 形压模，按其各部位尺寸标注情况分析，压模在两个方向上有尺寸要求，其高度方向尺寸如 $30_{\ 0}^{+0.052}$ mm，$65_{-0.03}^{\ 0}$mm 均以 *A* 面或（线）开始标注，其宽度方向尺寸如 $15_{-0.018}^{\ 0}$ mm，$45_{-0.025}^{\ 0}$ mm，$10_{-0.036}^{\ 0}$mm 以及 90°±5′的直角均对称于中心线Ⅰ-Ⅰ，故 *A* 面（或直线）及中心线Ⅰ-Ⅰ为该压模的设计基准，按划线基准选择原则，压模在划线时应选择A面（或直线），以及中心线Ⅰ-Ⅰ作为划线基准。

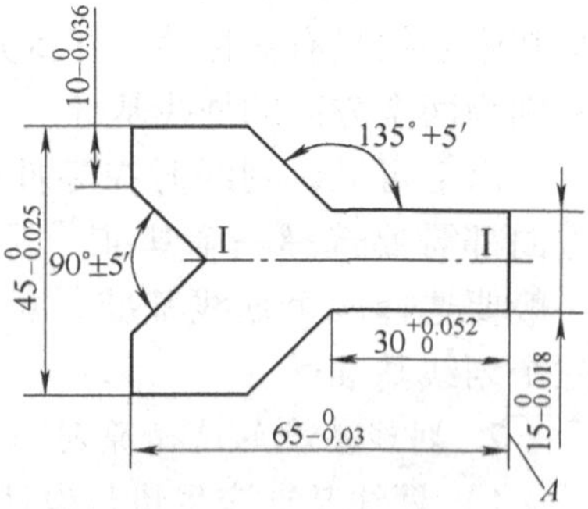

图2-26　平面划线基准选择

四、立体划线基准

• 训练2　分析立体划线基准

根据图2-27所示进行分析，轴承座加工部位有底面，轴承座内孔，两个螺钉孔及其上的平面。两个大端面需要划线的尺寸共有三个方向，划线时每个尺寸方向都须选定一个基准，所以轴承座划线需三个划线基准。由此可见该轴承座的划线属于立体划线。

在三个方向上划线，工件在平板上要安放三次才能完成所有的线条。第一划线位置应该选择待加工表面和非加工表面均比较重要和比较集中的一个位置，而且支承面比较平直。所以轴承座第一划线位置应以底平面作为安放支承面，见图2-28a，调节千斤顶，使两端孔的中心基本调到同一高度，划出基准线Ⅰ-Ⅰ底平面加工线及其他有关线条。第二划线位置安放轴承座，使底平面加工线垂直于平板，并调正千斤顶，使两端孔的中心基本在同一高度，见图2-28b，然后划基准线Ⅱ-Ⅱ，并划出两螺钉孔中心线。

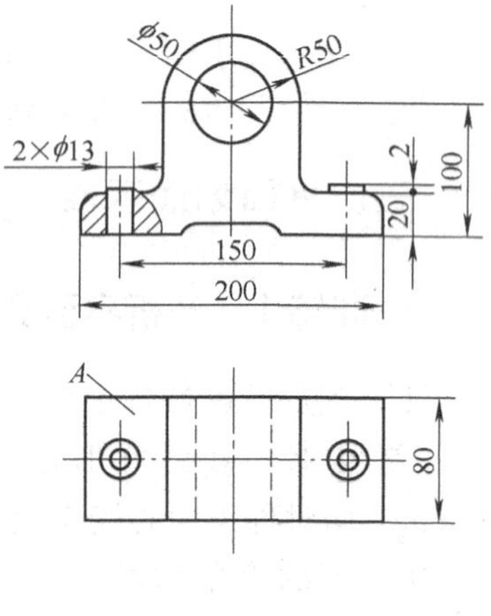

图2-27　轴承座

第三划线位置，以轴承座某一端面为安放支承面，调节千斤顶，使轴承座底面加工线和基准线Ⅰ-Ⅰ垂直于平板，见图2-28c。然后以两螺钉孔的中心为依据，试划两大端面加工线。如一端面出现余量不够，可适当调正螺孔中心位置（借料）。当中心确定后即可划出Ⅲ-Ⅲ基准线和两大端面的加工线。至此轴承座三个方向的线条（加工线）都可划出。可见轴承座三个尺寸方向上的基准分别为图中的Ⅰ-Ⅰ、Ⅱ-Ⅱ、Ⅲ-Ⅲ。

在实际划线时，基准线Ⅰ-Ⅰ、Ⅱ-Ⅱ、Ⅲ-Ⅲ及有关尺寸线（如底面和两大端面的加工线）在轴承座四周都要划出，这除了明确表示加工限制线外，也为在机床上加工时找正位置提供了方便。

上述划线完成经复验正确后，需打上样冲眼。

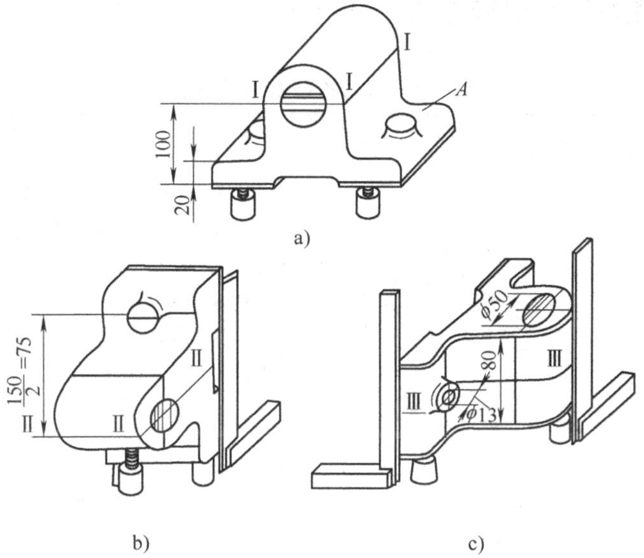

图 2-28 轴承座的划线位置
a）第一划线位置 b）第二划线位置 c）第三划线位置

第四节 划线方法

一、划线准备工作与安全文明生产

（1）划线前的准备工作 划线的质量将直接影响工件的加工质量，要保证划线质量，就必须做好划线前有关的准备工作。

1）清理工件，对铸、锻毛坯件，应将型砂、毛刺、氧化皮除掉，并用钢丝刷刷净，对已生锈的半成品将浮锈刷掉。

2）分析图样，了解工件的加工部位和要求，选择好划线基准。

3）在工件划线部位，按工件不同涂上合适的涂料。

4）擦干净划线平板，准备好划线工具。

（2）安全文明生产要点

1）熟练掌握各种划线工具的使用方法，特别对一些精密的划线工具。

2）工具要合理放置，左、右手用的工具应分别放置在左、右两边。

3）较大工件划线在调整时应用起重设备吊置，并在工件下面准备好垫铁等以保证安全。

二、常用的基本划线方法（表2-2）

表2-2　常用的基本划线方法

划线要求	图样	划线方法
等分直线 AB 为五等分（或若干等分）	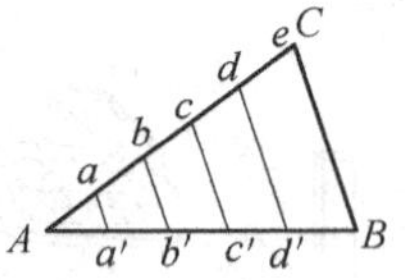	1. 作线段 AC 与已知直线 AB 成20°～40°角度 2. 由 A 点起在 AC 上任意截取五等分点 a、b、c、d、e 3. 连接 Be。过 d、c、b、a 分别作 Be 的平行线。各平行线在 AB 上的交点 d'、c'、b'、a' 即为五等分点
作与 AB 距离为 R 的平行线	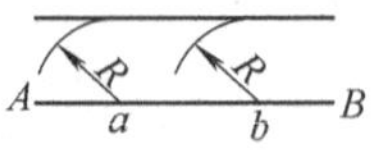	1. 在已知直线 AB 上任意取两点 a、b 2. 分别以 a、b 为圆心，R 为半径，在同侧划圆弧 3. 作两圆弧的公切线，即为所求的平行线
过线外一点 P，作线段 AB 的平行线	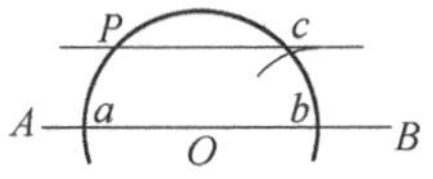	1. 在线段 AB 的中段任取一点 O 2. 以 O 为圆心，OP 为半径作圆弧，交 AB 于 a、b 3. 以 b 为圆心，aP 为半径作圆弧，交圆弧 $\overset{\frown}{ab}$ 于 c 4. 连接 Pc，即为所求平行线
过已知线段 AB 的端点 B 作垂线	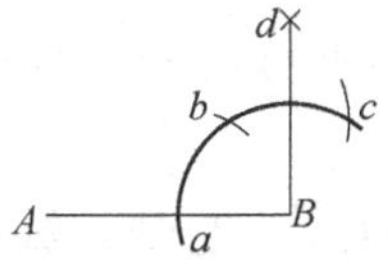	1. 以 B 为圆心，取 Ba 为半径作圆弧交线段 AB 于 a 2. 以 aB 为半径，在圆弧上截取 $\overset{\frown}{ab}$ 和 $\overset{\frown}{bc}$ 3. 以 b、c 为圆心，Ba 为半径作圆弧，得交点 d。连接 dB，即为所求垂线
求作15°、30°、45°、60°、75°、120°的角度	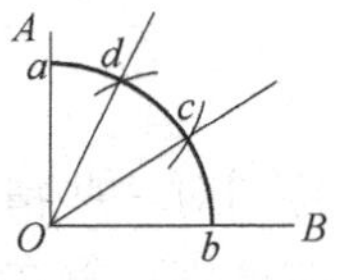	1. 以直角的顶点 O 为圆心，任意长为半径作圆弧，与直角边 OA、OB 交于 a、b 2. 以 Oa 为半径，分别以 a、b 为圆心作圆弧，交圆弧 $\overset{\frown}{ab}$ 于 c、d 两点 3. 连接 Oc、Od，则∠bOc、∠cOd、∠dOa 均为30°角 4. 用等分角度的方法，亦可作出15°、45°、60°、75°及120°的角

（续）

划线要求	图 样	划线方法
任意角度的近似作法	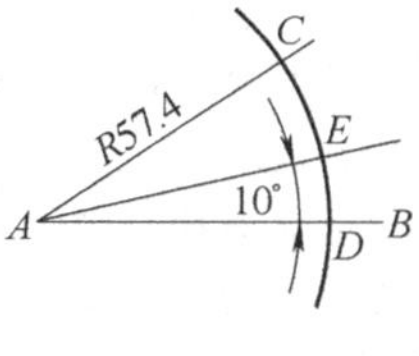	1. 作直线 AB 2. 以 A 为圆心，57.4mm 为半径作圆弧 $\overset{\frown}{CD}$ 3. 以 D 为圆心，10mm 为半径在圆弧 $\overset{\frown}{CD}$ 上截取，得 E 点 4. 连接 AE，则 $\angle EAD$ 近似为 10°，半径每 1mm 所截弧长近似为 1°
求已知弧的圆心	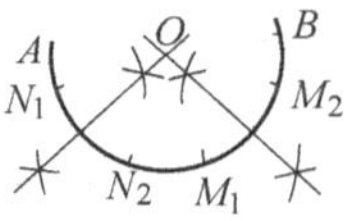	1. 在已知圆弧 $\overset{\frown}{AB}$ 上取点 N_1、N_2、M_1、M_2，并分别作线段 N_1N_2 和 M_1M_2 的垂直平分线 2. 两垂直平分线的交点 O，即为圆弧 $\overset{\frown}{AB}$ 的圆心
作圆弧与两相交直线相切	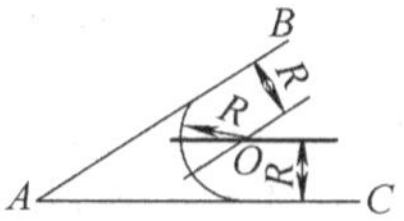	1. 在两相交直线的锐角 $\angle BAC$ 内侧，作与两直线相距为 R 的两条平行线，得交点 O 2. 以 O 为圆心、R 为半径作圆弧即成
作圆弧与两圆外切	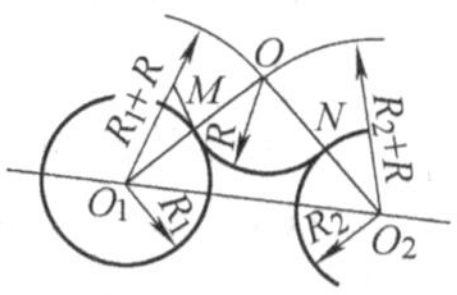	1. 分别以 O_1 和 O_2 为圆心，以 R_1+R 及 R_2+R 为半径作圆弧交于 O 点 2. 连接 O_1O 交已知圆于 M 点，连接 O_2O 交已知圆于 N 点 3. 以 O 为圆心、R 为半径作圆弧即成
作圆弧与两圆内切	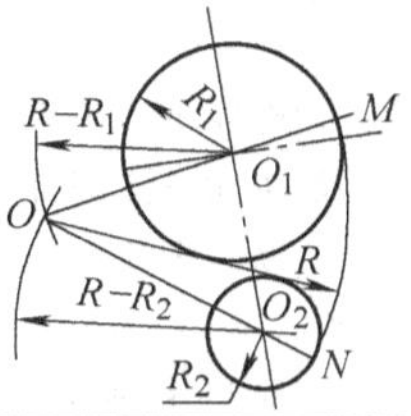	1. 分别以 O_1 和 O_2 为圆心，$R-R_1$ 和 $R-R_2$ 为半径作弧交于 O 点 2. 以 O 为圆心、R 为半径作圆弧即成
把圆周五等分	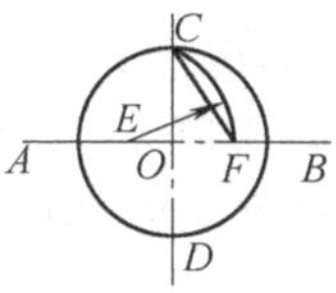	1. 过圆心 O 作直径 $CD \perp AB$ 2. 取 OA 的中点 E 3. 以 E 为圆心、EC 为半径作圆弧交 AB 于 F 点，CF 即为圆五等分的长度

（续）

划线要求	图　样	划线方法
任意等分半圆	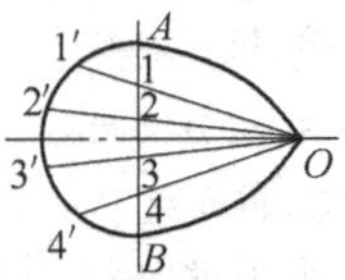	1. 将圆的直径 AB 分为任意等分，得交点1、2、3、4、… 2. 分别以 A、B 为圆心、AB 为半径作圆弧交于 O 点 3. 连接 $O1$、$O2$、$O3$、$O4$、…，并分别延长交半圆于1′、2′、3′、4′、…。1′、2′、3′、4′、…即为半圆的等分点
作正八边形	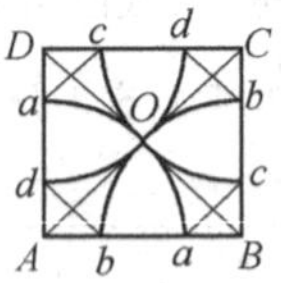	1. 作正方形 $ABCD$ 的对角线 AC 和 BD，交于 O 点 2. 分别以 A、B、C、D 为圆心，AO、BO、CO、DO 为半径作圆弧，交正方形于 a、a，b、b，c、c，d、d 3. 连接 bd、ac、db、ca 即得正八边形
卵圆划法	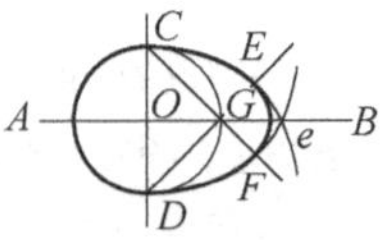	1. 作线段 CD 垂直于 AB，相交于 O 点 2. 以 O 为圆心、OC 为半径作圆，交 AB 于 G 点 3. 分别以 D、C 为圆心，DC 为半径作弧交于 e 4. 连接 DG、CG 并延长，分别交圆弧于 E、F 5. 以 G 为圆心、GE 为半径划弧，即得卵圆形
椭圆（用四心法）	已知： AB——椭圆长轴 CD——椭圆短轴 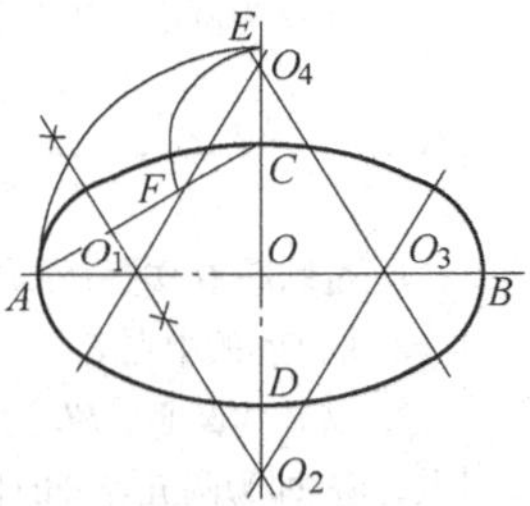	1. 划 AB 和 CD 且相互垂直 2. 连接 AC，并以 O 为圆心，OA 为半径划圆弧交 OC 的延长线于 E 点 3. 以 C 为圆心，CE 为半径划圆弧，交 AC 于 F 点 4. 划 AF 的垂直平分线交 AB 于 O_1，交 CD 延长线于 O_2，并截取 O_1 和 O_2 对于 O 点的对称点 O_3 和 O_4 5. 分别以 O_1、O_2 和 O_3、O_4 为圆心，O_1A、O_2C 和 O_3B、O_4D 为半径划出四段圆弧，圆滑连接后即得椭圆

（续）

划线要求	图　　样	划线方法
椭圆（用同心圆法）	已知： AB——椭圆长轴 CD——椭圆短轴 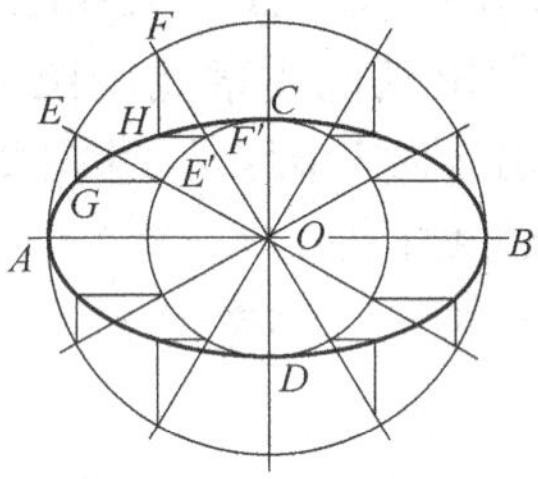	1. 以 O 为圆心，分别用长、短轴 AB 和 CD 作直径划两个同心圆 2. 通过 O 点相隔一定角度划一系列射线与两圆相交得 E、E′，F，F′等交点 3. 分别过 E、F 和 E′、F′等点划 AB 和 CD 的平行线相交于 G、H 等点 4. 圆滑连接 A、G、H、C 等点后即得椭圆

三、平面划线操作实例

• 训练 3

根据图 2-29a，其划线方法和步骤如下：

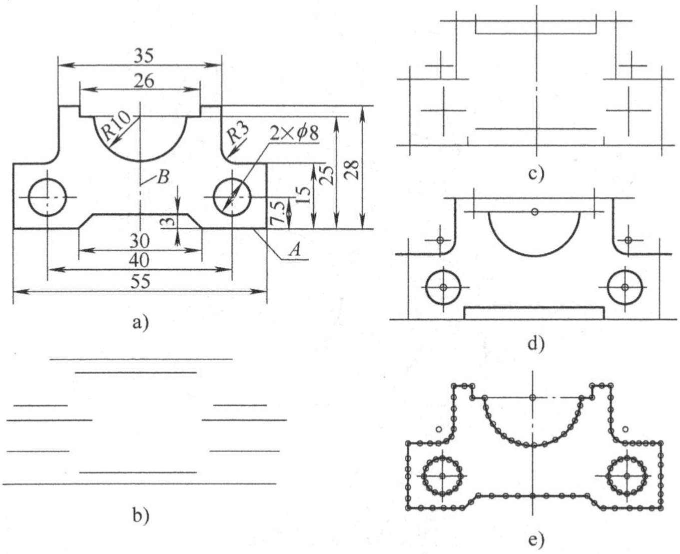

图 2-29　划线实例

a）划线实例图样　b）划与高度基准 A 平行的尺寸线

c）划与宽度基准 B 平行的尺寸线　d）划圆及圆弧线　e）划连接线、打样冲眼

1）在划线前，对工件表面进行清理，并涂上涂料。

2）检查待划工件是否有足够的加工余量。

3）分析图样，根据工艺要求，明确划线位置，确定基准（高度方向为 *A* 面，宽度方向为中心线 *B*)，见图 2-29a。

4）确定待划图样位置，划出高度基准 *A* 的位置线，见图 2-29b，并相继划出其他要素的高度位置线（即平行于基准 *A* 的线，仅划交点附近的线条)。

5）划出宽度基准 *B* 的位置线，同时划出其他要素宽度位置线，见图 2-29c。

6）用样冲打出各圆心的冲孔，并划出各圆和圆弧，见图 2-29d。

7）划出各处的连接线，完成工件的划线工作。

8）检查图样各方向划线基准选择的合理性，各部分尺寸的正确性。检查线条是否清晰，有无遗漏和错误。

9）打样冲眼，显示各部分尺寸及轮廓，见图 2-29e，工件划线结束。

• 训练 4

根据图 2-30，其划线方法和步骤如下：

1）分析图样后，确定以底边和右边（侧）这两条直线为基准。故沿板料边缘划两条垂直基准线。

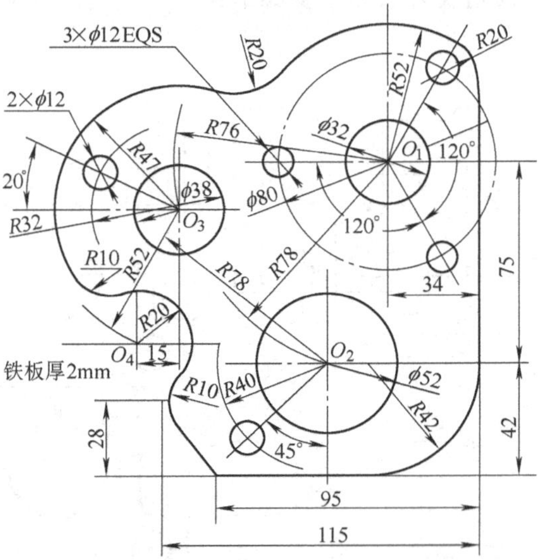

图 2-30　划线样板

2）划尺寸 42 水平线。

3）划尺寸 75 水平线。

4）划尺寸 34 垂直线。

5）以 O_1 为圆心、$R78$ 为半径作弧并截取 42 水平线得 O_2 点，通过 O_2 点作垂直线。

6）分别以 O_1、O_2 点为圆心、$R78$ 为半径作弧相交得 O_3 点，通过 O_3 点作水平线和垂直线。

7）通过 O_2 点作 45°线，并以 $R40$ 为半径截取获得小圆的圆心。

8）通过 O_3 点作与水平线成 20°角，并以 $R32$ 为半径截取获得另一小圆的圆心。

9）划垂直线与 O_3 垂直线距离为 15，并以 O_3 为圆心、$R52$ 为半径作弧截取获得 O_4 点。

10）划尺寸 28 水平线。

11）按尺寸 95 和 115 划出左下方的斜线。

12）划出 $\phi32$、$\phi80$、$\phi52$、$\phi38$ 圆周线。

13）把 $\phi80$ 圆周按图作三等分。

14）划出 5 个 $\phi12$ 圆周线。

15）以 O_1 为圆心、$R52$ 为半径划圆弧，并以 $R20$ 为半径作相切圆弧。

16）以 O_3 为圆心、$R47$ 为半径划圆弧，并以 $R20$ 为半径作相切圆弧。

17）以 O_4 为圆心、$R20$ 为半径划圆弧，并以 $R10$ 为半径作两处的相切圆弧。

18）以 $R42$ 为半径作右下方的相切圆弧。

在划线过程中，圆心找出后随即打样冲眼，以备圆规划圆弧。在划线交点以及划线上按间隔也要打样冲眼，以保证工件加工界限清楚可靠，以及质量检验。

四、立体划线操作实例

• 训练 5

图 2-31 所示为一外齿轮套的零件图，根据图样和实物，在划线前，除六个长圆孔、一个斜孔及 8mm 宽的方槽外，其余表面均已加工完成。要划线的就是这六个长圆孔、一个斜孔及 8mm 宽的方槽。

按图样分析，这个工件的划线基准，应该是通过某轮齿中心的槽中心平面和 $\phi118$ 的大端面。这种工件最适于在分度头上划线。用分度头上自定心卡盘的反爪夹住齿轮端 $\phi56^{+0.018}_{0}$ 的内孔，并用百分表把孔及 $\phi118$ 的端面找正，使孔与分度头的主轴同心，端面与分度头主轴垂直。

划线步骤如下：

1）划线前先将划线基准即通过某轮齿中心的槽中心平面（图 2-31 中 Ⅰ-Ⅰ 平面）调整到水平位置。方法是：在某一齿槽中嵌入一根直径为 d 的圆柱（此

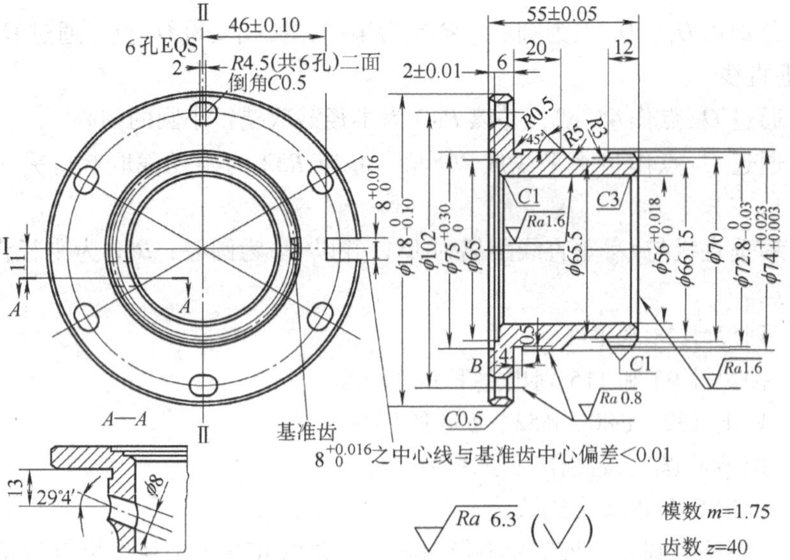

图 2-31　外齿轮套

圆柱要与渐开线齿形相切，见图 2-32）。把游标高度卡尺调整到$\left(H+\frac{d}{2}\right)$（$H$ 为分度头中心高），使夹在齿槽中的圆柱与游标高度卡尺划线面相贴，这时齿槽中心平面在水平位置，然后将分度头转动$\frac{1}{2}\left(\frac{360°}{z}\right)$圈。现齿轮齿数 $z=40$，即转动4°30′，则通过某轮齿中心槽的中心平面Ⅰ-Ⅰ正好在水平位置。记住分度头刻度上所指角度。

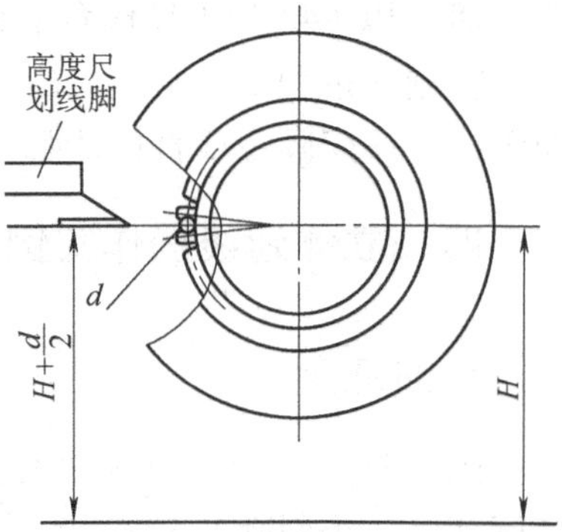

图 2-32　把外齿轮套的划线基准面调整到水平位置的方法

2）将游标高度卡尺调节到 H 高度划中心线（图 2-33a），然后调节到（$H+4$）和（$H-4$）划槽宽线，调节到（$H-11$）划斜孔中心位置线。

3）将分度头转过 90°，把槽转到上面位置（图 2-33b），记住分度头刻度所指角度 θ；再将游标高度卡尺调节到 H，划Ⅱ-Ⅱ线（图 2-31，图 2-33b）。将高度游标尺调节到（$H+46$），划出槽底线。这时，方槽已划完。

4）长圆孔两圆弧中心偏离中心平面各 1mm（图 2-31，图 2-33a），化成角度

$\alpha = \frac{1}{51} \times 57.3° = 1.12°$（长圆孔中心所在圆直径为102mm，半径为51mm，$\frac{1}{51}$的单位是弧度，1弧度等于57.3°）。

将游标高度卡尺仍调节到H，先转分度头到（$\theta + 1.12°$）、（$\theta - 1.12°$）位置划出1、4长圆孔中心线。再转分度头到（$\theta + 60° + 1.12°$）、（$\theta + 60° - 1.12°$）划出3、6长圆孔中心线。继续转分度头到（$\theta + 120° + 1.12°$）、（$\theta + 120° - 1.12°$）位置划出2、5长圆孔中心线。然后把游标高度卡尺调节到（$H + 51$），把划线尺尖对准A点（图2-33b），转动分度头划出ϕ102mm圆周。至此，六个长圆孔中心线已划好。

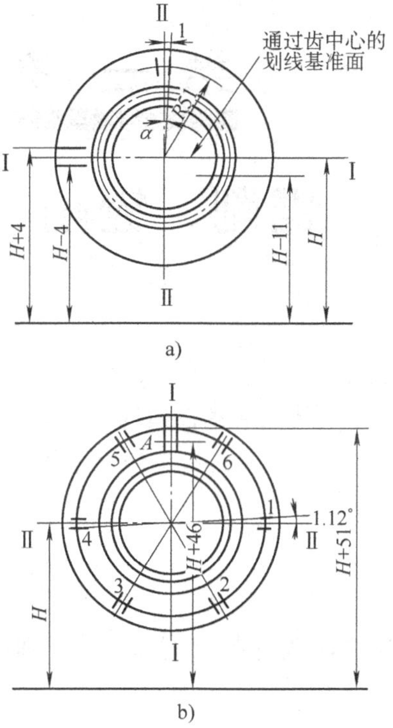

图2-33 外齿轮套划线示意图

a）齿中心平面在水平位置

b）转过90°以后的情况

5）把工件从分度头上取下，将B面（图2-31）放在划线平板上，将游标高度卡尺调节到21mm（2mm + 6mm + 13mm = 21mm），划出斜孔中心线，与第2）步（$H - 11$）线的交点即是斜孔中心。

6）在孔中心打上样冲眼，划出长圆孔，在所有加工界限线和中心线上分别打出大小不同的样冲眼。

经检查准确无误后，划线工作才算完成。

复习思考题

1. 为什么有些零件加工前要划线？
2. 什么叫平面划线？什么叫立体划线？
3. 使用划线平板要注意哪些维护保养措施？
4. 用划针划线时要注意哪些问题？
5. 打样冲眼要注意哪些要点？
6. 什么叫划线基准？平面划线和立体划线时各要选择几个基准？
7. 选择划线基准时应考虑哪些方面？
8. 要在一个圆柱面上划16条等分线，求每划一条线后，分度手柄应转几周后再划第二条线？
9. 分度盘在划线时有何用处？

第三章

锯削、锉削、錾削、刮削和研磨加工

培训目标 了解砂轮机的安全操作知识；了解锯削、锉削、錾削加工的基础知识和操作技能；掌握刮削和研磨的基本方法。

第一节 砂轮机的安全操作知识

一、砂轮机的结构

砂轮机主要是由基座、砂轮、电动机或其他动力源、托架、防护罩、吸尘装置和集水区等组成的，如图 3-1 所示。电动机置于基座的顶面，两端输出轴（根据不同砂轮型号输出轴的直径也不同）分别可安装砂轮，砂轮靠法兰盘和衬垫通过螺母锁紧在输出轴上，基座对应砂轮的底部位置具有一凹陷的集水区，方便操作者随时进行冷却工件。

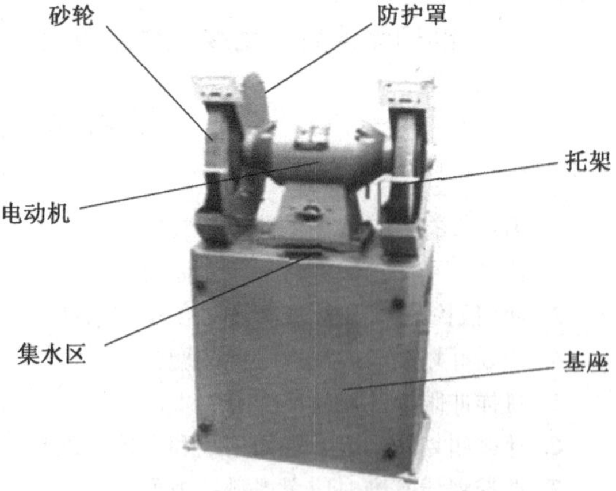

图 3-1 砂轮机

二、砂轮机的安全操作

1）砂轮机的旋转方向要正确，只能使磨屑向下飞离砂轮。

2）砂轮机起动后，应在砂轮机旋转平稳后再进行磨削。若砂轮机跳动明显，应及时停机修整。

3）砂轮机托架和砂轮之间应保持3mm的距离，以防工件扎入造成事故。砂轮机在开动前要认真查看砂轮盘与防护罩之间有无杂物附着、堵塞，如有，一定要将杂物清理后方能开机。

4）磨削时应站在砂轮机的侧面，且用力不宜过大。

5）根据砂轮使用的说明书，选择与砂轮机主轴转数相符合的砂轮。

6）新领的砂轮要有出厂合格证，或检查试验标志。安装前如发现砂轮的质量、硬度、粒度和外观有裂缝等缺陷时，不能使用。

7）安装砂轮时，砂轮的内孔与主轴配合的间隙不宜太紧，应按间隙配合的技术要求，一般控制在0.10mm之内。

8）砂轮两面要装有法兰盘，其直径不得小于砂轮直径的1/3，砂轮与法兰盘之间应垫好衬垫。

9）拧紧螺母时，要用专用的扳手，不能拧得太紧，严禁用硬的东西锤敲，防止砂轮受击碎裂。

10）砂轮装好后，要装防护罩、挡板和托架。挡板和托架与砂轮之间的间隙，应保持在3mm内，并要略低于砂轮的中心。

11）新装砂轮起动时，不要过急，先点动检查，再经过空转2～3min，待砂轮机运转正常后方能使用。

12）初磨时不能用力过猛，以免砂轮受力不均而发生事故。

13）过分细小、拿握不住的工件，不得在砂轮机上磨削，以防被卷入砂轮机、碾碎砂轮盘，从而造成事故。禁止磨削纯铜、铅、木头等东西，以防砂轮嵌塞。

14）不准两人同时在一块砂轮上刃磨。刃磨操作完毕，应及时关闭砂轮机电源，不得让砂轮机空转。

15）刃磨时间较长，刀具应及时进行冷却，防止烫手。

16）经常修整砂轮表面的平衡度，保持良好的状态。

17）操作砂轮机的人员应戴好防护眼镜。

18）砂轮机吸尘装置必须完好有效，如发现故障，应及时修复，否则应停止工作。

第二节　锯削加工

用锯对材料或工件进行切断或切槽等的加工方法叫锯削。大型原材料和工件的分割通常利用机械锯进行，其不属钳工的工作范围。钳工的锯削只是利用手锯对较小的材料和工件进行分割或切槽。常见的锯削工作如图3-2所示。它们分别锯断各种原材料或半成品；锯去工件上的多余部分；在工件上锯出沟槽。

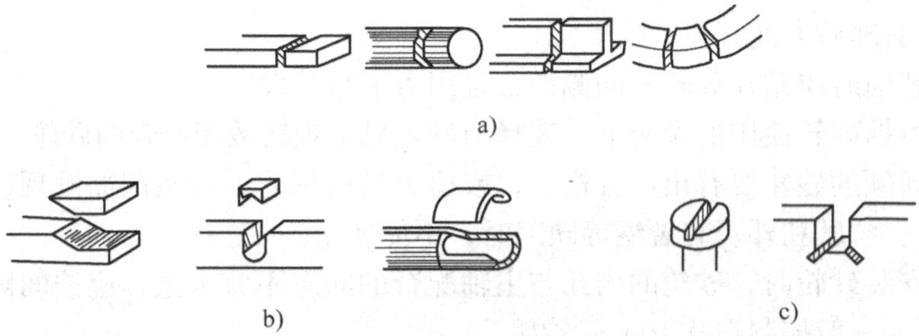

图 3-2　锯削的应用
a）锯断各种原材料、半成品
b）锯去工件上的多余部分　c）在工件上锯出沟槽

一、锯削工具

（1）手锯　手锯是钳工用来进行锯削的手动工具。

手锯由锯弓（锯架）和锯条两部分组成。

1）锯弓是用来张紧锯条的。锯弓可分为固定式锯弓和可调式锯弓两类，如图 3-3 所示，图 3-3a 所示为固定式锯弓；图 3-3b 所示为可调式锯弓。

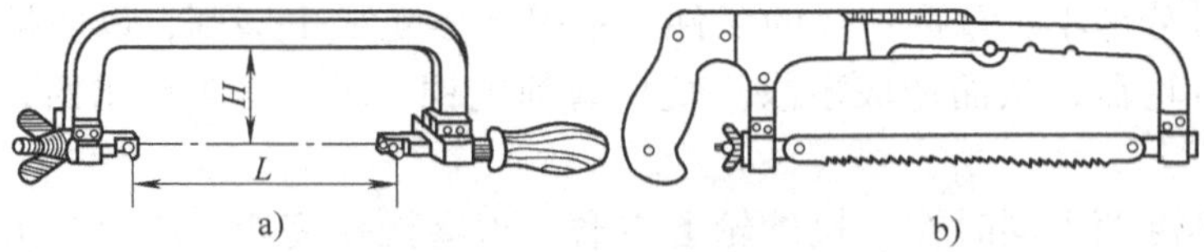

图 3-3　锯弓的构造
a）固定式　b）可调式

固定式锯弓为整体结构，只能安装一种规格的锯条（则 L 尺寸是不能改变的）。可调式锯弓分为两部分，因此使用时可安装几种长度规格的锯条（其 L 尺寸可改变）。另外可调式锯弓手柄的结构形状在锯削时便于用力，故锯削中使用较多的为可调式锯弓。

锯弓按其材料的形状又可分为两种，即钢板结构和钢管结构。

钢板结构形式的锯弓其规格为：固定式 $L=300$mm，$H=64$mm（H 为最大锯切深度，见图 3-3）；可调式 $L=200$mm、$L=250$mm、$L=300$mm，$H=64$mm。

钢管结构形式的锯弓其规格为：固定式 $L=300$mm，$H=74$mm；可调式 $L=250$mm、$L=300$mm，$H=74$mm。

2）锯条是手锯的重要组成部分，锯削时起切削作用。锯条一般用渗碳软钢冷轧而成，也有用碳素工具钢或合金钢制成，经热处理淬硬。锯条的长度规格是以其两端安装孔的中心距来表示的。锯条一般长度为150～400mm，钳工常用的锯条长度为300mm。

（2）锯条的选用　锯条是手锯的切削部分。锯削时正确选用锯条是锯削操作中不容忽视的问题，要做到合理选用锯条，必须先了解以下几点。

1）锯削时要达到较高的工作效率，同时使锯齿具有一定的强度。因此切削部分必须具有足够的容屑槽以及保证锯齿较大的楔角。目前使用的锯条锯齿角度是：前角为0°；楔角为50°；后角为40°。锯齿角度如图3-4所示。

2）锯削时，锯入工件越深，锯缝两边对锯条的摩擦阻力越大，甚至把锯条咬住。制造时将锯条上的锯齿按一定规律左右错开排列成一定的形状称为锯路。锯路有交叉形、波浪形等。锯齿排列见图3-5。锯条有了锯路，使工件的锯缝宽度大于锯条背部的厚度，锯条便不会被锯缝咬住，减少锯条与锯缝的摩擦阻力，锯条不致摩擦过热而加快磨损。

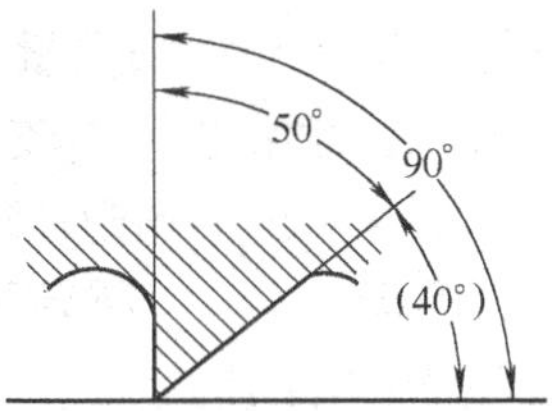

图3-4　锯齿角度

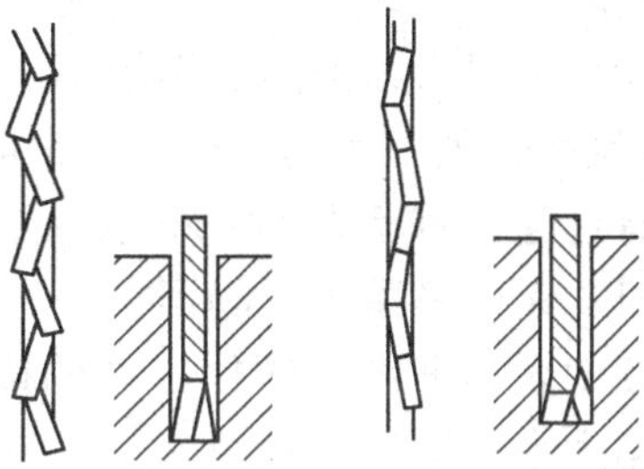

图3-5　锯齿排列

3）锯齿粗细是用锯条上每25mm长度内的齿数多少来表示的。目前有14、18、24和32齿等几种，分别为粗齿、中齿、细齿和极细齿。

锯削时锯齿的粗细应根据锯削材料的软硬和锯削面的厚薄来选择。粗齿锯条的容屑槽较大，适应锯削软材料和锯削面较大的工件。因为此时每锯一次的切屑较多，粗齿的容屑槽大，就不致于产生堵塞而影响切削效率。

细齿锯条适应锯削硬材料，硬材料不易锯入，每锯一次的切屑较少，不致堵塞容屑槽，选用细齿锯条可使同时参加切削的齿数增加，从而使每齿的切削量减少，材料容易被切除，锯削比较省力，锯齿也不易磨损。

锯削面较小（薄）的工件，如锯割管子和薄板时必须选用细齿锯条，否则锯齿很容易被钩住以致崩齿。

（3）锯条的安装　手锯是在向前推进时进行切削的，所以安装锯条时要保证齿尖向前，如图3-6所示为锯条安装方向。另外，安装锯条时其松紧也要适当，过紧锯条受力大，锯削时稍有阻滞而产生弯折时，锯条很容易崩断；锯条安装得过松，锯条不但容易弯曲造成折断，而且锯缝容易歪斜。

锯条安装好后，还应检查锯条安装得是否歪斜、扭曲，因前后夹头的方榫与锯弓方孔有一定的间隙，如歪斜、扭曲，必须校正。

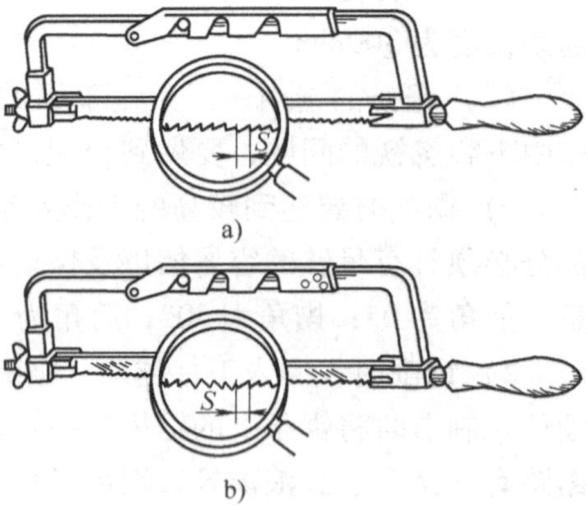

图3-6 锯条安装方向

a）正确 b）错误

二、锯削方法

（1）锯削的基本方法 锯削的基本方法包括锯削时锯弓的运动方式和起锯方法。

1）锯弓的运动方式有两种，一是直线往复运动，此方法适用于锯缝底面要求平直的槽子和薄型工件。另一种是摆动式，锯削时锯弓两端可自然上下摆动，这样可减少切削阻力，提高工作效率。

2）起锯是锯削工作的开始，起锯质量的好坏直接影响锯削质量。

起锯有近起锯和远起锯两种方法，见图3-7。在实际操作中较多采用远起锯。锯削时，无论采用哪种起锯方法，其起锯角要小（α不超过15°为宜），若起锯的角度太大，锯齿会钩住工件的棱边，造成锯齿崩裂。但起锯角也不能太小，起锯角太小，锯齿不易切入，锯条易滑动而锯伤工件表面。

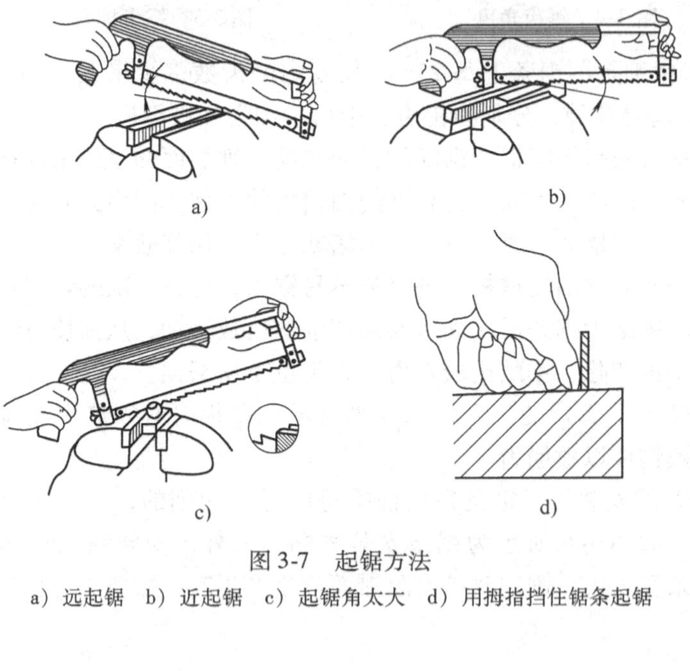

图3-7 起锯方法

a）远起锯 b）近起锯 c）起锯角太大 d）用拇指挡住锯条起锯

另外，起锯时压力要轻，同时可用拇指挡住锯条，使它正确地锯在所需的位置上，如图 3-7d 所示。

3）发现锯齿崩裂应立即停止使用，取下锯条在砂轮上把崩齿的地方小心地磨光，并把崩齿后面几齿磨低些，图 3-8 所示为锯齿崩裂的处理。从工件锯缝中清除断齿后继续锯削。

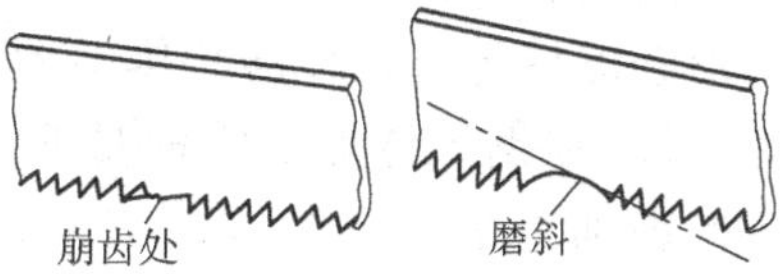

图 3-8 锯齿崩裂的处理

（2）锯削操作要点

1）工件的夹持应当稳当牢固，不可有弹动。工件伸出部分要短，并将工件夹在台虎钳的左面。

2）压力、速度和往复长度要适当。锯削时，两手作用在手锯上的压力和锯条在工件上的往复速度，都将影响到锯削效率。确定锯削时的压力和速度，必须按照工件材料的性质来决定。

锯削硬材料时，因不易切入，压力应该大些，锯削软材料时，压力应小些。但不管何种材料，当向前推锯时，对手锯要加压力，向后拉时，不但不要加压力，还应把手锯微微抬起，以减少锯齿的磨损。每当锯削快结束时，压力应减小。钢锯的锯削速度以每分钟往复 20～40 次为宜。锯削软材料速度可快些，锯削硬材料速度应慢些。速度过快锯齿易磨损，过慢效率不高。锯削时，应使锯条全部长度都参加锯削，但不要碰撞到锯弓架的两端，这样锯条在锯削中的消耗平均分配于全部锯齿，从而延长锯条使用寿命。相反如只使用锯条中间一部分，将造成锯齿磨损不匀，锯条使用寿命缩短。锯削时一般往复长度不应小于锯条长度的 2/3。

三、锯削安全技术

1）要防止锯条折断时从锯弓上弹出伤人，因此要特别注意工件快要锯断时锯弓压力要减小，锯条安装的松紧要恰当，不要突然用过大的力量锯削等。

2）要防止工件被锯下的部分跌落而损坏或伤人。当工件过大时，可用支承物支承。

3）无柄或无箍的直柄手锯不可使用，以防尾尖刺伤手掌。

四、锯削加工实例

• 训练 1 棒料和轴类零件的锯削

1）锯削前，根据工件材料性质、工件形状大小选择适合的锯条（粗细问题）及锯削方法。

2）把工件夹持在台虎钳上。工件夹持必须平稳，尽量保持水平位置，使锯条与它保持垂直，以防止锯缝歪斜。

3）根据工件加工质量要求，选择适应的锯削方法。当被锯削工件锯后的断面要求比较平整、光洁，则锯削时应从一个方向连续锯削到结束。当锯削后工件的断面要求不太高，锯削时每到一定深度（不超过中心）可不断改变锯削方向，最后一次锯断，这样可减少锯削抗力，容易锯入，因此提高了工作效率。

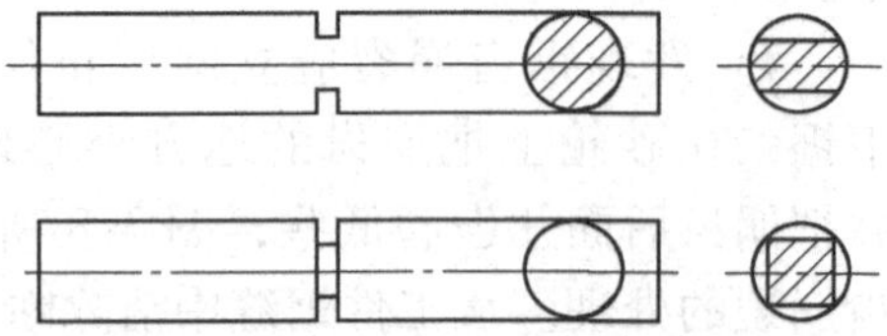

图 3-9　毛坯棒料的锯削

如锯削毛坯材料时，断面质量要求不高，为了节省时间，可分几个方向锯削（都不超过中心），然后将毛坯折断，毛坯棒料的锯削如图 3-9 所示。

• 训练 2　管子的锯削

锯削前把管子水平地夹持在台虎钳上，不能夹得太紧，以免管子变形，对于薄壁管子或精加工过的管子都应夹在木垫内，见图 3-10。

管子锯削时，不可从一个方向锯削到结束，这样锯削锯齿容易被钩住而崩齿（图 3-11b），锯出的锯缝因为锯条跳动也不平整。所以当锯条锯到近管子的内壁处，应将管子向推锯方向转过一个角度。锯条再依原有的锯缝继续锯削，不断转动，不断锯削，直至锯削结束，管子的锯削见图 3-11a。

图 3-10　管子夹持方法

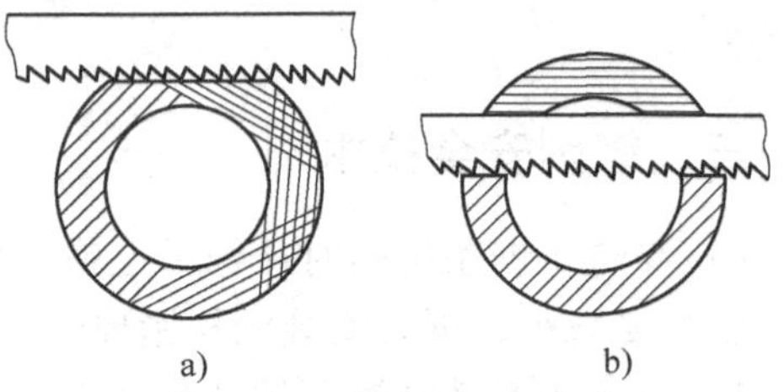

图 3-11　管子的锯削

a）正确　b）错误

第三节　锉削加工

用锉刀对工件进行切削加工的方法称为锉削。

锉削尺寸精度可达 0.01mm 左右，表面粗糙度值最小可达 Ra 0.8μm 左右。

锉削是钳工的主要操作技能之一。锉削的工作范围较广，可以锉削工件的内、外表面和各种沟槽，钳工在装配过程中也经常利用锉削对零件进行修整。

一、锉刀

锉刀是锉削的刀具。锉刀用高碳工具钢 T12 或 T13 制成，并经热处理淬硬，其硬度应为 62～67HRC。

（1）锉刀的构造　图 3-12 所示是锉刀的典型结构，按图样其各组成部分名称如下：

1）锉身是锉梢端至锉肩之间所包含的部分。无锉肩的锉刀如整形锉和异形锉则以锉纹长度部分为锉身。

2）锉柄是锉身以外的部分（L_1 部分），是安装锉刀柄的部分。

3）锉身平行部分是锉身中素线互相平行的部分。

4）梢部是锉身截面尺寸开始逐渐缩小的始点到梢端之间的部分（l 部分）。

5）主锉纹就是在锉刀工作面上起主要锉削作用的锉纹。

6）主锉纹覆盖的锉纹是辅锉纹。

7）锉刀窄边或窄面上的锉纹是边锉纹。

8）主锉纹与锉身轴线的最小夹角称为主锉纹斜角 λ。

9）辅锉纹与锉身轴线的最小夹角称为辅锉纹斜角 ω。

10）边锉纹与锉身轴线的最小夹角称为边锉纹斜角 θ。

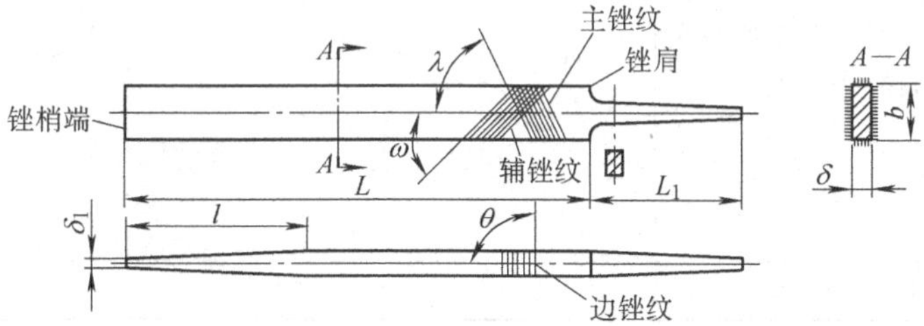

图 3-12　锉刀的各部分名称

从图 3-12 所示可知，在锉刀工作面上有主锉纹和辅锉纹两种锉纹，主锉纹覆盖在辅锉纹上，使锉齿间断，达到分屑断屑作用，故双锉纹锉刀锉削时较省力。单锉纹锉刀锉削时由于全宽同时切削，需要较大的切削力，因此适用于铝等软金属的锉削。

双锉纹锉刀其主锉纹斜角与辅锉纹斜角制成不等角（具体数值见表 3-1），从而使锉齿沿锉刀轴线方向形成倾斜和有规律的排列，见图 3-13a。这样锉出的刀痕交错不重叠、被锉削表面比较光滑。如主锉纹斜角与辅锉纹斜角制成相等角，那么锉齿沿锉刀轴线平行的排列，见图 3-13b，锉出的表面产生沟纹，得不到光滑的表面。

表 3-1　钳工锉的锉纹参数　（摘自 QB/T 3844—1999）

规格/mm	主锉纹条数					辅锉纹条数
	锉纹号					
	1	2	3	4	5	
100	14	20	28	40	56	为主锉纹条数的75%～95%
125	12	18	25	36	50	
150	11	16	22	32	45	
200	10	14	20	28	40	
250	9	12	18	25	36	
300	8	11	16	22	32	
350	7	10	14	20	—	
400	6	9	12	—	—	
450	5.5	8	11	—	—	
公差	±5%（其公差值不足 0.5 条时可圆整为 0.5 条）					±8%

规格/mm	边锉纹条数	主锉纹斜角 λ		辅锉纹斜角 ω		边锉纹斜角 θ
		1～3 号锉纹	4～5 号锉纹	1～3 号锉纹	4～5 号锉纹	
100 125 150 200 250 300 400 450	为主锉纹条数的100%～120%	65°	72°	45°	52°	90°
公差	+20%	±5°				±10°

注：扁锉可制成二面边纹、一面边纹或不制边纹。三角锉、半圆锉可制边纹。

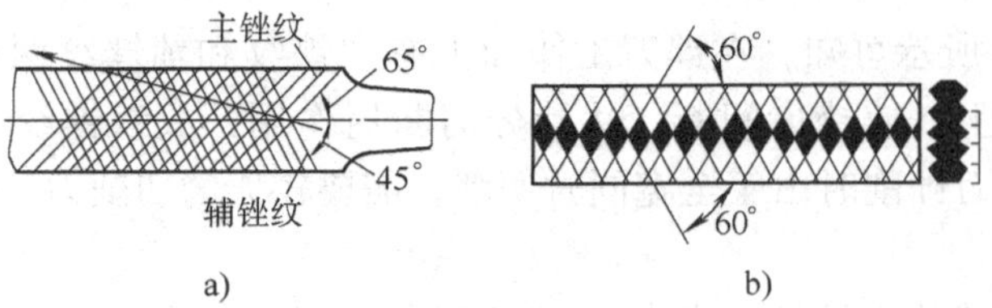

a)　　　b)

图 3-13　锉齿的排列

（2）锉刀的种类　锉刀可分为钳工锉、异形锉和整形锉三种。钳工常用锉刀是钳工锉。

1）钳工锉是钳工常用的锉刀，钳工锉按其断面形状又可分为齐头扁锉、半圆锉、三角锉、方锉和圆锉，以适应各种表面的锉削。钳工锉的断面形状见图3-14。

图 3-14　钳工锉断面形状

2）异形锉是用来加工零件上特殊表面的，有弯的和直的两种，见图3-15。

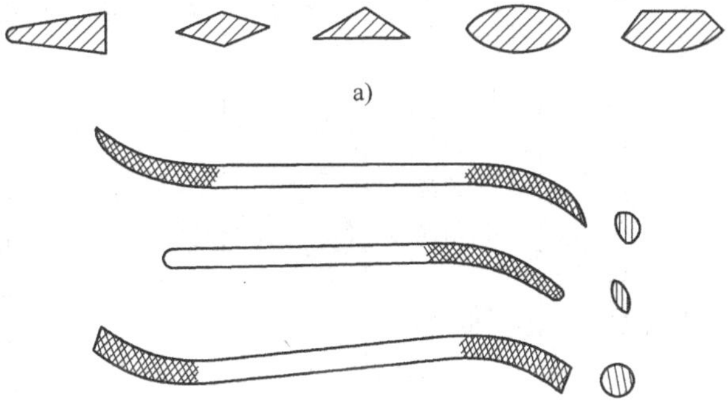

a)

b)

图 3-15　异形锉

a）断面不同的各种直的异形锉　b）弯的异形锉

3）整形锉用于修整工件上的细小部位，它可由5把、6把、8把、10把或12把不同断面形状的锉刀组成一组（套），见图3-16。

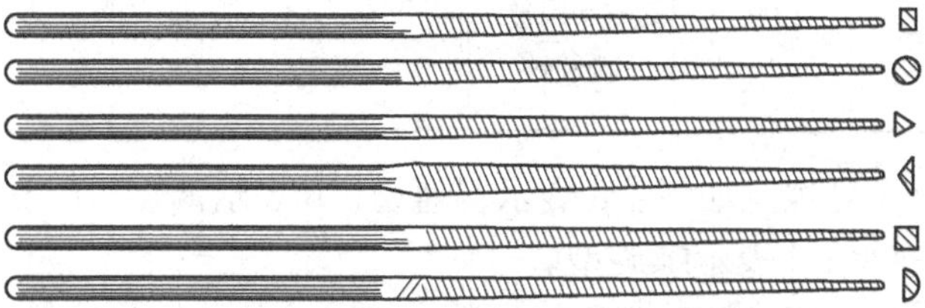

图 3-16　整形锉

各种类别、规格的锉刀，按GB/T 5806—2003规定，可用锉刀编号加以表示。锉刀编号依次是由类别代号—型式代号—规格—锉纹号组成。

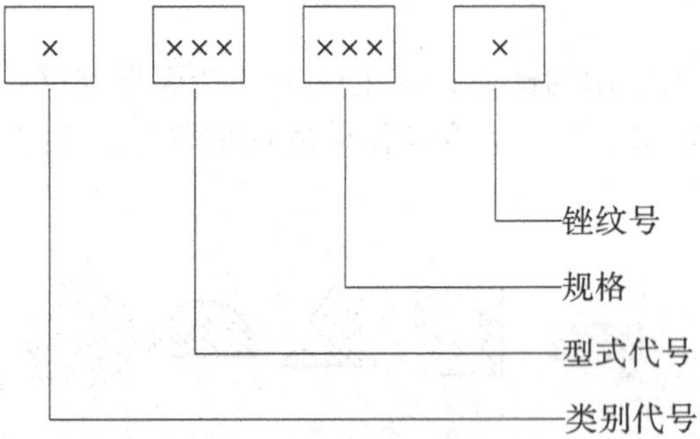

锉刀的类别与形式代号见表3-2。

表3-2 锉刀的类别与形式代号

类别	类别代号	形式代号	形　式	类别	类别代号	形式代号	形　式
钳工锉	Q	01	齐头扁锉	整形锉	Z	01	齐头扁锉
		02	尖头扁锉			02	尖头扁锉
		03	半圆锉			03	半圆锉
		04	三角锉			04	三角锉
		05	方　锉			05	方　锉
		06	圆　锉			06	圆　锉
异形锉	Y	01	齐头扁锉			07	单面三角锉
		02	尖头扁锉			08	刀形锉
		03	半圆锉			09	双半圆锉
		04	三角锉			10	椭圆锉
		05	方　锉			11	圆边扁锉
		06	圆　锉			12	菱形锉
		07	单面三角锉				
		08	刀形锉				
		09	双半圆锉				
		10	椭圆锉				

锉刀的其他代号规定如下：p表示普通型；b表示薄型；h表示厚型；z表示窄型；t表示特窄型；l表示螺旋型。

锉刀的锉纹号是反映锉刀粗细的参数。钳工锉的锉纹号按每10mm轴向长度内锉纹条数的多少划分为1～5号，见表3-1。1号锉纹至5号锉纹，锉齿由粗到细。

锉刀编号示例见表3-3。

表 3-3　锉刀编号示例

锉刀编号	锉刀类型、规格
Q-02-200-3	钳工锉类的尖头扁锉 200mm　3 号锉纹
Y-01-170-2	异形锉类的齐头扁锉 170mm　2 号锉纹
Z-04-140-00	整形锉类的三角锉 140mm　00 号锉纹
Q-03h-250-1	钳工锉类的半圆锉厚型 250mm　1 号锉纹

（3）锉刀的选用和保养　每种锉刀都有它适当的用途和不同的使用场合，只有合理地选择，才能充分发挥它的效能和不致于过早地丧失锉削能力。锉刀的选择决定于工件锉削余量的大小、精度要求的高低、表面粗糙度的大小和工件材料的性质。各类锉刀能达到的加工精度见表 3-4，以供参考。

表 3-4　各类锉刀能达到的加工精度

锉刀	适用场合		
	加工余量/mm	尺寸精度/mm	表面粗糙度 $Ra/\mu m$
粗锉	0.5～1	0.2～0.5	100～25
中锉	0.2～0.5	0.05～0.2	12.5～6.3
细锉	0.05～0.2	0.01～0.05	12.5～3.2

锉刀断面形状的选择，决定于工件锉削表面的形状，不同表面的锉削，见图 3-17。

锉削软材料时，如果没有专用的单齿纹软材料锉刀，则选用粗锉刀。锉刀长度规格的选择，取决于工件锉削表面的大小。

合理选用锉刀是保证锉削质量、充分发挥锉刀效能的前提，正确使用和保养则是延长锉刀使用寿命的一个重要环节，因此，锉刀使用时必须注意以下几点：

1）不可用锉刀锉削毛坯的硬皮及淬硬的表面，否则锉纹很快磨损而丧失锉削能力。

2）锉刀应先用一面，用钝后再用另一面。

3）发现锉屑嵌入纹槽内，应及时用铜丝刷，顺着齿纹方向将锉屑刷去，如图 3-18 所示。

4）锉削中不得用手摸锉削表面，以免再锉时打滑。锉刀严禁接触油类。粘着油脂的锉刀一定要用煤油清洗干净，涂上白粉。

5）锉刀放置时不能叠放，不能与其他金属硬物相碰，以免损坏锉齿。

6）不可用锉刀代替其他工具敲打或撬物。

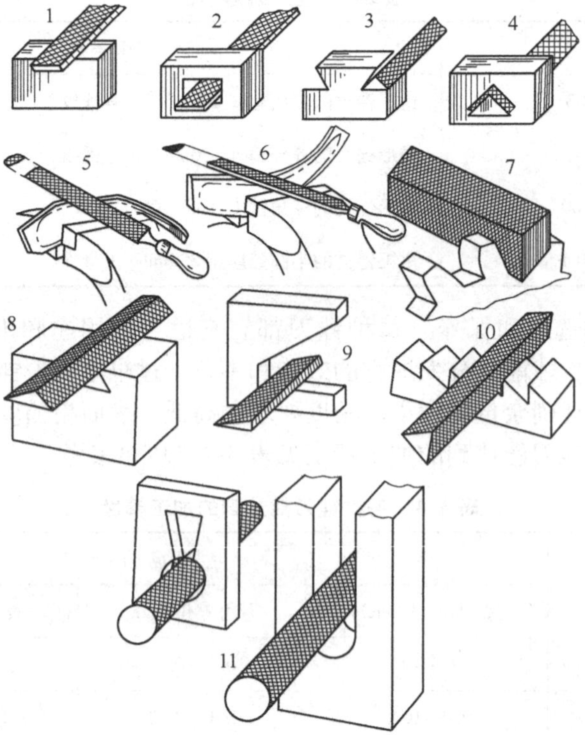

图 3-17　不同表面的锉削

1、2—锉平面　3、4—锉燕尾和三角孔　5、6—锉曲面　7—锉楔角

8—锉内角　9—锉菱形　10—锉三角形　11—锉圆孔

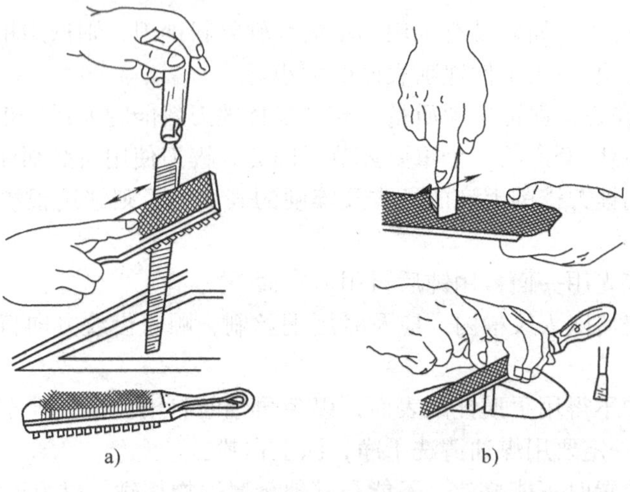

图 3-18　清除铁屑

a）用铜丝刷　b）用铜片

二、锉削方法

钳工要掌握锉削技能和提高锉削质量必须要正确握持锉刀和有正确的锉削姿势。

（1）锉刀的握法　正确握锉刀有助于提高锉削质量。锉刀的种类较多，所以锉刀的握法还必须随着锉刀的大小、使用的地方不同而改变。较大锉刀的握法，如图3-19所示。其握法是用右手握着锉刀柄，柄端顶住拇指根部的手掌，拇指放在锉刀柄上，其余手指由下而上地握着锉刀柄，见图3-19a。左手在锉刀上的放法有三种，见图3-19b。两手结合起来的握锉姿势如图3-19c所示。中、小型锉刀的握法如图3-20所示。握持中型锉刀时，右手的握法与握大锉刀一样，左手只需大拇指和食指轻轻地扶导，见图3-20a。在使用较小锉刀时，为了避免锉刀弯曲，用左手的几个手指压在锉刀的中部，见图3-20b。使用最小型锉刀只用一只右手握住锉刀，食指放在上面，见图3-20c。

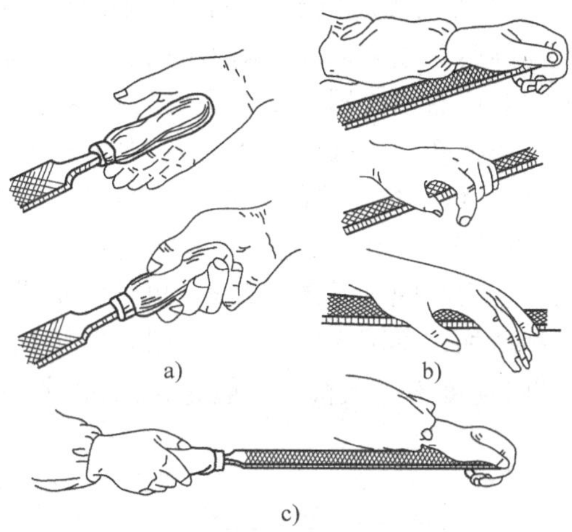

图3-19　较大锉刀的握法

（2）锉削姿势　锉削姿势对一个钳工来说是十分重要的，只有姿势正确，才能做到既提高了锉削质量和锉削效率，又能减轻劳动强度。锉削时的姿势如图3-21所示，身体的重心落在左脚上，右膝要伸直，脚始终站稳不可移动，靠左膝的屈伸而作往复运动。开始锉削时身体要向前倾斜10°左右，右肘尽可能缩到后方，见图3-21a，当锉刀推出1/3行程时身体前倾到15°左右。使左膝稍弯曲，见图3-21b。锉刀推出2/3行程时，身体前倾到18°左右，左、右臂均向前伸出，见图3-21c。锉刀推出全程时，身体随着锉刀的反作用力退回到15°位置，见图

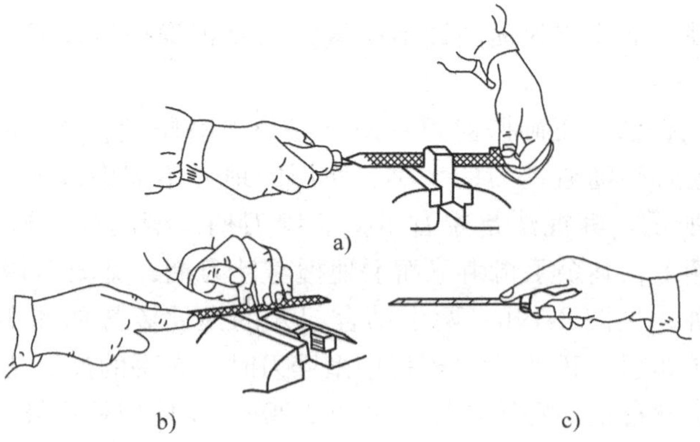

图 3-20　中、小型锉刀的握法

a）中型锉刀的握法　b）小型锉刀的握法　c）最小型锉刀的握法

3-21d。行程结束后，把锉刀略提高使手和身体回到初始位置，见图 3-21a。为了保证锉削表面平直，锉削时必须掌握好锉削力的平衡。锉削力由水平推力和垂直压力两者合成，推力主要由右手控制，压力是由两手控制的。锉削时由于锉刀两端伸出工件的长度随时都在变化，因此两手对锉刀的压力大小也必须随着变化，图 3-22 所示为锉削力的平衡。开始锉削时左手压力要大，右手压力要小而推力要大，见图 3-22a。随着锉刀向前的推进，左手压力减小，右手压力增大。当锉刀推进至中间时，两手压力相同，见图 3-22b。再继续推进锉刀时，左手压力逐渐减小，右手压力逐渐增加，见图 3-22c。锉刀回程时不加压力以减少锉纹的磨损，见图 3-22d。锉削时速度不宜太快，一般为 30～60 次/min。

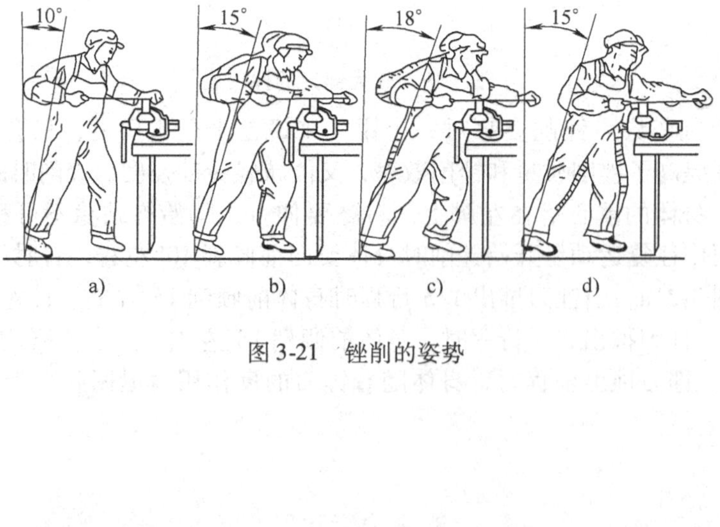

图 3-21　锉削的姿势

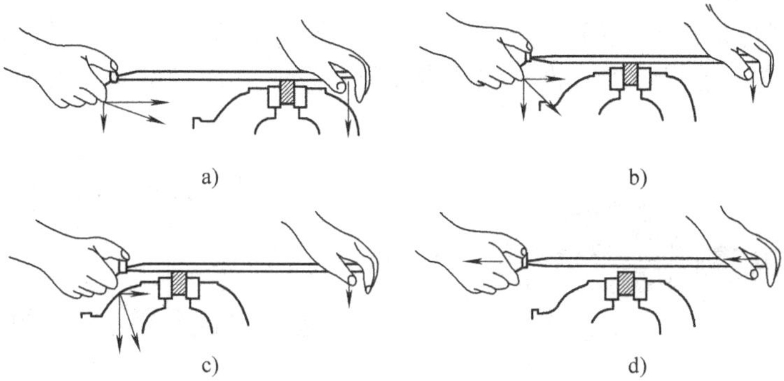

图 3-22　锉削力的平衡

三、锉削安全技术

1）不使用无柄或柄已开裂的锉刀。锉刀柄要装紧，否则不但用不上力，而且可能因柄脱落而刺伤手腕。

2）不能用嘴吹铁屑，以防铁屑飞进眼睛；也不准用手清除铁屑，以防手上扎入铁刺。

3）锉刀安置时不要露出在钳桌外面，以防跌落扎伤脚或损坏锉刀。

4）锉削时不要用手摸锉削表面，因手上有油污，会使锉削时锉刀打滑而造成损伤。

5）不准将锉刀用作其他用途。

四、锉削加工实例

• 训练　平面的锉法

平面的锉法有以下三种：

1）顺向锉法，见图 3-23，它是顺着同一方向对工件进行锉削，是最基本的锉削方法。用此方法锉削可得到正直的锉痕，比较整齐美观，适用于工件表面最后的锉光和锉削不大的平面。

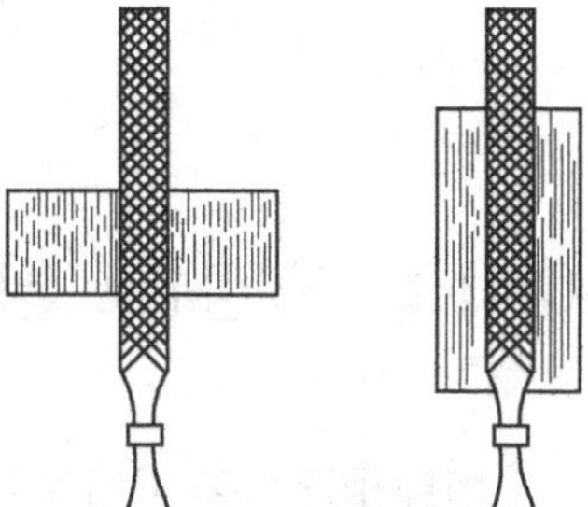
图 3-23　顺向锉法

2）交叉锉法，见图 3-24，它是从两个交叉方向对工件进行锉削。锉削时锉刀与工件的接触面增大，容易掌握好锉刀的平稳，锉削时还可从锉痕上反映出锉削面的高低情况，表面容易锉平，但锉痕不正直。所以当锉削余量较多时可先采用交叉锉法，余量基本锉完时再改用顺向锉法，使锉削表面锉痕正直、美观。

3）推锉法，见图3-25，它是用两手对称地横握锉刀，用大拇指推动锉刀顺着工件长度方向进行锉削。推锉法适合于锉削窄长平面和修整尺寸时应用。

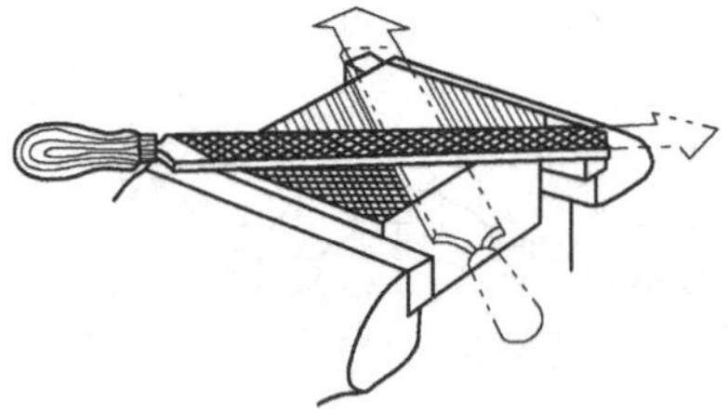

图3-24　交叉锉法

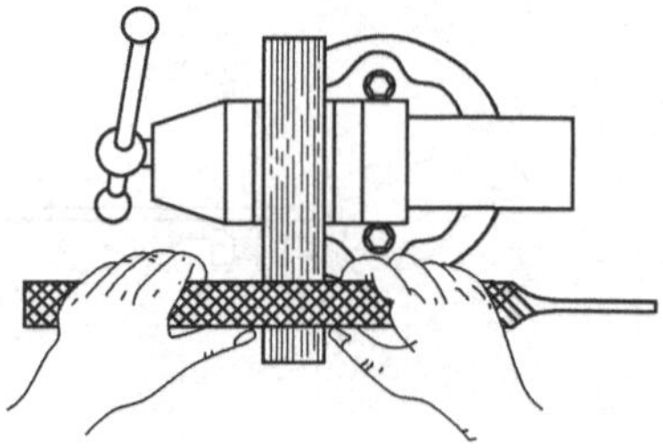

图3-25　推锉法

锉削平面时，不管采用顺向锉还是交叉锉，当抽回锉刀时，锉刀要每次向旁边移动一些（见图3-26），这样可使整个加工面均匀地锉削。

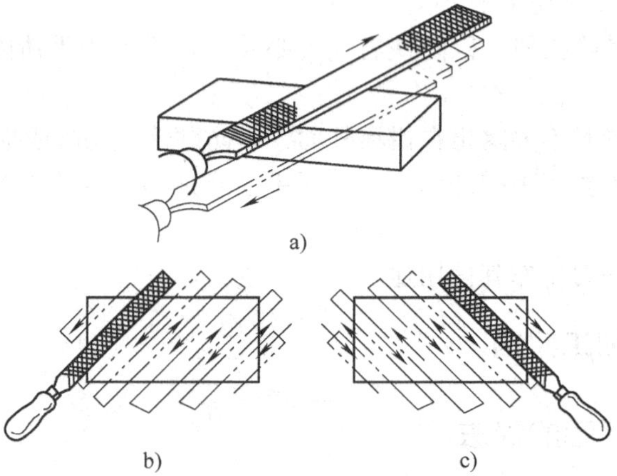

图3-26　锉刀的移动

第四节　錾削加工

用锤子敲击錾子对工件进行切削加工的方法称为錾削。

錾削的加工效率较低，主要用在不便使用机械加工的场合，如清除毛坯件表面多余金属、分割材料、开油槽等，有时也用作较小平面的粗加工。此外，通过錾削加工的练习，可以提高敲击的准确性，为装拆机械设备打下扎实的基础。

一、錾子的种类及应用

錾子的形状是根据工件不同的錾削要求而设计的。钳工常用的錾子有扁錾、尖錾和油槽錾等三种，如图 3-27 所示。

（1）扁錾（阔錾）　切削部分扁平、刃口略带弧形。用来錾削凸缘、毛刺和分割材料，应用最为广泛（图 3-27a）。

（2）尖錾（狭錾）　切削刃较短，切削刃两端侧面略带倒锥，防止在錾削沟槽时被沟槽卡住。主要应用于錾削沟槽和分割曲线形板料（图 3-27b）。

（3）油槽錾　切削刃很短并呈圆弧形。錾子斜面制成弯曲形，便于在曲面上錾削沟槽。主要用于錾削沟槽（图 3-27c）。

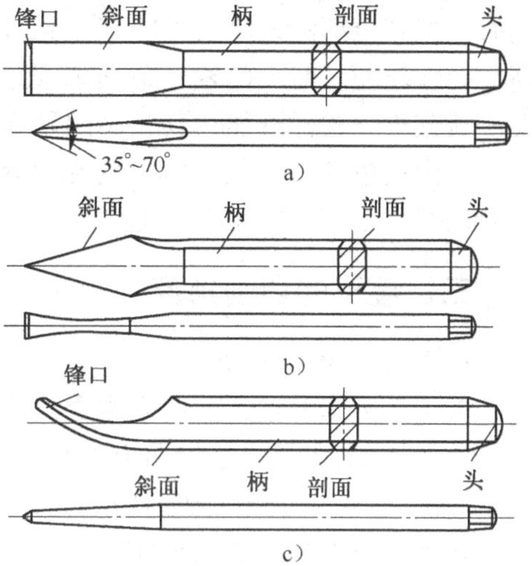

图 3-27　錾子的种类

二、錾子的制造材料及热处理

錾子是錾削工件的刀具，用碳素工具钢（T7A 或 T8A）经锻打成形后再进行刃磨和热处理而成。切削部分经热处理后硬度可达到 56 ~ 62HRC。

錾子的热处理包括淬火和回火两个过程，从而保证錾子切削部分具有适当的硬度而又不至于太脆。

热处理时，先把錾子切削部分的 20mm 左右长度加热至 750 ~ 780℃（呈暗樱红色），然后迅速将 5 ~ 6mm 浸入冷水中冷却（如图 3-28 所示），并将錾子沿水平面微微移动，这样既可以加速冷却，同时由于水平面的波动，使錾子淬硬部分和未淬硬部分不至于有明显的界线，避免錾削时容易沿此线断裂。待冷却到露出水面的部分呈黑色时，从水中取出，利用錾子上部热量进行余热回火，此时要注意观察錾子颜色的变化。一般刚出水时錾子刃口是白色，随着温度逐渐上升后由白色变为黄色，再由黄色变为蓝

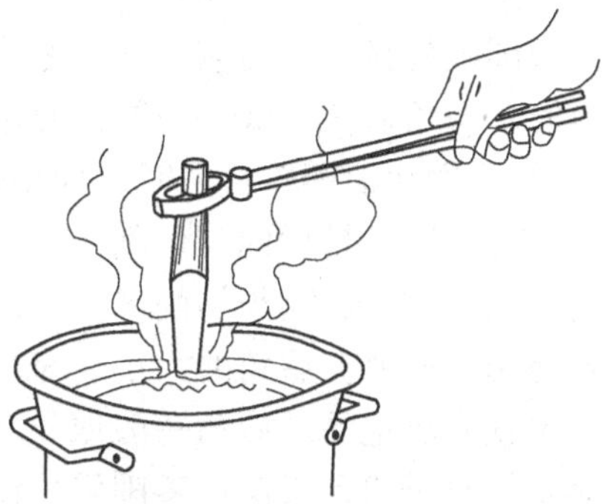
图 3-28　錾子的淬火

色。当呈现黄色时把錾子全部浸入冷水中冷却，此回火温度称为黄火。当呈现蓝色时，将其全部浸入冷水中冷却，此时的回火温度称为蓝火。黄火的錾子硬度较高，韧性较差。蓝火的錾子硬度较低，韧性较好。所以一般采用两者之间的硬度—黄蓝火。这样既能达到较高的硬度，又能保持一定的韧性。但应注意錾子出水后，由白色变为黄色，由黄色变为蓝色的时间很短，只有数秒钟，所以要取得“黄蓝火”就必须把握好时机。

三、錾子的切削角度

1. 錾子的切削部分

錾子切削部分包括前、后两个刀面和一条切削刃。

前面 A_γ 是切屑流过的那个表面。

后面 A_α 是与工件上切削中产生的表面相对的表面。

切削刃是刀具前面上拟作切削用的刃。

2. 錾子切削时的几何角度

为了认识錾子在切削时的角度（图 3-29），需要先选定两个坐标平面。

切削平面：切削平面就是通过切削刃选定点与切削刃相切并垂直于基面的平面。图 3-29 中切削平面与切削表面重合。

基面：基面就是通过切削刃选定点，并平行或垂直于刀具在制造、刃磨及测量时适合于安装或定位的一个平面或轴线。切削平面与基面相互垂直，构成了确定錾子几何角度的坐标平面。

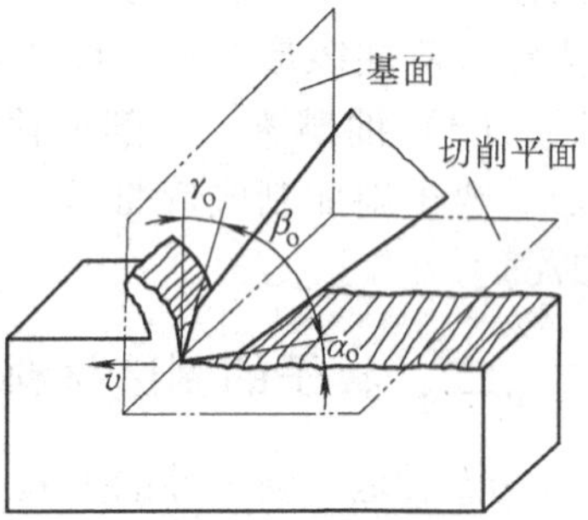

图 3-29　錾削时的角度

1）楔角 β_o 是前面与后面之间的夹角。楔角越大，切削部分的强度越高，但錾削时阻力也越大，不易切入材料、所以楔角的大小应根据工件材料软硬来选择。錾削硬材料，楔角应大些；錾削软材料，楔角选小些。錾削硬钢和铸铁等硬材料时，楔角取 $\beta_o=60°\sim70°$；錾削钢料和中等硬度材料时，楔角取 $\beta_o=50°\sim60°$；錾削铜和铝等软材料时，楔角取 $\beta_o=30°\sim50°$。

2）后角 α_o 是后面与切削平面之间的夹角。后角的作用是减少后面与切削平面之间的摩擦，使刀具容易切入材料。后角的大小，是錾削时錾子被掌握的位置所决定的。后角一般取 $\alpha_o=5°\sim8°$，后角太大会使錾子切入太深，錾削发生困难；后角太小则容易使錾子滑出工件表面，也不能正常錾削，后角对錾削的影响如图 3-30 所示。

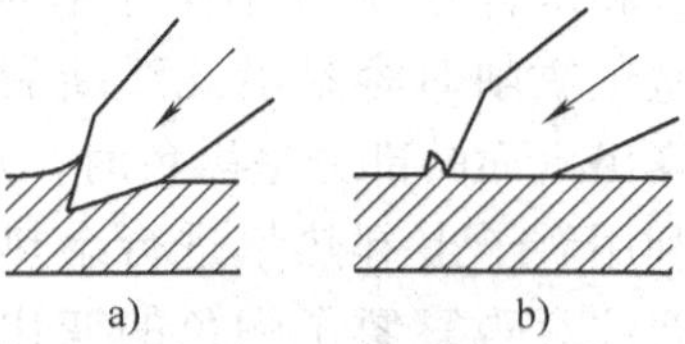

图 3-30　后角对錾削的影响

3）前角 γ_o 是前面与基面之间的夹角。前角的作用是减少切屑的变形和使切削轻快。前角越大切削越省力，但在后角一定的情况下，要增加前角，就要减少楔角，因为 $\beta_o = 90° - (\gamma_o + \alpha_o)$，这将降低切削部分的强度。因此錾削时前角的大小在选择好楔角后已被确定了。

四、錾子的刃磨要求

錾子切削部分的好坏，直接影响到錾削质量和工作效率，所以錾子必须通过正确的刃磨，使切削刃十分锋利。刃磨时，錾子在旋转着的砂轮轮缘上（高于砂轮中心）作左右移动，如图 3-31 所示，錾子锋口的两面应交替刃磨，并保持宽度一样。

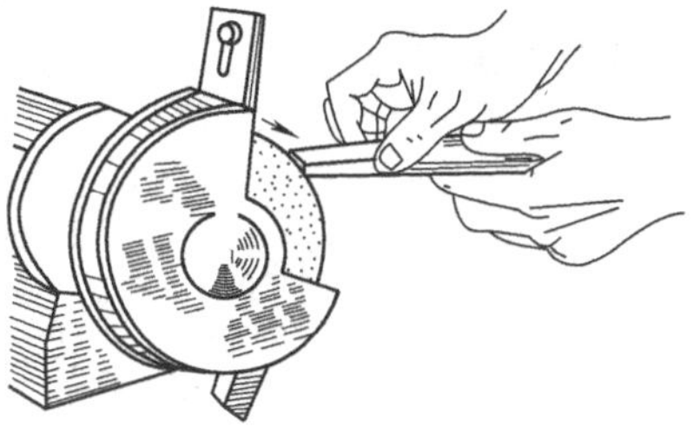

图 3-31　錾子在砂轮上刃磨

錾子刃磨的要求是，楔角的大小与工件材料硬度相适应；楔角被錾子中心线等分（油槽錾例外）；切削刃成一条直线（油槽錾切削刃成一圆弧）。刃磨过程中錾子应经常浸水冷却，防止过热退火。

五、锤子

錾削是利用锤子的锤击力而使錾子切入金属的，锤子是錾削工作中不可缺少的工具，而且也是钳工在装拆零件时的重要工具。

（1）锤子的构造　锤子是由锤头和锤柄两部分组成的，如图 3-32 所示。锤子的规格是根据锤头的质量来决定的。钳工用的锤子有 0.25kg、0.5kg、1kg 等几种；英制有 1/2lb、1lb、1 $\frac{1}{2}$lb 等几种。锤子是用 T7 钢制成，并经淬硬处理。锤柄的材料选用坚硬的木材，如用胡桃木、檀木等，其长度应根据不同规格的锤头选用，如 0.5kg 的锤子柄长一般为 350mm。木柄安装在锤头孔中必须牢固可靠，要防止锤头脱落造成事故。为此装锤柄的孔做成椭圆形的，且两端大中间小，木柄敲紧后，端部再打入楔子就不易松动了，如图 3-33 所示。

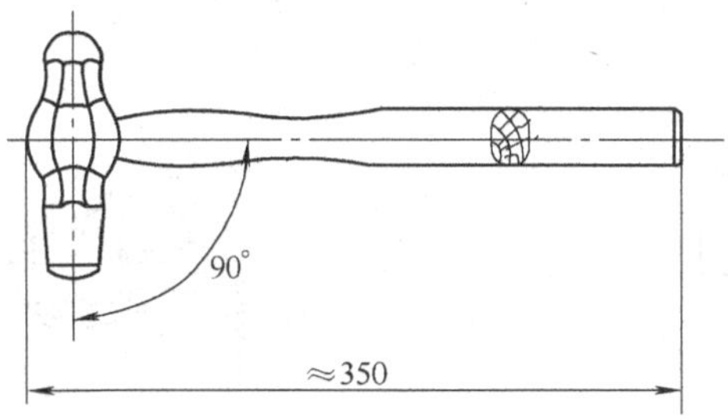

图 3-32　锤子

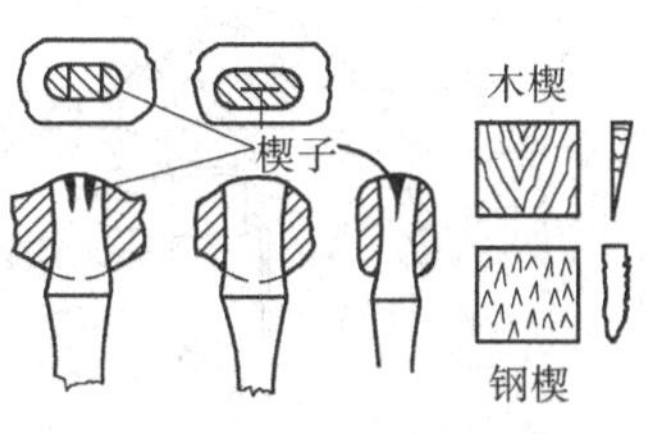

图 3-33　锤柄端部打入楔子

(2) 锤子的使用　锤子使用时要注意两点，一是握锤，二是挥锤。

1）握锤分紧握锤和松握锤两种。紧握法见图3-34，用右手食指、中指、无名指和小指握紧锤柄，锤柄伸出15～30mm，大拇指压在食指上。松握法见图3-35，只有大拇指和食指始终握紧锤柄。锤击过程中，当锤子打向錾子时，中指、无名指、小指一个接一个依次握紧锤柄。挥锤时以相反的次序放松，此法使用熟练可增加锤击力。

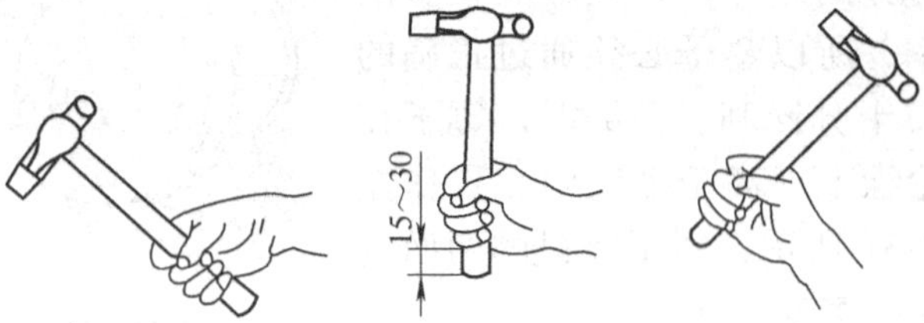

图3-34　锤子紧握法

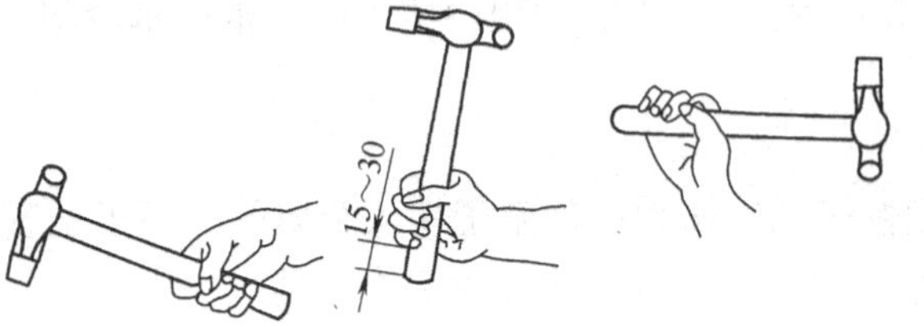

图3-35　锤子松握法

2）挥锤的方法有手挥、肘挥和臂挥三种。手挥只有手腕的运动，锤击力小，一般用于錾削的开始和结尾。錾削油槽由于切削量不大也常用手挥。肘挥是用腕和肘一起挥锤，见图3-36，其锤击力较大，应用最广泛。臂挥是用手腕、肘和全臂一起挥锤，见图3-37，臂挥锤击力最大，用于需要大力錾削的场合。

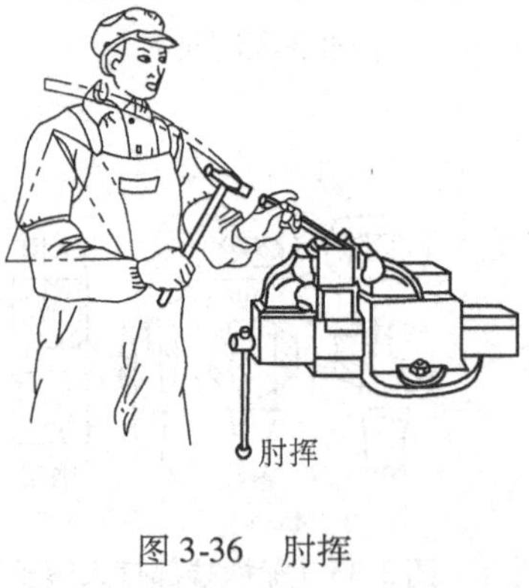

图3-36　肘挥

图3-37　臂挥

六、錾削安全技术

1）錾子要经常刃磨锋利，过钝的錾子不但錾削费力，錾削的表面不平整，而且易产生打滑现象而引起手部划伤事故。

2）錾子头部有明显的毛刺时（图 3-38）要及时磨掉，避免碎裂伤人。

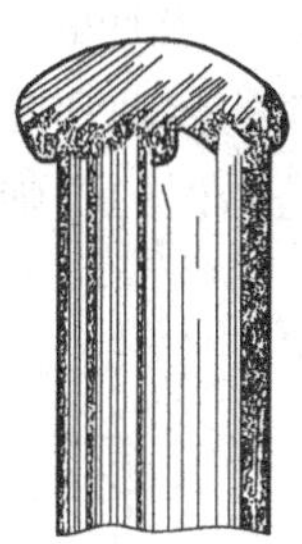

图 3-38 錾子头部的毛刺

3）发现锤子木柄有松动或损坏时，要立即装牢或更换，以免锤头脱落飞出伤人。

4）錾削碎屑要防止飞出伤人，操作者必要时可戴上防护眼镜。

5）錾子头部、锤子头部和木柄都不应沾油，以防滑出。

6）錾削加工疲劳时要适当休息，手臂过度疲劳时，容易击偏伤手。

七、錾削实例

（1）錾削平面 錾削平面采用扁錾，每次錾削金属厚度为0.5～2mm。錾削较窄平面时錾子的刀口与錾削方向应保持一定的角度，如图 3-39 所示，这样錾削时导靠较稳。錾削较大平面时，可先用尖錾间隔开槽，槽的深度应保持一致，然后再用扁錾錾去剩余部分，这样比较省力，见图 3-40。

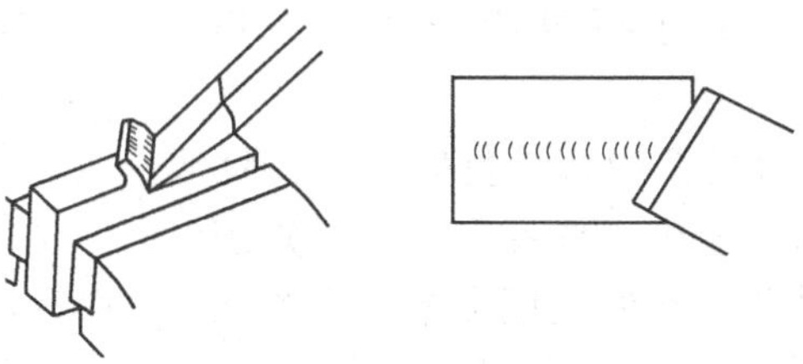

图 3-39 錾削较窄的平面

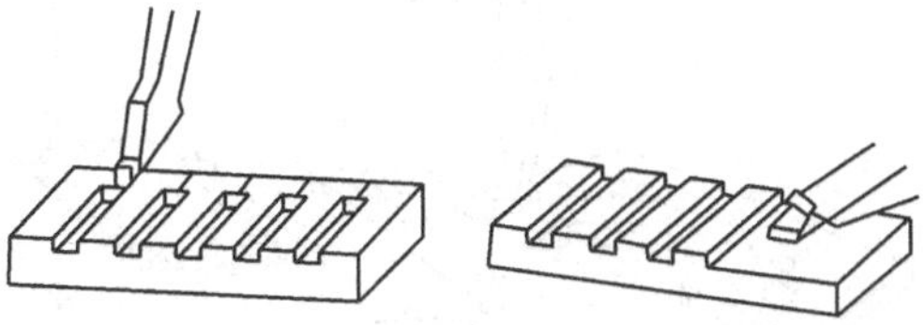

图 3-40 錾削较大平面

（2）錾削板料　在没有剪切设备的情况下，可用錾削方法分割薄板料或薄板工件，常见的有以下几种情况：

1）薄板夹持在台虎钳上錾切，先将薄板料牢固地夹持在台虎钳上，錾切线与钳口平齐，然后用扁錾沿着钳口并斜对着薄板料（约45°）自右向左錾切，见图3-41。錾切时，錾子的刃口不能平对着板料，否则錾切时不仅费力，而且由于板料的弹动和变形，造成切断处产生不平整或撕裂，形成废品，如图3-42所示就是错误的錾削方法。

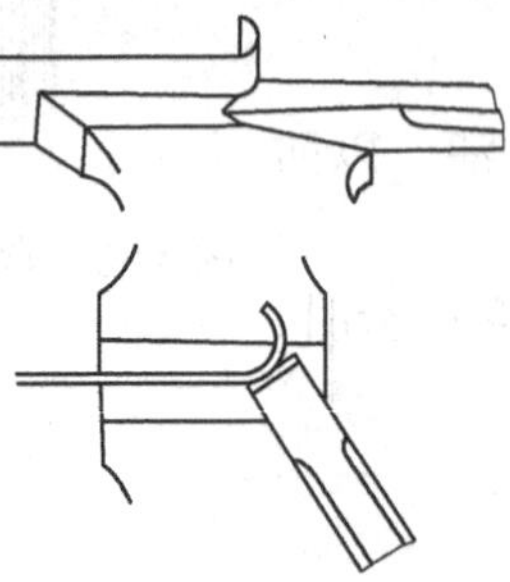

图3-41　薄板料的錾切法

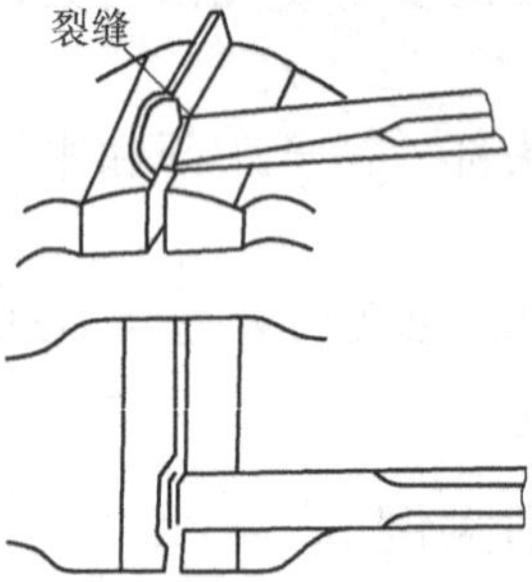

图3-42　错误錾切薄板的方法

2）錾切较大薄板料时，当薄板料不能夹在台虎钳上进行錾切时，可用软钳铁垫在铁砧或平板上，然后从一面沿錾切线（必要时距錾切线2mm左右作加工余量）进行錾切，如图3-43所示。

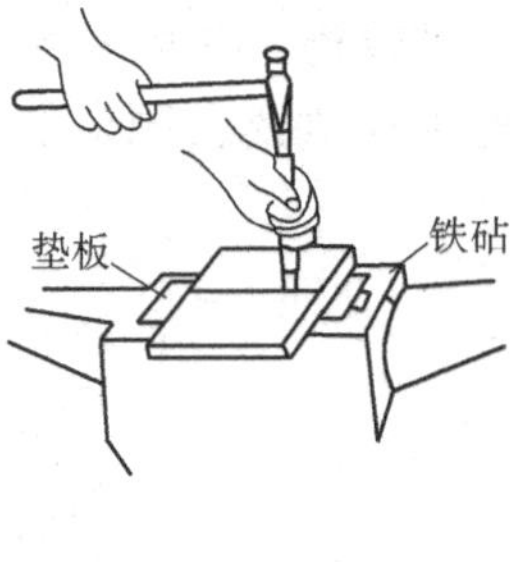

图3-43　大尺寸板料錾切

3）錾削形状较为复杂的薄板件时，当工件轮廓线较复杂时，为了减少工件变形，一般先按轮廓线钻出密集的排孔。然后利用扁錾、尖錾逐步錾切，如图3-44所示。

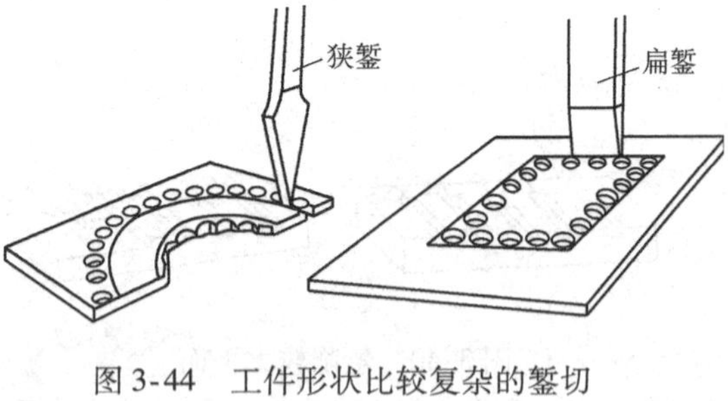

图3-44　工件形状比较复杂的錾切

第五节　刮削加工

一、刮削加工的应用

用刮刀刮除工件表面薄层而达到精度要求的方法称为刮削。

刮削加工属于精加工。它具有切削量小、切削刀小、产生热量小、加工方便和装夹变形小等特点。通过刮削后的工件表面，不仅能获得很高的几何精度、尺寸精度、接触精度、传动精度，还能形成比较均匀的微浅凹坑，创造良好的存油条件。另外通过刮削加工后的工件表面，由于多次反复地受到刮刀的推挤和压光作用，能使工件表面组织紧密，得到较低的表面粗糙度值。鉴于以上特点和精度要求，利用一般机械加工手段难以达到，所以必须采用刮削的方法来进行加工。如机床导轨面、转动轴颈和轴承之间的接触面、工具和量具的接触面以及密封表面等。因而刮削加工在机械制造中，仍属于一项重要的加工方法。

二、刮削余量

由于每次的刮削量很少，因此要求留给刮削加工的余量不宜太大。一般约在0. 05 ~0. 4mm 之间，具体数值根据工件刮削面积大小而定。刮削面积大，加工误差也大，所留余量应大些；反之，则余量可小些。合理的刮削余量见表 3-5。当工件刚度较差，容易变形时，刮削余量可取大些。

表 3-5　刮削余量　　　　（单位：mm）

平面的刮削余量					
平面宽度	平面长度				
	100 ~ 500	500 ~ 1000	1000 ~ 2000	2000 ~ 4000	4000 ~ 6000
100 以下	0. 10	0. 15	0. 20	0. 25	0. 30
100 ~ 500	0. 15	0. 20	0. 25	0. 30	0. 40

孔的刮削余量			
孔径	孔长		
	100 以下	100 ~ 200	200 ~ 300
80 以下	0. 05	0. 08	0. 12
80 ~ 180	0. 10	0. 15	0. 25
180 ~ 360	0. 15	0. 20	0. 35

三、刮削工具

1. 刮刀

刮刀是刮削的主要工具，刀头部分应具有足够高的硬度，刃口必须锋利。一般采用碳素工具钢T10A、T12A或弹性较好的GCr15滚动轴承钢锻制而成。刮削硬工件时，也可焊上硬质合金。根据用途，刮刀可分为平面刮刀和曲面刮刀两大类。

（1）平面刮刀　平面刮刀如图3-45所示，主要用于刮削平面（如平板、工作台等），也可用于刮削外曲面。按所刮表面的精度要求不同，可分为粗刮刀、细刮刀和精刮刀三种。刮刀的楔角β的大小，应根据粗、细、精刮的要求而定，如图3-46a所示。粗刮刀口为90°～92.5°，切削刃必须平直；细刮刀β为95°左右，切削刃稍带圆弧；精刮刀β为97.50°左右，切削刃圆弧半径比细刮刀小些。在刃磨时必须避免出现如图3-46b所示的几种错误形状。

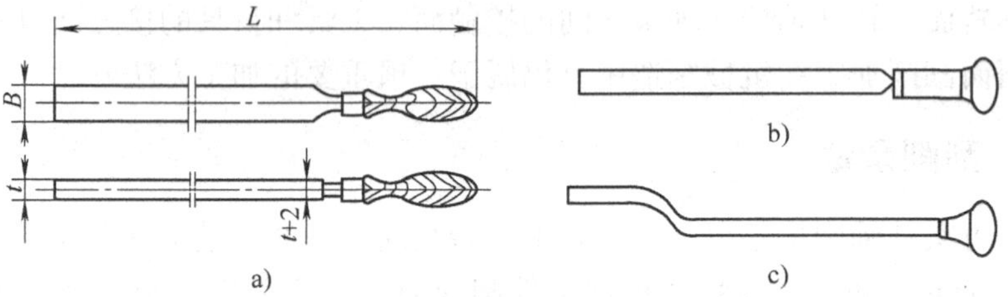

图3-45　平面刮刀

a）平面刮刀　b）直角刮刀　c）弯头刮刀

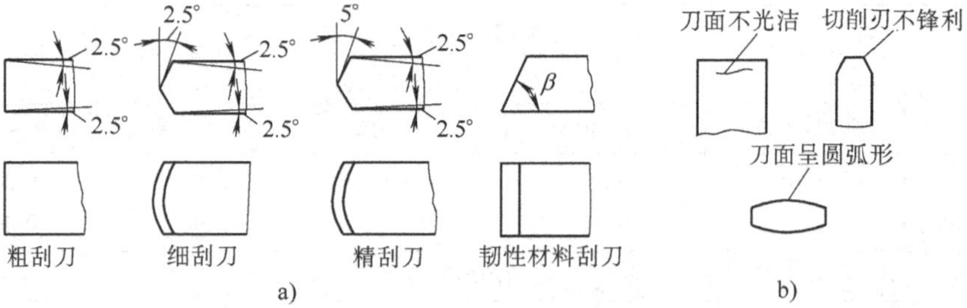

图3-46　刮刀头部角度和形状

a）刮刀头部角度　b）刮刀头部错误形状

常用平面刮刀规格见表3-6。

表 3-6　平面刮刀规格　　　（单位：mm）

种　类	尺　寸		
	全长 L	宽度 B	厚度 t
粗刮刀	450 ~ 600	25 ~ 30	3 ~ 4
细刮刀	400 ~ 500	15 ~ 20	2 ~ 3
精刮刀	400 ~ 500	10 ~ 12	1.5 ~ 2

（2）曲面刮刀　主要用于刮削内曲面（如滑动轴承的内孔等）。曲面刮刀有多种形状，常用的有三角刮刀和蛇头刮刀等（图 3-47）。三角刮刀断面呈三角形，可用三角锉刀改制，也可用碳素工具钢 T10A 直接锻制。在三个面上开有三条凹形刀槽，刀槽开在两刃中间，切削刃边上只留 2 ~ 3mm 的棱边。蛇头刮刀断面形状呈矩形，在两个平面上开有凹形刀槽，刀头部具有四个圆弧形的刀刃。粗刮刀圆弧的曲率半径大，精刮刀圆弧的曲率半径小。

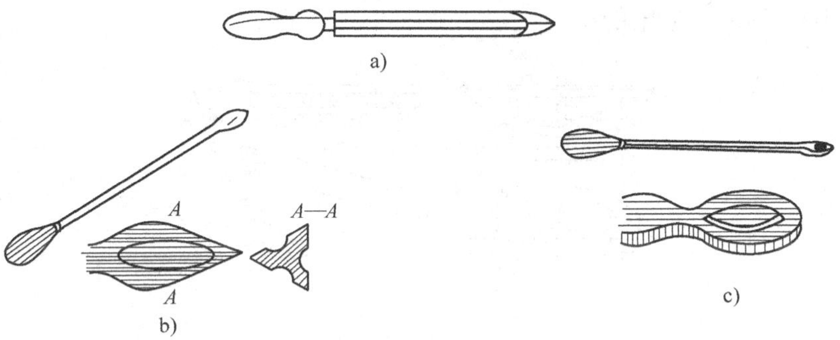

图 3-47　曲面刮刀形状

a）三角刮刀　b）柳叶刮刀　c）蛇头刮刀

刮刀刮削时的几何角度如图 3-48 所示。平面刮削采用负前角刮削；曲面刮削常采用正前角刮削。

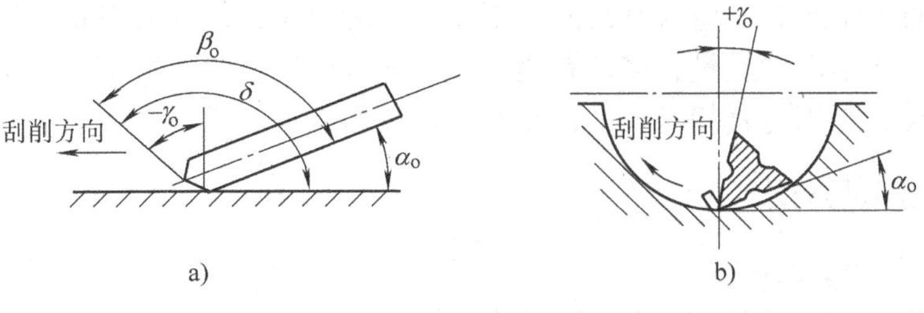

图 3-48　刮削时的几何角度

a）平面刮削　b）曲面刮削

2. 校正工具

校准工具是用来磨研点和检验刮面准确性的工具，有时也称为研具。常用的有以下几种：

(1) 标准平板用来校验较宽的平面 标准平板的面积尺寸有多种规格，选用时，它的面积应大于刮面的3/4，它的结构和形状如图3-49所示。

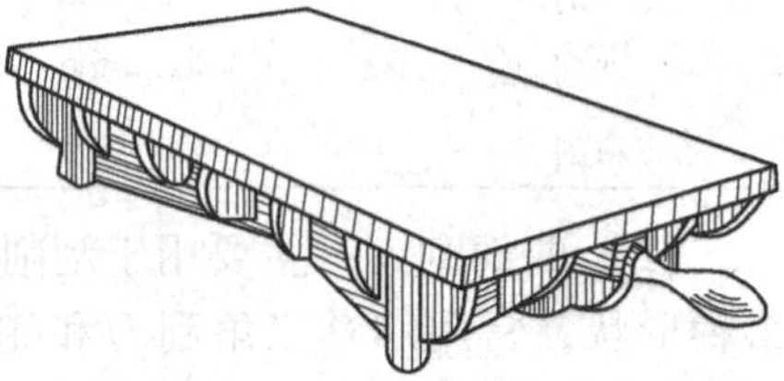

图3-49 平板的结构和形状

(2) 校准直尺用来校验狭长的平面 它的形状如图3-50所示。图3-50a所示是桥式直尺，用来校验机床较大导轨的直线度。图3-50b所示是工字形直尺，它有单面和双面两种。双面的即两面都经过精刮并且互相平行。这种双面的工字形直尺，常用来校验狭长平面相对位置的准确性。桥式和工字形两种直尺，可根据狭长平面的大小和长短，适当采用。

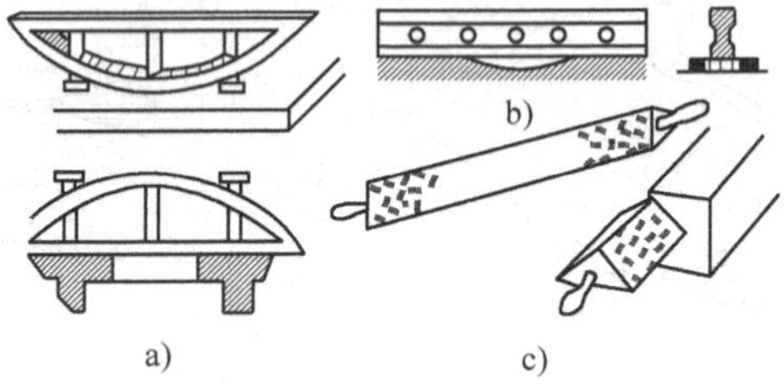

图3-50 校准直尺和角度直尺

3. 角度直尺

用来校验两个刮面成角度的组合平面，如燕尾导轨的角度。其形状如图3-50c所示。两基准面应经过精刮，并成所需的标准角度，如55°、60°等。第三面只是作为放置时的支承面用，所以没有经过精密加工。

各种直尺不用时，应将其吊起。不便吊起的直尺，应安放平稳，以防变形。

检验曲面刮削的质量，多数是用与其相配合的轴作为校准工具。又如齿条和蜗轮的齿面，则用与其相啮合的齿轮和蜗杆作为校准工具。

四、刮削方法

1. 平面刮削方法

(1) 平面刮削方法（有手刮法和挺刮法两种）

1) 手刮法（如图3-51a所示）。刮削时右手握刮刀柄，右手4指向下蜷曲握住刮刀近头部约50mm处，刮刀和刮面成25°～30°角。左脚向前跨一步，上身随着推刮而向前倾斜，以增加左手压力，以便于看清刮刀前面的研点情况。右臂利用上身摆动使刮刀向前推进，在推进的同时，左手下压，引导刮刀前进，当推进到所需距离后，左手迅速提起，这样就完成了一个手刮动作。这种刮削方法动作灵活、适应性强，适合于各种工作位置，对刮刀长度要求不太严格，姿势可合理掌握，但手易疲劳，因此不宜在加工余量较大的场合采用。

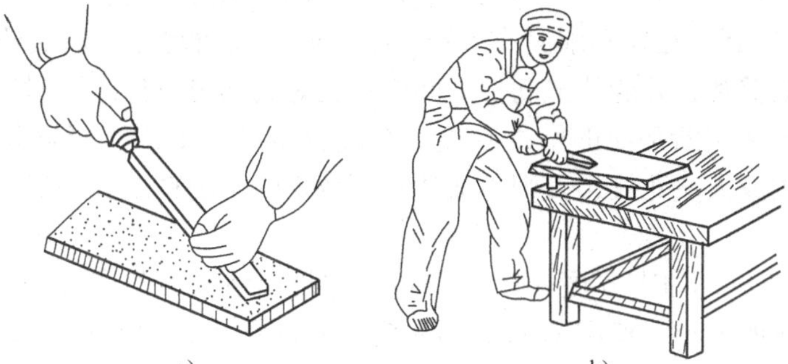

a)　　b)

图 3-51　平面刮削方法

a）手刮法　b）挺刮法

2）挺刮法（如图 3-51b 所示）。刮削时将刮刀柄放在小腹右下侧，双手握住刀身，左手在前，握于距刮刀刃约 80mm 处，右手在后。刀刃对准研点，左手下压，利用腿部和臀部的力量将刮刀向前推进，当推进到所需距离后，用双手迅速将刮刀提起，这样就完成了一个挺刮动作。由于挺刮法用下腹肌肉施力，每刀切削量较大，因此适合大余量的刮削，工作效率较高，但需要弯曲身体操作，故腰部易疲劳。

（2）平面刮削的步骤　可按粗刮、细刮、精刮和刮花四个步骤进行。

1）粗刮。当加工表面有明显的加工刀痕、严重锈蚀或刮削余量较大（0.05mm 以上）时，就需要进行粗刮。刮削时采用连续推铲方法，刮削的刀迹连成长片。在整个刮削平面上均匀地刮削，不能出现中间高、边缘低的现象。当刮削到每 25mm × 25mm 内有 2 ~ 3 个研点时，粗刮即可结束，转入细刮。

2）细刮。用细刮刀在刮削面上刮去稀疏的大块研点，进一步改善不平现象。刮削时采用短刮法（刀迹长度约为切削刃的宽度），随着研点的增多，刀迹逐步缩短。在刮第一遍时，刀痕的方向应一致，刮第二遍时，要交叉刮削，以消除原方向的刀迹。在刮削过程中，要防止刮刀倾斜，以免将刮削面划出深痕。对发亮的研点要刮重些，对暗淡的研点则刮轻些，直至显示出的研点轻重均匀。在整个刮削面上，每 25mm × 25mm 内出现 12 ~ 15 个研点时，即可进行精刮。

3）精刮。在细刮的基础上，进一步增加刮削表面的显点数量，使工件符合预期的精度要求。刮削时，用精刮刀采用点刮法（刀迹小，如同显示出的小研点)。精刮时，落刀要轻，提刀要快，在每个刮点上只刮一刀，不应重复，并始终交叉地进行刮削。当研点增多到每25mm×25mm内有20个研点以上时，可分三类区别对待：即最大最亮的研点全部刮去；中等研点在其顶部刮去一小片；小研点留着不刮。这样连续刮几遍，就能很快达到所要求的研点数。在刮到最后三遍时，交叉刀迹大小应一致，排列整齐，以使刮削面更美观。

4）刮花。刮花是在刮削面或机器外露表面上利用刮刀刮出装饰性花纹，以增加刮削面的美观，并能使滑动件之间造成良好的润滑条件。同时还可以根据花纹的消失情况来判断平面的磨损程度。在接触精度要求高、研点要求多的工件上，不应该刮成大块花纹，否则不能达到所要求的刮削精度。一般常见的花纹有以下几种：

① 斜纹花纹，即小方块（图3-52a)，它是用精刮刀与工件边成45°角方向刮成的。花纹的大小，按刮削面大小而定。刮削面大，刀花可大些；刮削面狭小，刀花可小些。为了排列整齐和大小一致，可用软铅笔划成格子，一个方向刮完再刮另一个方向。

② 鱼鳞花纹，常称为鱼鳞片，刮削方法见图3-52b，先用刮刀的右边（或左边）与工件接触，再用左手把刮刀逐渐压平并同时逐渐向前推进，即随着左手向下压的同时，还要把刮刀有规律地扭动一下，扭动结束即推动结束，立即起刀，这样就完成一个花纹。如此连续地推扭，就能刮出如图3-52b所示的鱼鳞花纹来。如果要从交叉两个方向都能看到花纹的反光，就应该从两个方向起刮。

③ 半月花纹，在刮这种花纹时，刮刀与工件成45°角左右。刮刀除了推挤外，还要靠手腕的力量扭动。以图3-52c中一段半月花纹 edc 为例，刮前半段 ed 时，将刮刀从左向右推挤，而后半段 dc 靠手腕的扭动来完成。连续刮下去就能刮出 f 到 a 一行整齐的花纹。刮 g 到 k 一行则相反，前半段从右向左推挤，后半段靠手腕从左向右扭动。这种刮花操作，要有熟练的技巧才能进行。

除了上述的三种常见花纹外，还有其他的多种花纹，需要时，可作进一步的观察和练习。

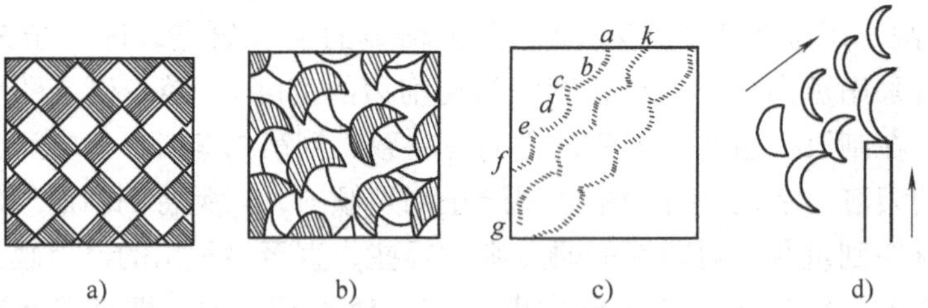

图3-52　刮花的花纹

a）斜纹花　b）鱼鳞花　c）半月花　d）鱼鳞花的刮法

2. 曲面刮削方法

曲面刮削的原理和平面刮削一样，但刮削时的角度有所不同，以三角刮刀为例：三角刮刀是保持切削刃的正前角来进行刮削。曲面刮削时，是用曲面刮刀在曲面内做螺旋运动。刮削时，用力不可太大，否则容易发生抖动，表面产生振痕。每刮一遍之后，下一遍刀迹应交叉进行，即左手使刮刀做左、右螺旋方向运动。刀迹与孔中心线约成45°。交叉刮削可避免刮面产生波纹，研点也不会成为条状。

五、刮削时所用的显示剂

校准工具与工件对研时所用的有颜色的涂料称为显示剂。显示剂用来显示工件误差的位置和大小。

1. 显示剂的种类

（1）红丹粉　分铅丹（原料为氧化铅，呈桔红色）和铁丹（原料为氧化铁，呈红褐色）两种，颗粒较细，用全损耗系统用油调合后使用，广泛用于钢和铸铁工件上。

（2）蓝油　蓝油是用普鲁士蓝粉和蓖麻油及适量全损耗系统用油调合而成的，呈深蓝色。研点小而清晰，多用于精密工件和有色金属及其合金的工件上。

2. 显点方法及注意事项

显点应根据工件的不同形状和被刮面积的大小区别进行。

（1）中、小型工件的显点　一般是基准平板固定不动，工件被刮面在平板上推磨。如被刮面等于或稍大于基准平板面，则推磨时工件超出平板的部分不得大于工件长度 L 的1/3，如图3-53所示。小于平板的工件推磨时最好不出头，否则其显点不能反映出真实的平面度误差。

（2）大型工件的显点　一般是以平板在工件被刮面上推磨，采用水平仪与显点相结合来判断被刮面的误差。通过水平仪可以测出工件的高低不平状况，而刮削仍按照显点分轻重进行。

（3）重量不对称的工件显点　推研时应在工件某个部位托或压，如图3-54所示。但用力大小要适当、均匀。显点时还应注意，如两次显点有矛盾则说明用力不适当，应分析原因并及时纠正。

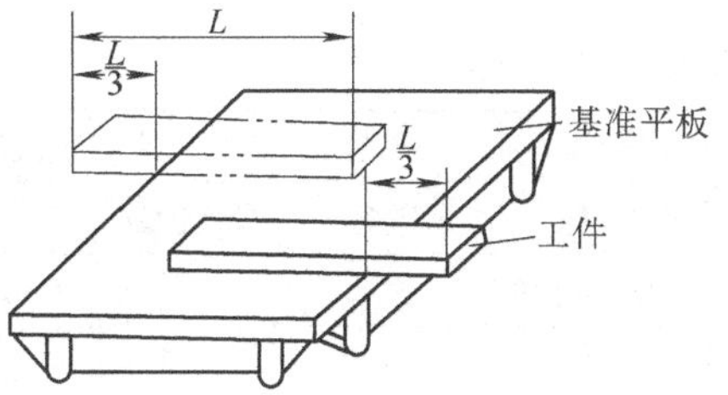

图3-53　工件在平板上显点

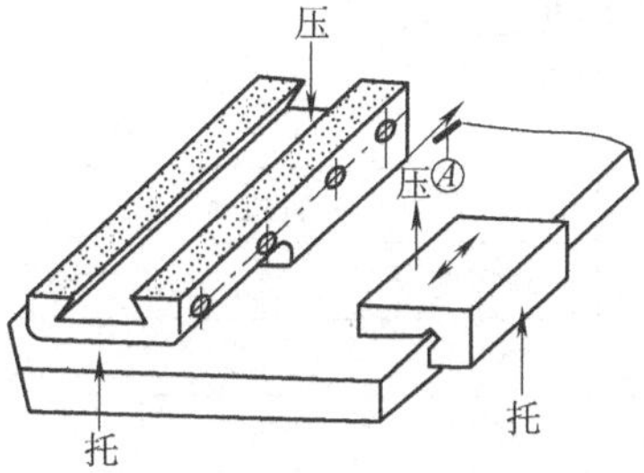

图3-54　不对称的工件显点

3. 显示剂的使用方法

显示剂一般涂在工件表面上，在工件表面显示的是红底黑点，没有闪光，容易看清。在调和显示剂时应注意：粗刮时，可调得稀些，这样在刀痕较多的工件表面上，便于涂抹，显示的研点也大。精刮时，应调得稠些，涂在工件表面上，应该薄而均。这样显示出的点子细小，便于提高刮削精度。

六、刮削精度的检查

刮削精度一般包括：几何精度、尺寸精度、接触精度及贴合程度、表面粗糙度等。由于工件的工作要求不同，刮削精度的检查方法也有所不同。常用的检查方法有以下两种：

1）以接触点（或贴合点）的数目来检查刮削精度的方法：用边长为25mm的正方形方框，罩在被检查面上，根据在方框内的研点数目的多少来表示（图3-55）。各种平面接触精度的研点数见表3-7。

图3-55 用方块检查研点

表3-7 各种平面接触精度的研点数

平面种类	每25mm×25mm内的研点数	应用举例
一般平面	2~5	较粗糙机件的固定结合面
	5~8	一般结合面
	8~12	机器台面、一般基准面、机床导向面、密封结合面
	12~16	机床导轨及导向面、工具基准面、量具接触面
精密平面	16~20	精密机床导轨、直尺
	20~25	1级平板、精密量具
超精密平面	>25	0级平板、高精度机床导轨、精密量具

曲面刮削中，接触得比较多的是对滑动轴承的内孔刮削。各种不同接触精度的研点数见表3-8。

表3-8 滑动轴承的研点数

轴承直径/mm	机床或精密机械主轴轴承			锻压设备、通用机械的轴承		动力机械、冶金设备的轴承	
	高精度	精密	普通	重要	普通	重要	普通
	每25mm×25mm内的研点数						
≤120	25	20	16	12	8	8	5
>120		16	10	8	6	6	2

2）用平面度公差和直线度公差表示工件平面大范围内的平面度误差，以及机床导轨面的直线度误差的允许值等，是用方框水平仪进行检查的，如图 3-56a、b 所示。同时，其接触精度应符合规定的技术要求。

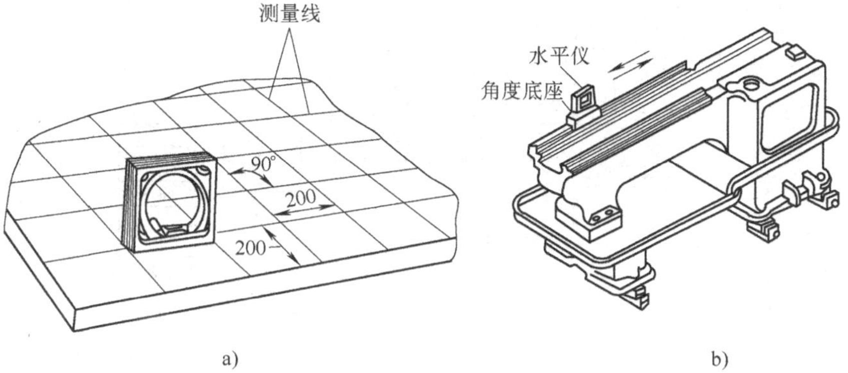

图 3-56　用水平仪检查刮削精度

a）检查平面度误差　b）检查直线度误差

七、刮削安全技术

1）刮削前，工件的锐边、锐角必须去掉，防止碰伤手。如工艺要求不允许倒角、去锐边的，刮削时应特别注意。

2）刮削大型工件时，搬动要注意安全，安放要平稳。

3）挺刮时，如因高度不够，操作者需站立在垫脚板上操作时，必须将垫脚板放置平稳后方可站立在上面操作，以免垫脚板放置不稳，操作者用力后跌倒。

4）刮削工件边缘时，不能用力过大、过猛，避免当刮刀刮出工件时，连刀带人一起冲出而产生事故。

5）刮刀用完后，最好用纱布包裹后妥善安放。三角刮刀用毕不要放在经常与手接触的地方。不准将刮刀作其他用途。

八、刮削实例

• 训练 1　刮削原始平板

平板也称标准平板，是检验、划线及刮削中的基本工具，要求非常精密。标准平板可以在已有的标准平板上用合研显点的方法刮削。若没有标准平板，可用三块平板互研互刮的方法，刮成精密的平板（称为原始平板）。刮削原始平板可分为正研和对角研两个步骤进行。

（1）正研的方法和步骤　先将 3 块平板单独进行粗刮，去除机械加工的刀痕和锈斑等。然后将三块平板分别编为1、2、3号，按编号次序进行刮削。步骤如图3-57所示。

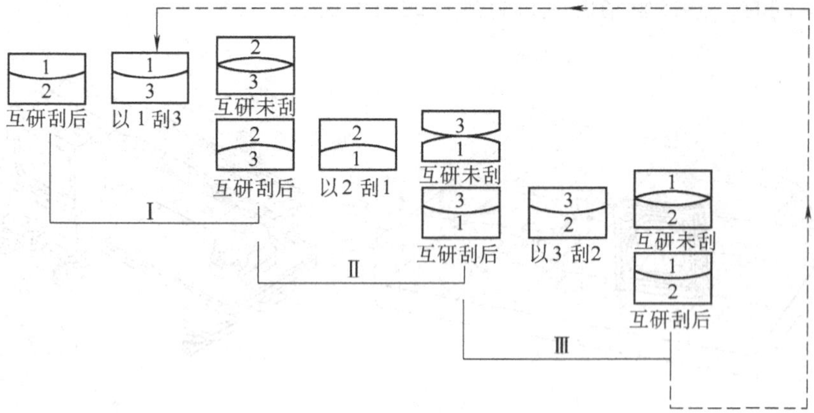

图3-57　原始平板循环刮削法

1）一次循环。先以1号平板为过渡基准，与2号平板互研互刮，使1、2号平板贴合。再将3号平板与1号平板互研，单刮3号平板，使3号与1号平板贴合。然后，2号与3号平板互研互刮，使2号与3号平板贴合。此时2号与3号平板的平面度误差已有所改进。

2）二次循环。在上一循环基础上，按顺序以2号平板为过渡基准，1号与2号平板互研，单刮1号平板，然后1号与3号平板互研互刮至全部贴合，这时3号与1号的平面度误差又有所改善。

3）三次循环。在上一循环基础上，按顺序以3号平板为过渡基准，2号与3号平板互研，单刮2号平板，然后1号与2号平板互研互刮至全部贴合，这时1号与2号的平面度误差又进一步得到改善。

以后重复上述三个顺序依次循环进行刮削，平面度误差逐渐减小。循环次数越多，则平板越精密。直到三块平板中任取两块对研，显点基本一致，即每块平板在每25mm×25mm内达到12个研点左右时，正研即告完成。

（2）注意事项　对角研的方法在上述正研中，往往会在平板对角部位上产生平面扭曲现象，如图3-58所示，即*AB*对角高，而*CD*对角低，且三块平板高

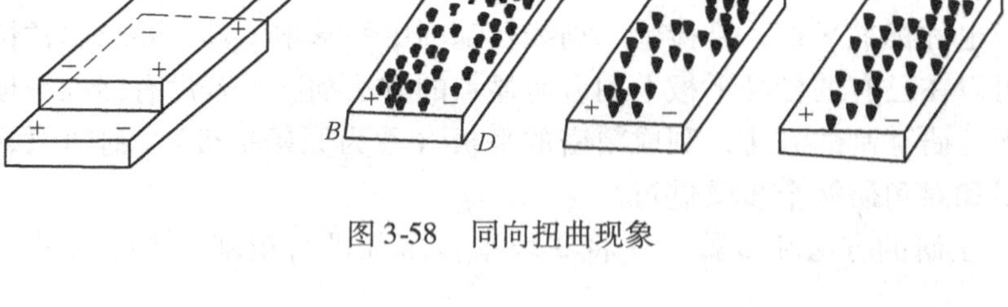

图3-58　同向扭曲现象

低位置相同，即同向扭曲，这是由于在正研中平板的高处（+）正好和平板的低处（-）重合所造成的。这时，就要采用对角研的刮削方法。将三块平板依次进行互研，研时高角对高角，低角对低角。经互研后，*AB* 角研点重，中间轻，*CD* 无点，扭曲现象会明显地显示出来（如图 3-59 所示）。这样两块一组，对角互研，根据研点修刮，直至研点分布均匀和扭曲消失。最终使三块平板相互之间，无论是直研、调头研、对角研，研点情况完全均匀一致，研点数符合要求为止。有时为了使大面积的平板符合平面度要求，可用水平仪来配合测量，检查平板各个部位在垂直平面内的直线度，按测得的误差大小，分轻重进行修刮，以达到精度等级要求。

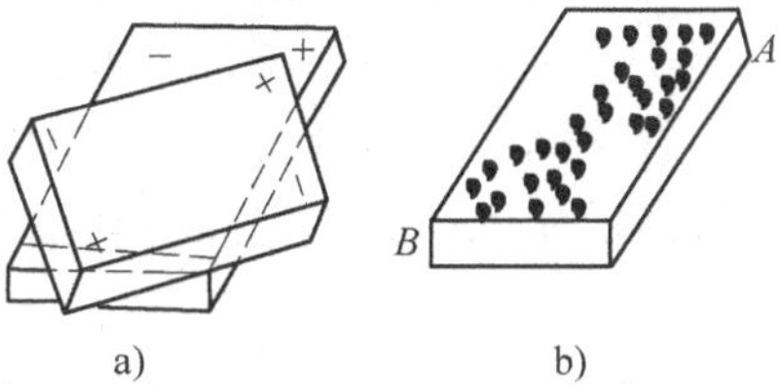

图 3-59　对角研示意图

• 训练 2　滑动轴承的刮削

滑动轴承的刮削是曲面刮削中最典型的实例，在生产中运用较广泛。

（1）滑动轴承刮削工作图　滑动轴承刮削工作图如图 3-60 所示。

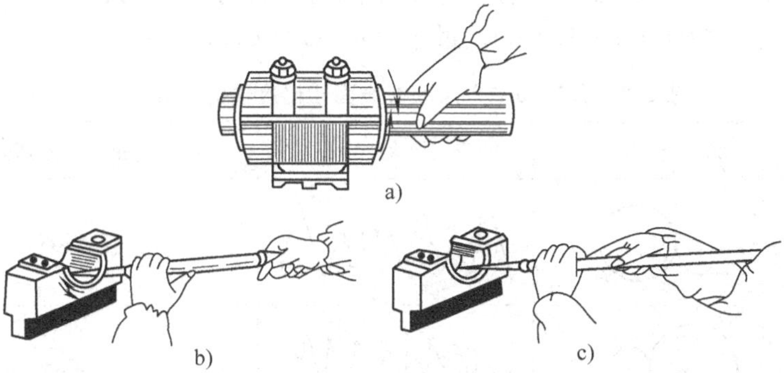

图 3-60　滑动轴承的刮削

（2）准备工作

1）备好若干把曲面刮刀以及磨石、显示剂、毛刷等用具。

2）将工件去毛刺，并做好清理工作。

（3）刮研操作

1）粗刮：先对滑动轴承单独进行粗刮，去除机械加工的刀痕。

2）细刮：滑动轴承刮研应根据其不同形状和不同的刮削要求，选择合适的刮刀和显点方法。一般是以标准轴（也称工艺轴），或与其配合的轴作为内曲面研点的校准工具。

① 显点方法是将蓝油均匀地涂布在轴的圆周面上，或用红丹粉涂布在轴承孔表面，轴在轴承孔中来回旋转，见图3-60a。

② 刮削方法是根据研点用曲面刮刀在曲面内接触点上做螺旋运动刮除研点。直至研点正确，精度符合要求。

③ 精刮。在细刮的基础上用小刀迹进行精刮，使研点小而多，从而改善滑动轴承的接触精度，提高滑动轴承的润滑效果。

第六节 研磨加工

一、研磨目的、原理和余量

用研磨工具和研磨剂，从工件上研去一层极薄表面层的精加工方法，称为研磨。

1. 研磨目的

(1) 得到较小的表面粗糙度值　与其他加工方法比较，经过研磨加工后的表面粗糙度值最小。各种加工方法获得表面粗糙度值的情况见表3-9。一般情况下表面粗糙度值为 Ra 0.1～1.6μm，最小可达 Ra 0.012μm。

表3-9　各种加工方法获得表面粗糙度值的比较

加工方法	加工情况	表面放大的情况	表面粗糙度值 Ra/μm
车	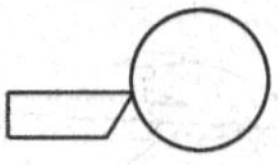	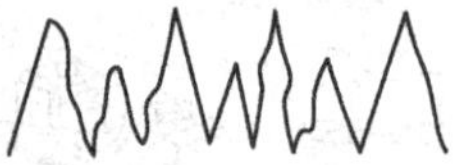	1.6～80
磨	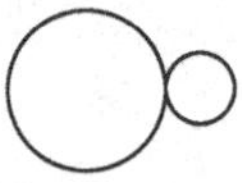		0.4～5
压光	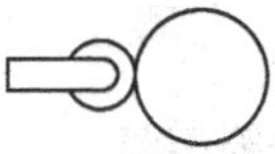		0.15～2.5
珩磨			0.15～1.5
研磨	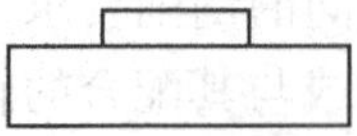		0.1～1.6

（2）达到精确的尺寸　经过研磨加工后，尺寸精度可达到0.001～0.005mm。

（3）提高工件的几何精度　经过研磨加工后，几何误差可控制在0.005mm内。

另外，经研磨的零件，由于有精确的几何形状和很小的表面粗糙度值，零件的耐磨性、抗腐蚀性和疲劳强度也都相应得到提高，从而延长了零件的使用寿命。

2. 研磨原理

研磨是以物理和化学作用除去零件表层金属的一种加工方法。

（1）物理作用　研磨时要求研具材料比被研磨的工件软。研磨时，涂在研具表面的磨料，在受到压力后嵌入研具表面成为无数切削刃。由于研具和零件做复杂的相对运动，使磨料对零件产生微量的切削与挤压，因而能从零件表面切去一层极薄的金属。

（2）化学作用　采用易使金属氧化的氧化铬和硬脂酸配制的研磨剂时，使被研表面与空气接触后，很快形成一层氧化膜。氧化膜由于本身的特性又容易被磨掉，因此，在研磨过程中，氧化膜迅速地形成（化学作用），而又不断地被磨掉（物理作用），从而提高了研磨的效率。

3. 研磨余量

由于研磨是微量切削，每研磨一遍所能磨去的金属层不超过0.002mm。因此研磨余量不能太大，通常研磨余量在0.005～0.03mm范围内比较适宜。有时研磨余量就留在工件的公差之内。

二、研具材料与研磨剂

（1）研具材料　要使研磨剂中的微小磨料嵌入研具表面，研具表面的材料硬度应稍低于被研零件。但不可太软，否则会全部嵌入研具而失去研磨作用。材料的组织必须均匀，否则将使研具产生不均匀的磨损而直接影响零件的质量。

常用的研具材料有如下几种：

1）灰铸铁具有润滑性好，磨耗较慢，硬度适中，研磨剂在其表面容易涂布均匀等优点。它是一种研磨效果较好，价廉易得的研具材料，因此得到广泛的应用。

2）球墨铸铁比一般灰铸铁更容易嵌存磨料，而且嵌得均匀牢固，同时强度高，还能增加研具寿命，因此已得到广泛的应用。

3）低碳钢的韧性较好，不容易折断，常用来作为小型的研具，如研磨螺纹和小直径工具、工件等。

4）铜的性质较软，表面容易被磨料嵌入，适宜做软钢研磨加工范围内的研具。

（2）研磨剂　研磨剂是由磨料和研磨液调和而成的混合剂。

1）磨料在研磨中起切削作用，与研磨加工的效率、精度、表面粗糙度有密切关系。常用的磨料有以下三类：

① 刚玉类磨料主要用于碳素工具钢、合金工具钢、高速钢和铸铁工件的研磨。这类磨料能研磨硬度为60HRC左右的工件。

② 碳化物磨料的硬度高于刚玉类磨料，因此除可用作一般钢制件的研磨外，主要用来研磨硬质合金、陶瓷与硬铬之类的高硬度工件。

③ 金刚石磨料分为人造和天然的两种。它的切削能力比刚玉类、碳化物磨料都高，实用效果也好。但价格昂贵，一般只用于硬质合金、硬铬、宝石、玛瑙和陶瓷等高硬度工件的精研磨加工。磨料的系列与用途见表3-10。

表3-10　磨料的系列与用途

系列	磨料名称	代号	特　性	适用范围
刚玉	棕刚玉	A	棕褐色。硬度高，韧性大，价格便宜	粗精研磨钢、铸铁、黄铜
	白刚玉	WA	白色。硬度比棕刚玉高，韧性比棕刚玉差	精研磨淬火钢、高速钢、高碳钢及薄壁零件
	铬刚玉	PA	玫瑰红或紫红色。韧性比白刚玉高，磨削表面质量好	研磨量具、仪表零件及高精度表面
	单晶刚玉	SA	淡黄色或白色。硬度和韧性比白刚玉高	研磨不锈钢、高钒高速钢等强度高，韧性大的材料
碳化物	黑碳化硅	C	黑色，有光泽。硬度比白刚玉高，性脆而锋利，导热性和导电性良好	研磨铸铁、黄铜、铝、耐火材料及非金属材料
	绿碳化硅	GC	绿色。硬度和脆性比黑碳化硅高，具有良好的导热性和导电性	研磨硬质合金、硬铬、宝石、陶瓷、玻璃等材料
	碳化硼	DC	灰黑色。硬度仅次于金刚石，耐磨性好	精研磨和抛光硬质合金、人造宝石等硬质材料
金刚石	人造金刚石	JR	无色透明或淡黄色、黄绿色或黑色。硬度高，比天然金刚石略脆，表面粗糙	粗、精研磨硬质合金、人造宝石、半导体等高硬度脆性材料
	天然金融石	JT	硬度最高，价格昂贵	
其他	氧化铁		红色至暗红色。比氧化铬软	精研磨或抛光钢、铁、玻璃等材料
	氧化铬		深绿色	

磨料粒度按颗粒尺寸分为41个号。其中磨粉类有F4、F5、…、F1200共37种，粒度号数大，磨料细；微粉类有W3.5、W2.5、…、W0.5共5种，这一组号数大，磨料粗。在选用时应根据精度高低来选取，常用的研磨粉见表3-11。

表3-11　常用的研磨粉

研磨粉号数	研磨加工类别	可达到的表面粗糙度值 *Ra*
F100～F220	用于最初的研磨加工	0.5～0.2
F280～F400	用于粗研磨加工	0.2～0.1
F500～F800	用于半粗研磨加工	0.1～0.05
F1000、F1200及微粉	用于粗细研磨加工	0.05以上

2）研磨液在研磨加工中起调和磨料、冷却和润滑的作用。研磨液的质量高低和选用是否正确，直接关系着研磨加工的效果。一般应具备以下条件：

① 有一定的粘度和稀释能力，磨料通过研磨液的调和与研具表面有一定的粘附性，使磨料对工件产生切削作用。同时研磨液对磨料有稀释作用。

② 有良好的润滑和冷却作用。

③ 对工件无腐蚀作用，不影响人体健康，且易于清洗干净。

常用的研磨液有煤油、汽油、L—AN22与L—AN32全损耗系统用油、工业用甘油、透平油以及熟猪油等。此外，根据需要在研磨液中再加入适量的石蜡、蜂蜡等填料和粘性较大而氧化作用较强的油酸、脂肪酸、硬脂酸等，则研磨效果更好。

一般工厂常采用成品研磨膏。使用时，加全损耗系统用油稀释即可。

三、研磨方法

研磨分为手工研磨和机械研磨两种。手工研磨时，要使工件表面各处都受到均匀的切削，应选择合理的运动轨迹，对提高研磨效率、工件的表面质量和研具的寿命都有直接的影响。

手工研磨运动轨迹的形式一般采用直线、直线与摆动、螺旋线、8字形和仿8字形等几种。

1）直线研磨运动的轨迹由于不能相互交叉，容易直线重叠。使工件难以得到很小的表面粗糙度值，但可获得较高的几何精度。所以它适用于有台阶的狭长平面的研磨。

2）摆动式直线研磨运动轨迹，是由于某些量具的研磨（如研磨双斜面直尺、直角尺的侧面以及圆弧测量面等）主要要求的是平面度误差，因此，可采用摆动式直线研磨运动轨迹，即在左右摆动的同时，做直线往复移动。

3）螺旋形研磨运动轨迹，是在研磨圆片或圆柱形工件的端面时采用的运动轨迹能获得较小的表面粗糙度值和较小的平面度误差，其运动轨迹见图3-61所示。

4）研磨小平面工件，通常采用8字形或仿8字形研磨运动轨迹，能使相互研磨的面保持均匀接触，既有利于提高工件的研磨质量，又可使研具保持均匀地磨损，其运动轨迹如图3-62所示。

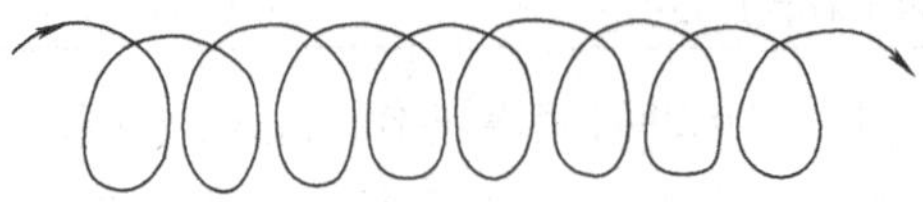

图3-61　螺旋形研磨运动轨迹

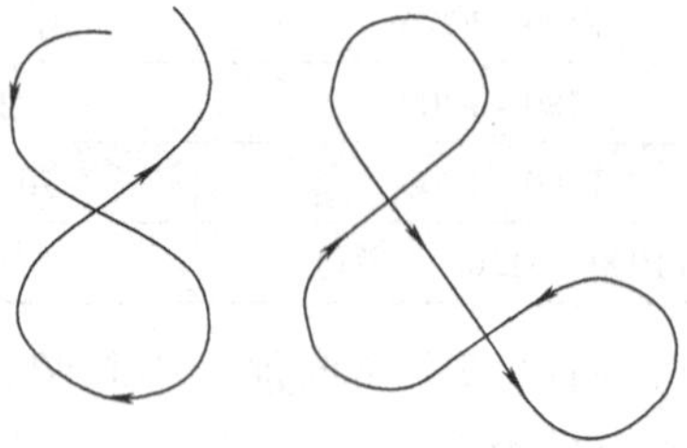

图3-62　8字形或仿8字形研磨运动轨迹

以上几种研磨运动的轨迹，应根据工件被研磨面的形状特点合理选用。

四、研磨时的要点

研磨后工件表面质量的好坏，除了与能否合理选用磨粉和研磨液以及研磨工艺是否合理有很大关系外，对能否注意在研磨时的清洁工作有直接影响。往往就是在研磨中忽视了清洁工作而造成废品，轻则使工件拉毛，重则拉出深痕。因此在研磨的整个过程中，特别要注意清洁，使工件表面不受到任何损伤。

五、研磨实例

• 训练3　平面的研磨

平面的研磨应在非常平整的研磨平板（研具）上进行。研磨平板分有槽的和光滑的两种。有槽的研磨平板适用于粗研加工，因为在有槽的研板上，容易使工件压平，所以粗研时就不会使表面磨成凸弧面。光滑的研磨平板适用于精研加工，以提高研磨工件表面的精度。有槽研磨平板结构如图3-63所示。

研磨前，先用煤油或汽油把研磨平板的工作表面清洗干净并擦干，再在研磨平板上涂上适当的研磨剂。然后把已去除毛刺并清洗过的工件需研磨的表面合在研磨平板上。沿研磨平板的全部表面（使研磨平板的磨损均匀），以8字形或螺旋形的旋转和直线运动相结合的方式进行研磨，并不断地变换工件的运动方向，如图3-64所示。由于周期性的运动，使磨料不断在新的方向起作用，工件就能较快达到所需要的精度要求。

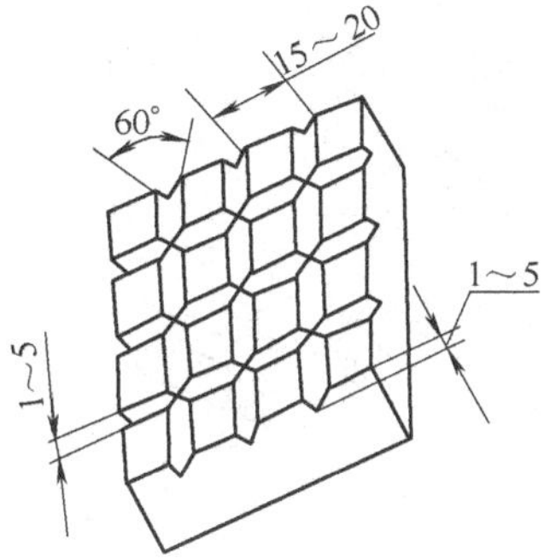

图 3-63 有槽研磨平板

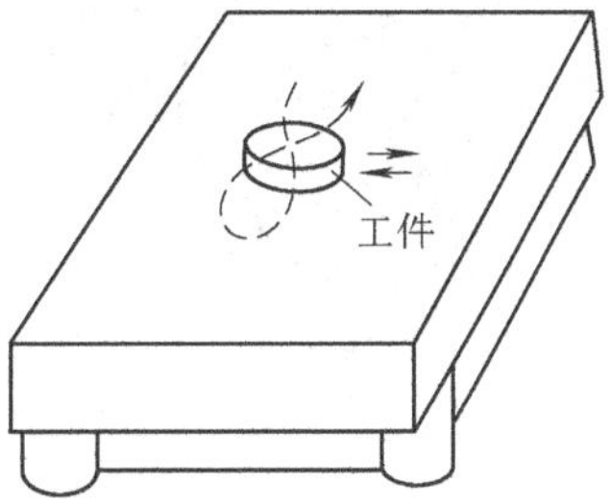

图 3-64 用 8 字形运动研磨平面

在研磨狭窄平面时，可用金属块作导靠（金属块平面应相互垂直），研磨时，使金属块和工件紧紧地靠在一起，并跟工件一起研磨，如图 3-65 所示，以保证工件的研磨面与其侧面垂直，防止倾斜和产生圆角。按这种被研磨面的形状特点，应采用直线研磨运动轨迹。

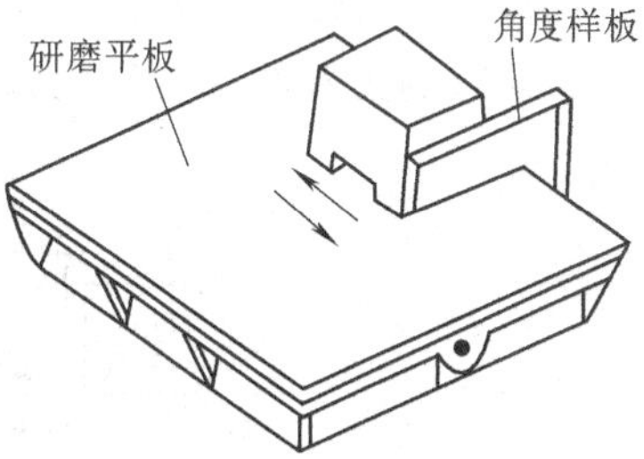

图 3-65 狭窄平面的研磨

• 训练 4 圆柱面的研磨

圆柱面的研磨一般都以手工与机器的配合运动进行研磨。圆柱面分有外圆柱面和内圆柱面的研磨。现分别叙述如下：

1. 外圆柱面的研磨

一般是在车床或钻床上用研套对工件进行研磨。研套的内径应比工件的外径略大 0.025 ~ 0.05mm。研套的形式做成如图 3-66 所示的可调节式。其结构是：内圈有开口的研套，外圈上有调节螺钉，如图 3-66a 所示。当研磨一段时间后，若研套内径磨损，可拧紧调节螺钉，使研套的孔径缩小，来达到所需要的间隙。图 3-66b 所示的研套，由研套和外壳组成。在研套上有一开口的通槽，在外径的三等分部位开有两定位通槽，以便用螺钉调节研套孔径的大小，并用定位螺钉来固定研套，以保证所需要的研磨工作间隙。研套的长度一般为孔径的 1 ~ 2 倍。

在研磨外圆柱面时，工件可由机床带动，在工件上均匀涂上研磨剂，套上研套（其松紧程度，应以手用力能转动为宜）。通过工件的旋转运动和研套在工件上沿轴线方向做的往复运动进行研磨，见图 3-67a、b。一般工件的转速在直径小于 80mm 时为 100r/min；直径大于 100mm 时为 50r/min。研套往复运动的速度，是根据工件在研套上研磨出来的网纹来控制的，见图 3-67c。当往复运动的

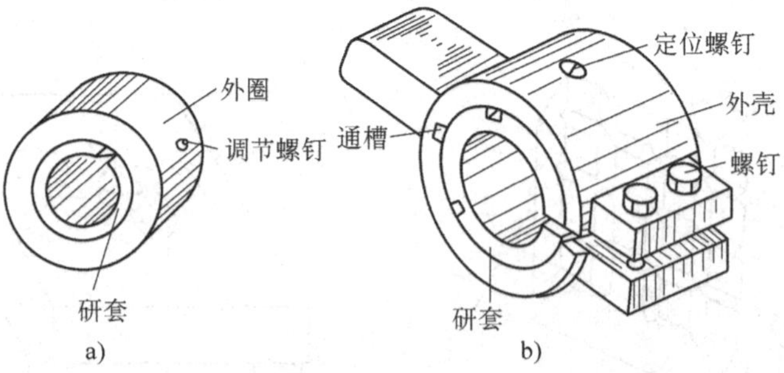

图 3-66 研套

速度适当时，工件上研磨出来的网纹成45°交叉线；太快了，网纹与工件轴线夹角就较小；太慢了，网纹与工件轴线夹角较大。往复运动的速度不论太快还是太慢，都影响工件的精度和耐磨性。

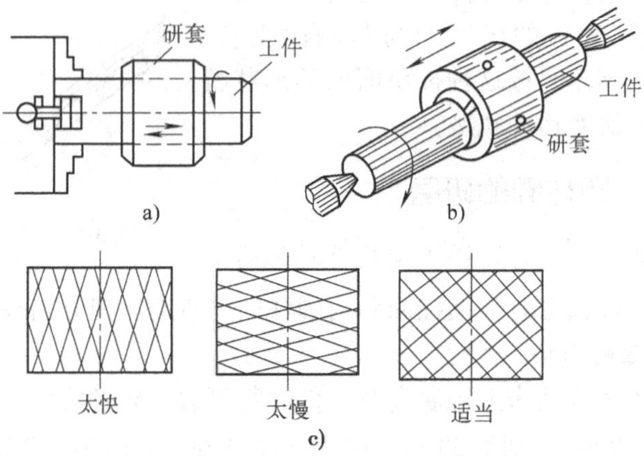

图 3-67 研磨外圆柱面

在研磨过程中，如果由于上道工序的加工误差，造成工件直径大小不一时，研磨时感觉到直径大的部位移动研套比较紧，而小的部位则较松。此时可在直径大的部位多研磨几次，使直径尺寸基本一致为止。另外，研磨一段时间后，应将工件调头再研磨，这样能使轴容易得到准确的几何形状，并能使研套磨耗均匀。

2. 内圆柱面的研磨

与外圆柱面研磨恰恰相反，是将工件套在研磨棒上进行的。研磨棒的外径应比工件的内径小0.01～0.025mm。研磨棒的形式有固定式和可调节式两种，如图3-68所示。

图3-68a所示为固定式研磨棒。它是在圆柱体上开有环形槽或螺旋槽，以使研磨剂流动方便。固定式研磨棒，常要做成几根不同的直径，磨损后就不能再使

用了。但因其结构简单，所以常在单件生产和机器修理中使用。

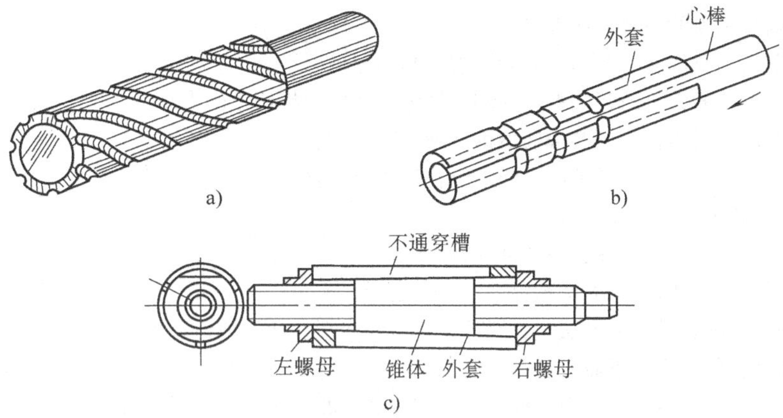

图 3-68　研磨棒的形式

a）固定式　b）、c）可调式

图 3-68b、c 所示为可调式研磨棒，它们是以心棒锥体的作用来调节外套直径的。图 3-68b 所示是由一外圆锥体的心棒与开有通槽的内圆锥孔的外套组成。调节时，将心棒按箭头方向敲紧即可使外套的外径胀大，反之缩小。图 3-68c 所示是由两端带有螺杆的锥体、内圆锥外套和两个调节螺母组成。调节时，将右螺母放松，再旋紧左螺母，可使外套外径胀大（外套上开有三条或多条不通的穿槽来保证直径的胀大、缩小）。当外套的外径调节到所需的尺寸后，拧紧右螺母，使其尺寸固定。使外套外径缩小时，则顺序相反。这种可调节的研磨棒，结构比较完善，故应用较为广泛。

研磨棒的工作部分（即带内锥孔的套）的长度，应大于工件长度，一般情况下，是工件长度的 1.5 ~2 倍。

内圆柱面研磨时，是将研磨棒夹在机床卡盘上，把工件套在研磨棒上进行研磨。

在调节研磨棒时与工件的配合要适当，配合太紧，易将孔面拉毛；配合太松，孔会研磨成椭圆形。研磨时如工件的两端有过多的研磨剂被挤出时，应及时擦掉，否则会使孔口扩大，研磨成喇叭口形状。如孔口要求精度很高，可将研磨棒的两端，用砂布擦得略小一些，以克服孔口易扩大的缺陷。

复习思考题

1. 什么叫锯路？它有什么作用？
2. 锯齿的前角、楔角和后角各为多少度？

3. 起锯有几种方法？哪一种比较好？
4. 试述管子的锯削方法。
5. 锯削时锯齿的粗细如何选择？
6. 用图表示錾削时的前角、后角、楔角和切削角。
7. 錾子楔角的大小对錾削有何影响？錾削时如何选择楔角的大小？
8. 尖錾两侧面为什么要磨成向柄部逐渐变窄的形状？
9. 怎样刃磨錾子？錾子刃磨后必须符合哪些要求？
10. 试述錾子的淬火和回火过程。
11. 什么叫锉削？锉削能达到哪些精度要求？
12. 锉削前要从哪些方面选择锉刀？如何选择？
13. 平面锉削有哪几种方法？各有什么特点？分别在什么场合采用？
14. 工件在什么要求下需要进行刮削加工？它有哪些特点？
15. 平面刮刀分粗、细、精三种，说明它们之间的几何角度有何不同？
16. 什么是粗、细、精刮削？刮花的作用是什么？
17. 什么叫显示剂？刮削质量要求有哪些？接触精度如何检验？
18. 用示意图表示并说明原始平板的刮研方法。
19. 说明曲面刮削的方法和应注意的问题。
20. 什么叫研磨？叙述研磨的原理。
21. 研磨加工有何作用？如何确定研磨的余量？
22. 常用研具材料有几种？各适用于什么场合？
23. 磨料有哪几类？各适用于什么场合？
24. 用简图表示手工研磨运动轨迹的形式，并说明适用场合。

第四章

孔加工和螺纹加工

培训目标 了解钳工常用钻孔设备、刀具和装夹工具以及切削液的选用；掌握孔加工的基本技能和提高钻孔质量的方法。了解螺纹的种类和应用，掌握螺纹加工的基本技能及检测方法；能分析、处理螺纹加工中出现的问题。

第一节 标准麻花钻

一、钻孔概述

标准麻花钻又称钻头。用钻头在实心材料上加工出孔的方法称为钻孔。

任何一种机器没有孔是不能装配的。要把两个以上的零件用螺钉、铆钉、销等不同方法联接起来，首先要在零件上钻出各种不同的孔，因此钻孔在生产中是一项很重要的工作。

钻孔可以达到的标准公差等级一般为 IT10 ~ IT11 级，表面粗糙度值一般为 Ra 50 ~ Ra 12.5μm。所以钻孔只能加工精度要求不高的孔或作为孔的粗加工。

钻孔时，钻头装夹在钻床（或其他机械）上，依靠钻头与工件之间的相对运动来完成切削加工。钻头切削运动由以下两种运动合成：

（1）主运动 主运动是由机床或人力提供的主运动，它使刀具和工件之间产生相对运动，从而使刀具前面接近工件并切除切削层。

（2）进给运动 进给运动是由机床或人力提供的使刀具与工件之间产生附加的相对运动，加上主运动，可不断地或连续地切除切削层，并得出具有所需几何特性的正加工表面。

在钻孔时钻头的运动中（图4-1），钻头绕本身轴线的旋转运动为主运动；钻头沿轴线方向的直线移动为进给运动。钻孔时这两种运动是同时连续进行的，所以钻头是按照螺旋运动来钻孔的。

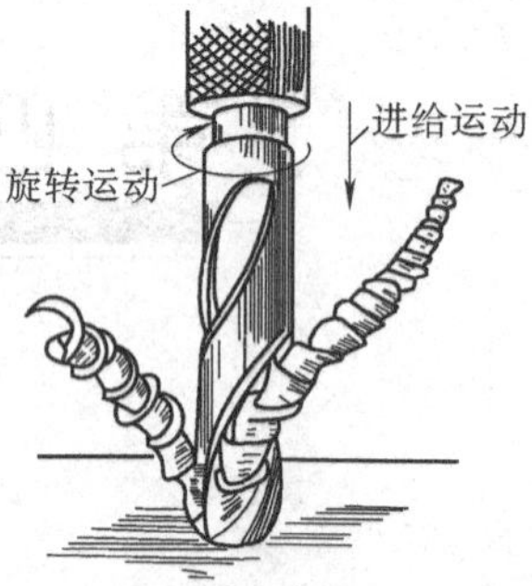

图4-1　钻孔时钻头的运动

二、标准麻花钻的结构特点

钻头的种类较多，有麻花钻、扁钻、深孔钻、中心钻等，麻花钻是最常用的一种钻头。

麻花钻主要由柄部、颈部和工作部分组成，麻花钻构造见图4-2。

1）钻头的柄部是与钻孔机械的联接部分，钻孔时用来传递所需的转矩和轴向力。柄部有圆柱形和圆锥形（莫氏圆锥）两种形式，钻头直径小于ϕ13mm的采用圆柱形，钻头直径大于ϕ13mm的一般都是圆锥形。锥柄的扁尾能避免钻头在主轴孔或钻套中打滑，并便于用楔铁把钻头从主轴锥孔中打出。

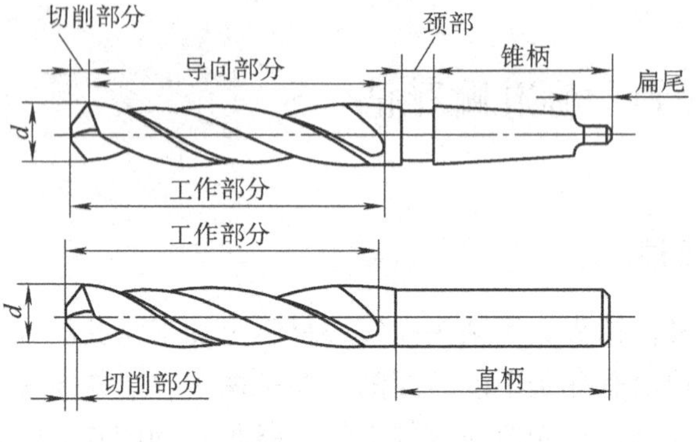

图4-2　麻花钻构造

2）钻头的颈部在磨削钻头时供砂轮退刀用，一般也用来打印商标和规格。

3）工作部分由切削部分和导向部分组成。切削部分由两条主切削刃、一条横刃、两个前面和两个后面组成，如图4-3所示。其作用是担任主要切削工作。导向部分有两条螺旋槽和两条窄的螺旋形棱边与螺旋槽表面相交成两条棱刃（副切削刃）。导向部分在切削过程中，使钻头保持正直的钻削方向并起修光孔壁的作用，通过螺旋槽排屑和输送切削液，导向部分还是切削部分的后备部分。

钻头直径由切削部分向柄部逐渐减小，形成倒锥，倒锥量为每100mm长度内减小约0.05～0.10mm，这样可减少钻头与孔壁的摩擦。

4）钻头工作部分沿轴心线的实心部分称为钻芯。它是用来联接两个刃瓣以保持钻头的强度和刚度，钻芯由切削部分向柄部逐渐增大，形成锥体。

三、标准麻花钻切削部分的几何参数

麻花钻的几何参数见图 4-4，钻头切削部分的螺旋槽表面称为前面，切削部分顶端两个曲面称为后面，钻头的棱边又称为副后面。如图 4-4 所示，钻孔时的切削平面为 $P—P$，基面为图 4-4 中的 $Q—Q$。

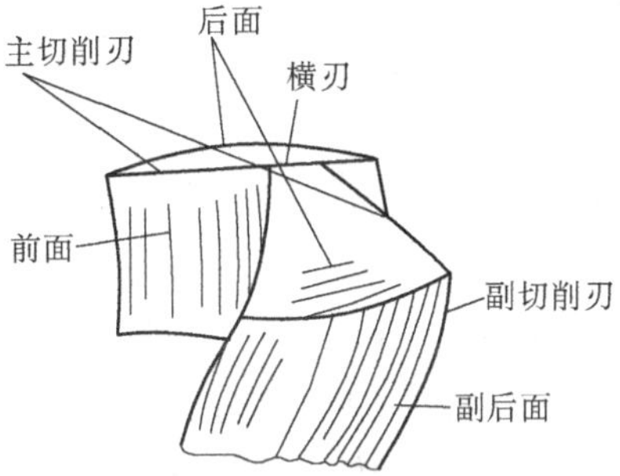

图 4-3　钻头的切削部分

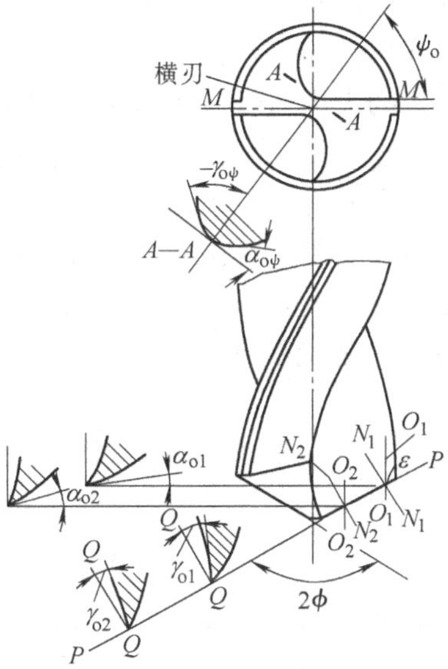

图 4-4　麻花钻的几何参数

（1）顶角 2ϕ　钻头两主切削刃在其平行平面 $M—M$ 上的投影所夹的角，称为顶角。

标准麻花钻的顶角 $2\phi = 118° \pm 2°$，钻孔时顶角的大小可根据工件材料的性质来确定，钻硬材料比钻软材料 2ϕ 可选得大些，具体选择范围见表 4-1。

（2）螺旋角 β　主切削刃上最外缘处螺旋线的切线与钻头轴心线之间的夹角称为螺旋角。

表 4-1　钻削不同材料时顶角的选择

钻削材料	2ϕ/（°）	钻削材料	2ϕ/（°）
普通钢和铸铁	116～118	纯铜	125～135
合金钢和铸铁	120～125	硬铝合金和铝硅合金	90～100
不锈钢	110～120	胶木、电木、赛璐璐及其他脆性材料	80～90
黄铜和青铜	130～140		

螺旋角的大小与钻头直径有关，当钻头直径大于10mm时，$\beta=30°$。当钻头直径小于10mm时，$\beta=18°\sim30°$。钻头直径越小，β也越小，钻头的强度增加。同一直径钻头的不同半径处螺旋角大小也不等，从钻头的外缘至中心螺旋角β逐渐减小，螺旋角一般以外缘处的数值来表示。

（3）前角γ_o　主切削刃上任一前角，是这一点的基面与前面之间夹角。它在主截面内，见图4-4中，N_1-N_1，N_2-N_2剖面。

由于麻花钻的结构特点，其前角大小是变化的，前角自外缘向中心逐渐减小。外缘处前角最大，一般为30°左右，在$d/3$范围内为负值，接近横刃处为$-30°$，横刃处前角为$-54°\sim-60°$，见图4-4中A-A剖面。

前角的大小与螺旋角有关（横刃处除外）。螺旋角越大，前角也越大，外缘处的前角与螺旋角数值接近。前角越大，切削刃越锋利，切削越省力。

（4）侧后角α_f　后面与切削平面之间的夹角。它是在假定工作平面——圆柱截面内，见图4-4中O_1—O_1，O_2—O_2剖面。

主切削刃上每一点的侧后角也是不等的，其变化规律与前角相反，外缘处的后角最小，越接近中心后角越大，一般麻花钻外缘处的后角按钻头直径大小分为：

$$d<15\text{mm}\qquad \alpha_f=10°\sim14°$$

$$d=15\sim30\text{mm}\qquad \alpha_f=9°\sim12°$$

$$d>30\text{mm}\qquad \alpha_f=8°\sim11°$$

钻心处的侧后角$\alpha_f=20°\sim26°$，横刃的后角$\alpha_{o\psi}=30°\sim36°$。

后角的作用是为了减少后面与加工表面之间的摩擦。钻硬材料时，为保证切削刃强度，后角可选小些；钻软材料时，后角可适当大些。

（5）横刃斜角ψ　横刃与主切削刃在垂直于钻头轴线平面上投影所夹的角。

标准麻花钻的横刃斜角$\psi=50°\sim55°$。刃磨后角时，当靠近钻心处的后角磨得越大，则横刃斜角就越小。所以刃磨时横刃斜角的大小可用来判断靠近钻心处的后角刃磨是否正确。

（6）横刃长度b　麻花钻由于钻心的存在而产生横刃，标准麻花钻的横刃长度$b=0.18d$。

横刃太短会降低钻尖的强度，太长则钻削时钻头定心困难，轴向阻力增大。

（7）副后角　副切削刃上副后面与孔壁切线之间的夹角叫副后角。标准麻花钻的副后角为0°。

四、标准麻花钻的缺点

1）钻头主切削刃上各点前角变化很大，最外缘处前角为30°，接近横刃处为$-30°$，横刃处为$-54°\sim-60°$，切削条件很差。

2）横刃太长，横刃处前角为负角，切削时横刃呈挤压刮削状态，产生很大的轴向抗力，同时定心作用较差，钻头容易发生抖动。

3）副后角为0°，钻孔时副后面与孔壁之间摩擦严重，主切削刃与副后面交点处切削速度最高，产生热量多，此处磨损较快。

4）主切削刃长，全宽参加切削，切屑较宽，对排屑不利，并阻碍切削液的流入。

五、标准麻花钻的刃磨

由于钻头的磨钝和为了适应工件材料的变化，钻头的切削部分和角度需要经常刃磨，刃磨的部位是两个后面。手工刃磨钻头在砂轮机上进行，选择砂轮的粒度为F46～F80，砂轮的硬度为中软级。

1. 刃磨要领

1）钻头中心线和砂轮面成ϕ角。

2）右手握住钻头导向部分前端，作为定位支点，刃磨时并使钻头绕其轴心线转动，同时掌握好作用在砂轮上的压力。

3）左手握住钻头的柄部作上下扇形摆动。

开始刃磨时（图4-5），钻头轴心线要与砂轮中心水平线一致，主切削刃保持水平，同时用力要轻。随着钻尾向下倾斜，钻头绕其轴线向上逐渐旋转15°～30°，使后面磨成一个完整的曲面。旋转时加在砂轮上的压力也逐渐增加，返回时压力逐渐减小，刃磨一二次后，转180°刃磨另一面。在刃磨过程中，要随时检查刃磨的正确性，并要适时将钻头浸入水中冷却。在磨到刃口时磨削量要小，停留时间要短，防止切削部分过热而退火。

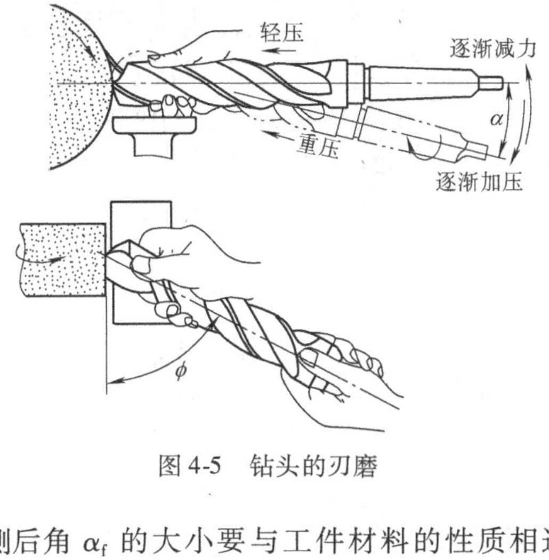

图4-5　钻头的刃磨

2. 刃磨要求

1）顶角2ϕ、侧后角α_f的大小要与工件材料的性质相适应，横刃斜角ψ

为55°。

2）两条主切削刃应对称等长，顶角 2ϕ 应被钻头轴线所平分。

3）钻头直径大于 ϕ5mm 还应磨短横刃。

钻头刃磨质量的好坏，对钻削质量、生产效率及钻头的寿命都有很大的影响，因此钻头刃磨结束后，必须进行检查。在现代化和专业性很强的工厂内，对钻头的几何参数有专用的测量仪器，钳工对钻头刃磨后的检查，一般采用目测、角度样板、钢直尺等简单测量工具进行检查。

第二节　钻　床

钻床的种类、形式很多，但除去多头钻床和专业化钻床外，平时钻孔常用的钻床有台式钻床、立式钻床和摇臂钻床三类。

一、钻床的种类

（1）台式钻床　图4-6所示的是一台最大钻孔直径为 ϕ12mm 的台式钻床，其变速是通过安装在电动机主轴和钻床上的一组V带轮来实现的，共可获得五种不同转速，变速时应停止运转。

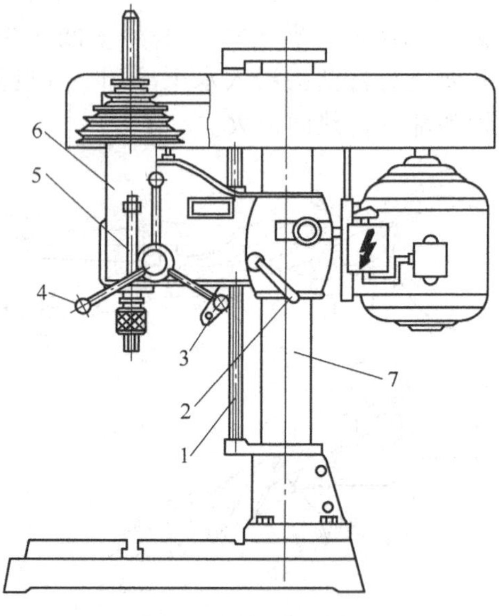

图4-6　台式钻床

1—丝杠　2—紧固手柄　3—升降手柄　4—进给手柄　5—标尺杆　6—头架　7—立柱

钻孔时，只要拨动手柄4使小齿轮通过主轴套筒上的齿条使主轴上下移动，实现进给和退刀。钻孔深度是通过调节标尺杆5上的螺母来控制的。根据工件的大小调节主轴与工件间的距离，先松开紧固手柄2，摇动升降手柄3，使螺母旋转。由于丝杠不转，则螺母作直线运动，从而带动头架6沿立柱7升降，使主轴与工件之间距离得到调节，当头架升降到适当位置时，扳紧紧固手柄2。

台式钻床转速高、效率高，使用方便灵活，适合于小工件的钻孔。但是，由于台式钻床的最低转速较高，故不适合锪孔和铰孔的加工。

（2）立式钻床　立式钻床是钻床中较为普通的一种，它有多种型号，最大钻孔直径有 ϕ25mm、ϕ35mm、ϕ40mm、ϕ50mm 等几种。图4-7所示为Z525立式钻床，其最大钻孔直径为 ϕ25mm，使用较广。其结构主要由底座1、工作台2、主轴3、进给变速箱4、主轴变速箱5、电动机6和立柱7等部分组成。

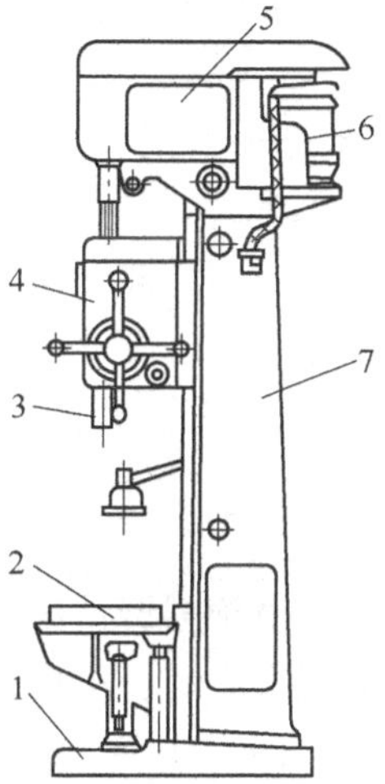

图4-7　立式钻床
1—底座　2—工作台
3—主轴　4—进给变速箱
5—主轴变速箱　6—电动机
7—立柱

通过操纵手柄，可使进给变速箱沿立柱导轨上下移动，从而调节主轴至工作台的距离。摇动工作台手柄，也可使工作台沿立柱导轨上下移动，以适应不同尺寸工件的加工。在钻削大工件时，还可将工作台拆除，将工件直接固定在底座1上加工。

Z525钻床主轴通过主轴变速箱内齿轮变速机构获得9种不同转速，最高转速为1362r/min；最低转速为97r/min。进给运动分为手动进给和机动进给两种形式，机动进给通过进给变速箱可得到9种不同进给量，最大进给量为0.81mm/r；最小进给量为0.1mm/r。在进行主轴变速或调整进给量时都必须先停机。

Z525钻床结构比较完善，具有一定的万能性，适应小批、单件的中型工件加工。由于其主轴变速和进给量调整范围较大，所以能进行钻孔、锪孔、铰孔和攻螺纹等加工。

（3）摇臂钻床　若在大型工件上钻孔或在同一工件上钻多孔时，可选用摇臂钻床。摇臂钻床是依靠移动钻轴来对准钻孔中心进行钻孔的，所以操作省力灵活。图4-8所示为摇臂钻床，其主要由底座1、工作台2、立柱3、主轴变速箱4和摇臂5等组成，最大钻孔直径可达 ϕ80mm。

钻孔时，根据工件加工情况需要，摇臂5可沿立柱3上下升降和绕立柱回转360°。主轴变速箱4可沿摇臂导轨作大范围移动，便于钻孔时借正钻头与钻孔之间的位置。由此可知，摇臂钻床能在很大范围内钻孔，比立式钻床更方便。钻孔时，中、小型工件可在工作台上固定；钻削大型工件，可将工作台2拆除，工件在底座上固定。摇臂和主轴变速箱位置调正结束后，都必须锁紧，防止钻孔时产生摇晃而发生事故。

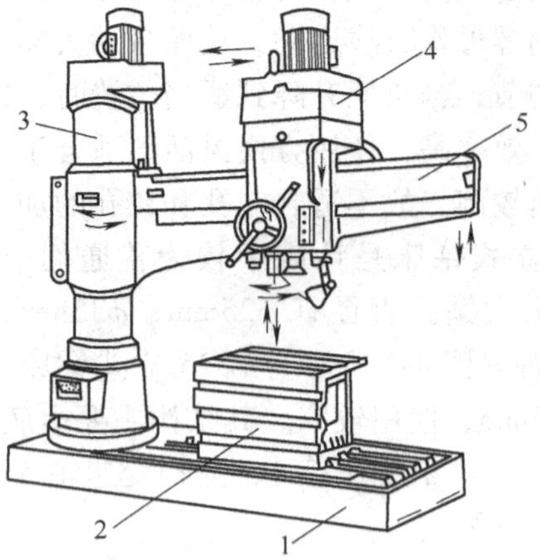

图4-8　摇臂钻床

1—底座　2—工作台　3—立柱　4—主轴变速箱　5—摇臂

由于摇臂钻床的主轴变速范围和进给量调整范围都很广，所以摇臂钻床加工范围很广泛，可用于钻孔、扩孔、锪孔和铰孔、攻螺纹等的加工。

（4）电钻　当工件很大，不能放置在钻床上钻孔，或者由于所钻的孔在工件上所处的位置不能采用钻床钻孔时，可采用电钻钻孔。电钻的规格（钻孔直径）有 ϕ6mm，ϕ10mm，ϕ13mm 等几种，在使用电钻钻孔时，保证电气安全极为重要。操作 220V 的电钻时，要采用相应的安全措施。使用 36V 的电钻时相对比较安全，若使用一种双重绝缘结构的电钻时，则不必另加安全措施。电钻的外观形状，见图4-9。

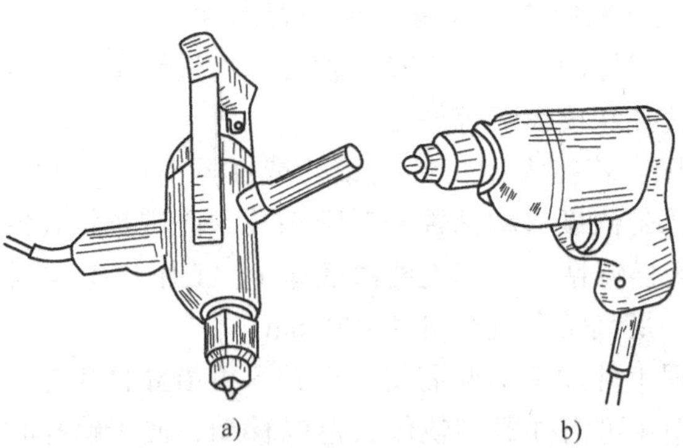

图4-9　电钻

a）手提式　b）手枪式

二、钻头的装夹工具

（1）钻夹头　钻夹头用来装夹 ϕ13mm 以内的直柄钻头，其结构见图 4-10。钻夹头的夹头体 1 上端锥孔与夹头柄紧配，夹头柄另一端为莫氏锥体装入钻床主轴锥孔内。钻夹头中的三个夹爪 4 用来夹紧钻头的直柄，当带有小锥齿轮的钥匙 3 带动夹头套 2 上的大锥齿轮转动时，与夹头套紧配的内螺纹圈 5 也同时旋转。因螺纹圈与三个夹爪上的外螺纹相配，于是三个爪便伸出或缩进，使钻柄被夹紧或松开。

（2）钻头套　钻头套用于装夹锥柄钻头（图 4-11）。当把较小的钻头柄装到较大的转轴锥孔内，一般要通过钻头套来联接。使用时应根据钻头锥柄莫氏圆锥度的号数和钻床主轴孔莫氏圆锥孔的号数来选择。立式钻床主轴孔一般为 3 号或 4 号莫氏锥孔，摇臂钻床主轴孔一般为 5 号或 6 号莫氏锥孔。钻头套的内外锥相差一个号，钻头套共有 5 个标号，见表 4-2。

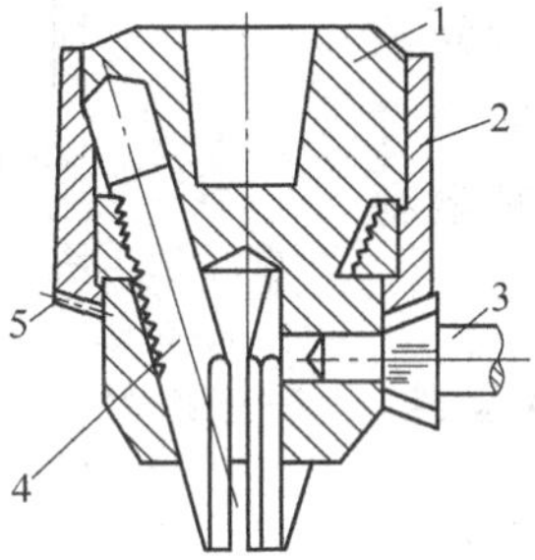

图 4-10　钻夹头

1—夹头体　2—夹头套　3—钥匙
4—夹爪　5—内螺纹圈

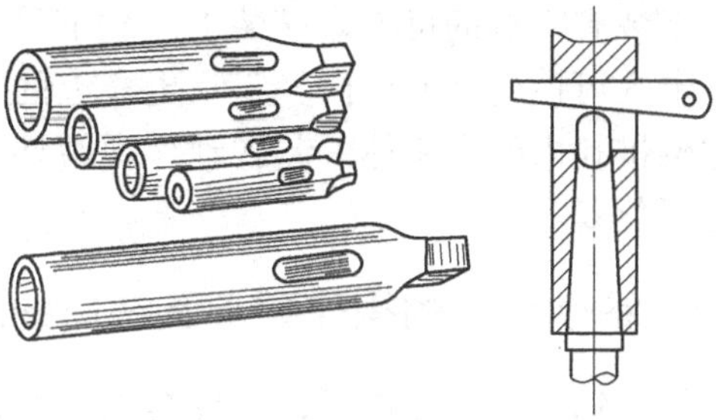

图 4-11　钻头套

表 4-2　钻头套标号与内外锥度

标　　号	内锥孔（莫氏圆锥）	外圆锥（莫氏圆锥）
1 号钻头套	1	2
2 号钻头套	2	3
3 号钻头套	3	4
4 号钻头套	4	5
5 号钻头套	5	6

有时用一个钻头套不能直接与钻床主轴锥孔相配时，可用几个钻头套配接起来使用，或用特制的钻头套。

三、快换钻夹头

利用钻床在同一工件上加工许多直径不等、精度要求不同的孔时，就需多次调换钻头或铰刀，此时如用普通的装夹工具（钻夹头、钻头套）来装夹钻头或铰刀，那么停机换装钻头很浪费时间，而且多次借助于敲打来装卸钻头套和刀具，不仅容易损坏刀具和钻头套，还将直接影响到钻床的精度。如果使用不停机换装钻夹头，就可在主轴旋转的情况下更换刀具，减少更换刀具的时间，提高生产效率，也减少了对钻床精度的影响。

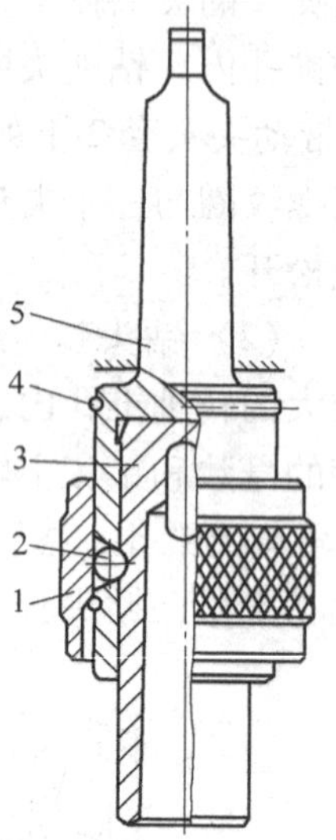

图 4-12　快换钻夹头
1—滑套　2—钢珠
3—可换套筒　4—弹簧环
5—夹头体

快换钻夹头结构如图 4-12 所示。更换刀具时，只要将滑套 1 向上提起，钢珠 2 受离心力的作用而贴于滑套端部的大孔表面，使可换套筒 3 不再受到钢珠的卡阻。此时另一只手就可把装有刀具的可换套筒取出，然后再把另一个装有刀具的可换套筒装上。放下滑套，两粒钢珠重新卡入可换套筒凹坑内，于是更换上的刀具便跟着插入主轴锥孔内的夹头体一起转动。弹簧环 4 用来限制滑套上下位置。

四、钻削加工的操作要点及钻床的维护保养

在钻床钻削加工操作时，工件是固定的，是由钻头作旋转并作轴向移动（进给运动）向深度钻削的。

1. 钻削加工的操作要点

1）每班工作前，首先把钻床的外表滑动部位擦拭干净，注入润滑油，并将各操作手柄移到正确位置：然后开慢车，经过几分钟的试运转，待确定机械传动和润滑系统正常后，再开始工作。如发现钻床有故障时，应会同有关人员加以检查和调整。

2）采用正确的工件安装方案，在钻床工作台面或垫铁与工件的安装基准面之间，需保持清洁，使接触平稳；压紧螺钉的分布要对称，夹紧力要均匀牢靠；严禁用金属物体敲击工件，以防止工件变形。一般工件的夹持方法为采用图 4-13 所示的平口钳、V 形块和压板等。

3）工件在装夹过程中，应仔细校正，保证钻孔中心线与钻床的工作台面垂直。当所钻孔的位置精度要求比较高时，应在每个孔缘划参考线，以检查钻孔是否偏斜。对刀时要从不同的方向，观察钻头横刃对正样冲眼的情况。钻孔前先锪出一个浅窝，确定无误之后，再正式钻孔。

图 4-13　工件装夹方法

a）平口钳　b）V 形块　c）螺旋压板　d）角铁　e）手虎钳　f）自定心卡盘

4）通常，钻孔直径在 $\phi30 \sim \phi35$mm 时，可一次钻出，如孔径大于此值，可分两次钻削，第一次钻削直径为（0.5 ~ 0.7）D。

5）钻头在装夹前，应将其柄部和钻床主轴锥孔擦拭干净。钻头装好以后，可缓慢转动钻床主轴，检查钻头是否正直，如有摆动时，可调换不同方向装夹，将振摆调整到最小值。直柄钻头的装夹长度一般不小于 15mm。

6）开始钻孔时，钻头要慢慢地接触工件，不能用钻头撞击工件，以免碰伤钻尖。在工件的未加工表面上钻孔时，开始要用手进刀，这样当碰到过硬的质点时，钻头可以退让，避免打坏刃口。

7）在钻削过程中，工件对钻头有很大的抵抗力，使钻床的主轴箱或摇臂产生上抬的现象。这样在钻通孔时，当钻头横刃穿透工件以后，工件的抵抗力迅速下降，主轴箱或摇臂通过自重压下来，使进给量突然增加，导致扎刀，这时钻头很容易被扭断，特别是在钻大孔时，这种现象更为严重。因此，当钻孔即将穿透时，最好改用手进给。

8）在摇臂钻床上钻大孔时，立柱和主轴箱一定要锁紧，以减少晃动和摇臂上抬量，否则钻头容易折断。

9）需要变换转速时，一定要先停机，以免打伤齿轮或其他部件。转换变速手柄时，应切实放到规定的位置上，如发现手柄失灵或不能移到所需要的位置时，应加以检查调整，不得强行扳动。

10）在钻床工作台、导轨等滑动表面上，不要乱放物件或撞击，以免影响钻床精度。工作完毕或更换工件时，应立即清理切屑及冷却润滑液。摇臂钻床在使用以后，要将摇臂降到近下端，将主轴箱移近立柱一端。下班前应在钻床没有涂漆的部位擦一些润滑油，以防止锈蚀。

11）操作者在离开钻床或更换工具、工件，以及总电源突然断电时，都要关闭钻床电门。

2. 钻床的维护保养

在使用机床设备时，要达到减少设备事故、延长机床使用寿命和提高设备完好率等目的，除了按照操作规程合理使用机床外，还必须认真做好机床设备的维护保养工作。钻床在使用前后，操作者要认真检查、擦拭钻床各部位和注油保养，使钻床保持润滑清洁，发生事故要及时排除，并做一定记录。

钻床运转满500h应进行一次一级保养，一级保养以操作者为主、维修人员配合，对钻床进行局部解体和检查。清洗所规定的部位，疏通油路、更换油线、油毡，调整各部位配合间隙，紧固各个部位。

立式钻床一级保养内容：

（1）外保养

1）外表清洁，无锈蚀，无污秽。

2）检查补齐螺钉，手球，手柄。

3）清洁工作台丝杠、齿条、锥齿轮。

（2）润滑

1）油路畅通，清洁无铁屑。

2）清洗油管、油孔、油线、油毡。

3）检查油质，保持良好，油表正常、油位标准、油窗明亮。

（3）冷却

1）清洗水泵和过滤器。

2）清洗全部冷却液槽。

3）根据情况调换冷却液。

（4）电器

1）清扫电器箱、电动机。

2）电器装置固定整齐。

3. 钻床工的安全操作规程

1）工作前要检查并排除钻床周围的障碍物。

2）工作中严禁戴手套，女工一定要戴工作帽。

3）严禁开机后用手去拧紧钻夹头和用棉纱、油布擦主轴；变速应先停机。

4）严禁直接用手或用棉纱勾切屑，或用嘴吹切屑。

5）工件应装夹牢靠，禁止直接用手拿零件来钻孔，小零件钻小孔时，也要用手虎钳等工具夹牢零件。

6）钻通孔时，工件应垫起，防止钻伤工作台。

7）搬运、吊装或两人抬起工件时，应小心谨慎，防止伤人。

8）注意安全用电。

第三节　钻孔方法

一、工件夹持

钻孔前一般都须将工件夹紧固定，以防钻孔时工件移动折断钻头或使钻孔位置偏移。工件的夹持方法（第一节中已叙述），主要根据工件的大小、形状和加工要求而定。

例如，在钻 ϕ8mm 以下的小孔，工件可用手虎钳握住工件钻孔。

若钻孔要求较高，零件批量又较大的工件，可采用专门的钻夹具夹持工件来钻孔。

二、一般工件的钻孔方法

钻孔前应在工件上划出所要钻孔的十字中心线和直径。在孔的圆周上（90°位置）打四只样冲眼，作钻孔后的检查用。孔中心的样冲眼作为钻头定心用，应大而深，使钻头在钻孔时不易偏离中心。

钻孔开始时，先调正钻头或工件的位置，使钻尖对准钻孔中心，然后试钻一浅坑。如钻出的浅坑与所划的钻孔圆周线不同心，可移动工件或钻床主轴予以借正。钻头较大，或浅坑偏得太多，用移动工件或钻头很难取得效果，这时可在需多钻去一些的部位用样冲或油槽錾錾几条沟槽（见图 4-14），以减少此处的切削阻力使钻头偏移过来，达到借正的目的。当试钻达到同心要求后继续钻孔。孔将要钻穿时，必须减小进给量，如采用自动进给的，此时最好改为手动进给，以减少孔口的毛刺，并防止钻头折断或钻孔质量降低等现象。

钻不通孔时，可按钻孔深度调正挡块，并通过测量实际尺寸来控制钻孔深度。

钻深孔时，一般钻进深度达到直径的3倍时钻头要退出排屑，以后每钻进一定深度，钻头即退出排屑一次，以免切屑阻塞而扭断钻头。

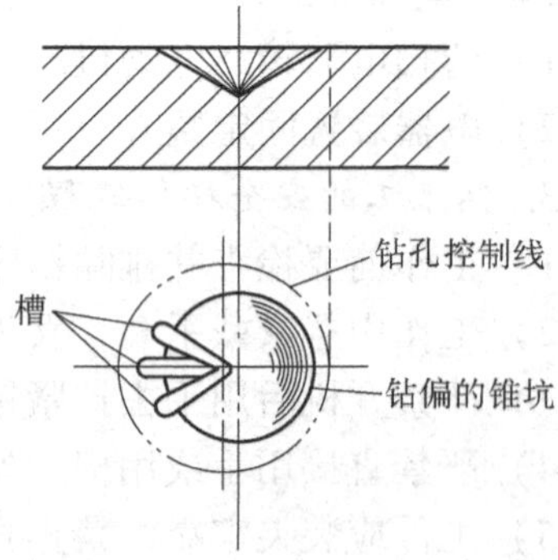

图4-14　用錾槽纠正钻偏的孔

钻直径超过$\phi30$mm的孔可分两次钻削，先用0.5～0.7倍的钻头钻孔，然后再用所需孔径的钻头扩孔。这样可以减小转矩和轴向阻力，既保护了机床，同时又可提高钻孔质量。

三、其他钻孔方法

（1）在圆柱工件上钻孔　在轴类或套类等圆柱形工件上钻与轴心线垂直相交的孔，特别当孔的中心线和工件中心线对称度要求较高时，可采用定心工具，见图4-15a。钻孔前利用百分表校正定心工具圆锥部分与钻床主轴保持较高的同轴度要求，使其振摆在0.01～0.02mm之内。然后移动V形块使定心工具圆锥部分与V形块贴合，用压板把V形块位置固定。

在钻孔工件的端面划出所需的中心线，用90°角尺找正端面中心线使其保持垂直，见图4-15b。换上钻头将钻尖对准钻孔中心后，再把工件压紧。然后试钻一个浅坑，检查中心位置是否正确，如有偏差，可调整工件后再试钻，直至位置正确后钻孔。

对称度要求不高时，不必用定心工具，而用钻头的顶尖来找正V形块的中心位置，然后用90°角尺找正工件端面的中心线，并使钻尖对准钻孔中心，压紧工件，进行试钻和钻孔。

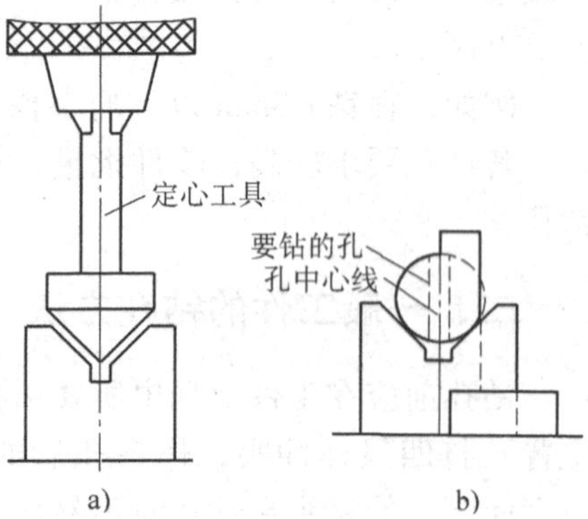

图4-15　在圆柱形工件上钻孔

（2）钻半圆孔　对需钻半圆孔的工件，若孔在工件的边缘，可把两工件合起来夹持在机用平口虎钳内钻孔，见图4-16a，若只需一件，可取一块相同材料与工件拼合夹持在机用平口虎钳内钻孔。若在图4-16b所示工件上钻半圆孔，则可先用同样材料嵌入工件内，与工件合钻一个圆孔，然后去掉嵌入材料，工件上即留下半圆孔。

（3）在斜面上钻孔　用普通钻头在斜面上钻孔，钻头必然会产生偏歪、滑移而无法定心，不仅不能钻孔，并可能折断钻头。为了在斜面上钻出合格的孔，可用立铣刀或錾子在斜面上加工出一个小平面。然后先用中心钻或小直径钻头在小平面上钻出一个锥坑或浅坑，最后用钻头钻出所需要的孔，如图 4-17 所示。

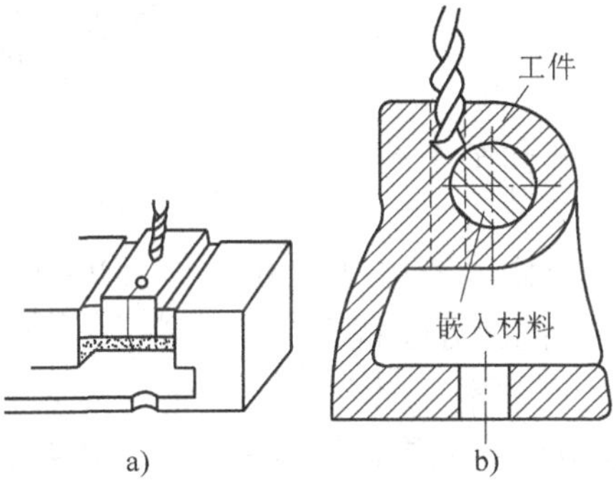

图 4-16　在工件上钻半圆孔

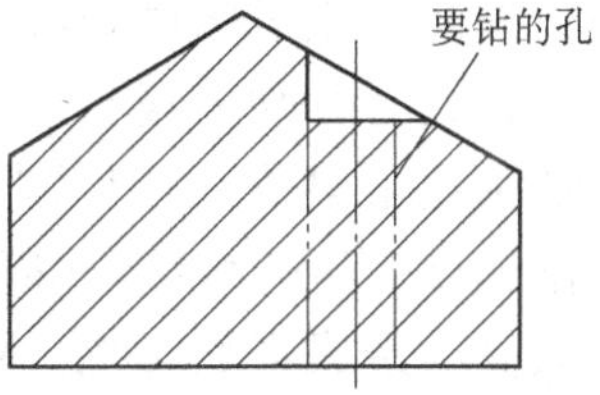

图 4-17　在斜面上钻孔

（4）钻壳体和衬套之间的骑缝螺纹底孔或销钉孔　由于壳体、衬套两者材料一般都不同，此时样冲眼应打在略偏于硬材料一边，以抵消因阻力小而引起钻头向软材料方向偏移。同时要选用短钻头，以增强钻头刚度，钻头的横刃要磨短，增加钻头的定心作用，减少偏移。

四、钻孔时的切削用量

1. 钻孔时的切削用量

切削用量是切削加工过程中的切削速度、进给量和背吃刀量的总称，又称切削三要素。

（1）切削速度 v　钻孔时的切削速度，是指钻削时钻头切削刃上最大直径处的线速度。钻孔时的切削速度 v 可由下式计算

$$v = \frac{\pi dn}{1000}$$

式中　d——钻头直径（mm）；

n——钻头的转速（r/min）；

v——切削速度（m/min）。

例　钻头直径为 ϕ20mm，在以 400r/min 的转速钻孔时，切削速度为多少？

解　$v = \frac{\pi dn}{1000} = \frac{3.14 \times 20\text{mm} \times 400\text{r/min}}{1000} = 25\text{m/min}$

(2) 进给量 f　切削时主运动每转一转或每往复一次，工件与刀具在进给方向的相对位移称为进给量。钻孔时的进给量 f，是指钻头每转一转沿进给方向移动的距离，单位为mm/r。

(3) 背吃刀量 a_p　指工件已加工表面与待加工表面之间的垂直距离。钻削时的背吃刀量等于钻头半径，如图4-18所示。

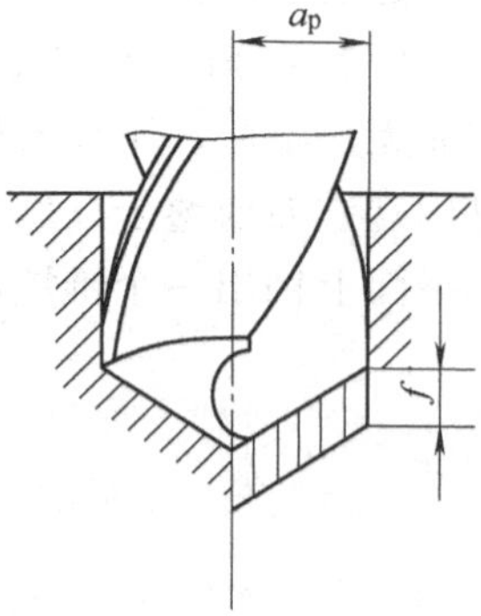

图4-18　钻孔时的进给量和背吃刀量

2. 切削用量的选择

钻削时合理选择钻削用量，可提高钻孔精度和生产效率，并能防止机床过载或损坏。

由于钻孔时背吃刀量已由钻头直径所定，所以钻孔时的切削用量只需选择切削速度和进给量。选用较高的切削速度 v 和进给量 f，都能提高生产效率。但切削速度太高会造成强烈摩擦，降低钻头寿命。如果进给量太大时，虽对钻头寿命影响较小，但将直接影响到已加工表面的残留面积，而残留面积越大，加工表面越粗糙。由此可知，对钻孔的生产率来说，v 和 f 的影响是相同的，对钻头使用寿命来说，v 比 f 的影响大；对钻孔的表面粗糙度来说，一般情况下，f 比 v 的影响大。因此钻孔时选择切削用量的基本原则：在允许范围内，尽量选择较大的 f，当 f 受到表面粗糙度和钻头刚度的限制时，再考虑选择较大的 v。

具体选择时，应根据钻头直径、钻头材料、工件材料、表面粗糙度等方面决定。一般情况可查表4-3和表4-4。当加工条件特殊时，可作一定的修整或按试验确定。

表4-3　钻钢材时的切削用量表（用切削液）

钢材的性能	进给量 f/(mm/r)													
	0.20	0.27	0.36	0.49	0.66	0.88								
	0.16	0.20	0.27	0.36	0.49	0.66	0.88							
	0.13	0.16	0.20	0.27	0.36	0.49	0.66	0.88						
	0.11	0.13	0.16	0.20	0.27	0.36	0.49	0.66	0.88					
	0.09	0.11	0.13	0.16	0.20	0.27	0.36	0.49	0.66	0.88				
好↓差		0.09	0.11	0.13	0.16	0.20	0.27	0.36	0.49	0.66	0.88			
			0.09	0.11	0.13	0.16	0.20	0.27	0.36	0.49	0.66	0.88		
				0.09	0.11	0.13	0.16	0.20	0.27	0.36	0.49	0.66	0.88	
					0.09	0.11	0.13	0.16	0.20	0.27	0.36	0.49	0.66	0.88
						0.09	0.11	0.13	0.16	0.20	0.27	0.36	0.49	0.66
							0.09	0.11	0.13	0.16	0.20	0.27	0.36	0.49

（续）

钻头直径/mm	切削速度 v/（m/min）													
≤4.6	43	37	32	27.5	24	20.5	17.7	15	13	11	9.5	8.2	7	6
≤9.6	50	43	37	32	27.5	24	20.5	17.7	15	13	11	9.5	8.2	7
≤20	55	50	43	37	32	27.5	24	20.5	17.7	15	13	11	9.5	8.2
≤30	55	55	50	43	37	32	27.5	24	20.5	17.7	15	13	11	9.5
≤60	55	55	55	50	43	37	32	27.5	24	20.5	17.7	15	13	11

注：钻头为高速钢标准麻花钻。

表 4-4　钻铸铁时的切削用量

铸铁硬度 HBS	进给量 f/（mm/r）												
140～152	0.20	0.24	0.30	0.40	0.53	0.70	0.95	1.3	1.7				
153～166	0.16	0.20	0.24	0.30	0.40	0.53	0.70	0.95	1.3	1.7			
167～181	0.13	0.16	0.20	0.24	0.30	0.40	0.53	0.70	0.95	1.3	1.7		
182～199		0.13	0.16	0.20	0.24	0.30	0.40	0.53	0.70	0.95	1.3	1.7	
200～217			0.13	0.16	0.20	0.24	0.30	0.40	0.53	0.70	0.95	1.3	1.7
218～240				0.13	0.16	0.20	0.24	0.30	0.40	0.53	0.70	0.95	1.3
钻头直径 ϕ/mm	切削速度 v/（m/min）												
≤3.2	40	35	31	28	25	22	20	17.5	15.5	14	12.5	11	9.5
≤8	45	40	35	31	28	25	22	20	17.5	15.5	14	12.5	11
≤20	51	45	40	35	31	28	25	22	20	17.5	15.5	14	12.5
>20	55	53	47	42	37	33	29.5	26	23	21	18	16	14.5

注：钻头为高速钢标准麻花钻。

五、切削液

合理使用切削液能有效地减小切削力、降低切削温度，从而能延长刀具寿命，防止工件热变形和改善已加工表面质量。此外，选用高性能切削液也是改善某些难加工材料切削性能的一个重要措施。

1. 切削液的作用

（1）冷却作用　切削液浇注在切削区域内，利用热传导、对流和汽化等方式，降低切削温度和减小工艺系统热变形。

（2）润滑作用　切削液渗透到刀具、切屑与加工表面之间，其中带油脂的极性分子吸附在刀具新鲜的前、后面上，形成了物理性吸附膜。若与添加在切削液中的化学物质产生化学反应，形成化学性吸附膜，从而在高温时减小切屑、工件与刀面间的摩擦，减少粘结及刀具磨损，提高已加工表面质量。

(3) 排屑和洗涤作用　在磨削、钻削、深孔加工和自动化生产中利用浇注或高压喷射切削液来排除切屑或引导切屑流向，并冲洗散落在机床及工具上的细屑与磨粒。

(4) 防锈作用　切削液中加入防锈添加剂，使之与金属表面起化学反应生成保护膜，起到防锈、防蚀作用。

此外，切削液还应具有抗泡性、抗真菌变质能力，达到排放时不污染环境、对人体无害和使用经济性等要求。

2. 切削液的种类及其应用

生产中常用的切削液有：以冷却为主的水溶性切削液和以润滑为主的油溶性切削液。

(1) 水溶性切削液　水溶性切削液主要分为：水溶液、乳化液和合成切削液。

1) 水溶液。水溶液是以软水为主，加入防锈剂、防霉剂。有的还加入油性添加剂、表面活性剂以增强润滑性，此外，添加极压抗磨剂可增加润滑膜的强度。

水溶液常用于粗加工和普通磨削加工中。

2) 乳化液。乳化液是水和乳化油经搅拌后形成的乳白色液体。乳化油是一种油膏，它由矿物油和表面活性乳化剂（石油磺酸钠、磺化蓖麻油等）配制而成。表面活性剂的分子上带极性一头与水亲合，不带极性一头与油亲合，使水油均匀混合，并添加乳化稳定剂（乙醇、乙二醇等），使乳化液中油、水不分离。

乳化液的用途很广，有自行配制成乳化油含量较少的低浓度乳化液，它主要起冷却作用，用于粗加工和普通磨削加工中；高浓度乳化液以润滑作用为主，用于精加工和用复杂刀具加工中。

3) 合成切削液。合成切削液是国内外推广使用的高性能切削液。它是由水、各种表面活性剂和化学添加剂组成。它具有良好的冷却、润滑、清洗和防锈性能，热稳定性好，使用周期长等特点。合成液中不含油，可节省能源，环保，国外的使用率达到60%，我国工厂使用率也日益增多。

国产 DX148 多效合成切削液、SLQ 水基透明切削磨削液用于深孔钻削均有良好效果。

(2) 油溶性切削液　油溶性切削液主要有：切削油和极压切削油。

1) 切削油。切削油中有矿物油、动植物油和复合油（矿物油与动植物油的混合油），其中常用的是矿物油。

矿物油包括机械油、轻柴油和煤油等。它们的特点是：热稳定性好，资源丰富，价格便宜，但润滑性较差。它主要用于切削速度较慢的精加工、有色金属加工和易切削钢加工。机械油的润滑作用较好，故在普通精车、螺纹精加工中使用广泛。

煤油的渗透作用和冲洗作用较突出，故在精加工铝合金、精刨铸铁和用高速钢铰刀铰孔中，均能减小表面粗糙度、提高刀具寿命。

2）极压切削油。极压切削油是在矿物油中添加氯、硫、磷等极压添加剂配制而成。它在高温下不破坏润滑膜，具有良好的润滑效果，故被广泛使用。

氯化切削油主要含氯化石蜡、氯化脂肪酸等，由它们形成的化合物，如 $FeCl_2$，其熔点为600℃，且摩擦因数小，润滑性能好，适用于切削合金钢、高锰钢及其他难加工材料。氯化切削油在加工钢材时，耐高温350℃。

硫化切削油是在矿物油中加入含硫添加剂（硫化鲸鱼油、硫化棉籽油等），含硫量为10%～15%，在切削时的高温作用下形成硫化铁（FeS）化学膜，其熔点在1100℃以上，因此，硫化切削油能耐高温750℃。

在硫化切削油中的JQ－1精密切削润滑剂用于对20钢、45钢、40Cr钢和20CrMnTi等材料的钻、铰、铣和齿轮加工，均可获得很小的加工表面粗糙度，并能提高刀具寿命。

含磷极压添加剂中有硫代磷酸锌、有机磷酸酯等。含磷润滑膜的耐磨性较含硫、氯的高。

3）固体润滑剂。固体润滑剂中使用最多的是二硫化钼（MoS_2）。由 MoS_2 形成的润滑膜具有极小的摩擦因数（0.05～0.09），高的熔点（1185℃），因此，高温不易改变它的润滑性能，具有很高的抗压性能（3.1Gpa）和牢固的附着能力。切削时可将 MoS_2 涂刷在刀面和工作表面上，也可添加在切削油中。

采用 MoS_2 能防止粘结和抑制积屑瘤形成，减小切削力，能显著延长刀具寿命和减小加工表面粗糙度。使用表明，它用于车、钻、铰孔、深孔、攻螺纹、拉、铣等加工中均能获得良好的效果。

3. 钻削各种材料所用的切削液（表4-5）

表4-5 钻削各种材料所用的切削液

工件材料	切削液（质量分数）
各类结构钢	3%～5%乳化液，7%硫化浮化液
不锈钢、耐热钢	3%肥皂加2%亚麻油水溶液、硫化切削油
纯铜、黄铜、青铜	基本不用，或5%～8%乳化液
铸铁	基本不用，或5%～8%乳化液，煤油
铝合金	基本不用，或5%～8%乳化液，煤油，煤油加柴油混合液
有机玻璃	5%～8%乳化液，煤油

六、提高钻孔质量的方法

钻孔时影响钻孔质量的因素很多，如钻孔前的划线、钻头的刃磨、工件的夹持及钻削时的切削用量的选择、试钻及一些具体操作方法都会对钻头质量产生影响，甚至造成废品。因此要保证或提高钻孔质量，就必须做到以下几点：

1. 认真做好钻孔前的准备工作

1）根据工件的钻孔要求，在工件上划线正确，检查后打样冲眼，孔中心的样冲眼要打得大一些、深一点。

2）按工件形状和钻孔的精度要求，采用合适的夹持方法，使工件在钻削过程中，保持一个正确的位置。

3）正确刃磨钻头，按材料的性质决定顶角的大小，并可根据具体情况，对钻头进行修磨，改进钻头的切削性能。

2. 掌握正确的钻削方法

1）选定钻孔设备，遵照选择切削用量的基本原则，合理选择切削用量。

2）钻孔时，先进行试钻，如发现钻孔中心偏移，应采取借正的方法，位置借正后再正式钻孔。孔钻穿时，机动进给改为手动进给，并减少进给量。

3）根据不同材料，正确选用切削液。

3. 钻孔时可能出现的问题和产生原因（表4-6）。

表4-6　钻孔时可能出现的问题和产生原因

出现问题	产生原因
孔大于规定尺寸	1. 钻头两切削刃长度不等，高低不一致 2. 主轴径向偏摆或工作台未锁紧，有松动 3. 钻头本身弯曲或装夹不好，使钻头有较大的径向圆跳动
孔壁粗糙	1. 钻头不锋利 2. 进给量太大 3. 切削液选择不当或供应不足 4. 钻头过短，排屑槽堵塞
孔歪斜	1. 工件上与孔垂直的平面与钻轴不垂直或主轴与台面不垂直 2. 工件安装时，安装接触面上的切屑未清除干净 3. 工件装夹不稳，钻孔时产生歪斜，或工件有砂眼 4. 进给量过大使钻头产生弯曲变形
孔位偏移	1. 工件划线不正确 2. 钻头横刃太长定心不准，起钻过偏而没有校准
钻头呈多角形	1. 钻头后角太大 2. 钻头两主切削刃长短不一，角度不对称

（续）

出现问题	产生原因
钻头工作部分折断	1. 钻头用钝继续钻孔 2. 钻孔时未经常退钻排屑，使切屑在钻头螺旋槽内阻塞 3. 孔将钻通时没有减小进给量 4. 进给量过大 5. 工件未夹紧，钻孔时产生松动 6. 在钻黄铜一类软金属时，钻头后角太大，前角未修磨小，造成扎刀
切削刃迅速磨损或碎裂	1. 切削速度太高 2. 没有根据工件材料硬度来刃磨钻头角度 3. 工件表皮或内部硬度高或有砂眼 4. 进给量过大 5. 切削液不足

七、钻孔实例

• 训练

工件材料为铸铁，加工的钻孔孔径为 ϕ20mm，孔深为 40mm，表面粗糙度值为 Ra6.3μm，公差等级为 IT12，连续钻四个孔，四个孔的孔距为 30mm ±0.10mm。

其加工工艺过程为：

1）选用在立式钻床上加工，钻头用标准麻花钻。

2）刃磨钻头，并修磨横刃。钻头刃磨时可用样板检查其刃磨的角度，见图 4-19。

3）工件用压板夹持在立钻的工作台上。

4）开机对中心和试钻。

5）选用切削速度为 250 ~ 270r/min，进给量为 f = 0.05 ~ 0.1mm/r。

6）机动进给到 35mm 深处，改为手动进给直至钻透。如此连续钻孔四个。

7）用游标卡尺测量（检查）孔

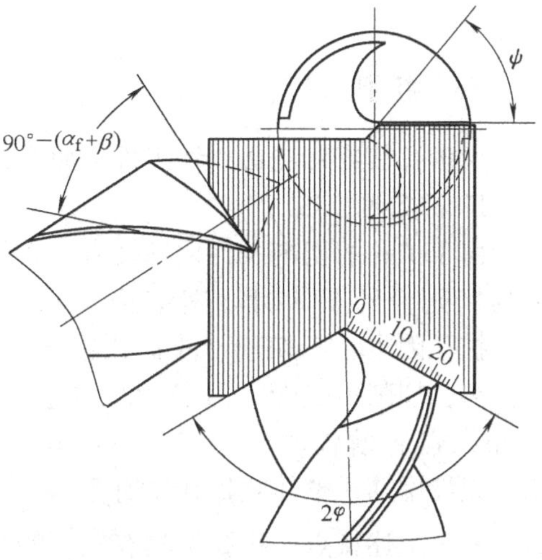

图 4-19　用样板检查刃磨角度

距，见图4-20a。将测量结果减去孔的直径，则可得到测量结果。或根据工件钻孔直径的大小，用两个配合较紧密的直销插入孔中，再用游标卡尺测量两销之间的距离，同样要将测量结果减去直销的直径，见图4-20b。

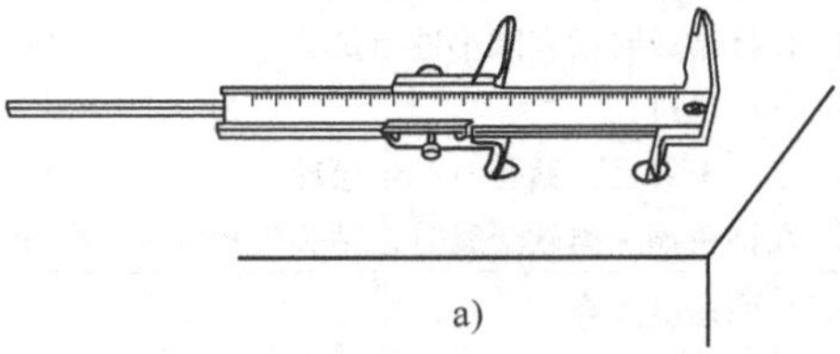

a)

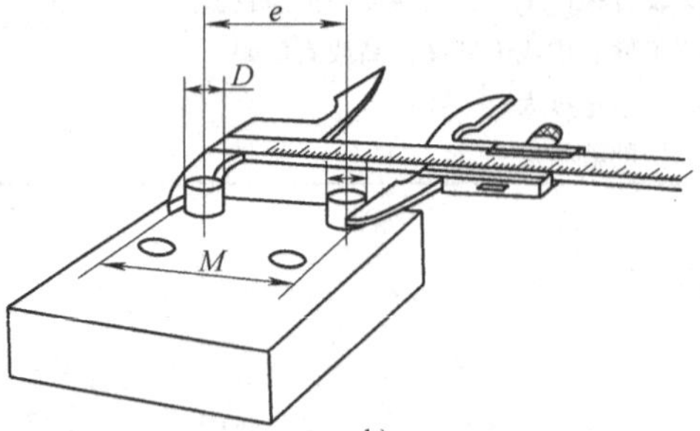

b)

图4-20　用游标卡尺测量孔距

第四节　扩孔、锪孔和铰孔

一、扩孔

用扩孔钻或麻花钻，将工件上原有的孔进行扩大的加工称为扩孔。

1. 扩孔的应用

由于扩孔的切削条件比钻孔有较大的改善，所以扩孔钻的结构与麻花钻有很大的区别，见图4-21。其结构特点是：扩孔因中心不切削，故扩孔钻没有横刃，切削刃较短。由于背吃刀量 a_p 小，容屑槽较小、较浅，钻心较粗，刀齿增加，整体式扩孔钻有3～4齿。基于上述特点，扩孔钻具有较好的刚度、导向性和切削稳定性，从而能在保证质量的前提下，增大切削用量。

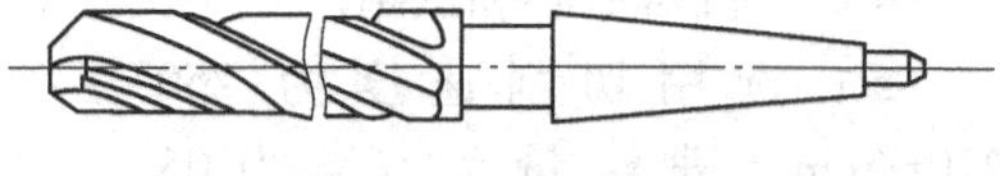

图4-21　扩孔钻

扩孔加工公差等级可达IT10～IT9，表面粗糙度值为 Ra 12.5～Ra 3.2μm。

扩孔加工一般应用于孔的半精加工和铰孔前的预加工。

2. 扩孔的切削用量

（1）扩孔前钻孔直径的确定　用麻花钻扩孔，扩孔前钻孔直径为0.5～0.7倍的要求孔径。用扩孔钻扩孔，扩孔前钻孔直径为0.9倍的要求孔径。

（2）扩孔时的吃刀量　扩孔时的背吃刀量为

$$a_p = \frac{1}{2}(D - d)$$

式中　d——原有孔的直径（mm）；

D——扩孔后的直径（mm）。

扩孔的切削速度为钻孔的1/2。

扩孔的进给量为钻孔的1.5～2倍。

实际生产中，一般用麻花钻代替扩孔钻使用。扩孔钻使用于成批大量扩孔加工。用麻花钻扩孔时，因横刃不参加切削，轴向切削抗力较小。此时应适当减小钻头后角，防止在扩孔时扎刀。

二、锪孔

用锪钻或改制的钻头将孔口表面加工成一定形状的孔和平面，称锪孔，见图4-22。

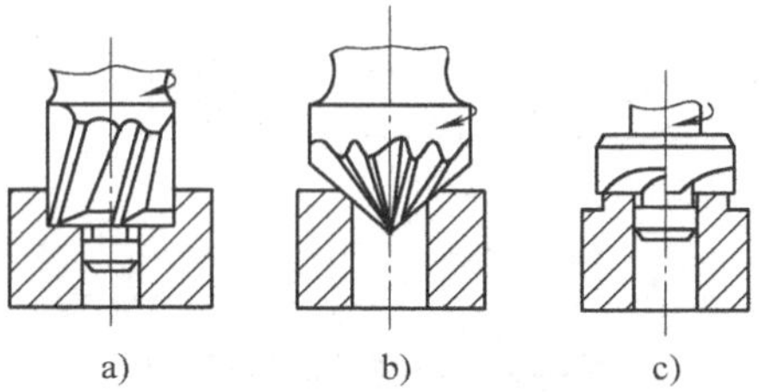

图4-22　锪孔加工

a）锪圆柱形埋头孔　b）锪锥形埋头孔　c）锪平面

1. 锪孔钻的种类和特点

锪孔钻分柱形锪钻、锥形锪钻和端面锪钻三种。

（1）柱形锪钻　用来锪柱形埋头孔的锪钻为柱形锪钻。柱形锪钻的结构如图4-23所示，柱形锪钻具有主切削刃和副切削刃，端面切削刃1为主切削刃起主要切削作用，外圆上切削刃2为副切削刃起修光孔壁的作用。锪钻前端有导柱，导柱直径与工件原有的孔采用基本偏差为f的间隙配合，以保证锪孔时有良好的定心和导向作用。导柱分整体式和可拆式两种，可拆式导柱能按工件原有孔直径的大小进行调换，使锪钻应用灵活。

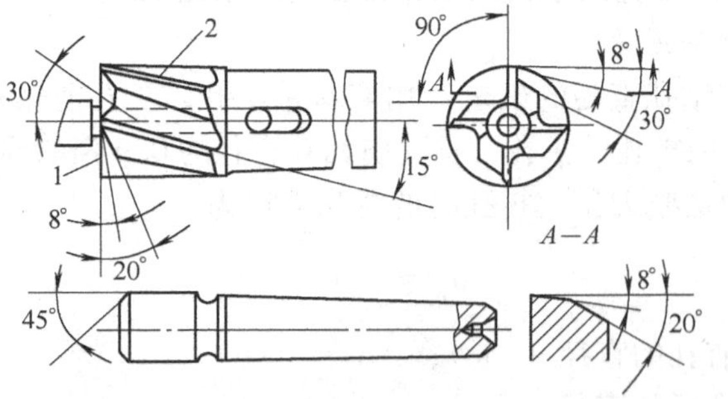

图 4-23 柱形锪钻

1—端面切削刃（主切削刃） 2—外圆切削刃（副切削刃）

柱形锪钻的螺旋角就是它的前角，即 $\gamma_o=\beta=15°$，后角 $\alpha_f=8°$，副后角 $\alpha_f'=8°$。

柱形锪钻也可用麻花钻改制，见图 4-24。图 4-24a 所示为改制成带导柱的柱形锪钻。导柱直径 d 与工件原有的孔采用基本偏差为 f 的间隙配合。端面切削刃须在锯片砂轮上磨出，侧后角 $\alpha_f=8°$，导柱部分两条螺旋槽锋口须倒钝。麻花钻也可改制成不带导柱的平底锪钻，见图 4-24b，用来锪平底不通孔。

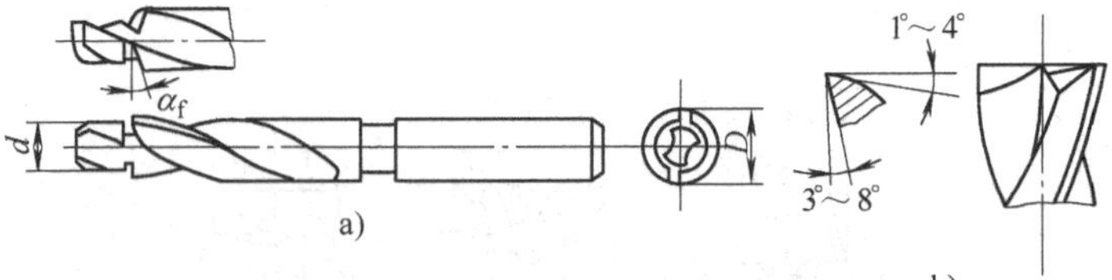

图 4-24 麻花钻改制的锪钻

a）带导柱的柱形锪钻 b）平底锪钻

（2）锥形锪钻 用来锪锥形埋头孔的锪钻为锥形锪钻。

锥形锪钻的结构见图 4-25，按其锥角大小可分 60°、75°、90° 和 120° 四种，其中 90° 使用最多。锥形锪钻直径 $d=12\sim60$mm，齿数为 4 ~ 12 个。锥形锪钻的前角 $\gamma_o=0°$，侧后角 $\alpha_f=6°\sim8°$。为了增加近钻尖处的容屑空间，每隔一切削刃将此处的切削刃磨去一块。

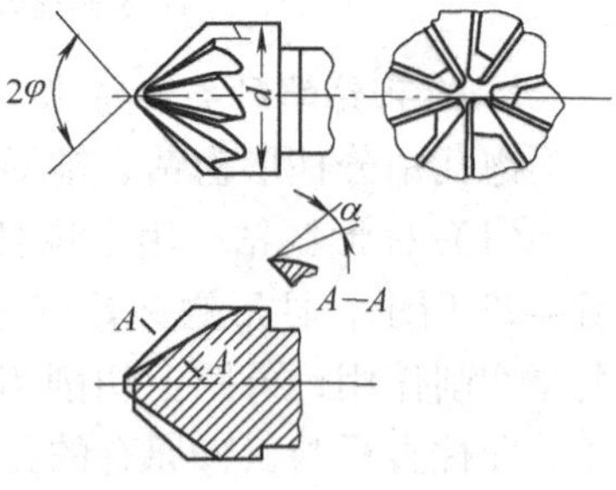

图 4-25 锥形锪钻

锥形锪钻也可用麻花钻改制。锥角大小按工

件锥孔度数磨出，后角和外缘处前角磨得小些，避免锪孔时产生振痕。

（3）端面锪钻　用来锪平孔端面的锪钻称为端面锪钻。

端面锪钻为多齿形端面锪钻，其端面刀齿为切削刃，前端导柱用来定心、导向以保证加工后的端面与孔中心线垂直。简易的端面锪钻见图 4-26。刀杆与工件孔配合端的直径采用基本偏差为 f 的间隙配合，保证良好的导向作用。刀杆上的方孔要尺寸准确，与刀片采用基本偏差为 h 的间隙配合，并且保证刀片装入后，切削刃与刀杆轴线垂直。前角由工件材料决定，锪铸铁孔时 $\gamma_o = 5° \sim 10°$；锪钢件时 $\gamma_o = 15° \sim 25°$。后角 $\alpha_o = 6° \sim 8°$，$\alpha'_o = 4° \sim 6°$。

在锪削孔口下端面时，可将锪钻安装成图 4-27 所示的位置。但刀杆与钻轴或其他设备的联接要采用一定装置，防止锪削时脱落。

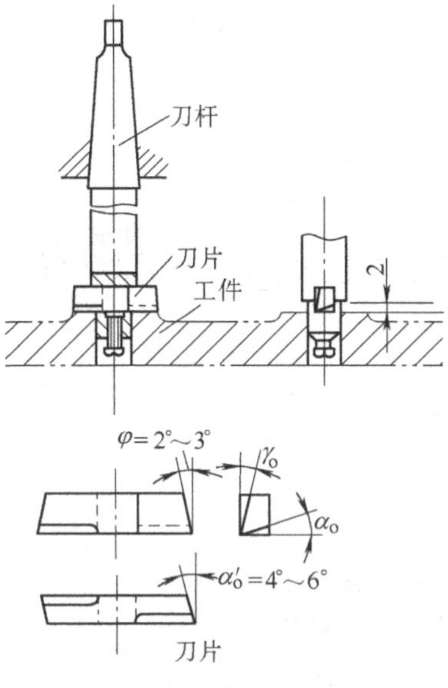

图 4-26　端面锪钻

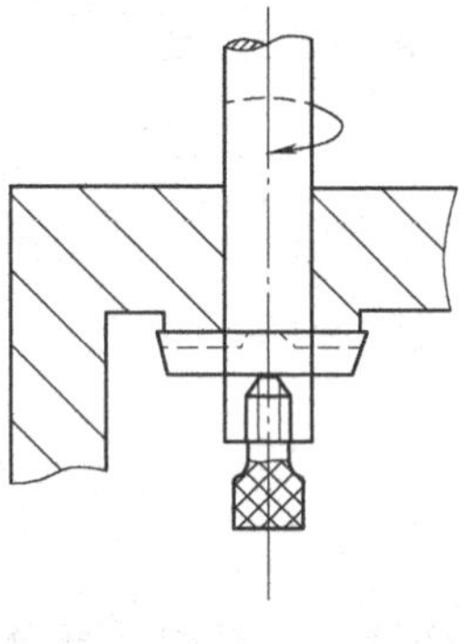
图 4-27　锪孔口下端面

2. 锪孔加工要点

锪孔方法与钻孔方法基本相同，但锪孔时刀具容易振动，特别是使用麻花钻改制的锪钻，使所锪端面或锥面产生振痕，影响锪削质量，故锪孔时应注意以下几点：

1）锪孔的切削用量，由于锪孔的切削面积小，锪钻的切削刃多，所以进给量为钻孔的 2～3 倍，切削速度为钻孔的 1/2～1/3。

2）用麻花钻改制锪钻时，后角和外缘处前角适当减小，以防止扎刀。两切削刃要对称，保持切削平稳。尽量选用较短钻头改制，减少振动。

3）锪钻的刀杆和刀片装夹要牢固，工件夹持要稳定。

4）锪钢件时，要在导柱和切削表面加机油或牛油润滑。

三、铰孔

用铰刀从工件孔壁上切除微量金属层，以提高孔的尺寸精度和降低表面粗糙度值的方法称为铰孔。

铰刀是一种尺寸精确的多刃刀具，铰削时切屑很薄，所以铰孔公差等级可达IT9～IT7，表面粗糙度值为 $Ra3.2 \sim Ra0.8\mu m$，属孔的精加工。

1. 铰刀的种类和特点

铰刀的种类很多。按铰刀的使用方法可分为手用铰刀和机用铰刀。按铰刀形状可分为圆柱铰刀和圆锥铰刀。按铰刀结构又可分为整体式铰刀和可调节式铰刀。

（1）整体圆柱铰刀　整体圆柱铰刀主要用来铰削标准系列的孔，其结构见图4-28，它由工作部分、颈部和柄部三个部分组成。

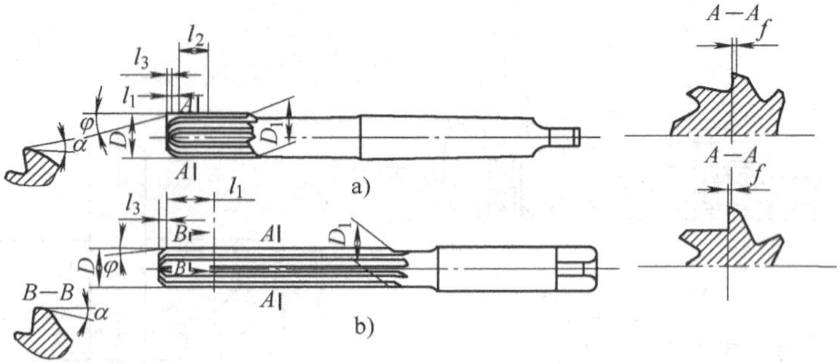

图4-28　整体圆柱铰刀
a）机铰刀　b）手铰刀

1）工作部分包括引导部分、切削部分和校准部分。

2）引导部分（l_3），在工作部分前端，呈45°倒角，其作用是便于铰刀开始铰削时放入孔中，并保护切削刃。

3）切削部分（l_1），担负主要切削工作。锋角 2ϕ 很小，一般手铰刀 $\phi = 30' \sim 1°30'$，切削部分较长，这样定心作用好。铰削时轴向力小，工作省力。铰刀的前角 $\gamma_o = 0°$，使铰削近乎刮削，从而细化孔壁表面粗糙度。为了减少铰刀与孔壁的摩擦，铰刀切削部分和校准部分的后角 $\alpha_o = 6° \sim 8°$。

4）校准部分（l_2），是用来引导铰孔方向和校准孔的尺寸，也是铰刀的后备部分。为了减少与孔壁的摩擦，铰刀校准部分的切削刃上留有无后角、宽度仅0.1～0.3mm很窄的棱边 f。将整个校准部分制成具有0.005～0.008mm的倒锥，这样也可防止孔口的扩大。

为了获得较高的铰孔质量，一般手铰刀的齿距在圆周上不是均匀分布的，但为了便于制造和测量，不等齿距的铰刀常制成180°对称的不等齿距，见图4-29b。采用不等齿距的铰刀，铰孔时切削刃不会在同一地点停歇而使孔壁产生凹痕，从而能将硬点切除，提高了铰孔质量。

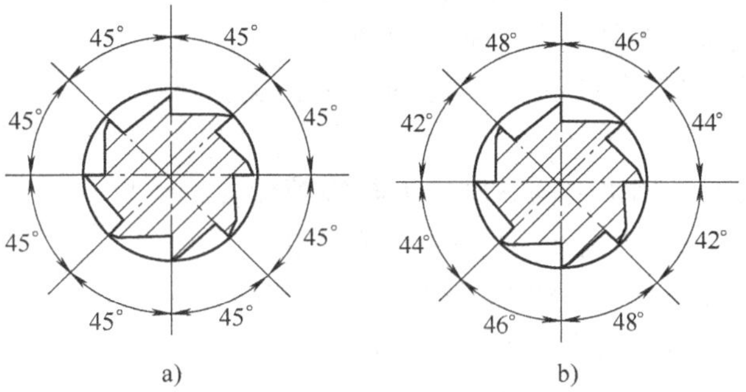

图4-29 铰刀刀齿分布

a）均匀分布 b）不均匀分布

机用铰刀铰孔时，铰刀靠机床带动连续转动，有些精度由机床加以保证，所以机铰刀与手铰刀在结构上存在一定的区别，见图4-28。

5）颈部为磨制铰刀时供退刀用，也用来印刻商标和规格。

6）柄部用来装夹和传递转矩，有直柄、锥柄和直柄带方榫三种形式。前二种用于机动铰刀，后一种用于手铰刀。

（2）可调节手铰刀 在单件生产和修配工作中用来铰削非标准孔，其结构见图4-30。可调节手铰刀由刀体、刀齿条及调节螺母等组成。刀体上开有六条斜底直槽，具有相同斜度的刀齿条嵌在槽内，并用两端螺母压紧，固定刀齿条。调节两端螺母可使刀齿条在槽中沿斜槽移动，从而改变铰刀直径。标准可调节铰刀，其直径范围为6～54mm。

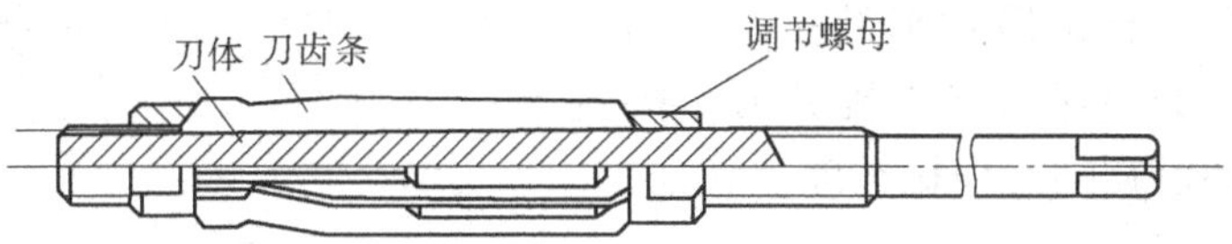

图4-30 可调节手铰刀

可调节手铰刀刀体用45钢制作，直径小于或等于ϕ12.75mm的刀齿条，用合金工具钢制作；直径大于ϕ12.75mm的刀齿条，用高速钢制作。

（3）螺旋槽手铰刀 用来铰削带有键槽的圆孔。用普通铰刀铰削带有键槽的孔时，切削刃易被键槽边勾住，造成铰孔质量的降低或无法铰削。螺旋槽铰刀其切削刃沿螺旋线分布，见图4-31。铰削时，多条切削刃同时与键槽边产生点的接触，切削刃不会被键槽勾住，铰削阻力沿圆周均匀分布，铰削平稳，铰出的孔光洁。铰刀螺旋槽方向一般是左旋，可避免铰削时因铰刀顺时针转动而产生自动旋进的现象；左旋的切削刃还能将铰下的切屑推出孔外。

图4-31 螺旋槽手铰刀

（4）锥铰刀 用来铰削圆锥孔的铰刀，见图4-32。常用的锥铰刀有以下四种：

1）1:10铰刀是用来铰削联轴器上与锥销配合的锥孔。

2）莫氏锥铰刀是用来铰削0～6号莫氏锥孔。

3）1:30锥铰刀是用来铰削套式刀具上的锥孔。

4）1:50锥铰刀是用来铰削定位销孔。

1:10锥孔和莫氏锥孔的锥度较大，为了铰孔省力，这类铰刀一般制成2～3把一套，其中一把精铰刀，其余是粗铰刀，如图4-32a所示二把一套的锥铰刀。粗铰刀的切削刃上开有螺旋形分布的分屑槽，以减轻切削负荷。

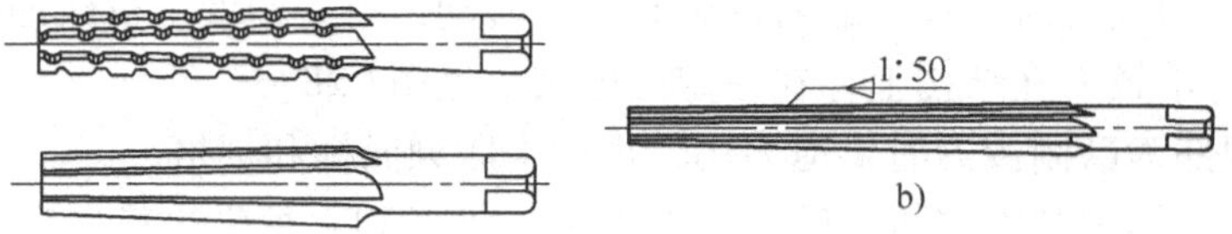

a)

b)

图4-32 锥铰刀

a）成套锥铰刀 b）铰削定位销孔铰刀

对尺寸较小的圆锥孔，铰孔前可按小端直径钻出圆柱孔，然后再用圆锥铰刀铰削即可。对尺寸和深度较大或锥度较大的圆锥孔，铰孔前的底孔应钻成阶梯形的孔，如图4-33所示。阶梯孔的最小直径按锥铰刀小端直径确定，其余各段直径可根据锥度公式推算。

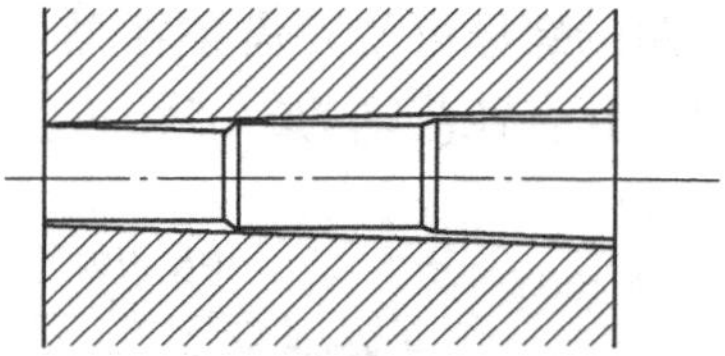

图4-33 阶梯孔

2. 铰孔方法

（1）铰孔余量确定 铰削余量是指上道工序（钻孔或扩孔）完成后，在直径方向所留下的加工余量。

铰削余量不能太小或太大。铰削余量太小，上道工序残留变形和加工刀痕难以纠正和除去，铰孔的质量达不到要求。同时铰刀处啃刮状态，磨损严重，降低了铰刀的使用寿命。铰削余量太大，则增加了每一刀齿的切削负荷，增加了切削热，使铰刀直径扩大，孔径也随之扩大。同时切屑呈撕裂状态，使铰削表面粗糙。正确选择铰削余量，应按孔径的大小，同时考虑铰孔的精度、表面粗糙度、材料的软硬和铰刀类型等多种因素。

铰削余量的选择见表 4-7。

表 4-7　铰削余量　（单位：mm）

铰孔直径	<5	5 ~ 20	21 ~ 32	33 ~ 50	51 ~ 70
铰孔余量	0.1 ~ 0.2	0.2 ~ 0.3	0.3	0.5	0.8

此外，铰削余量的确定，与上道工序的加工质量有很大关系。因此对铰削精度要求较高的孔，必须经过扩孔或粗铰，才能保证最后的铰孔质量。

（2）机铰的切削速度和进给量　铰孔的切削速度和进给量要选择适当，过大或过小都将直接影响铰孔质量和铰刀的使用寿命。

使用普通高速钢铰刀铰孔，工件材料为铸铁时，切削速度 v 不应超过 10m/min，进给量 f 在 0.8mm/r 左右。当工件材料为钢时，v 不应超过 8m/min，f 在 0.4mm/r 左右。

（3）切削液　铰削的切屑一般都很细碎，容易粘附在切削刃上，甚至夹在孔壁与校准部分棱边之间，将已加工表面拉毛。铰削过程中，热量积累过多也将引起工件和铰刀的变形或孔径扩大，因此铰削时必须采用适当的切削液，以减少摩擦和散发热量，同时将切屑及时冲掉。

切削液的选择见表 4-8。

表 4-8　铰孔用的切削液

工件材料	切削液
钢	1. 体积分数 10% ~20% 乳化液 2. 铰孔要求较高时，可采用体积分数为 30% 菜油加 70% 乳化液 3. 高精度铰削时，可用菜油、柴油、猪油
铸铁	1. 不用 2. 煤油，但会引起孔径缩小（最大缩小量：0.02 ~ 0.04mm） 3. 低浓度乳化液
铝	煤油
铜	乳化液

（4）铰孔时的切削用量（见表 4-9）　以下是高速钢铰刀铰孔时的切削用量参考数据，实际工作中还是要根据实际刀具和机床的情况进行调整，最好是参照

刀具厂商提供的刀具切削参数。

表 4-9　铰孔时的切削用量

工件材料	铸　铁		钢		铜、铝及其合金	
刀具直径/mm	v_c/（m/min）	f/（mm/r）	v_c/（m/min）	f/（mm/r）	v_c/（m/min）	f/（mm/r）
6~10	2~6	0.3~0.5	1.2~5	0.3~0.4	8~12	0.3~0.5
10~15	2~6	0.5~0.1	1.2~5	0.4~0.5	8~12	0.5~1
15~25	2~6	0.8~2.5	1.2~5	0.5~0.6	8~12	0.8~1.5
25~40	2~6	0.8~2.5	1.2~5	0.4~0.6	8~12	0.8~1.5

（5）铰孔工作要点

1）工件要夹正、夹紧力适当，防止工件变形，以免铰孔后零件变形部分回弹，影响孔的几何精度。

2）手铰时，两手用力要均衡，保持铰削的稳定性，避免由于铰刀的摇摆而造成孔口喇叭状和孔径扩大。

3）随着铰刀旋转，两手轻轻加压，使铰刀均匀进给。同时不断变换铰刀每次停歇位置，防止连续在同一位置停歇而造成的振痕。

4）铰削过程中或退出铰刀时，都不允许反转，否则将拉毛孔壁，甚至使铰刀崩刃。

5）铰定位锥销孔时，两结合零件应位置正确，铰削过程中要经常用相配的锥销来检查铰孔尺寸，以防将孔铰深。一般用手按紧锥销时其头部应高于工件表面2~3mm，然后用铜锤敲紧。根据具体情况和要求，锥销头部可略低或略高于工件表面。

6）机铰时，要注意机床主轴、铰刀和工件孔三者同轴度误差是否符合要求。当上述同轴度误差不能满足铰孔精度时，铰刀应采用浮动装夹方式，调整铰刀与所铰孔的中心位置。

7）机铰结束，铰刀应退出孔外后停机，否则孔壁有刀痕，退出时孔要被拉毛。

8）铰孔过程中，按工件材料、铰孔精度要求合理选用切削液。

3. 铰孔产生废品的原因分析

铰孔精度和表面粗糙度的要求都很高，如所用铰刀质量不好，铰削余量及切削液选择不合理以及操作不当都会产生铰孔的废品。

铰孔时废品产生的形式及原因见表4-10。

表 4-10　铰孔时废品产生的形式及原因

废品形式	产生废品原因
孔壁表面粗糙度值超差	1. 铰削余量太大或太小 2. 铰刀切削刃不锋利，或粘有积屑瘤，切削刃崩裂 3. 切削速度太高 4. 铰削过程中或退刀时反转 5. 没有合理选用切削液
孔呈多棱形	1. 铰削余量太大 2. 工件前道工序加工孔的圆度超差 3. 铰孔时，工件夹持太紧造成变形
孔径扩大	1. 机铰时铰刀与孔轴线不重合，铰刀偏摆过大 2. 铰孔时两手用力不均，使铰刀晃动 3. 切削速度太高，冷却不充分，铰刀温度上升，直径增大 4. 铰锥孔时，未常用锥销试配、检查、铰孔过深
孔径缩小	1. 铰刀磨钝或磨损 2. 铰削铸铁时加煤油、造成孔径收缩

四、铰孔实例

• 训练 1

在 45 钢上，用 $-15°$ 刃倾角的铰刀，铰削直径为 $\phi20^{+0.023}_{0}$ mm，孔深为 50mm 的孔，其表面粗糙度值为 Ra 0.4mm。其铰削加工工艺过程为：

1）选用摇臂钻床来铰削。

2）选用 $\phi18$mm 麻花钻钻孔，转速 $n=400\sim500$r/min，进给量 $f=0.35\sim0.45$mm/r。

3）用 $\phi19.8$mm 的扩孔钻扩孔。扩孔时转速为 500r/min，进给量 $f=0.5$mm/r。

4）用 $\phi20.015^{0}_{-0.008}$mm 的（图 4-34 所示）铰刀铰孔，转速 $n=100$r/min，进给量 $f=0.8$mm/r。

5）钻孔时的切削液为 10%（体积分数）的乳化油水溶液。铰孔时的切削液，采用硫化油（也可用体积分数为 75% 的柴油加 25% 的机油的混合液作为切削液）。

6）铰削时应注意：浇入的切削液一定要充足，铰孔完毕时，应不停机退出铰刀，否则会在孔壁上留下刀痕，影响铰孔质量。

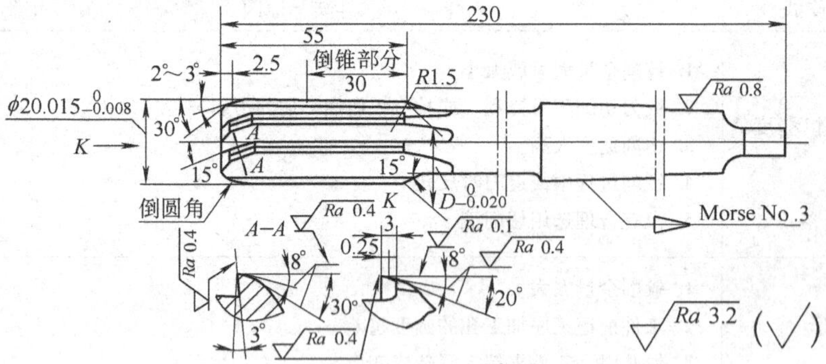

图 4-34　－15°刃倾角铰刀

• 训练 2

钻、铰 8 个 ϕ16H8 的等分孔（图 4-35）。

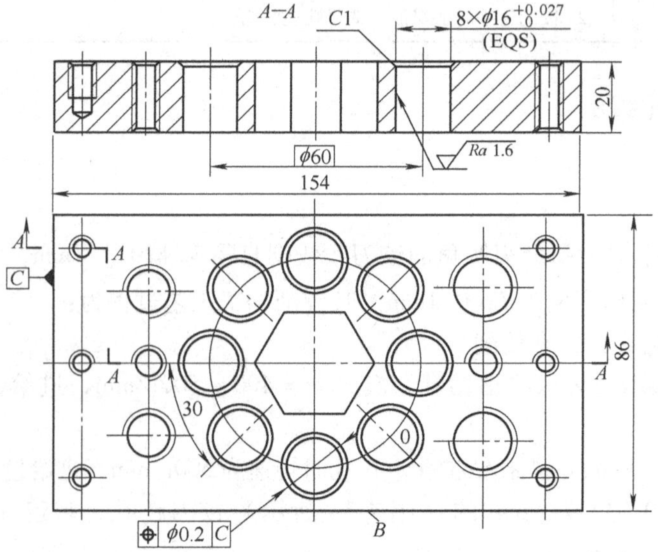

图 4-35　钻、铰孔

1. 准备工作

（1）工、夹、量具的准备　准备 ϕ12mm 麻花钻、ϕ15.7mm 扩孔钻、中心钻、ϕ16mm 铰刀、划线工具、带莫氏锥柄的专用顶尖（见图 4-36）、高度游标卡尺。

（2）检查毛坯　检查毛坯时，清除尖角、毛刺。

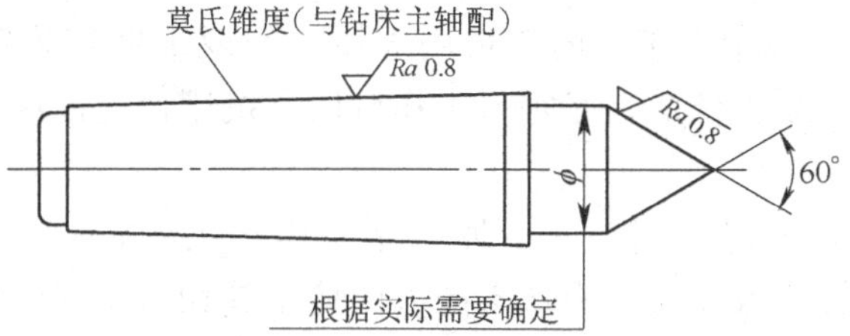

图 4-36 带莫氏锥柄的专用顶尖

(3) 检查钻床主轴 检查钻床主轴的径向圆跳动误差，并将主轴锥孔和莫氏锥柄擦拭干净。

2. 训练要求

(1) 工件要求

1) 8 个孔的尺寸精度为 ϕ16H8。

2) 8 个孔的位置度误差为 ϕ0.2mm。

3) 8 个孔的表面粗糙度值为 Ra 1.6μm。

(2) 工具设备的使用和维护 自制带莫氏锥柄的专用顶尖、各种量具、铰刀要妥善保管，切勿碰撞，也要注意对钻床的维护和保养。

(3) 安全及其他 执行企业有关安全和文明生产的规定，做到工作场地整洁，工件、工具、量具摆放整齐。

3. 操作要领

1) 划线时，分别以 B、C 面为基准，计算出孔中心的坐标尺寸（例如 0 孔中心的坐标尺寸为：当以 B 面为基准时是 $(86/2-60/2\times0.707)$ mm = 21.79mm；当以 C 面为基准时是 $(154/2+60/2\times0.707)$ mm = 98.21mm，用高度游标卡尺划出孔中的十字线。

2) 将工件装夹在机用虎钳内，下面适当部位垫以 10mm 以上的垫板，并初步将其夹紧。

3) 将专用顶尖安装在钻套内，然后安装在钻床主轴锥孔内。

4) 校正工件，使孔的中心（十字线交点）与专用顶尖的轴心线重合（注意从不同方向观察），并将工件夹紧，确定工件与机床的相对正确位置。

5) 卸下专用顶尖，装上中心钻钻孔，换上 ϕ12mm 麻花钻钻孔，再换 ϕ15.7mm 扩孔钻扩孔，最后换装锪钻倒角。

6) 依照上述方法加工其余各孔。

7) 卸下工件，将其清理干净后装夹在台虎钳上，用 ϕ16mm 圆柱手铰刀铰孔。

4. 容易出现的问题和解决办法

(1) 孔歪斜　钻床工作台面与机用虎钳之间或工件与垫铁之间有切屑或其他杂物。因此在安装工件前，必须将工作台面、机用台虎钳底面和工件安装面以及工件清理干净。

(2) 孔的位置度误差超差　其原因是专用顶尖的轴心线与孔中心不重合，这是由于校正同轴度误差时没有从不同方向校正其相对位置，仅从某一方向校正的视觉误差所造成；或者是校正后同轴度达到要求，但夹紧时位置又发生了变化；再就是锥柄或钻床主轴锥孔没有擦拭干净，而导致的钻头轴心线与主轴轴心不同轴所造成。

(3) 孔表面的粗糙度值大

1) 铰削余量太大或太小。

2) 铰刀的切削刃不锋利，刃口崩裂或有缺口。

3) 不用切削液，或用了不适当的切削液。

4) 退出铰刀时反转或容屑槽被切屑堵塞。

(4) 孔径缩小或扩大

1) 缩小的原因是有铰刀磨损或磨钝。

2) 扩大有如下原因：

① 铰刀中心线与孔的中心线同轴度误差大。

② 进给量或铰削余量大。

③ 没有使用切削液。

第五节　螺纹加工

一、螺纹分类

螺纹的分类方法和种类很多。螺纹按牙型可分为三角形、梯形、矩形、锯齿形和圆弧螺纹；按螺旋线条数可分为单线和多线；按螺纹母体形状分为圆柱和圆锥等。

钳工常用和加工的螺纹都是三角形螺纹。三角形螺纹有米制和英制两种；米制三角形螺纹牙型角为60°，分粗牙普通螺纹和细牙普通螺纹两种。细牙螺纹由于螺距小、螺旋升角小、自锁性好，常用在承受冲击、振动或变载荷的联接，也可用于调整机构的场合。英制三角形螺纹其牙型角为55°。

螺纹的一般分类如下：

- 螺纹种类
  - 标准螺纹
    - 三角形螺纹
      - 普通螺纹
        - 粗牙螺纹
        - 细牙螺纹
      - 英制螺纹
    - 管用螺纹
      - 55° 密封管螺纹
      - 55° 非密封管螺纹
      - 60° 圆锥螺纹
    - 梯形螺纹
      - 米制梯形螺纹
      - 英制梯形螺纹
    - 锯齿形螺纹
  - 特殊螺纹(螺纹牙型符合标准螺纹规定，而大径和螺距不符合标准)
  - 非标准螺纹(有矩形螺纹、平面螺纹和滚动螺纹)

二、螺纹基本尺寸和啮合要素

（1）螺纹要素　螺纹要素包括牙型、公称直径、螺距（或导程）、线数、精度和旋向等。

1）牙型是在通过螺纹轴线的剖面上螺纹的轮廓形状。有三角形、矩形、梯形、圆弧和锯齿形等牙型，见图 4-37。

2）螺纹直径

① 大径（D、d）是与外螺纹牙顶或内螺纹牙底相重合的假想圆柱面（或圆锥面）的直径。也称公称直径。代号为 D（外螺纹），d（内螺纹）。

② 小径（D_1、d_1）是与外螺纹的牙底或内螺纹的牙顶相重合的假想圆柱面（或圆锥面）的直径。代号为 D_1（外螺纹），d_1（内螺纹）。

③ 中径（D_2、d_2）是在大径和小径之间，设想有一圆柱面（或圆锥面），在其轴向剖面内，素线上的牙宽和槽宽相等，则该假想圆柱面的直径称为中径。代号为 D_2（外螺纹），d_2（内螺纹）。

3）线数（n）是指一个螺纹上螺旋线的数目。螺纹可分单线、双线和多线。沿一条螺旋线所形成的螺纹称为单线螺纹；沿两条或两条以上，在轴向等距分布

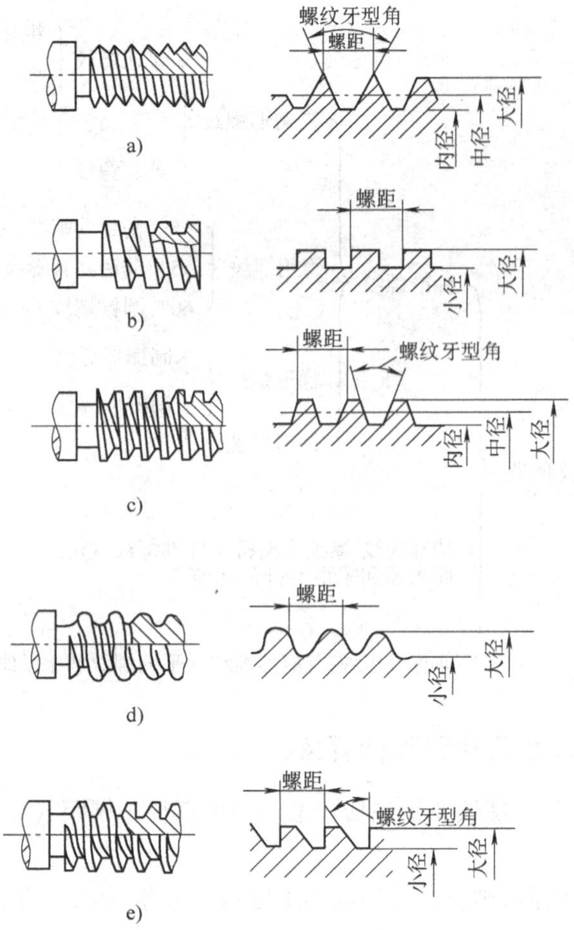

图 4-37　各种螺纹的剖面形状

a）三角形螺纹　b）矩形螺纹　c）梯形螺纹　d）圆弧螺纹　e）锯齿形螺纹

的螺旋线所形成的螺纹称为多线螺纹。

4）螺距（P）是相邻两牙在中径线上对应两点间的轴向距离。导程（P_h）是指一条螺旋线上相邻两牙在中径线上对应两点间的轴向距离。单线螺纹 $P = P_h$，多线螺纹 $P_h = nP$。

5）螺纹精度由螺纹公差带和旋合长度组成。螺纹公差带的位置由基本偏差决定，外螺纹的上偏差（es）和内螺纹的下偏差（EI）为基本偏差。

螺纹旋合长度分为三组，分别称为短旋合长度 S，中等旋合长度 N 和长旋合长度 L。其数值规定见表 4-11。

表 4-11　螺纹旋合长度　　　　(单位：mm)

公称直径 D、d		螺距 P	旋合长度			
			S（短）	N（中等）		L（长）
>	≤		≤	>	≤	>
1.4	2.8	0.2	0.5	0.5	1.5	1.5
		0.25	0.6	0.6	1.9	1.9
		0.35	0.8	0.8	2.6	2.6
		0.40	1	1	3	3
		0.45	1.3	1.3	3.8	3.8
2.8	5.6	0.35	1	1	3	3
		0.5	1.5	1.5	4.5	4.5
		0.6	1.7	1.7	5	5
		0.7	2	2	6	6
		0.75	2.2	2.2	6.7	7
		0.8	2.5	2.5	7.5	7.5
5.6	11.2	0.5	1.6	1.6	4.7	4.7
		0.75	2.4	2.4	7.1	7.1
		1	3	3	9	9
		1.25	4	4	12	12
		1.5	5	5	15	15
11.2	22.4	0.5	1.8	1.8	5.4	5.4
		0.75	2.7	2.7	8.1	8.1
		1	3.8	3.8	11	11
		1.25	4.5	4.5	13	13
		1.5	5.6	5.6	16	16
		1.75	6	6	18	18
		2	8	8	24	24
		2.5	10	10	30	30
22.4	45	0.75	3.1	3.1	9.4	9.4
		1	4	4	12	12
		1.5	6.3	6.3	19	19
		2	8.5	8.5	25	25
		3	12	12	36	36
		3.5	15	15	45	45
		4	18	18	53	53
		4.5	21	21	63	63

根据螺纹配合的要求，将公差等级和公差位置组合，可得出各种公差带，普通螺纹公差带一般按表 4-12 和表 4-13 选用，其极限偏差值规定可查阅 GB/T 2516—2003。

表 4-12　内螺纹选用公差带

精　度	公差带位置 G			公差带位置 H		
	S	N	L	S	N	L
精密				4H	4H5H	5H6H
中等	(5G)	(6G)	(7G)	*5H	*6H	*7H
粗糙		(7G)			7H	

表 4-13　外螺纹选用公差带

精度	公差带位置 e			公差带位置 f			公差带位置 g			公差带位置 h		
	S	N	L	S	N	L	S	N	L	S	N	L
精密										(3h4h)	*4h	(5h4h)
中等		*6e			*6f		(5g6g)	*6g	(7g6g)	5h6h	*6h	(7h6h)
粗糙								8g			(8h)	

在表4-12 和表4-13 中，螺纹公差带按短、中、长三组旋合长度给出了精密、中等、粗糙三种精度，选用时，可按下述原则考虑：

精密：用于精密螺纹，当要求配合性质变动较小时采用。

中等：一般用途。

粗糙：对精度要求不高或制造比较困难时采用。

一般常用的精度等级为中等。表中“＊”的公差带优先选用，括号内的公差带尽可能不用。

6）螺纹的旋向分左旋和右旋两种。顺时针旋入的螺纹称右旋螺纹；逆时针旋入的螺纹称左旋螺纹。判别螺纹旋向时，当螺纹从左向右升高的为右旋螺纹；螺纹从右向左升高的为左旋螺纹。图 4-38 所示为判别螺纹旋向的方法。

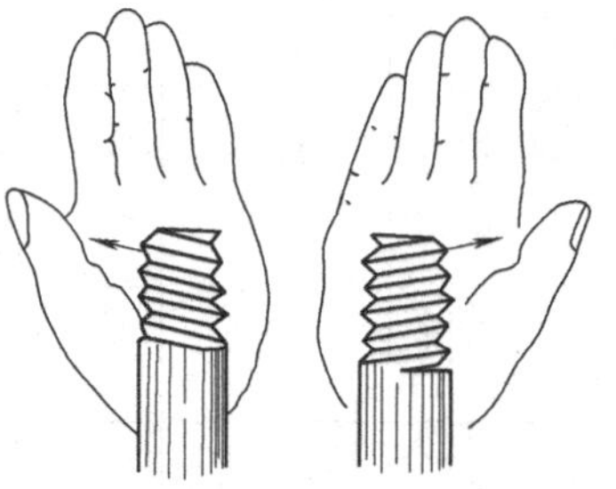

左螺纹　　右螺纹

图 4-38　判别螺纹旋向的方法

（2）螺纹代号　主要用来反映螺纹各基本要素。标准螺纹代号其表示顺序是：牙型　公称直径×螺距（导程/线数）—精度等级—旋向。

1）GB/T 193－2003 中对普通螺纹代号的规定如下：

粗牙普通螺纹用字母“M”及“公称直径”表示；细牙普通螺纹用字母“M”及“公称直径×螺距”表示。

当螺纹为左旋时，在螺纹代号之后加写“LH”。

2）梯形螺纹代号应符合 GB/T 5796—2005 标准，用“Tr”表示。单线螺纹用“Tr”及“公称直径×螺距”表示；多线螺纹用“Tr”及“公称直径×导程

（P 螺距）”表示；当螺纹为左旋时，需加注“LH”。

3）锯齿形螺纹代号应符合 GB/T 13576.1—1992 标准，用“B”表示。单线螺纹用“B”及“公称直径×螺距”表示；多线螺纹用“B”及“公称直径×导程（P 螺距）”表示；当螺纹为左旋时，需在后面加注“LH”，右旋不标注。

4）普通螺纹、梯形螺纹和锯齿形螺纹代号示例见表 4-14。

表 4-14 螺纹代号示例

螺纹代号	代号说明
M24	公称直径为 24mm 的粗牙普通螺纹
M24×1.5	公称直径为 24mm，螺距为 1.5mm 的细牙普通螺纹
M24×1.5LH	公称直径为 24mm，螺距为 1.5mm 的左旋细牙普通螺纹
Tr40×7	公称直径为 40mm，螺距为 7mm 的单线梯形螺纹
Tr40×14（P7）LH	公称直径为 40mm，导程为 14mm，螺距为 7mm 的左旋多线梯形螺纹
B40×7	公称直径为 40mm，螺距为 7mm 的单线锯齿形螺纹
B40×14（P7）LH	公称直径为 40mm，导程为 14mm，螺距为 7mm 的左旋多线锯齿形螺纹

（3）螺纹标记 螺纹完整标记由螺纹代号、螺纹公差代号和螺纹旋合长度代号所组成。

1）普通螺纹的标记由螺纹代号和旋合长度代号组成。螺纹公差带代号包括中径公差带代号与顶径（外螺纹大径和内螺纹小径）公差带代号。公差带代号是由表示其大小的公差等级数字和表示其位置的字母组成，如 6H，6g 等。如两公差带相同，则只标注一个。螺纹公差带代号标注在螺纹代号之后，中间用“—”分开。

内、外螺纹装配在一起，其公差带代号用斜线分开，左边表示内螺纹公差带代号，右边表示外螺纹公差带代号。

例：M20×2—6H/6g；M20×2LH—6H/5g6g。

一般情况下，不标螺纹旋合长度，其螺纹公差带按中等旋合长度 N 确定；必要时，在螺纹公差带代号之后加注旋合长度代号 S 或 L；特殊需要时，可注明旋合长度的数值，中间用“—”分开。

例：M10—5g6g—S；M10—7H—L；M20×2—7g6g—40。

2）梯形螺纹标记与普通螺纹标记的组成及标注方法基本相同，区别是梯形螺纹公差带代号只标注中径公差带。

例：Tr40×7—7H；Tr40×7—7e；Tr40×7LH—7e；Tr40×7—7H/7e。

加注旋合长度的梯形螺纹标记。

例：Tr40×14（P7）-8e-L；Tr40×7-7e-140。

锯齿形螺纹标记与梯形螺纹标记的组成和标注方法相同。

3）管用螺纹的标记是用螺纹特征代号和尺寸代号组成。

① 55°密封管螺纹标记示例见表4-15。

表4-15　55°密封管螺纹标记示例

螺纹特征	特征代号	尺　寸	螺纹标记
圆锥内螺纹	Rc	$1\frac{1}{2}$	Rc$1\frac{1}{2}$
圆柱内螺纹	Rp	$1\frac{1}{2}$	Rp$1\frac{1}{2}$
圆锥外螺纹	R_1、R_2	$1\frac{1}{2}$	$R_1 1\frac{1}{2}$或$R_2 1\frac{1}{2}$

当螺纹为左旋时，在尺寸代号后加注“LH”，例如：$R_1 1\frac{1}{2}$LH。

内、外螺纹装配在一起时，内、外螺纹的标记用斜线分开，左边表示内螺纹，右边表示外螺纹，标注示例见表4-16。

表4-16　内、外螺纹装配的标记示例

螺纹配合情况	尺寸为$1\frac{1}{2}$标记
圆锥内螺纹与圆锥外螺纹的配合	Rc$1\frac{1}{2}$/R_2　$1\frac{1}{2}$
圆柱内螺纹与圆锥外螺纹的配合	Rp$1\frac{1}{2}$/$R_1 1\frac{1}{2}$
左旋圆锥内螺纹与圆锥外螺纹的配合	Rc$1\frac{1}{2}$/$R_2 1\frac{1}{2}$—LH

② 55°非密封管螺纹的标记由螺纹特征代号、尺寸代号和公差等级代号组成。螺纹特征代号用字母G表示；螺纹公差等级代号对外螺纹分A、B两级标注；对内螺纹则不标记。

$1\frac{1}{2}$螺纹的标记示例如下：

内螺纹 G$1\frac{1}{2}$。

A级外螺纹　G$1\frac{1}{2}$A。

B级外螺纹　G$1\frac{1}{2}$B。

当螺纹为左旋时，在公差等级代号后加注“LH”。例如：G$\frac{1}{2}$—LH；G$1\frac{1}{2}$A—LH。

内、外螺纹装配时，内、外螺纹的标记用斜线分开，左边表示内螺纹，右边表示外螺纹。例如：

右旋螺纹装配　$G1\frac{1}{2}/G1\frac{1}{2}A$；$G1\frac{1}{2}/G1\frac{1}{2}B$。

左旋螺纹装配　$G1\frac{1}{2}/G1\frac{1}{2}A—LH$。

③ 60°圆锥管螺纹的标记由螺纹特征代号和螺纹尺寸代号组成。60°圆锥管螺纹（包括内、外螺纹）特征代号为“NPT”；60°圆柱内螺纹代号为 NPSC。对左旋螺纹，后面加注“LH”。

例如：NPT　3/8　—　LH

左旋

螺纹尺寸代号

60° 牙型角的圆锥管螺纹

若 NPT3/8 则表示右旋的。

（4）普通螺纹各部分尺寸关系　螺纹的基本尺寸有大径、中径、小径、螺距和牙型角等，详见图 4-39 所示。其中大径、螺距一般在设计时根据需要确定，其他基本尺寸可按规定计算得出。由于普通螺纹原始三角形是等边三角形，所以普通螺纹牙型角为 60°，原始三角形的高则为

$$H = \frac{\sqrt{3}}{2}P = 0.866P$$

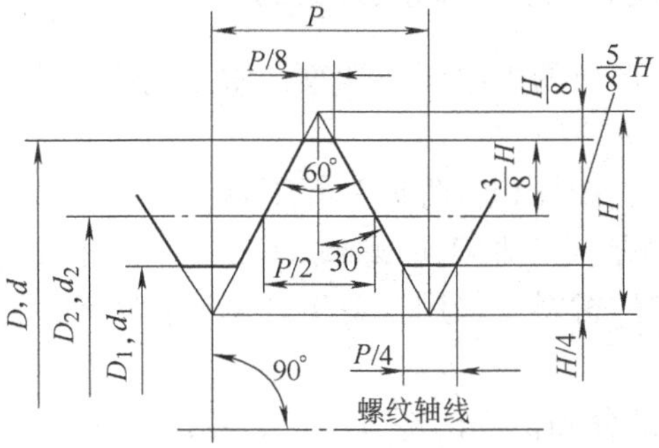

图 4-39　普通螺纹各部分尺寸关系

D、d—内、外螺纹大径　D_2、d_2—内、外螺纹中径　P—螺距

D_1、d_1—内、外螺纹小径　H—原始三角形高度

普通内、外螺纹的中径、小径可按规定由下式计算：

内螺纹中径　$D_2 = D - 2 \times \frac{3}{8}H = D - 0.6459P$

外螺纹中径　$d_2 = d - 2 \times \frac{3}{8}H = d - 0.6459P$

内螺纹小径　$D_1 = D - 2 \times \frac{5}{8}H = D - 1.0825P$

外螺纹小径　$d_1 = d - 2 \times \frac{5}{8}H = d - 1.0825P$

三、各种螺纹的用途

螺纹零件作为可拆卸的联接件和传动件，在各种机械、仪器和日常生活中得到广泛应用，下面介绍几种螺纹的应用情况。

（1）三角形螺纹　由于三角形螺纹根部强度较高，螺纹的自锁性好，因此三角形螺纹主要应用在各种联接件上，如螺杆、螺母等。

（2）梯形和矩形（非标准）螺纹　由于螺纹的传动效率和强度较高，因此主要应用在传动和受力较大的机械上，如台虎钳和螺旋千斤顶上的螺杆采用矩形螺纹，各种机床上传动丝杠采用梯形螺纹。

（3）锯齿形螺纹　主要应用在承受单向作用力的机械上，如压力机、冲床的螺杆。

（4）圆形螺纹　应用在管件的连接，如水管连接和螺纹灯泡等。

（5）英制螺纹　一般应用较少，主要用于某些进口机械的备件和维修件。

四、内螺纹的加工方法和加工工具

在圆柱内表面上形成的螺纹叫内螺纹；钳工利用丝锥在圆柱内表面上加工出内螺纹的操作技能称为攻螺纹。

攻螺纹要用丝锥、铰杠和保险夹头等工具。

（1）丝锥　丝锥是钳工加工内螺纹的工具，分手用和机用两种，有粗牙、细牙之分。手用丝锥的材料一般用合金工具钢或轴承钢制造，机用丝锥都用高速钢制造。

1）丝锥由工作部分和柄部两部分组成，见图4-40。工作部分包括切削部分和校准部分。

切削部分担负主要切削工作。切削部分沿轴向方向开有几条容屑槽，形成切削刃和前角，同时能容纳切屑。在切削部分前端磨出锥角，使切削负荷分布在几个刀齿上，从而使切削省力，刀齿受力均匀，不易崩刃或折断，丝锥也容易正确切入。

校准部分有完整的齿形，用来校准已切出的螺纹，并保证丝锥沿轴向运动，丝锥校准部分有 0.05 ~ 0.12mm/100mm 的倒锥，以减小与螺孔的摩擦。

柄部有方榫，用来传递切削转矩。

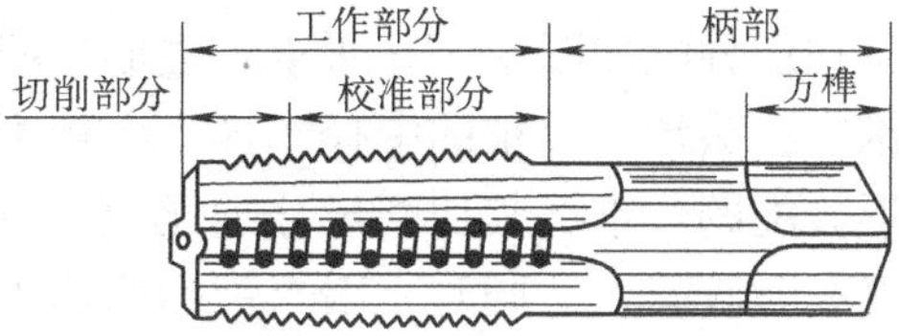

图 4-40　丝锥的构造

2）校准丝锥的前角 $\gamma_o = 8° \sim 10°$，为了适应不同的工件材料，前角可在必要时作适当增减，见表 4-17。切削部分的锥面上磨有后角，手用丝锥 $\alpha_o = 6° \sim 8°$，机用丝锥 $\alpha_o = 10° \sim 12°$，齿侧没有后角。手用丝锥的校准部分没有后角，对 M12 以上的机用丝锥铲磨出很小的后角。

表 4-17　丝锥前角的选择

被加工材料	铸青铜	铸铁	硬钢	黄铜	中碳钢	低碳钢	不锈钢	铝合金
前角 γ_o	0°	5°	5°	10°	10°	15°	15° ~ 20°	20° ~ 30°

3）为了减少攻螺纹时手用丝锥的切削力和提高丝锥的使用寿命，将攻螺纹时的整个切削量分配给几支丝锥来担负。故 M6 ~ M24 的丝锥一套有 2 支，M6 以下及 M24 以上的丝锥一套有 3 支。M6 以下因丝锥小容易折断，所以备有 3 支；大的丝锥切削负荷很大，需分几支逐步切削，所以也备有 3 支一套。细牙丝锥不论大小均为 2 支一套。

在成套丝锥中，切削量的分配有两种形式，即锥形分配和柱形分配，见图 4-41。

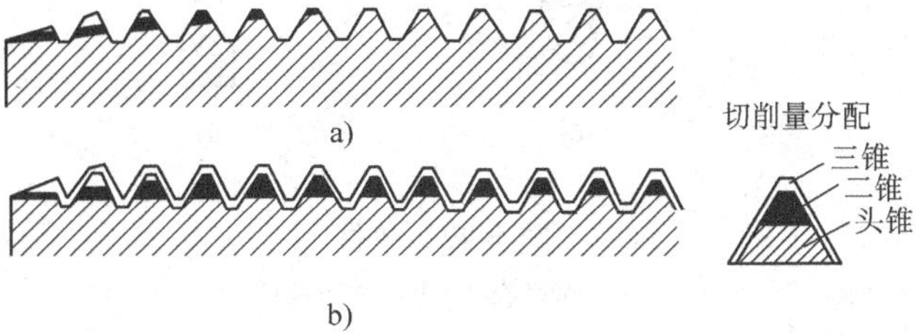

图 4-41　丝锥切削量分配

a）锥形分配　b）柱形分配

锥形分配如图 4-41a 所示，每套中丝锥的大径、中径、小径都相等，只是切削部分的长度及锥角不同。头锥的切削部分长度为 5 ~ 7 个螺距，二锥切削部分长度为2.5~4个螺距，三锥切削部分长度为1.5~2个螺距。

柱形分配如图4-41b所示，柱形分配其头锥、二锥的大径、中径、小径都比三锥小。头锥、二锥的中径一样，大径不一样，头锥的大径小，二锥的大径大。柱形分配的丝锥，其切削量分配比较合理，使每支丝锥磨损均匀，使用寿命长，攻螺纹时较省力。同时，因末锥的两侧刃也参加切削，所以螺纹表面粗糙度数值较低。在攻螺纹时丝锥顺序不能搞错。

大于或等于M12的手用丝锥采用柱形分配；小于M12的采用锥形分配。所以攻制M12或M12以上的通孔螺纹时，最后一定要用末锥攻过才能得到正确的螺纹直径。

（2）铰杠　用来夹持丝锥柄部的方榫，带动丝锥旋转切削的工具。铰杠有普通铰杠和丁字铰杠两类，每类铰杠又分为固定式和活络式两种，见图4-42。

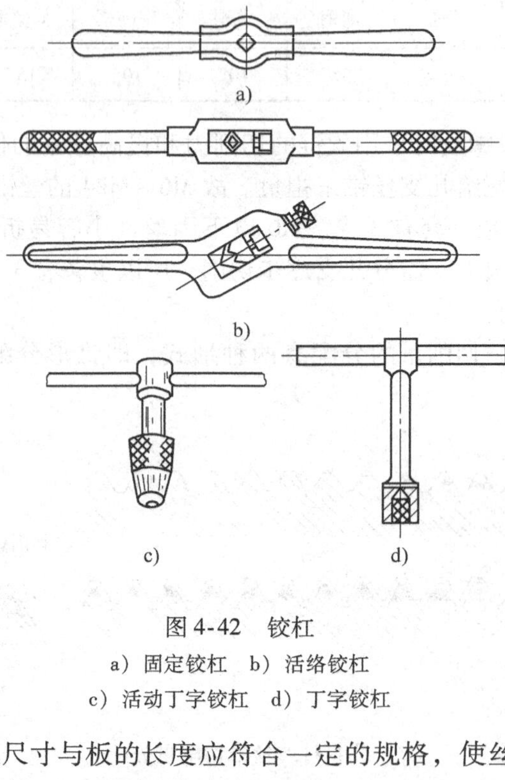

图4-42　铰杠

a）固定铰杠　b）活络铰杠

c）活动丁字铰杠　d）丁字铰杠

固定铰杠的方孔尺寸与板的长度应符合一定的规格，使丝锥受力不致过大，以防折断，一般在攻制M5以下螺纹时使用。

活络铰杠的方孔尺寸可以调节，故应用广泛。活络铰杠的规格以其长度表示，使用时根据丝锥尺寸大小合理选用，一般按表4-18所列范围选用。

表 4-18 活络铰杠适用范围

活络铰杠规格/in	6	9	11	15	19	24
适用丝锥范围	M5 ~ M8	M8 ~ M12	M12 ~ M14	M14 ~ M16	M16 ~ M22	M24 以上

丁字形铰杠则在攻制工作台阶旁边或攻制机体内部的螺孔时使用。丁字形可调节的铰杠是一个四爪的弹簧夹头来夹持不同尺寸的丝锥，一般用于 M6 以下丝锥，大尺寸的丝锥一般用固定式，通常是按需要制成专用的。

(3) 攻螺纹的工艺过程　攻螺纹前首先应确定螺纹底孔直径和掌握正确的操作。

1) 底孔直径的确定，用丝锥加工内螺纹时，丝锥除对材料起切削作用外，还对材料产生挤压。因此，螺纹的牙型产生塑性变形，使牙型顶端凸起一部分，材料塑性越大，则挤压凸起部分越多，此时如果螺纹牙型顶端与丝锥刀齿根部没有足够的空隙，就会使丝锥轧住或折断，所以攻螺纹前的底孔直径必须大于螺纹标准中规定的螺纹小径。底孔直径的大小，应根据工件材料的塑性大小和钻孔的扩张量来考虑，使攻螺纹时既有足够的空间来容纳被挤出的金属材料，又能保证加工出的螺纹有完整的牙型。

在钢和塑性较大材料上攻制普通螺纹时：钻孔用钻头的直径应为

$$D_0 = D - P$$

式中　D——内螺纹大径（mm）；

P——螺矩（mm）。

在铸铁和塑性较小的材料上攻制普通螺纹时，钻孔用钻头的直径为

$$D_0 = D - (1.05 \sim 1.1)P$$

例 1　在中碳钢和铸件的工件上，分别攻制 M14 的螺纹，求钻孔用的钻头直径分别是多少？

解　中碳钢属塑性较大的材料，钻头直径 $D_0 = D - P = 14\text{mm} - 2\text{mm} = 12\text{mm}$。

铸铁件属脆性材料，钻头直径 $D_0 = D - 1.1P = 14\text{mm} - 1.1 \times 2\text{mm} = 11.8\text{mm}$。

螺纹底孔的钻头直径也可在表 4-19 中查得。

表 4-19　攻普通螺纹钻底孔的钻头直径　（单位：mm）

螺纹大径	螺距	钻头直径 D	
		铸铁、青铜、黄铜	钢、可锻铸铁、纯铜、层压板
5	0.8 0.5	4.1 4.5	4.2 4.5
6	1 0.75	4.9 5.2	5 5.2

（续）

螺纹大径	螺距	钻头直径 D	
		铸铁、青铜、黄铜	钢、可锻铸铁、纯铜、层压板
8	1.25 1 0.75	6.6 6.9 7.1	6.7 7 7.2
10	1.5 1.25 1 0.75	8.4 8.6 8.9 9.1	8.5 8.7 9 9.2
12	1.75 1.5 1.25 1	10.1 10.4 10.6 10.9	10.2 10.5 10.7 11
14	2 1.5 1	11.8 12.4 12.9	12 12.5 13
16	2 1.5 1	13.8 14.4 14.9	14 14.5 15
18	2.5 2 1.5 1	15.3 15.8 16.4 16.9	15.5 16 16.5 17
20	2.5 2 1.5 1	17.3 17.8 18.4 18.9	17.5 18 18.5 19

在攻不通孔螺纹时，由于丝锥切削部分带有锥角不能切出完整的螺纹牙型，因此为了保证螺孔的有效深度，所以底孔的钻孔深度一定要大于所需的螺孔深度，一般取

$$钻孔深度=所需螺孔深度+0.7D$$

式中　D——螺纹大径（mm）。

具体如图4-43所示。

2）攻制螺纹的实际操作，攻内螺纹的工序如图 4-44 所示。

① 底孔直径确定后钻孔、孔口倒角（攻通孔时两面孔口都应倒角）。

② 攻螺纹时丝锥必须放正，当丝锥切入 1～2 圈时，用钢直尺或 90°角尺在两个互相垂直的方向检查，见图 4-45。发现不垂直时，加以校正。

③ 丝锥位置校正并切入 3～4 圈时，只须均匀转动铰杠。每正转 1/2～1 圈要倒转 1/4～1/2 圈，以利断屑、排屑。塑性材料更应注意，攻制不通螺孔时，丝锥上要做好深度标记，并经常退出丝锥，清除切屑，具体如图 4-46 所示。

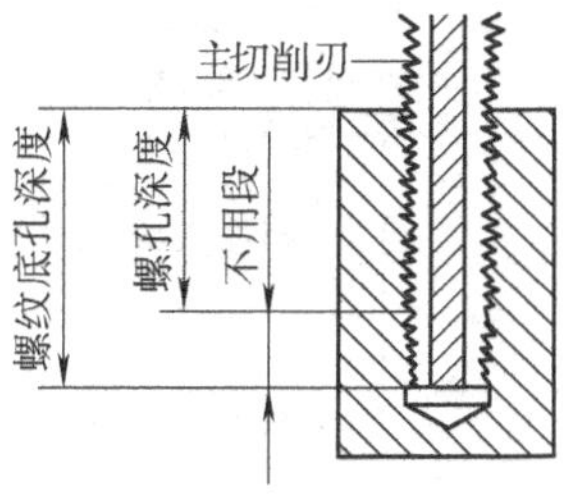

图 4-43　钻孔深度与所需螺孔深度

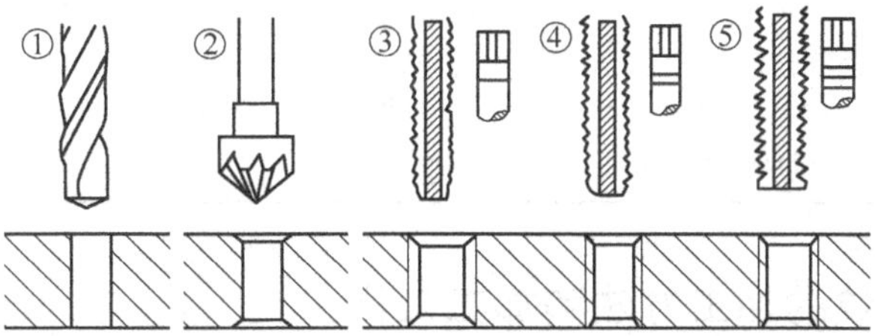

图 4-44　攻制内螺纹的工序

①—钻孔　②—扩孔口　③～⑤—切削螺纹

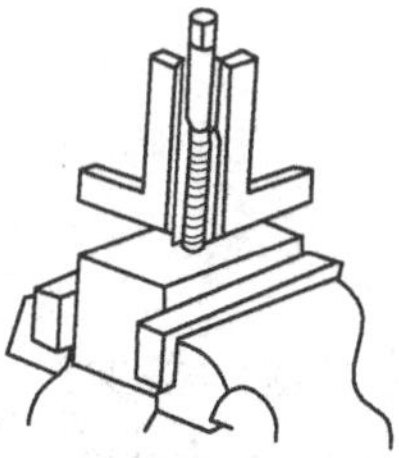

图 4-45　用 90°角尺检查丝锥位置

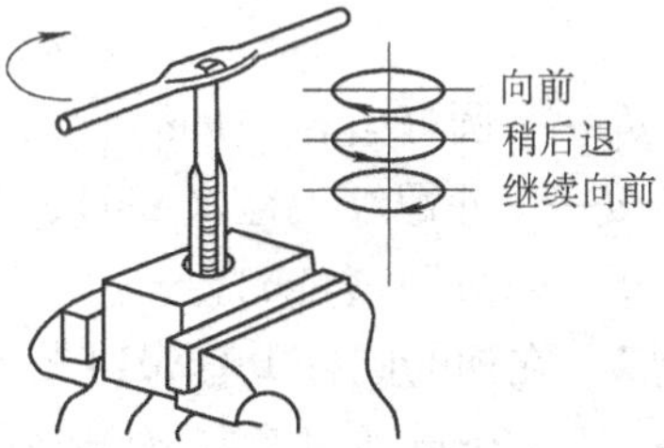

图 4-46　攻螺纹方法

④ 攻较硬材料零件时，要头锥、二锥交替使用。在调换丝锥时，应先用手将丝锥旋入至不能旋进时，再用铰杠转动，以防螺纹乱牙。

⑤ 机攻螺纹时，合理选用切削速度，丝锥与螺孔要保持同轴度要求，攻通孔时，丝锥的校准部分不能全部出头，否则倒转退出时造成乱牙。

⑥ 攻塑性材料时要加切削液，以增加润滑、减少阻力和提高螺纹的表面质量。切削液的选用可参见表 4-20。

表 4-20　攻螺纹用的切削液

工件材料及螺纹精度		切　削　液	工件材料及螺纹精度	切　削　液
钢	精度要求一般	L-AN32 全损耗系统用油、乳化液	可锻铸铁	乳化油
	精度要求较高	菜油、二硫化钼、豆油	黄铜、青铜	全损耗系统用油
不锈钢		L-AN46 全损耗系统用油、豆油、黑色硫化油	纯铜	浓度较高的乳化油
灰铸铁	精度要求一般	不用	铝及铝合金	机油加适当煤油或浓度较高的乳化油
	精度要求较高	煤油		

五、外螺纹的加工方法和加工工具

在圆柱或圆锥的外表面上加工出的螺纹叫外螺纹。钳工利用板牙在圆柱（锥）表面上加工出外螺纹的操作称为套螺纹。

（1）套螺纹前圆杆直径的确定　与攻螺纹时一样，圆板牙在工件上套螺纹时，材料同样受到挤压而变形，螺纹的牙夹也要被挤高一些，所以圆杆直径应稍小于螺纹大径。圆杆直径可用下列公式计算

$$d_0 = d - 0.13P$$

式中　d_0——圆杆直径（mm）；

d——外螺纹大径（mm）；

P——螺距（mm）。

例 2　在钢的圆杆上套 M14 螺纹，此时圆杆直径应为多少？

解　$P = 2\text{mm}$ 圆杆直径 $d_0 = 14\text{mm} - 0.13 \times 2\text{mm} = 13.7\text{mm}$。

（2）圆板牙　板牙是钳工用来加工外螺纹的工具。它是由切削部分、校准部分和排屑孔组成。其本身就像一个圆螺母，在它上面钻有几个排屑孔而形成刃口，见图 4-47a。

板牙的切削部分为两端的锥角（2ϕ）部分。它不是圆锥面，而是经铲磨而成的阿基米德螺旋面，形成的后角 $\alpha_0 = 7° \sim 9°$，锥角 $\varphi = 20° \sim 25°$。圆板牙前面是圆孔，因此前角大小沿着切削刃而变化，外径处前角 γ_o 最小，内径处前角 γ_{o1} 为最大，见图 4-47b，一般 $\gamma_o = 8° \sim 12°$。板牙的中间一段是校准部分，也是套螺纹时的导向部分。

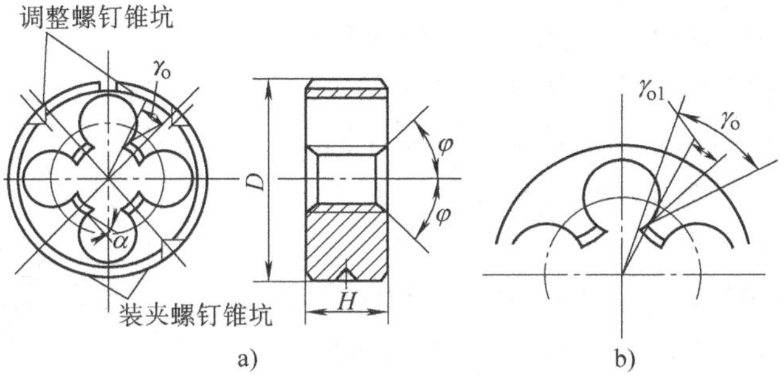

图 4-47　圆板牙

a）外形和角度　b）圆板牙前角变化

板牙的校准部分因套螺纹时的磨损会使螺纹尺寸变大而超出公差范围，为延长板牙的使用寿命，M3. 5 以上的圆板牙，其外圆上有一条 V 形槽，见图 4-47a。当尺寸变大超差时，可用片状砂轮沿 V 形槽割出一条通槽，用铰杠上的两个螺钉顶入板牙上面的两个偏心锥孔坑内，使圆板牙尺寸缩小，其调节范围为 0. 1 ~ 0. 25mm。若在 V 形槽开口处旋入螺钉能使板牙直径增大。板牙下部两个其轴线通过板牙中心的螺钉坑是用螺钉将板牙固定在铰手中并用来传递转矩的。板牙两端面都有切削部分，一端磨损后，可换另一端使用。

管螺纹板牙可分为圆柱管螺纹板牙和圆锥管螺纹板牙，其结构与圆板牙基本相仿。但圆锥管螺纹板牙只是在单面制成切削锥，见图 4-48，故圆锥管螺纹板牙只能单面使用。

（3）套螺纹的工艺过程

1）按规定确定圆杆直径，同时将圆杆顶端倒角至 15° ~ 20°便于起削，见图 4-49。锥体的小端直径要比螺纹的小径小，这样可消除螺纹起端处的锋口。

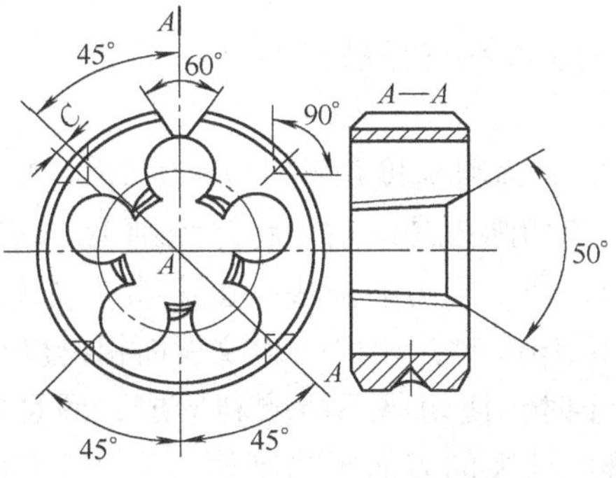

图 4-48　圆锥管螺纹板牙

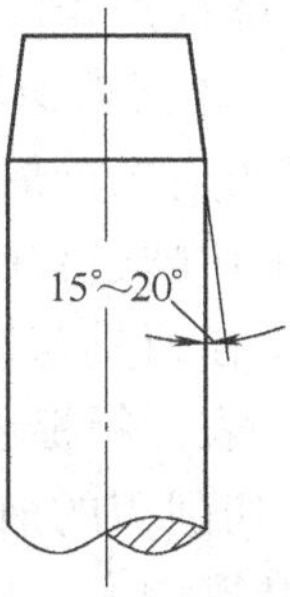

图 4-49　圆杆倒角

2）套螺纹时，切削力矩很大，圆杆不易夹持牢固，甚至会使圆杆表面损坏，所以要用硬木做的V形块或原铜板作衬垫，才能可靠的夹紧，见图4-50。

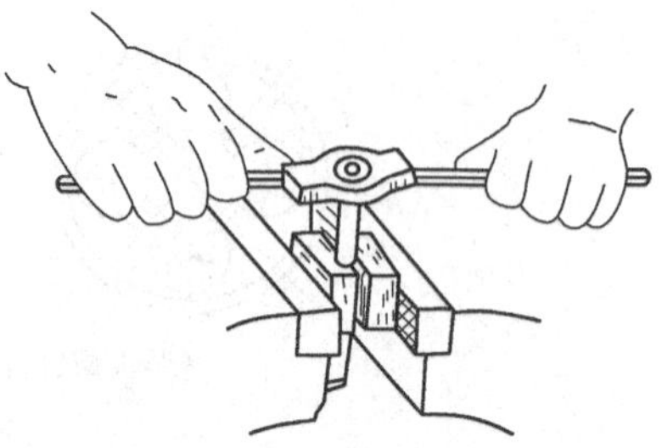

图4-50 用V形块夹持圆杆

3）套螺纹时应保持板牙端面与圆杆轴线垂直，避免切出的螺纹单面或螺纹牙一面深一面浅。

4）开始套螺纹时，两手转动板牙的同时要施加轴向压力，当板牙切入后，不需加压，只需均匀转动板牙，为了断屑，板牙也要经常倒转。

5）为了提高螺纹表面质量和延长板牙使用寿命，套螺纹时要加切削液。一般用浓的乳化液、全损耗系统用油，要求高的可用菜油或二硫化钼。

六、加工螺纹过程中出现问题的分析与处理

1. 内螺纹牙型乱牙、歪斜

1）内螺纹底孔过小或工件材料较硬，丝锥不易切进，如果压力不平衡，刀具产生摇摆，易将前几牙螺纹切乱、切歪斜。

2）用成组丝锥攻螺纹，若头锥攻歪斜，而用二锥强制进行纠正，往往会将部分牙型切乱。

3）在塑性较好的金属上攻螺纹，如用力过猛，刀具不及时倒转，又未加切削液，易使切屑堵塞，造成切削热过高，将切出的螺纹挤坏。

4）当丝锥磨钝，崩刃或刃口上有粘屑也会将螺纹牙型刮乱。

2. 内螺纹直径扩大、缩小和产生锥度

1）攻螺纹时，用力不平衡，铰手掌握不稳，使螺纹孔攻大或攻成喇叭口状。

2）丝锥磨损严重时，加工出的螺纹孔直径易缩小。

3. 内螺纹牙型表面粗糙度值大

1）丝锥刃齿的前后面容屑槽的表面粗糙度值高于 $Ra\ 0.8\mu m$ 或有锈蚀及伤痕时，增大了切削过程的摩擦力，使切削刃易结瘤，将牙型刮毛。攻螺纹时如切屑过多，堵塞在刀具与螺纹孔之间，使切削刃磨损快，也影响螺纹牙型质量。若底孔的预加工表面粗糙度高于 $Ra\ 6.3\mu m$ 时，切出的螺纹表面粗糙度也会大。

2）丝锥切削刃的前、后角过小时，使切屑不能顺利形成，而且使后面与工件加工表面摩擦增大，也会影响螺纹牙型的表面粗糙度值。

3）丝锥切削刃磨损或崩刃时，切削中易出现“啃刀”现象，切屑粘附加剧，也会影响螺纹表面的粗糙度。

4）用负刃倾角的丝锥加工通孔螺纹时，切屑流向已加工面，把螺纹表面刮伤。

5）螺纹底孔直径尺寸不符合要求，切削余量过大，使切屑变形严重，也影响螺纹的表面粗糙度。

4. 螺纹过早损坏

1）经过刃磨的丝锥，如将前、后角磨得太大，使刀尖过尖，使刀齿强度减弱。

2）断屑排屑不良，容屑槽被切屑严重堵塞，继续攻削时，将刀齿挤崩或扭断丝锥。

3）刀齿磨钝或粘结有切屑瘤时，在攻螺纹中更易使切屑堆积在刀齿上，而且越积越厚，使扭转力矩不断增大，导致刀齿崩坏，甚至将丝锥扭断。

4）攻螺纹时丝锥产生歪斜，使切削层一边厚一边薄，严重时易将刀齿崩坏或扭断丝锥。

5）底孔太小。

6）攻不通孔的螺纹孔时，丝锥已经攻到底但仍在用力，易使丝锥折断。

7）在切削过程中，用力过猛，或只进不反转，使攻削负荷不断增大，都会损坏刀齿，甚至扭断丝锥。

5. 解决攻螺纹时出现问题的方法

1）对所有加工的螺纹底孔，要检查直径是否符合要求，孔小了应扩大后再攻螺纹。

2）用二锥攻螺纹时，必须用手将二锥切削部分旋入螺孔后，再攻螺纹。

3）手工攻螺纹时，一定要使丝锥与工件孔端面垂直。可采用校正丝锥垂直的工具，见图4-51、图4-52和图4-53。

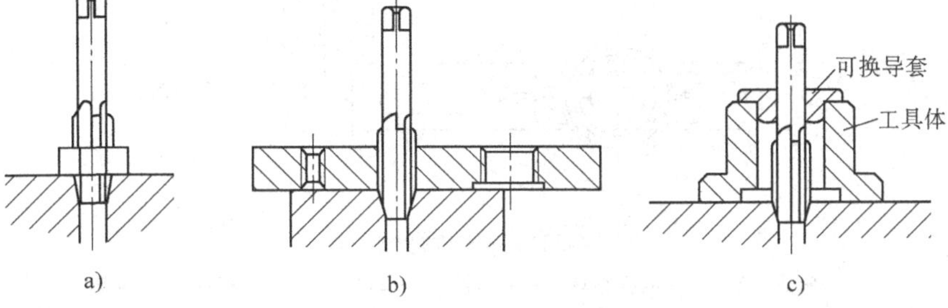

图4-51 校正丝锥垂直的工具

a）利用光制螺母校正丝锥 b）板形多孔位校正丝锥工具

c）可换导套多用校正丝锥工具

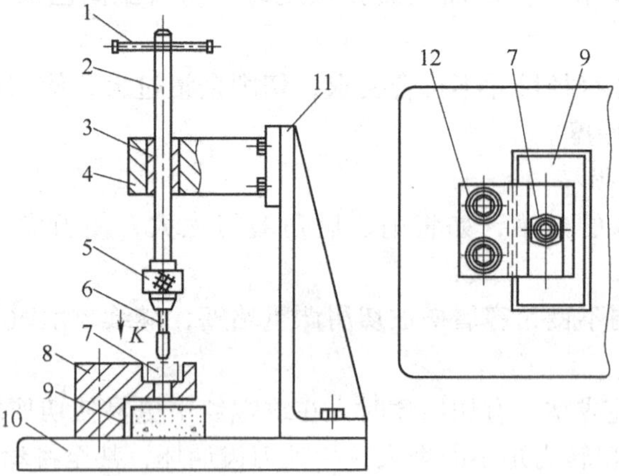

图 4-52　立式攻螺纹夹具

1—手柄　2—铰杠　3—导向套　4—横臂　5—夹头　6—丝锥　7—工件　8—工件夹具　9—积屑盒　10—底座　11—支架　12—工件夹具

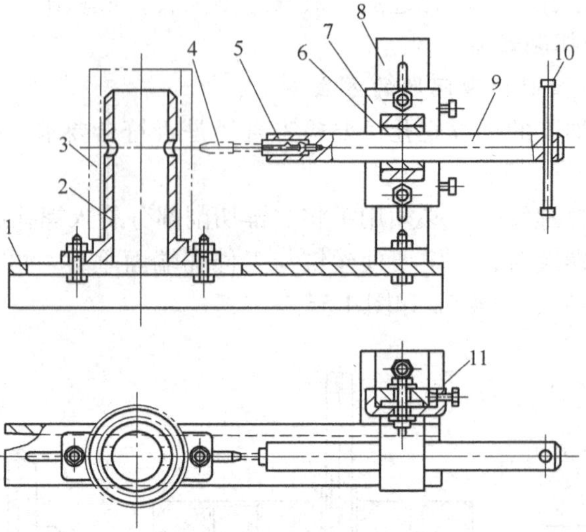

图 4-53　卧式攻螺纹夹具

1—底座　2—工件定位心套　3—工件　4—丝锥　5—弹簧夹头　6—衬套　7—导向架　8—支架板　9—铰杠　10—手柄　11—压板

4）对塑性材料攻螺纹时，一定要加切削液。

5）机器攻螺纹时，应注意丝锥与钻轴同心。攻通孔，尽量采用大刃倾角的丝锥，使排屑顺利；攻不通孔，思想要高度集中，先量好孔深，并在丝锥上作深度记号。

6）为了保证螺纹的加工精度和表面粗糙度，必须按照手工攻螺纹和机器攻螺纹的注意事项和正确的操作方法进行。

7）机器攻螺纹时，钻底孔及攻螺纹最好在工件一次装夹中完成，以保证攻螺纹的位置精度。

6. 套螺纹时出现的问题和原因

（1）螺纹乱牙　套螺纹时圆杆直径太大，起套困难；板牙套螺纹时歪斜太多，强行借正；未进行必要的润滑；板牙未经常倒转进行断屑等情况会出现螺纹乱牙。

（2）螺纹形状不完整　圆杆直径太小；调节圆板牙时，直径太大等情况可导致螺纹形状不完整。

（3）套螺纹后螺纹歪斜　圆杆端部倒角不符合要求，板牙位置较难放准；两手用力不均匀，使板牙位置发生歪斜等原因可造成螺纹歪斜。

七、螺纹的检测

螺纹的检测方法随螺纹的精度等级、生产批量和设备条件差异而不同。

钳工的螺纹加工是利用丝锥和板牙这类成型刀具进行的，因此一般只进行外观检查和螺孔轴线对孔口表面垂直的检查。

具体的做法是，外观检查主要是观察加工好的螺纹，是否有烂牙、乱牙现象、牙型是否完整、深浅是否均匀以及螺纹表面质量是否满足要求。

螺孔对孔口表面的垂直度检查，是用一标准检验工具（一头带螺纹）旋入已加工螺孔中，然后用90°角尺靠在螺孔孔口的表面，检查在规定高度范围内的垂直度误差。对于垂直度要求不高的螺孔，也可旋入双头螺柱作粗略检查。

例如检查螺纹的牙型角，一般就用螺纹牙型的角度样板对照一下就可以了。

对于一些精度要求比较高的螺纹，比如汽轮机上用于上下气缸固定的双头螺栓、有些调整机构上用的螺纹，必须通过用一定的测量工具和一定的测量方法去检测，才能保证螺纹的精度。一般的测量方法有以下几种：

1. 用螺纹量规检验

用螺纹环规检验外螺纹，螺纹塞规检验内螺纹，见图4-54。

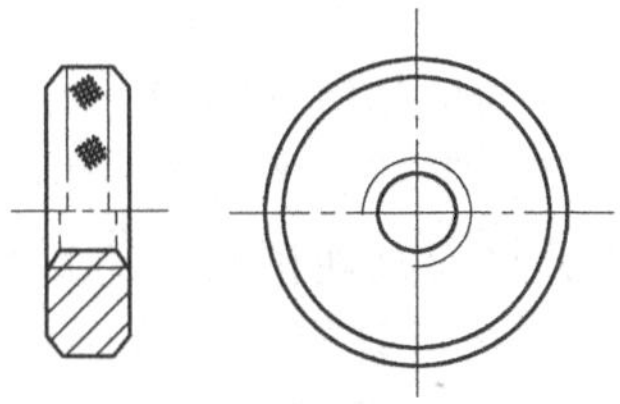

a）

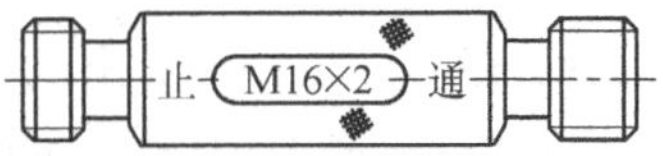

b）

图4-54　螺纹量规

a）螺纹环规　b）螺纹塞规

这是一种综合的测量方法，量规有通端和止端，通端应使螺纹顺利旋入；止端不能将螺纹旋入，满足要求的说明螺纹的中径外径或内径合格。

使用时应先清除工件的毛刺，且工件应在常温条件下测量。

2. 用螺纹千分尺测量

螺纹千分尺是测量外螺纹中径的一种量具，如图4-55所示。其结构和使用方法与外径千分尺相似。使用时首先根据牙型角和螺距大小选择一对合适的测量头装在千分尺上，校对零点后把被检零件的螺纹部分卡在测量头之间，测量头中心连线应垂直于螺纹轴线，量得的尺寸就是该螺纹的实际中径。这是单项测量法。

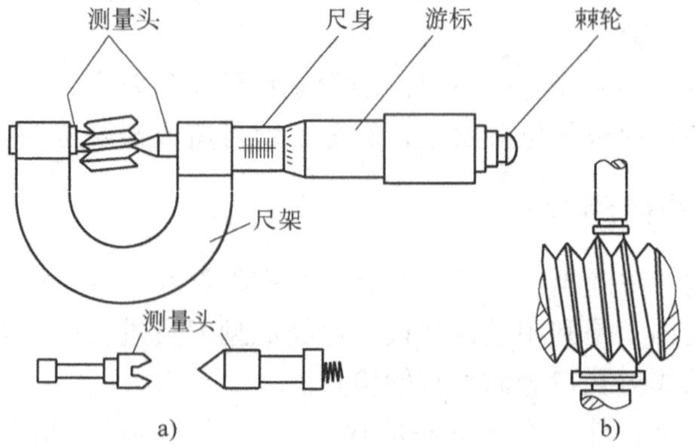

图4-55　螺纹千分尺

3. 用三针法测量

这是测量外螺纹中径的较精密而又简便的方法，主要测量螺旋升角小于4°，精度要求较高的螺纹。检验时，把三根直径相等的钢针放在螺纹槽中，再用外径千分尺或其他精密量具量出尺寸 M（图4-56），根据螺距 P、牙型角 α 和钢针直径 d_0 可计算螺纹的实际中径 d_2，查螺纹公差表即可判断螺纹中径是否超差。

根据图4-56b，导出下列公式

$$d_2 = M - d_0\left(1 + \frac{1}{\sin\frac{\alpha}{2}}\right) + \frac{P}{2}\cot\frac{\alpha}{2}$$

式中　M——千分尺读出的辅助尺寸（mm）；

d_2——螺纹中径（mm）；

d_0——钢针直径（mm）；

α——螺纹牙型角（°）；

P——工件螺距（mm）。

对于普通螺纹，$\alpha=60°$

$$d_2 = M - 3d_0 + 0.866P$$

对于英制螺纹，$\alpha = 55°$

$$d_2 = M - 3.166d_0 + 0.96P$$

对于梯形螺纹，$\alpha = 30°$

$$d_2 = M - 4.864d_0 + 1.866P$$

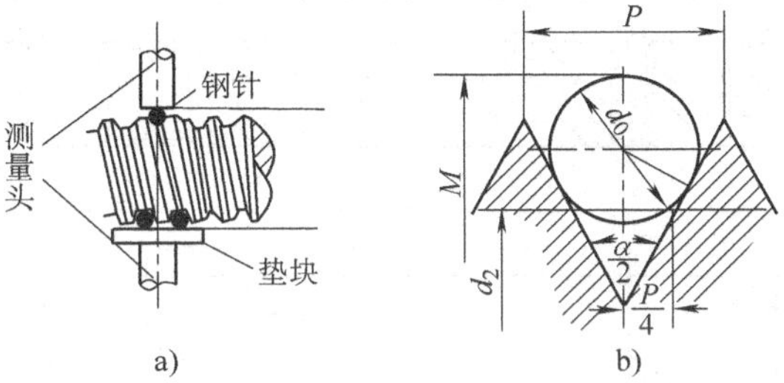

图 4-56　用三针法测量螺纹中径

d_2 可从螺纹标准中查出，表 4-21 列出了普通螺纹三针测量值（摘要），按照表中规定选择钢针直径，查出相应 M 值，把量得的实际 M 值与其比较即可知道工件是否合格。

表 4-21　普通螺纹三针测量值（摘要）　　（单位：mm）

螺纹直径 d	螺距 P	量针直径 d_0	辅助测量值 M	螺纹直径 d	螺距 P	量针直径 d_0	辅助测量值 M
3	0.5	0.291	3.115	12	1.25	0.724	12.278
4	0.5	0.291	4.115	12	1.75	1.008	12.372
5	0.5	0.291	5.115	14	1	0.572	14.200
5	0.8	0.461	5.171	14	1.5	0.866	14.325
6	0.75	0.433	6.162	14	2	1.157	14.440
6	1	0.572	6.200	16	1.5	0.866	16.325
8	0.75	0.433	8.162	16	2	1.157	16.440
8	1	0.572	8.200	18	2	1.157	18.440
8	1.25	0.724	8.278	18	2.5	1.441	18.534
10	0.75	0.433	10.162	20	1	0.572	20.200
10	1	0.572	10.200	20	1.5	0.866	20.325
10	1.5	0.866	10.325	20	2	1.157	20.440

八、攻螺纹训练实例

• 训练　攻M20以下螺纹（图4-57）

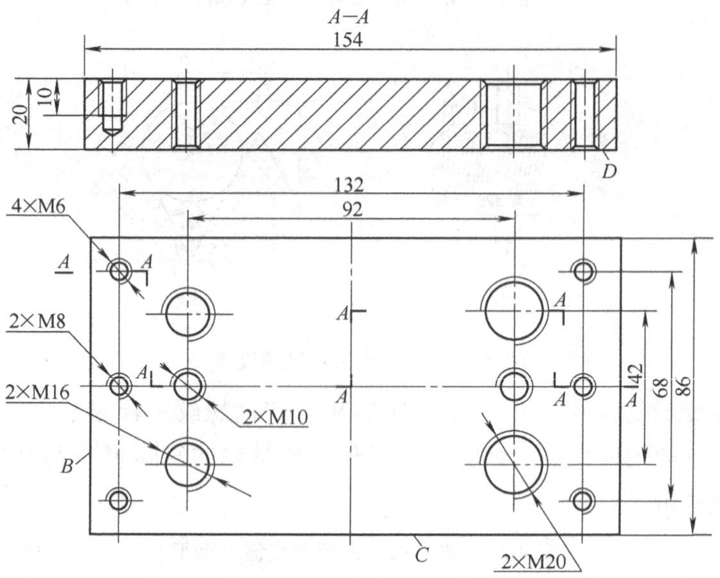

图4-57　攻螺纹

技术要求：1. 螺纹不准有明显歪斜。

2. 材料Q235。

1. 准备工作

（1）工具、夹具、量具的准备　方箱、高度游标卡尺、样冲、麻花钻（ϕ5mm，ϕ6. 8mm，ϕ8. 5mm，ϕ14mm，ϕ17. 5mm）90°圆锥锪钻、直角尺、钢直尺、丝锥（M6、M8、M10、M16、M20）、铰杠。

（2）检查毛坯　检查毛坯长、宽、高和三基准面B、C、D的垂直度误差和上、下两面的平行度误差。

2. 训练要求

（1）操作技能

1）螺纹轴线不能有明显的偏斜。

2）不能乱牙。

3）不能滑牙。

4）螺纹表面粗糙度值为Ra 25μm。

（2）工具设备的使用与维护

1）M16～M20的丝锥为两支一套，攻螺纹时要按头锥、二锥的先后顺序，不准直接用二锥攻螺纹。

2）铰杠的长短和所攻螺纹的规格应相适应，不准攻小规格螺纹而选用长铰杠。

3）丝锥用好后，应用防锈油将其擦拭干净，妥善保管。

（3）安全及其他　执行企业安全文明生产规定，做到工作场地整洁、工具、工件、量具摆放整齐。

3. 操作要领

1）螺纹底孔直径要倒角，通孔倒两端，倒角直径要稍大于螺纹直径。

2）工件的装夹位置要正确，使上、下两面处于水平位置，以便于判断丝锥轴线是否垂直于工件表面。

3）开始攻螺纹时，要尽量把丝锥放正，然后对丝锥施加轴向压力，并转动铰杠。当切入1～2圈后，应按图4-58所示，从前后、左右用90°角尺检查丝锥与工件平面是否垂直，并及时校正。

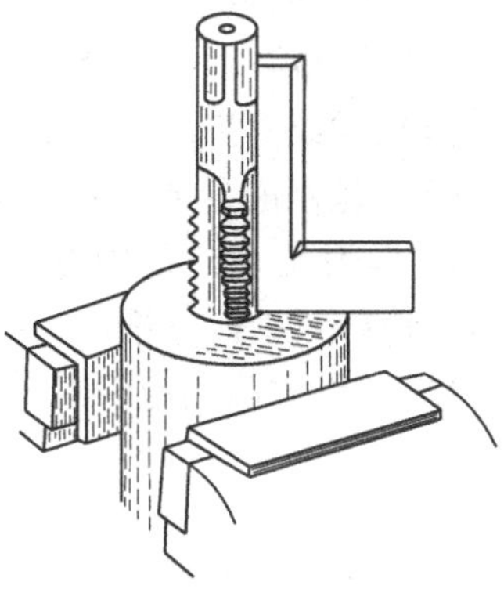

图4-58　用90°角尺检查攻螺纹的垂直度误差

4）丝锥切削部分旋入孔中后，就不要再施加轴向力，而靠丝锥旋进切削。此时，两手用力要均匀，每攻1/2～1圈时适当倒转1/4～1/2圈，使切屑碎断后易于排除。

5）攻M6不通孔螺纹时，应在丝锥上做好深度标记，并适当退出丝锥，清除留在孔内的切屑。

6）攻螺纹时应用全损耗系统用油或浓度大的乳化液（攻铸铁螺纹时用煤油）冷却润滑。

7）攻完头锥改攻二锥时，要徒手将丝锥旋入已攻过的螺孔中，再套上铰杠攻，退出时，要避免快速转动铰杠。

4. 容易出现的问题和解决办法

（1）螺纹乱牙

1）螺纹底孔直径太小，起攻困难，丝锥左、右摇摆，造成孔口乱牙，解决办法是按公式计算底孔直径。

$$D_0 = D - P$$

式中　D_0——螺纹底孔直径（mm）；

D——螺纹大径（mm）；

P——螺距（mm）。

2）改用二锥时，强行校正，或没有旋合好就攻螺纹。

3）攻螺纹时未加切削液，或丝锥未按规定倒转、而把已切出的螺纹啃伤。

（2）螺纹滑牙

1）攻M6、M8螺纹时，丝锥已切出螺纹，但仍继续加压。在攻小规格螺纹时，要经常观察旋入深度，一旦丝锥的切削部分已经旋入孔中，就不要再施加压力。

2）攻M6不通孔螺纹时，丝锥已攻到孔底，但仍操纵铰杠旋转丝锥；或攻完螺纹退出丝锥时快速旋转所致。

（3）螺纹歪斜

1）丝锥位置未放正，起攻时又未作垂直度误差检查。解决的办法是丝锥旋入1~2圈后要作垂直度检查。

2）孔口倒角不正，很难将丝锥校正。因此，在攻螺纹前应纠正不正确的倒角（重新倒角）后再攻螺纹。

（4）螺纹高度不够　其原因是孔底直径太大，或是丝锥磨损严重。

（5）丝锥崩牙或折断

1）操作方面的原因有攻螺纹时用力过猛；两手用力不匀；丝锥歪斜，单面受力，强行纠正；丝锥已达孔底，但仍继续旋转铰杠。

2）工件方面的原因有工件材料中夹有硬物；底孔直径太小。

复习思考题

1. 试述麻花钻各组成部分的名称及其作用。
2. 麻花钻的面、刃和几何角度（2φ、β、ψ、α_A、γ_A）是怎样形成的？
3. 标准麻花钻有哪些缺点？钻削时分别能产生哪些不良影响？
4. 钻头刃磨要掌握哪些要点和刃磨的要求？
5. 钻削用量指什么？选择钻削用量的基本原则是什么？具体选择应考虑哪些因素？
6. 钻孔和铰孔时，使用切削液的目的有何区别？为什么？
7. 什么叫扩孔？扩孔可达到哪些精度？
8. 什么叫锪孔？锪孔的工作要点有哪些？
9. 铰刀有几种？试述可调节手铰刀的结构？
10. 手铰刀的齿距为什么不等？
11. 如何确定铰削余量？余量太大或太小将造成哪些影响？
12. 试述快换钻夹头的工作原理，使用快换钻夹头有哪些便利？
13. 螺旋形手铰刀为什么适宜铰削带键槽的孔？
14. 钻床可分哪几种？分别适用什么场合？
15. 螺纹有哪些分类方法？列举三种以上螺纹的用途。

16. 螺纹要素指什么？如何用代号表示？
17. 分别在钢料和铸铁上攻 M16 和 M12 ×1 螺纹，求攻螺纹前钻底孔的钻头直径。
18. 试述丝锥的各部分名称、结构特点及作用。
19. 试述攻螺纹的工作要点。
20. 套螺纹时圆杆上端倒角有何作用？套螺纹前圆杆直径是否等于螺纹大径？为什么？
21. 套 M12 和 M16 螺纹时圆杆直径应为多少？

第五章

零件清洗与防护

培训目标 了解零件清洗与防护的基础知识，能在实际工作中运用。

第一节 零件的清洗

清洗就是去除金属零件表面的污物。污物又称污垢，它是指在零件表面上的油脂、铁屑、杂物、灰尘、锈等。污物是由零件在加工、运输、存储等过程中产生的，这些污物在零件表面上的存在是多余的，如果对零件实行进一步的加工，则对零件是有害的。因此，在零件的生产过程中，需要有对零件进行清洗的环节。

一、清洗剂的种类

传统的零件清洗剂是汽油、煤油、柴油等。使用这些清洗剂，不仅浪费一定量的能源，而且毒性大，易起火和污染环境。如今，随着科学技术的快速发展，出现了一大批先进、节能、高效、环保的清洗剂。目前，清洗剂的类型可分为三大类。

第一类是以表面活性剂为主要成分的水基金属清洗剂；第二类是以汽油、煤油、柴油或卤代烃为主要成分的溶剂型金属清洗剂；第三类是以表面活性剂、有机溶剂为主要成分的复合型金属清洗剂。现在应用最广、最多的是水基金属清洗剂。以下着重介绍水基金属清洗剂。

水基金属清洗剂以表面活性剂为主要成分，水为溶剂，金属表面为清洗对象。

水基金属清洗剂由表面活性剂、多种助剂和水配合而成。其中表面活性剂含量为10% ~40%，常用非离子表面活性剂与阴离子表面活性剂的复配物。多种助剂包括助洗剂（三聚磷酸钠、硅酸钠，碳酸钠、乙二胺四乙酸钠、次氨基三醋酸钠等)、缓蚀剂、稳定剂、增溶剂、泡沫稳定剂、清泡剂、香精、色料等。

水基金属清洗剂应满足的基本要求是：①易溶于水，且泡沫适宜，能迅速溶解，清除附着于零件金属表面上的各种污垢；②清洗时，无再沉积现象；③清洗过程对零件金属表面无腐蚀，无损伤，清洗后金属表面洁净、光亮、并有一定的防腐作用；④使用过程安全可靠，不污染环境，对人体无害；⑤原料易得，价格便宜。

常用水基金属清洗剂举例如下：

1. 机加工用清洗剂

烷基酚聚氧乙烯醚	20% ~30%	异丁醇	10% ~15%
脂肪醇聚氧乙烯醚	10% ~15%	缓蚀剂	0.02%
十二烷基苯磺酸钠	20% ~30%	水	余量

用途：通用清洗剂，可清洗各种钢材。

2. 741 清洗剂

月桂酸二乙醇酰胺	12%	油酸三乙醇胺	43%
脂肪醇聚氧乙烯醚	10%	水	余量
烷基酚聚氧乙烯醚	15%		

用途：清洗钢铁、铝合金，添加苯并三氮唑可清洗铜合金。

3. SP－1 清洗剂

聚醚 2040	25%	油酸三乙醇胺	6%
聚醚 2070	1.5%	亚硝酸钠	3%
聚醚 2020	1.5%	蓝色颜料、香精	微量
TX－10	3%	水	余量

用途：清洗钢铁、铝合金，适用于压力喷淋，超声波清洗。

4. HD－2 清洗剂

磺化油（DAH）	39%	石油磺酸钠	6%
油酸二异丙醇酰胺	39%	水	余量
聚醚	16%		

用途：清洗轴承、机床等。

5. 77－1 清洗剂

聚醚	35%	油酸三乙醇胺	30%
脂肪酸二乙醇酰胺	15%	稳定剂	15%
油酸钠	5%	水	余量

用途：清洗黑色金属、电动机等。

6. 机械加工零件清洗剂

单乙醇胺	17.5%～22.5%	三聚磷酸钠	0.2%～0.3%
油酸单乙醇胺	2.5%～7.5%	硼砂	0.2%～0.3%
甘油	2.5%～7.5%	水	余量

用途：清洗机械零件。

7. 金属零部件清洗剂

肉豆蔻酸蔗糖酯	12%	石油磺酸三乙醇胺	4%
聚乙二醇单硬脂基醚	10%	丙二醇	3%
柠檬酸钠	5%	CMC	0.5%
葡萄糖酸钠	5%	水	余量

用途：清洗金属零部件，可用于喷射清洗钢材和金属零件。

8. 通用型金属清洗剂

清洗剂105	2%	碳酸钠	1.3%
苯甲酸钠	0.15%	水	余量
磷酸三钠	1.2%		

说明：85～95℃下，洗净5～10min，适用于黑色金属零件去油垢，不适于有色金属的清洗。

9. 通用型金属清洗剂

辛基酚聚氧乙烯醚	20%	月桂酸二乙醇酰胺	10%
脂肪醇聚氧乙烯聚氧丙烯醚	15%	水	30%
油酸三乙醇胺	25%		

性能：pH为7～8，消泡。

应用范围：钢、铁、铝合金的清洗。

二、零件的清洗工艺

1. 零件清洗工艺的依据

(1) 依据污垢的具体特点　在设计一个清洗工艺时，首先要对污垢的性质、数量以及在清洗表面附着的情况进行了解；通常的清洗工艺是针对特定的污垢而设计的，一般是选用最经济的方法将大部分污垢去除，然后用其他方法对残留的污垢进行处理，用分步进行的方法组成一个清洗工艺。

(2) 对洗净程度的要求　在选择清洗工艺时，必须考虑清洗要求达到的洗净程度。对不同洗净程度要求的清洗应选择不同的清洗工艺。洗净程度要求越高，清洗成本也越高，而且生产成本是以几何级数递增的。

2. 清洗工艺的要求

(1) 可靠性 要求选用的清洗工艺及设备有稳定的清洗质量。能达到所要求的清洗程序。

(2) 对清洗对象的影响 在清洗过程中对清洗对象造成的损伤尽可能小，并且不能对清洗对象产生新的二次污染。

(3) 有利于自然环境的保护 要求清洗工艺及设备能够防止或尽可能减少清洗废液、噪声、废气等。

(4) 效率 要求清洗工艺及设备具有效率高、节约劳动力的特点。

(5) 良好的作业环境 要求所用的清洗工艺及设备能保持良好的作业环境，使工人的健康和安全得到保证。

(6) 经济性 应采用既能达到洗净程度要求、成本又低的清洗工艺及设备。

3. 清洗工艺的分类

根据清洗时使用的清洗剂种类把清洗工艺分为两大类：即使用水、各种水溶液、有机溶剂等液体清洗剂的工艺（称为湿式清洗工艺）；以空气、二氧化碳等气体作为清洗介质的清洗工艺（称为干式清洗工艺，简称干洗）。

(1) 湿式清洗工艺 根据清洗阶段的不同特点，湿式清洗工艺可分为蒸气清洗、刷洗清洗、浸泡清洗、循环清洗、喷射清洗、超声波清洗、电解清洗、高压水射流清洗、喷雾清洗、摇动清洗等多种。湿式清洗工艺是目前工业清洗所采用的主要形式。

1) 超声波清洗。这是一种效果显著的强化清洗方法。优点是操作简单、清洗质量好、清洗速度快、能快速清洗有空腔和沟槽等形状复杂的零件。缺点是一次性投资较高。

超声波清洗是利用了超声波在液体中的空化作用。在超声波的作用下，液体分子时而受拉，时而受压，形成一个个微小的空腔（激发成细小气泡，直径为 50 ~ 500μm），即所谓的“空化泡”。由于空化泡的内外压力相差悬殊，待空化泡破裂时，会产生局部液力冲击波（压力可达几百个大气压，1atm = 101325Pa）。在这种压力作用下，粘附在金属表面的各类污垢会被剥落。与此同时，在超声场的作用下，清洗液的脉动和搅拌加剧，溶解和乳化加速，从而强化了清洗。

最常见的超声波清洗是采用槽内浸洗，即将零件浸入盛有清洗液的超声波清洗槽内，超声波换能器产生的超声振动由清洗槽底部辐射至清洗液内部进行清洗。这种方法适合清洗中小型零部件。对于尺寸和质量都较大的零件，可根据零件形状和局部清洗要求，将超声波换能器设计成特殊形状，以便进行局部清洗或浸洗。如图 5-1 所示为超声波清洗示意图。

2) 喷射清洗。如果清洗对象是大型的、不易搬动的物体或外形结构决定它不适合浸泡在液槽中时，需要把清洗液喷射到清洗对象表面，使之达到被清洗的目的。这类清洗称为喷射清洗。

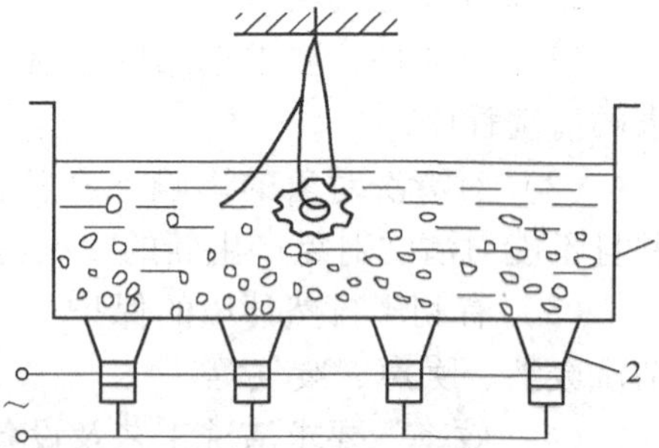

图 5-1 超声波清洗示意图
1—清洗槽 2—换能器

喷射清洗是利用喷嘴喷出有压力的清洗液，对污垢表面进行机械和理化处理的清洗。液流的机械作用是指具有一定动能的液流冲击污垢表面，使污垢层破坏和冲落。金属清洗剂对污垢产生润湿、乳化、分散增溶等理化作用，从而大大提高清洗效果。

影响喷射清洗效果的各种因素如下：

① 喷射液流的位置和作用力。图 5-2 所示为喷嘴到清洗对象表面的喷射距离、喷射角度与清洗力的关系。

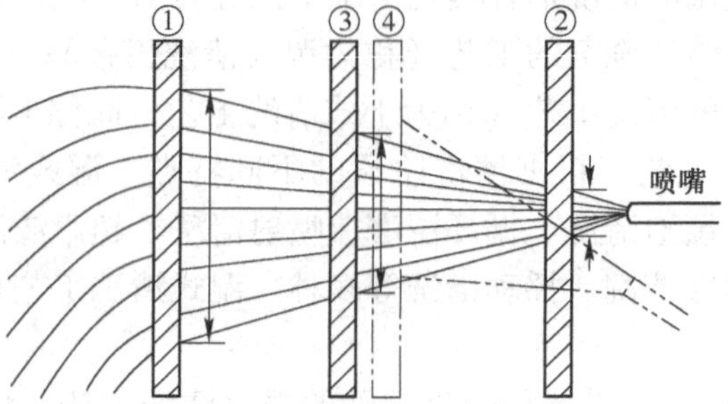

图 5-2 喷射距离、喷射角度与清洗力的关系

可以看出，由喷嘴喷出具有一定动能的洗液，在运动中受到空气阻力的影响，动能逐渐降低，水平方向的运动速度逐渐减少，以致在重力的作用下最后下落。

图 5-2 中①是喷射流体的水平方向运动速度开始降低之前的位置，在这个位置洗液展开的面积最大，但此时洗液的有效动能造成的清洗效果不好。图 5-2 中②的位置是喷嘴离洗涤对象很近时的情况，此时流体的冲击力大，但洗液展开的面积过小，总的清洗效果不好。而在图 5-2 中①、②位置之间有一个冲击力保持相对较大，而洗液的展开面积也保持相对较大的位置③存在，在这个位置上放置清洗对象，能取得较好的清洗效果。而图 5-2 中④是喷嘴以斜方向喷射到清洗对象表面的最佳位置。斜向喷射比垂直喷射使污垢受到的解离作用更大。

② 喷射用喷嘴。不同形状的喷嘴适用于不同的清洗场合，如图 5-3 所示为各种形状的喷嘴。图 5-3a 所示是应用最广泛的一种喷嘴，洗液从喷嘴中喷出后以圆锥面形式展开，图 5-3b 所示是喷嘴尖端形成一个窄缝，使洗液呈扇形展开，

在清洗平面状的表面时采用这种喷嘴较好。图 5-3c 所示是使流体呈棒状的喷嘴。这种方式对去除在狭缝间隙中和细孔中的污垢较合适。图 5-3d 所示是中空球形，在球面上有许多细孔，使洗液呈发射状喷射，大型反应罐的内表面用这种清洗方法较好。

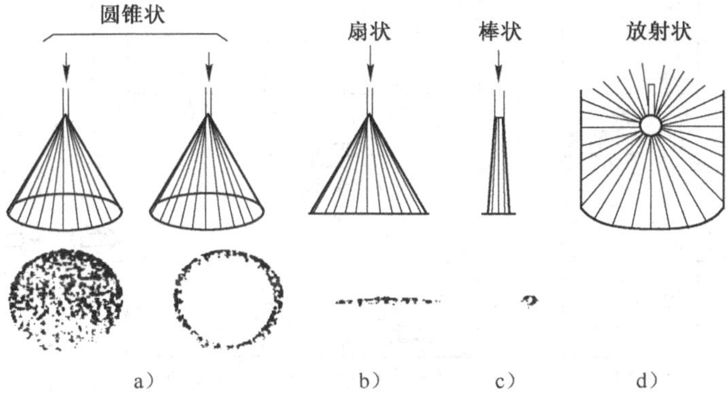

图 5-3　各种形状的喷嘴

③ 喷射用洗液。一般喷射用的洗液是常温的水、热水、酸的水溶液、碱的水溶液、表面活性剂水溶液等。

④ 喷射清洗中注意的问题。起泡性太高的洗液对喷射效果不利，所以尽可能选用起泡性低的洗液。喷射的洗液在清洗对象表面停留的时间短，所以洗液的清洗能力不能百分之百起到作用。喷射清洗存在废水收集、处理的问题。

3）浸泡清洗。将清洗对象放在清洗液中浸泡、湿润、而后洗净的湿式清洗叫浸泡清洗。浸泡清洗是以清洗效果好为特点。这种方法特别合适数量多的小型清洗对象。

浸泡清洗有两种类型：

① 清洗槽（清洗工艺）用溶剂、冲洗槽（冲洗工艺）用清水的类型。如图 5-4a 所示，在清洗槽中使用表面活性剂水溶液或有机溶剂作清洗液，而在后面的冲洗槽中用水作冲洗剂。清水类型的优点在于价格便宜和安全性好，而且能使在清洗槽中未能完全去除的水溶性污垢得以溶解去除。

使用清水类型应注意的问题是：由于冲洗槽中一般使用的是清水，清水中含有微量杂质，在干燥后留在清洗对象表面会使其洁净度变差。另外，用水作冲洗剂往往会产生大量废水，需要经过处理才能排放。

② 清洗槽（清洗工艺）、冲洗槽（冲洗工艺）都使用同一种溶剂的类型。如图 5-4b 所示是在清洗槽、冲洗槽中使用同一种溶剂的类型。这种类型适合使用合成有机溶剂或石油类溶剂，去除油性污垢。这种类型的特点是：管理较容

易，设备安排较紧凑，使用的溶剂可采用逆流方式运动，使溶剂的溶解能力得到充分利用，同时产生的废液数量较少。

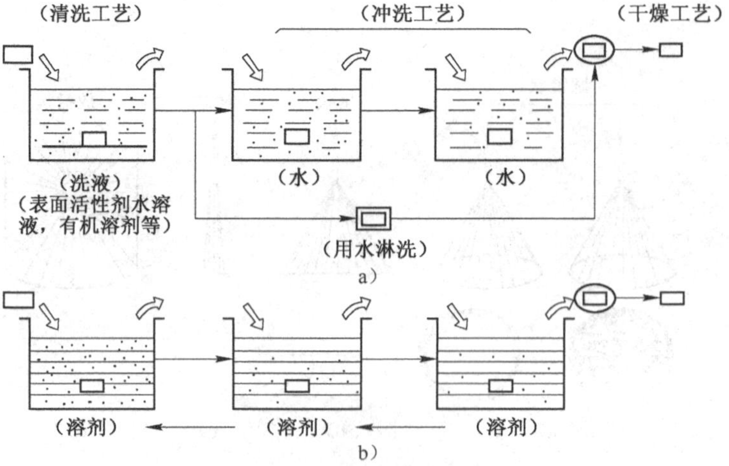

图 5-4　浸泡清洗两种类型

使用同一种溶剂类型应注意的问题是：完全去除清洗对象表面的亲水性污垢比较难；有机溶剂大多存在毒性大、安全性差、易燃易爆等特点；石油类溶剂清洗零件后干燥较困难。

4）溶剂蒸气清洗。溶剂蒸气清洗是指利用有机溶剂蒸气进行清洗的方法。虽然蒸气也有直接的清洗作用，但主要还是利用液态溶剂的浸泡溶解作用，所以从本质上讲蒸气清洗仍是浸泡清洗的一种方式。这种方法适合于小型物品的精密清洗，目前广泛用于机械行业的脱脂清洗。

蒸气清洗的原理如下：图 5-5 所示是一个有机溶剂蒸气清洗装置，在装置中清洗槽的上部沿槽壁装有冷却水管。把有机溶剂加到清洗槽的下部，并通过一定热源对它进行加热。当槽内溶剂温度达到它的沸点时，溶剂开始沸腾蒸发，槽的上半部充满溶剂蒸气，形成溶剂蒸气相。由于在槽的上部有冷却水管，蒸气遇冷而凝结液化，从而防止蒸气向槽外逸散损失，使蒸气始终保持在槽内。当把温度低于溶剂蒸气温度的清洗对象安放在蒸气箱中时，由于清洗对象与蒸气之间存在温度差，蒸气就在清洗对象表面凝结放热并使清洗对象表面上的污垢溶解并分散到溶剂液体中，在重力的作用下含有污垢的溶剂从清洗对象的下方落入液相溶剂中。这种方法包括溶剂蒸发、蒸气液化、溶剂溶解污垢这几个过程。它的特点在于溶剂蒸发形成其纯净的溶剂蒸气并作气相运动，并能利用蒸气液化时放出的热量提高溶剂的溶解能力。蒸气清洗有以下优点。

① 蒸发的溶剂蒸气不含污垢，所以能保持在清洁的状态下进行清洗去污。

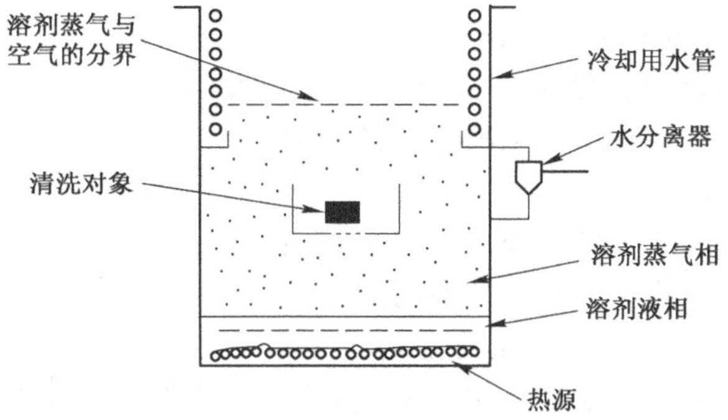

图 5-5　有机溶剂蒸气清洗装置

② 清洗后的清洗对象受溶剂蒸气放热的影响温度上升，使之易于干燥。

③ 液体溶剂中含有的污垢在清洗槽下部集中浓缩，便于集中处理。

5）循环清洗。循环清洗是化学清洗中最常用的一种方法，主要适用于封闭系统的清洗。

循环清洗是在清洗对象中灌满清洗液，利用清洗泵作动力，使清洗剂做循环运动。通常用于塔、换热器、压缩机等设备的清洗。

循环清洗设备由配溶液用的罐、泵、阀门、管道、流量计、加热器和分析仪器等部分组成。

循环清洗和浸泡清洗相比有以下特点：能保持清洗液一定的温度和浓度，能取得有代表性的溶液样品，可以控制清洗液循环流动方向，有助于清除疏松但不溶解的污垢层。但是，循环清洗要使用较多的清洗液，清洗泵功率要求大，生产成本比浸泡清洗高。

（2）干式清洗工艺　干式清洗不使用液体清洗剂，因而不需要进行清洗后的干燥处理。以空气为清洗介质的干式清洗是在日常生活中广泛采用的清洗方法。随着科学发展，涌现出一些新的干洗清洗技术，如紫外线-臭氧法、等离子法、离子照射法和干冰清洗等，可以获得湿式清洗工艺无法达到的高的洗净程度。

1）紫外线-臭氧清洗工艺。紫外线是一种波长在 100 ~ 400nm 范围的电磁波。波长在 210 ~ 296nm 的紫外线可使有机污垢分解去除。

波长为 253.7nm 的紫外线能激发有机物污垢的分子，而波长为 184.9nm 的紫外线能激发氧气产生臭氧，并与紫外线协同作用促进有机物污垢的氧化，最终使有机物分子分解成挥发性的二氧化碳、水和氧气等。目前人们已经开发出了具有一定功率的实用型紫外线-臭氧并用的清洗装置。

2）激光清洗工艺。激光是一种具有高能量的光束，当把激光束聚焦于物体表面时，激光束的光能会在瞬间转变成热能，使待清洗表面的污垢熔化而被去除。

激光清洗系统是由激光发生器、光纤、聚焦镜头、辅助气源和清洗喷嘴组成的。激光器产生的激光，经光纤传输到聚焦镜，聚焦后从喷嘴抵达清洗工件表面。为吹去被激光汽化或熔化了的污垢，通常有辅助加压气源通过喷嘴吹出，以增加激光清洗的效率，保护镜头，防止被飞溅物和烟尘污染。如图5-6所示是激光清洗系统的示意图。

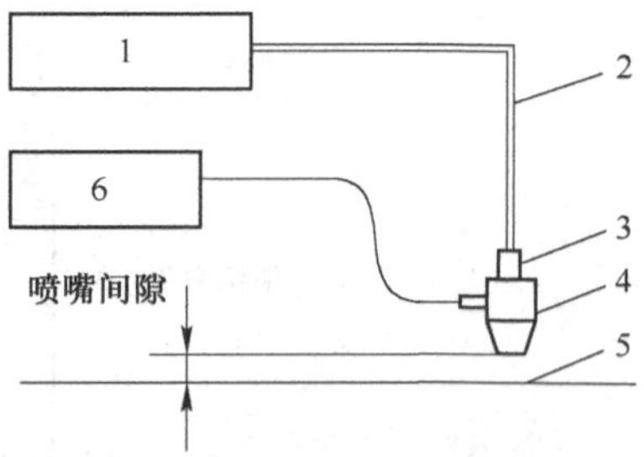

图5-6　激光清洗系统的示意图

1—激光器　2—光纤　3—聚焦镜头

4—清洗喷嘴　5—清洗工件　6—辅助气源

3）干冰清洗工艺。

① 干冰清洗的原理：干冰是固体状态的二氧化碳，外形与冰相似，在受热时不经过液态直接变成气体。干冰的密度为1.56g/cm^3（−79℃），熔点为−56.5℃（507kPa）。干冰清洗又称冷喷，是以压缩空气作为动力和载体，以干冰颗粒为被加速的粒子，通过专用的喷射清洗机喷射到被清洗物体表面。利用高速运动的固体干冰颗粒的冲击、升华、熔化等能量转换，使被清洗表面的污垢、残留杂质迅速被剥离清除。

② 干冰清洗的特点：干冰清洗与一般清洗相比，有清洗速度更快，效率更高，操作更简便等特点。由于干冰无毒，与化学试剂相比，对人体不产生危害，对环境不产生污染，同时，经干冰清洗后工件表面干燥洁净，不残留任何清洗介质，不会导致清洗表面返锈等。特别适合于电力和航空工业中不适合用液体进行清洗的零件。此外，干冰清洗对被清洗表面不产生机械损伤，原因是干冰在污垢表面会发生升华，其硬度远远小于喷砂中的硅砂。

③ 干冰清洗系统简介：一般干冰清洗系统由以下三部分组成。

a. 干冰制造系统（造粒机）。将液态二氧化碳制作成一定规格的干冰方块，进而制造出尺寸和密度一致的干冰粒。

b. 压缩空气供应装置。是专门配置的空气压缩机或利用工厂本身配置的空气压缩系统，产生压缩空气，用来推动和加速干冰粒的喷射。

c. 喷射装置。是把干冰粒与压缩空气混合，随压缩空气通过喷枪冲击到被清洗物质表面。如图5-7所示是干冰清洗系统示意图。

④ 干冰清洗的应用：干冰清洗主要用于清除食品机械设备的积炭结焦；去除轮船发动机工作仓、汽车制造业中旧漆膜及密封胶；在不损伤汽车表面漆的前提下，清除各类标贴和印花，以及电器控制系统的污垢；橡胶和塑料加工中的挤出机、型模的除污；核工业中有害放射性物质的清除；变压器及其他电力设备在线清洗；航空发动机及机械设备的清洗；印刷设备和复印机内部的清洗等。

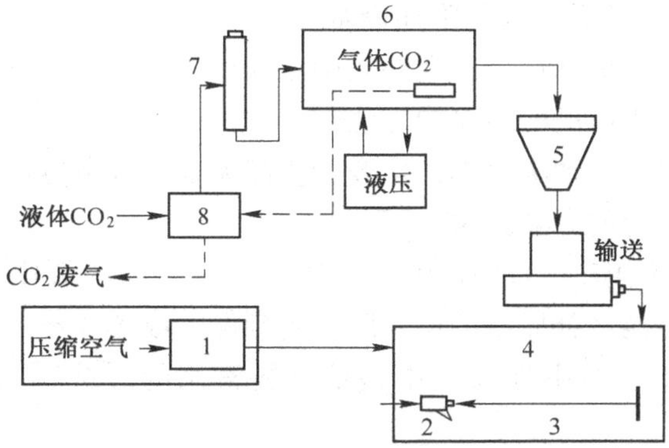

图 5-7　干冰清洗系统示意图

1—干燥器　2—喷枪　3—保温管线　4—干冰清洗机
5—贮罐　6—造粒机　7—缓冲罐　8—换热器

目前，干冰清洗技术和设备正在逐步完善和发展，其应用范围也将日益扩大。

第二节　零件的防护

金属零件的防护是控制零件材料腐蚀的一门技术。材料腐蚀是材料表面和环境介质发生化学反应，而引起材料的退化和破坏。

金属材料腐蚀破坏的形式是多样的，在不同的条件下引起金属腐蚀的原因是各不相同，而且影响因素也非常复杂。因此，根据不同的条件采用的防护技术也是多种多样的。在实践中常用的防护技术有：在介质中添加缓蚀剂；电化学保护；金属表面涂层保护；合理选择金属材料。本节主要介绍在介质中添加缓蚀剂；电化学保护；金属表面涂层保护。

一、在介质中添加缓蚀剂

金属腐蚀是一种公害，人们一直不断地研究和使用各种防护方法以避免或减轻金属腐蚀，其中的方法之一是在腐蚀介质中添加某些少量的化学药品，这些少量的化学药品可以显著地阻止或减缓金属的腐蚀速度。这些少量的添加物质称为缓蚀剂。

在介质中添加缓蚀剂的防腐蚀方法，与其他防护方法相比有如下特点：

1）不改变金属构件的性质和生产工艺。

2）用量少，一般添加的添加剂质量分数在0.1%～1%之间就可起到防腐蚀作用。

3）方法简单，无需特殊的附加设备。

因此，在各种防护方法中，在介质中添加缓蚀剂，是一种工艺简便、成本低廉、适用性强、应用广泛的防腐蚀方法。

缓蚀剂应用广泛、种类繁多，迄今为止尚无统一分类方法，下面介绍一种按缓蚀剂的性质来进行的分类方法：

（1）氧化型缓蚀剂　如果在中性介质中添加适当的氧化性物质，它们在金属表面少量还原便能修补原来的覆盖膜，起到保护或缓蚀作用，这种氧化性物质称为氧化型缓蚀剂。在中性介质中钢铁材料常用的缓蚀剂有 $NaCrO_4$、$NaNO_2$、Na_2MoO_4 等。

（2）沉淀型缓蚀剂　这类缓蚀剂本身并无氧化性，但它们能与金属的腐蚀产物（2价铁离子、3价铁离子）或共轭阴极反应的产物（一般是氢氧根）生成沉淀，起到缓蚀或阻止金属腐蚀的作用。

（3）吸附型缓蚀剂　这类缓蚀剂容易在金属表面形成吸附膜，从而改变金属表面性质，阻滞腐蚀过程。根据吸附机理又可分为物理吸附型（如胺类、硫醇和硫脲等）和化学吸附型（如吡啶衍生物、苯胺衍生物环状亚胺等）两类。一般钢铁在酸中常用的缓蚀剂有硫脲、喹林、炔醇等衍生物，铜在中性介质中常用的缓蚀剂有苯并三氮唑等。

缓蚀剂的应用领域广泛，如在大气中的应用；在石油工业中的应用；在工业循环冷却水中的应用等。其中大气的腐蚀，属于金属腐蚀最普遍的一种腐蚀。为此，下面着重对大气缓蚀剂进行介绍。

大气腐蚀的因素是多方面的，如湿度、氧气、大气成分及大气腐蚀产物等。因此，使用缓蚀剂时既要考虑不同的环境因素，也要考虑使用范围。大气缓蚀剂有油溶性缓蚀剂、水溶性缓蚀剂及挥发性的气相缓蚀剂。

（1）油溶性缓蚀剂　这类缓蚀剂能溶于油中，即通常所说的防锈油，防锈油在零件表面形成油膜，缓蚀剂分子容易吸附于金属表面上，阻滞因环境介质渗入而在金属表面上发生的腐蚀过程。各类油溶性缓蚀剂对金属的适应性能见表5-1。

表5-1　各类油溶性缓蚀剂对金属的适应性能

序号	缓蚀剂的种类	对金属的适应性	性　能
1	羧酸类	适用于黑色金属	高分子长链羧酸类，具有防潮性能，复合使用效果更好
2	磺酸类	对黑色金属较好，对有色金属不稳定，低分子磺酸盐能使铁表面生成锈斑，分子质量在400以上，防锈性能较好	有良好的防潮和抗盐雾性能

（续）

序号	缓蚀剂的种类	对金属的适应性	性　能
3	酯类	与胺并用对黑色金属有效，个别对铸铁有效	作为助溶剂与其他缓蚀剂并用有防潮作用
4	胺类及含氮化合物	适用于黑色金属和有色金属，对铸铁也有效	耐盐雾、二氧化硫、湿热等性能
5	磷酸盐或硫代磷酸盐	大多数适合黑色金属，一般与其他添加剂并用	抑制油品氧化过程所生成的有机酸，大多数作为辅助添加剂或润滑的缓蚀剂

（2）水溶性缓蚀剂　这类缓蚀剂是指以水为溶剂的缓蚀剂，可方便地作为机械加工过程的工序间防锈。大多数的无机盐是优良的缓蚀剂，如亚硝酸钠、硼酸钠、硅酸钠等。它们的优点是节约能源（不用石油产品），防锈膜除去简单、安全，价格便宜。

（3）气相缓蚀剂（简称 VPI）　这种缓蚀剂具有足够高的蒸气压，即在常温下能很快充满周围的大气中，吸附在金属表面上，从而阻滞环境大气对金属的腐蚀过程。蒸气压是气相缓蚀剂的主要特征之一。气相缓蚀剂种类很多，常用的有六类：有机酸类、胺类、硝基及其化合物、杂环化合物、胺有机酸的复合物、无机酸的胺盐。对钢有效的有：尿素加亚硝酸钠、苯甲酸胺加亚硝酸钠等。对铜、铝、锌有效的有：肉桂酸胍、铬酸胍、碳酸胍等。

气相缓蚀剂主要应用于气密空间，其主要使用方法有：

1）把气相缓蚀剂粉末撒在被防护金属表面上，或装入纸袋、纱布袋中，或压成丸子放置在被防护金属的四周。

2）将气相防锈剂浸涂在纸上，经干燥后，用来包装工件。

3）将工件浸于含气相缓蚀剂的液体中，然后放入塑料袋中包装。

4）将气相缓蚀剂溶于油中，配制成气相防锈油。

5）将气相缓蚀剂涂在基膜上（基膜材料是聚乙烯，双层），通过热压法做成气相防锈塑料袋，可用气相防锈塑料袋包装各种金属工件或成品。

二、电化学保护

用改变金属（介质）的电极电位来达到保护金属免受腐蚀的办法称为电化学保护。电化学保护的实质在于把要保护的金属结构通以电流使其进行极化，电化学保护有阴极保护和阳极保护两大类。

1. 阴极保护

阴极保护就是通过降低腐蚀电位而达到的电化学保护。阴极保护有牺牲阳极和外加电流两种保护方法。

（1）牺牲阳极保护方法　即靠着阳极自身腐蚀速度的增加而提供对电偶阴极（被保护设备）的保护，如图5-8所示。这种方法不需要外加电源，设备简单，安装方便，不会产生杂散电流干扰，保护效果好，应用广泛。对牺牲阳极材料的要求是：电位要足够的负电荷，腐蚀均匀，每消耗单位质量发生的电量要大，自腐蚀小，材料来源充足，价格便宜，加工容易，安装方便。常用的牺牲阳极材料有：镁和镁合金，锌和锌合金，铝和铝合金等。

（2）外加电流阴极保护方法　即由外部电源提供保护电流来实现的电化学保护。外加电流阴极保护系统由直流电源、辅助阳极、被保护设备、腐蚀介质组成，其中将被保护金属设备与直流电源的负极相连，成为阴极；将辅助阳极与直流电源的正极相连，成为阳极。当接通电源时，两者就组成宏观电池，从而实现阴极保护，如图5-9所示。

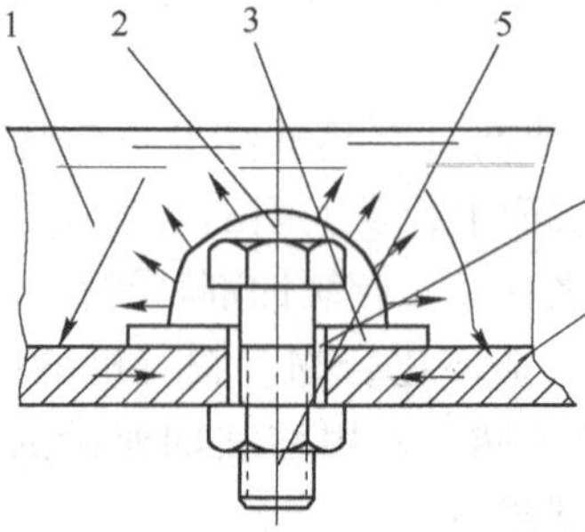

图5-8　牺牲阳极保护示意图
（箭头表示电流方向）
1—腐蚀介质　2—牺牲阳极　3—绝缘垫
4—被保护设备　5—连接螺钉　6—屏蔽层

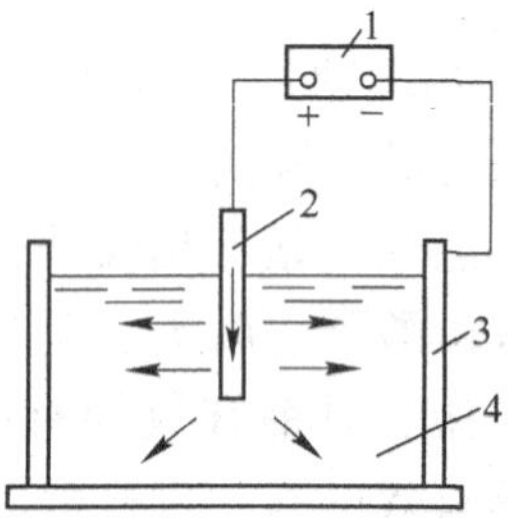

图5-9　外加电流阴极保护示意图
（箭头表示电流方向）
1—直流电源　2—辅助阳极
3—被保护设备　4—腐蚀介质

阴极保护是防止金属腐蚀比较有效的方法之一。其应用范围越来越广泛，常用于土壤、海水、淡水中金属结构的防护。对于无电源、介质电阻率较低的小系统，或结构复杂和密集的地区，宜采用牺牲阳极保护法；对于有电源、介质电阻率高、条件变化大、需要大电流保护的系统，应选用外加电流阴极保护法。

2. 阳极保护

阳极保护就是通过将可钝化金属的腐蚀电位提高到钝化电位来实现的电化学保护。阳极保护系统由直流电源、辅助阴极、被保护设备、腐蚀介质组成，如图5-10所示。被保护金属材料可由腐蚀状态进入钝化状态，使金属腐蚀速度降低而得到保护。常用的有不

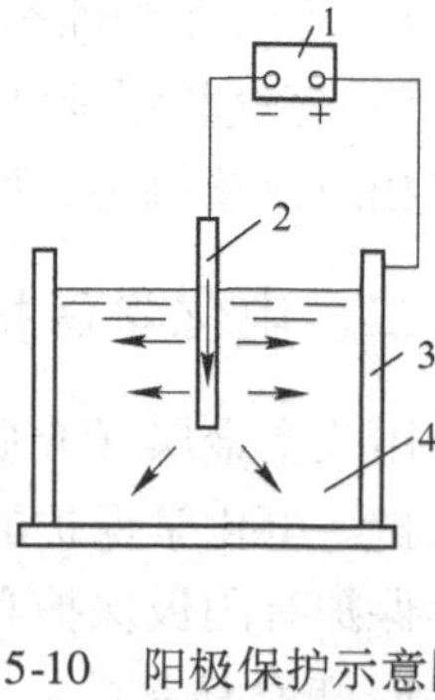

图5-10　阳极保护示意图
1—直流电源　2—辅助阴极
3—被保护设备　4—腐蚀介质

锈钢、钛材、碳素钢。辅助阴极材料常用的有高硅铸铁、铝青铜、石墨等。阳极保护主要应用于硫酸、磷酸、有机酸、液体肥料等介质中的金属设备的保护。

三、金属表面涂层保护

金属表面涂层保护的含义是：采用一定的方法，在金属表面上形成完整、致密的镀覆层，或采用金属、非金属材料涂覆在金属零件表面上，形成均匀的防护层。这些镀覆层（防护层），把金属零件与介质隔离开，大幅提高金属零件的耐腐蚀性能。金属表面涂层保护是抵御各类腐蚀行之有效的手段。金属表面涂层保护的方法种类很多，常用的方法是：

1. 电镀

电镀是一种用电化学方法在镀件表面上沉积形成金属和合金镀层的工艺方法。

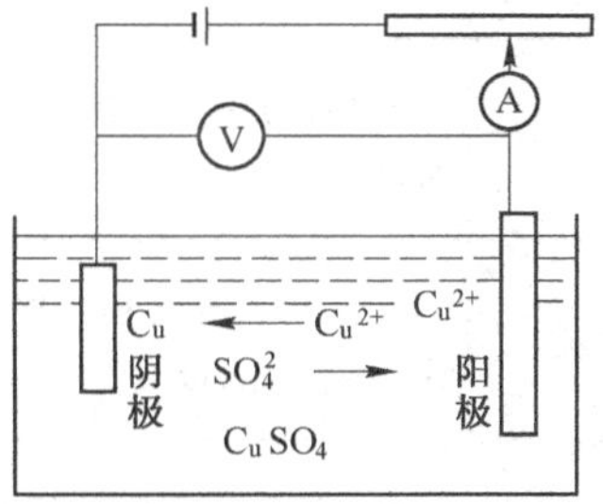

图 5-11　典型电镀装置及离子运动方向

如图 5-11 所示是电镀装置示意图，以被镀工件为阴极，与电源的负极相连；镀层金属作为阳极，与电源正极相连；将阴极和阳极浸入含有镀层金属的电解质溶液中。在直流电的作用下，镀液中的金属离子向阴极移动，在阴极获得电子被还原成金属原子，并以电结晶的形式沉积于阴极表面形成镀层。现以酸性溶液镀铜为例简述电镀过程的基本原理。在阳极上，金属铜溶解，失去电子变成铜离子；在阴极上，铜离子得到电子被还原成金属铜。

电镀可以把具有良好防腐蚀功能的金属元素如锌、镍、铬、铜、镉、金、银等，镀覆到金属零件表面上，形成厚度从几微米到几十微米的镀覆层，起到保护金属零件不被腐蚀的作用。

电镀工艺设备简单，操作方便，生产效率高，成本低，在工业中应用相当广泛，但是环保与污染控制问题必须引起高度重视。

2. 发蓝

化学氧化是指金属表面与介质中的阴离子发生氧化反应而生成自身的氧化膜，一般在钢铁、铝、铜等金属及合金上进行。

“发蓝”是工业上常用的化学氧化处理方法之一。“发蓝”是将钢铁零件浸入含氢氧化钠、硝酸钠或亚硝酸钠的溶液中，在 135 ~ 150℃温度下，浸泡 15 ~ 90min，使钢铁零件表面形成四氧化三铁氧化膜。

经过“发蓝”处理的钢铁零件，表面生成了一层厚度仅为 0.5 ~ 1.5μm 的氧化膜。这层氧化膜阻断了钢铁零件与环境介质的接触，起到了防腐耐蚀的作用。同时由于氧化膜很薄，对钢铁零件的尺寸和精度几乎没有影响。

“发蓝”处理，不用电源，设备简单，工艺稳定，操作方便，成本低廉，应用广泛。

3. 涂料防护

涂料防护是将有机涂料采用一定方法涂覆于金属零件表面上形成膜，以保护金属零件免受环境的侵蚀。

有机涂料简称“涂料”，俗称“油漆”。涂料一般由四个部分组成，即成膜物质、颜料、分散介质、助剂，各组成部分的主要作用见表5-2。

表5-2　涂料的基本组成及作用

基本组成	典型品种	主要作用
成膜物质	合成高分子、天然树脂、植物油脂	是涂料的基础，粘接其他组分，牢固附着于被涂物表面，形成连续固体涂膜，决定涂料及涂膜的基本特征
颜料	钛白粉、滑石粉、铁红、铅黄、铝粉、云母	具有着色、遮盖、装饰作用，并能改善涂膜性能（如防锈、抗渗、耐热、导电、耐磨等），降低成本
分散介质	水、挥发性有机溶剂（如酯、酮类）	使涂料分散成黏稠液体，调节涂料流动性、干燥性和施工性，本身不能成膜，在成膜过程中挥发掉
助剂	固化剂、增塑剂、催干剂、流平剂等	本身不能单独成膜，但改善涂料制造、贮存施工、使用过程中的性能

涂料膜（涂层）保护金属零件的机理是：

（1）屏蔽作用　金属表面涂了涂料后，把金属表面与环境隔开，起到了屏蔽作用。

（2）钝化缓蚀作用　借助涂料中的某些物质与金属反应，使金属表面钝化或生成保护性的物质。

（3）电化学保护作用　涂料中使用电位比铁低的金属（如锌等）作填料，会起到牺牲阳极保护阴极的作用。

通常，涂层结构包括底漆、中间层和面漆。每层按需要涂刷一至数次。底漆直接与金属接触，是整个涂层体系的基础。它必须对金属表面具有良好的附着性能，还要能防腐蚀。中间层是为了与底、面漆结合良好，有时也为了增加涂层厚度以提高屏蔽作用。面漆直接与环境接触，要具有耐腐蚀性能，同时还要满足美观的要求。

目前，常用的防腐涂料大多数属于树脂类或橡胶类涂料。一些典型涂料及其耐蚀性比较见表5-3。

表 5-3 一般典型涂料及其耐蚀性比较

品种	耐腐蚀性能								
	酸	碱	盐	溶剂	水	耐氧化性	耐候性	耐磨性	耐热性
丙烯类	8	8	9	5	8	9	10	10	8
醇酸类	6	6	8	4	8	3	6	6	8
沥青类	10	7	10	2	8	2	4	3	4
氯化烃类	8	8	8	2	3	2	4	3	4
氯化橡胶类	10	10	10	4	10	0	8	6	8
环氧类	9	10	10	9	10	6	8	6	8
环氧-聚酯类	10	1	7	3	7	2	6	6	7
乳胶	2	1	6	1	2	1	10	6	5
含油料类	1	1	6	2	7	1	10	4	7
酚醛类	10	2	10	9	10	7	9	5	10
苯氧基类	3	9	10	5	10	6	4	6	8
硅酮类	4	3	6	2	8	4	9	4	10
乙烯类	10	10	10	5	10	10	10	7	3
氨基甲酸酯类	9	10	10	9	10	9	8	10	8
无机类	稀 2 浓 8	1	5	10	5	10	10	10	10

注：“10”代表最好的保护；“1”代表最差的保护。

涂料防护施工，要根据涂料品种、性能、固化条件、施工要求以及被涂金属零件的材质、形状、大小、表面状况，选择适当的施工方法。常用的施工方法有：刷涂法、浸涂法、喷涂法、淋涂法、静电喷涂法、电泳喷涂法、粉末涂装法等。

涂料防护的特点是：涂料品种多，适应性广，施工简单，不受被保护的金属零件大小、形状的限制，应用极为广泛，比较经济。但是，涂层通常比较薄，力学性能一般较差，受冲击、强腐蚀和高温等，涂层易破坏而脱落，所以在苛刻条件下，应用受到一定的限制。

复习思考题

1. 清洗剂的种类有哪些？
2. 清洗工艺的要求是什么？
3. 清洗工艺有哪些？
4. 零件常用的防护技术有哪些？
5. 金属表面涂层保护常用的方法有哪些？

第六章

固定连接装配

培训目标 熟悉各种固定连接装配的工具。掌握螺纹连接的类型特点和防松装置；掌握平键的规格代号及配合类型、选用知识。掌握销的种类及销连接的应用知识。

第一节 各种扳手、旋具的结构特点和选用知识

一、各种扳手的结构特点和选用知识

扳手是一种用于拧紧或旋松螺栓、螺母、螺钉等螺纹紧固件的装卸用手工工具。扳手通常由碳素结构钢或合金结构钢制成。它的一头或两头锻压成凹形开口或套圈，开口和套圈的大小随螺钉对边尺寸而定。扳手头部具有规定的硬度，中间及手柄部分则具有弹性。当扳手超负荷使用时，会在突然断裂之前先出现柄部弯曲变形。常用的扳手有活扳手、呆扳手、梅花扳手、两用扳手、套筒扳手、内六角扳手、锁紧扳手、棘轮扳手和扭力扳手。

（1）活扳手（见图6-1） 由扳手体和固定钳口、活动钳口及调节蜗杆组成。蜗杆其轴向位置是固定的，只绕淬硬的销轴转动，用以调节夹持扳口的大小。其开口的尺寸能在一定范围内调节，它的规格见表6-1。

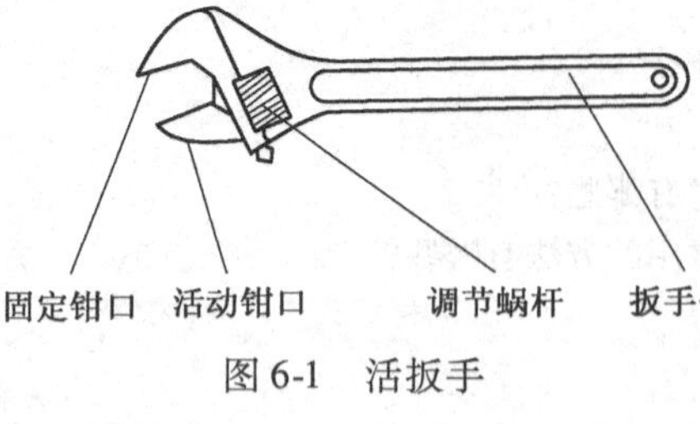

图6-1 活扳手

表 6-1 活扳手规格

长度	公制（mm）	100	150	200	250	300	375	450	600
	英制（in）	4	6	8	10	12	15	18	24
开口最大宽度/mm		14	19	24	30	36	46	55	65

使用活扳手应让固定钳口受主要作用力（图 6-2），否则容易损坏扳手。钳口的尺寸应适应螺母的尺寸，否则会扳坏螺母。不同规格的螺母或螺钉应选用相应规格的活扳手，扳手手柄的长度不可任意接长，以免拧紧力矩过大而损坏扳手、螺母或螺钉。活扳手的工作效率不高，活动钳口容易歪斜，往往会损伤螺母或螺钉的头部表面。

（2）呆扳手（图 6-3） 它的一端或两端带有固定尺寸的开口。其作用是紧固、拆卸一般标准规格的螺母和螺钉。这种扳手可以直接插入或套入，使用较方便。扳手的开口方向与其中间柄部错开一个角度，通常有 15°、45°、90°等，以便在受限制的部位中扳动方便。

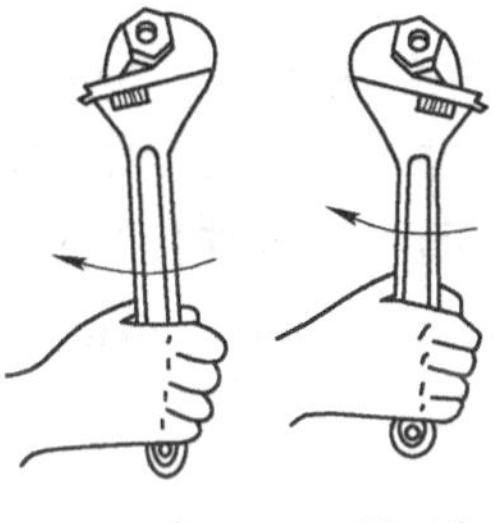

图 6-2 活扳手的使用

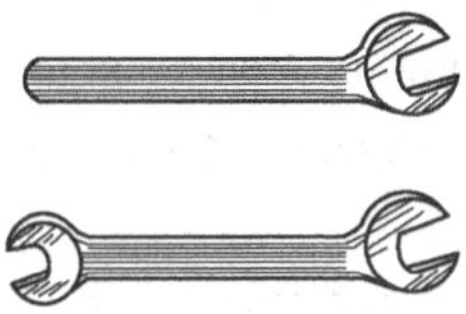

图 6-3 呆扳手

双头呆扳手两端的开口大小一般是根据标准螺母相邻的两个尺寸而定。一把呆扳手最多只能拧动两种相邻规格的六角头或方头螺栓、螺母，故使用范围较活动扳手小。

双头呆扳手的开口尺寸有 5.5mm × 7mm、8mm × 10mm、9mm × 11mm、12mm × 14mm、14mm × 17mm、17mm × 19mm、19mm × 22mm、22mm × 24mm、24mm × 27mm、30mm × 32mm 等。

（3）梅花扳手（图 6-4） 它同呆扳手的用途相似，但两端是花环式的。其孔壁一般是 12 边形，可将螺栓和螺母头部套住，扭转力矩大，工作可靠，不易滑脱，携带方便。适用于旋转空间狭小、不能使用普通扳手的场合。

（4）两用扳手（图 6-5） 它是呆扳手与梅花扳手的合成形式，其两端分别为呆扳手和梅花扳手，故而兼有两者的优点。一把两用扳手只能拧转一种尺寸的螺母或螺钉。

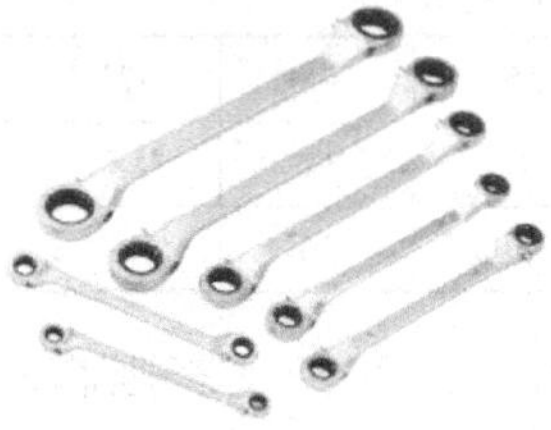

图6-4　梅花扳手

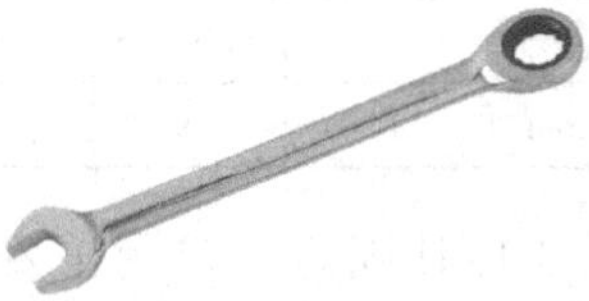

图6-5　两用扳手

（5）套筒扳手（图6-6）　套筒扳手是由一套尺寸不等的梅花筒组成，它有19件、24件和32件等几种。使用时用弓形的手柄连续转动，工作效率较高。当螺母或螺钉的尺寸较大或扳手的工作位置很狭窄时，就可用套筒扳手。这种扳手摆动的角度很小，能拧紧和松开螺钉或螺母。拧紧时顺时针转动手柄。方形的套筒上装有一只撑杆。当手柄向反方向扳回时，撑杆在棘轮齿的斜面中滑出，因而螺母或螺钉不会跟随反转。如果需要松开螺母或螺钉，只需翻转棘轮扳手按逆时针方向转动即可。

（6）内六角扳手（图6-7）　成L形的内六角扳手，专用于拧转内六角螺钉。内六角扳手的型号是按照六方的对边尺寸来确定的。专门用于紧固或拆卸机床、车辆、机械设备上的圆螺母。内六角扳手的规格有：2mm、2.5mm、3mm、4mm、5mm、6mm、7mm、8mm、10mm、12mm、14mm、17mm、18mm、22mm、24mm、27mm、32mm、36mm等。

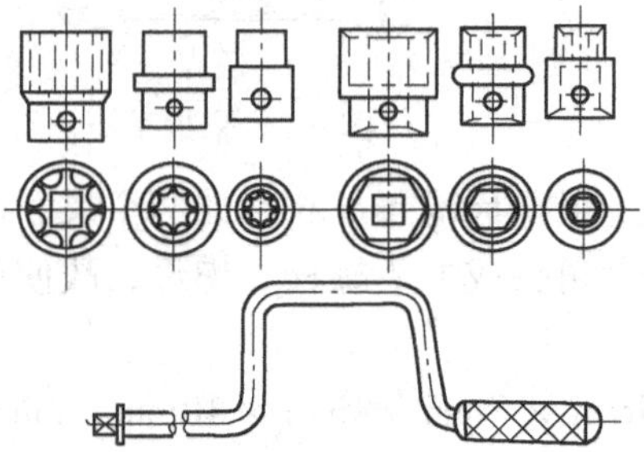

图6-6　套筒扳手

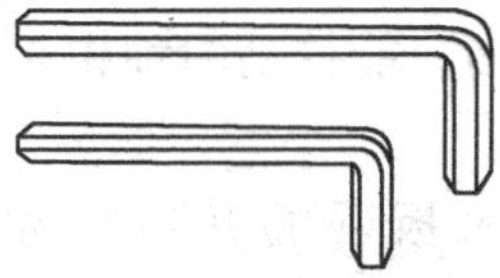

图6-7　内六角扳手

（7）锁紧扳手（图6-8）　锁紧扳手也称钩子扳手，有多种形式，用来装拆外圆上带有沟槽的圆螺母。

（8）棘轮扳手（图6-9）　适用在狭窄的工作位置。工作时，正转手柄，棘爪1就在弹簧2的作用下进入内六角套筒3的缺口（棘轮内），套筒便跟着转动；当反向转动手柄时，棘爪就从套筒缺口的斜面上滑过去，因而螺母（或螺钉）不会跟着反转。松开螺母时将扳手翻转180°使用即可。

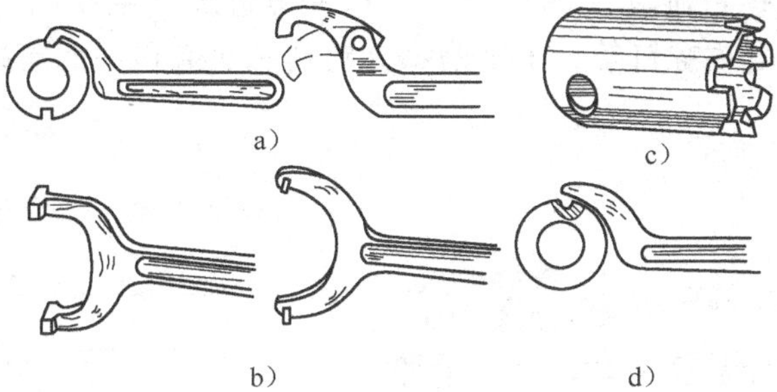

图 6-8　锁紧扳手

（9）扭力扳手（图 6-10）　扭力扳手是依据梁的弯曲原理、扭杆的弯曲原理和螺旋弹簧的压缩原理而设计的，是能测量出作用在螺母或螺钉上的力矩大小的扳手。扭力扳手又有平板型和刻度盘型两种。使用前，先将安装在扳手上的指示器调整到所需的力矩，然后扳动扳手，当达到该预定力矩时，指示器上的指针就会向销轴一方转动，最后指针与销轴碰撞，通过音响信号或传感信号告知操作者。扭力扳手通常用于需要有一定均布预置紧固力的螺母、螺栓等紧固件的最后安装，或者是建筑工程以及带有液压、气压装置的设备装配。

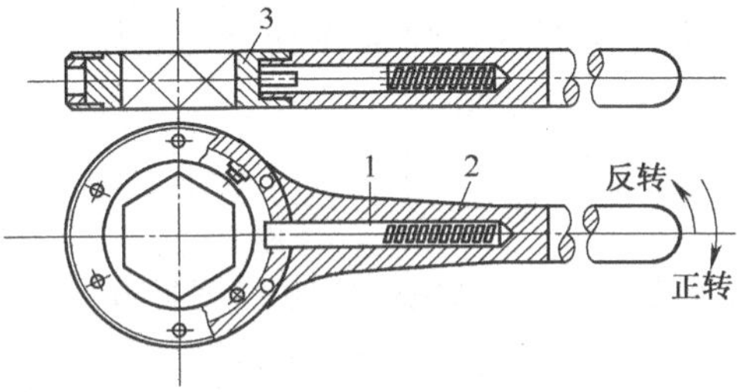

图 6-9　棘轮扳手

1—棘爪　2—弹簧　3—内六角套筒

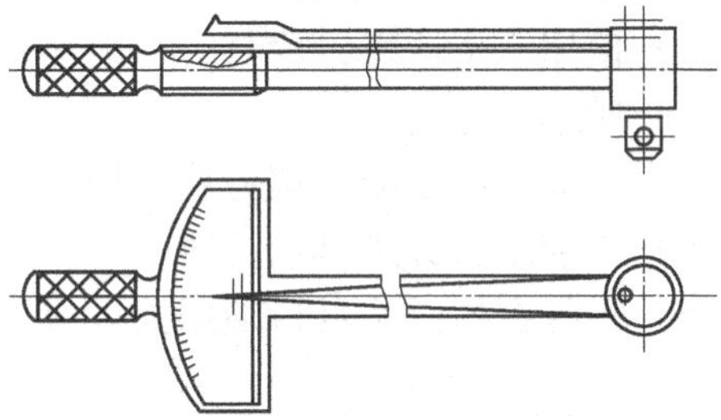

图 6-10　扭力扳手

二、各种旋具的结构特点和选用知识

1. 旋具的分类

旋具用来紧固或拆卸螺钉，它的种类很多，常见的有：按照头部形状的不同，可分为一字和十字两种；按照手柄的材料和结构的不同，可分为木柄、塑料柄、夹柄和金属柄四种；按照操作形式可分为自动、电动和风动等形式。

（1）一字槽螺钉旋具（图 6-11）　这种螺钉旋具主要用来旋转一字槽形的螺钉、木螺钉和自攻螺钉等。它有多种规格，通常说的大、小螺钉旋具是以手柄以外的刀体长度来表示的，常用的有 100mm、150mm、200mm、300mm 和 400mm 等几种。

（2）十字槽螺钉旋具（图6-12） 这种螺钉旋具主要用来旋转十字槽形的螺钉、木螺钉和自攻螺钉等。十字槽螺钉旋具的规格和一字槽螺钉旋具相同。

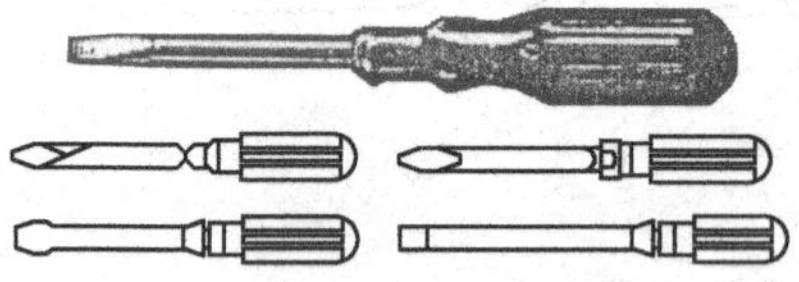

图6-11 一字槽螺钉旋具

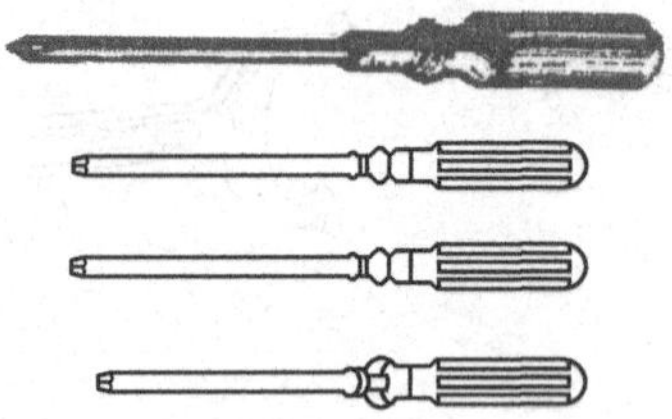

图6-12 十字槽螺钉旋具

2. 旋具的使用方法

1）使用时，右手握住螺钉旋具，手心抵住柄端，旋具与螺钉同轴心，压紧后用手腕扭转。松动后用手心轻压螺钉旋具，用拇指、中指、食指快速扭转。

2）使用长杆旋具时，可用左手协助压紧和拧动手柄。

3. 旋具的使用注意事项

1）使用一字槽螺钉旋具，刀口应与螺钉槽口大小、宽窄、长短相适应，刀口不得残缺，以免损坏槽口和刀口。

2）使用十字槽螺钉旋具时，应注意使旋杆端部与螺钉槽相吻合，否则容易损坏螺钉的十字槽。

3）不准用锤子敲击螺钉旋具柄（当錾子使用）。

4）不准用螺钉旋具当撬棒使用。

5）不可在螺钉旋具口端用扳手或钳子增加扭力，以免损伤螺钉旋具杆。

第二节 螺纹连接的类型、应用特点和防松装置知识

一、螺纹连接的类型、应用特点

螺纹连接是一种可装拆的固定连接。它具有结构简单、连接可靠、装拆方便迅速等优点，因而在机械装配中应用非常普遍。螺纹连接可分为普通连接和特殊连接两大类（图6-13），由螺栓或螺钉构成的连接称为普通螺纹连接；由其他一切螺纹连接零件构成的连接都称为特殊螺纹连接。本节主要讲述普通螺纹连接。

1. 螺纹连接的类型

（1）螺栓连接（图6-14） 被连接件的孔中不攻制螺纹，装拆方便。螺栓

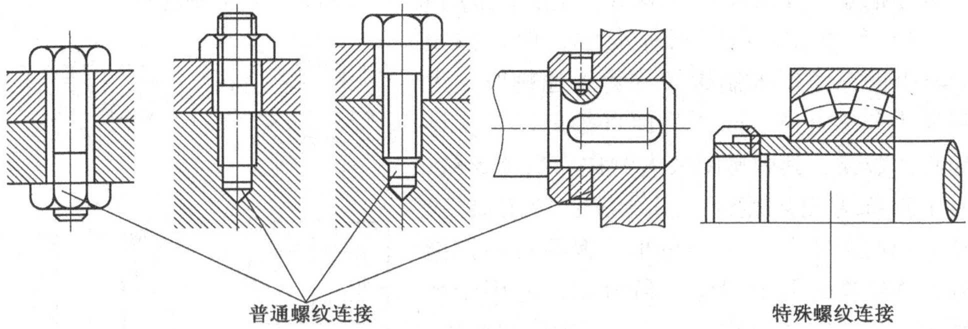

图 6-13　螺纹连接类型

与孔之间有间隙，由于加工简便，成本低，所以应用最广。主要用于需要螺栓承受横向载荷或需靠螺杆精确固定被连接件相对位置的场合。

（2）双头螺栓连接（图 6-15）　使用两端均有螺纹的螺栓，一端旋入并紧定在较厚被连接件的螺纹孔中，另一端穿过较薄被连接件的通孔。适用于被连接件较厚，要求结构紧凑和经常拆装的场合。

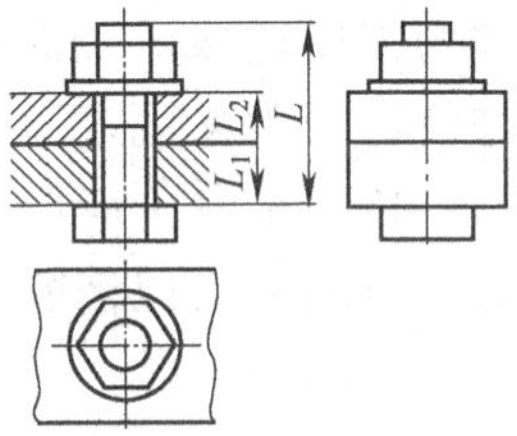

图 6-14　螺栓连接

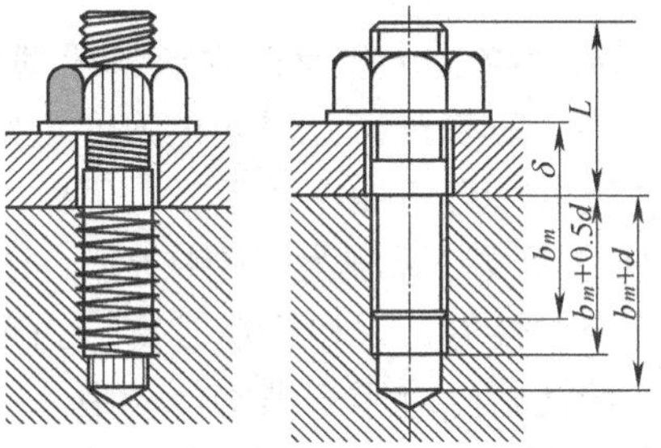

图 6-15　双头螺栓连接

（3）螺钉连接（图 6-16）　螺钉直接旋入被连接件的螺纹孔中，结构较简单，适用于被连接件之一较厚，或另一端不能装螺母的场合。但经常拆装会使螺纹孔磨损，导致被连接件过早失效，所以不适用于经常拆装的场合。

（4）紧定螺钉连接（图 6-17）　将紧定螺钉拧入一零件的螺纹孔中，其末端顶住另一零件的表面，或顶入相应的凹坑中。常用于固定两个零件的相对位置，并可传递不大的力或转矩。

2. 螺纹连接的应用特点

螺纹是螺纹连接和螺旋传动的关键部分，现将机械中几种常用螺纹的特点和应用进行介绍：

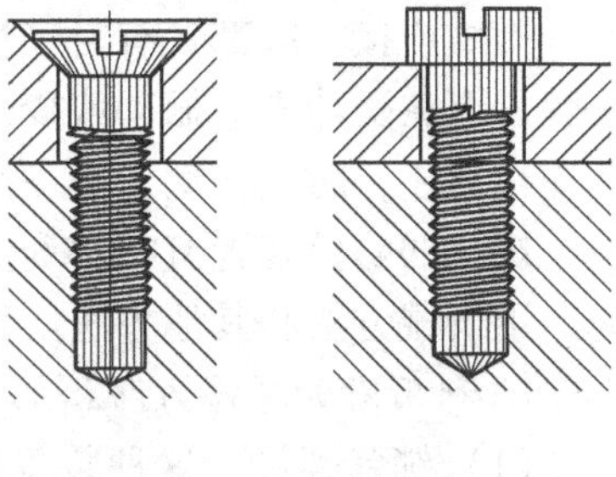

图 6-16　螺钉连接

（1）三角形螺纹　牙型角大，自锁性能好，而且牙根厚、强度高，故多用于连接。常用的有普通螺纹、英制螺纹。

1）普通螺纹：国家标准中，把牙型角 $\alpha=60°$ 的三角形米制螺纹称为普通螺纹，大径 d 为公称直径。同一公称直径可以有多种螺距的螺纹，其中螺距最大的称为粗牙螺纹，其余都称为细牙螺纹，粗牙螺纹应用最广。细牙螺纹的小径大、升角小，因而自锁性能好、强度高，但不耐磨、易滑扣，适用于薄壁零件、受动载荷的连接和微调机构的调整。

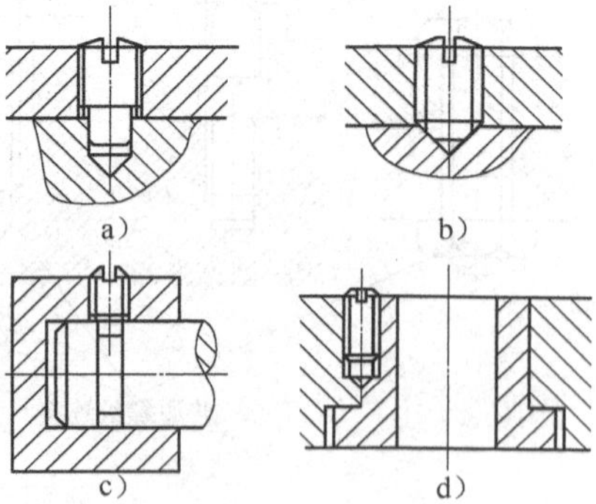

图 6-17　紧定螺钉连接

2）寸制螺纹：牙型角 $\alpha=55°$，以英寸(in)为单位，螺距以每英寸的牙数表示，也有粗牙、细牙之分。主要是英、美等国家使用，国内一般仅在修配中使用。

(2) 圆柱管螺纹　牙型角 $\alpha=55°$，牙顶呈圆弧形，旋合螺纹间无顶隙，紧密性好，公称直径为管子的公称通径，广泛用于水、煤气、润滑等管路系统连接中。

(3) 矩形螺纹　牙型为正方形，牙型角 $\alpha=0°$，牙厚为螺距的一半，当量摩擦因数较小，效率较高，但牙根强度较低，螺纹磨损后造成的轴向间隙难以补偿，对中精度低，且精加工较困难，因此，这种螺纹已较少采用。

(4) 梯形螺纹　牙型为等腰梯形，牙型角 $\alpha=30°$，效率比矩形螺纹低，但易于加工，对中性好，牙根强度较高，当采用剖分螺母时还可以消除因磨损而产生的间隙，因此广泛应用于螺旋传动中。

(5) 锯齿形螺纹　锯齿形螺纹工作面的牙侧角为3°，非工作面的牙侧角为30°，兼有矩形螺纹效率高和梯形螺纹牙根强度高的优点，但只能承受单向载荷，适用于单向承载的螺旋传动。如螺旋压力机、千斤顶等。

二、螺纹连接的防松装置知识

螺纹连接一般都具有自锁性，在受静载荷和工作温度变化不大时，不会自行松脱。但在受冲击、振动或变载荷的作用下，以及工作温度变化很大时，为了保证连接可靠，防止松动，必须采取有效的防松措施。

螺纹的防松装置有很多种，按其工作原理的不同，主要分为利用附加摩擦力、用机械方法和其他方法防松三大类。

1. 利用附加摩擦力防松的装置

(1) 锁紧螺母　这种装置使用了主、副两个螺母（图6-18），先将主螺母拧紧至预定位置，然后再拧紧副螺母。从图中可以看出：当拧紧副螺母后，在主、副螺母之间螺栓因受力变形（伸长），使螺牙的接触位置改变，在螺纹接触面上及主、副螺母的接触端面上均产生压力，并产生附加摩擦力，螺纹欲回松必须克服这种摩擦力，因而起到防松作用。

这种防松装置由于使用两只螺母，增加了结构的尺寸和重量，不是很经济，故一般用于低速重载或较平稳的场合。

（2）弹簧垫圈 垫圈是用弹性较好的钢条制成的，开有70°～80°的斜口，并在斜面处上下拨开。把弹簧垫圈放在螺母下再拧紧螺母时，垫圈受压，由于垫圈的弹性作用把螺母顶住，使螺栓产生轴向张紧力，从而在螺牙之间产生附加摩擦力；同时借斜口的楔角抵住螺母和支承面，也有助于防松回松（图6-19）。

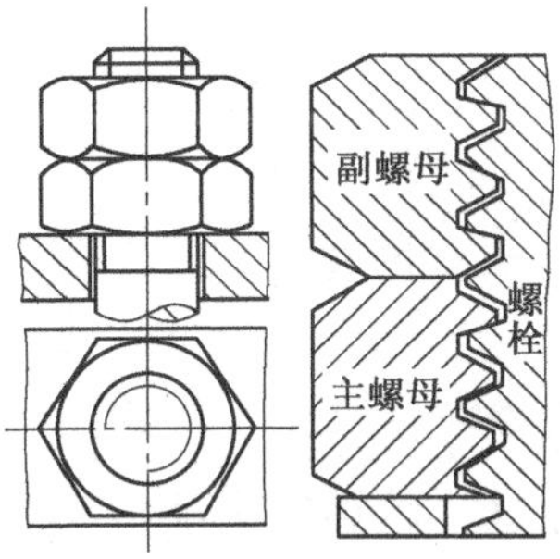

图6-18 用锁紧螺母防松

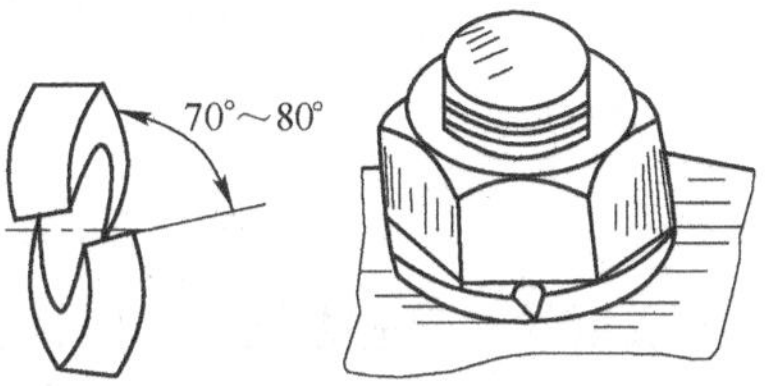

图6-19 用弹簧垫圈防松

这种防松装置的特点是容易刮伤螺母和被连接零件表面，同时由于弹力不均，螺母可能偏斜。但由于它的构造简单、防松可靠，所以应用较普遍。

2. 用机械方法防松的装置

这类防松装置是利用机械方法，使螺母和螺栓（螺钉）或螺母与被连接件的零件互相锁紧，以达到防松的目的。常见的有以下几种：

（1）开口销与带槽螺母 这种装置是把螺母直接锁在螺栓上（图6-20），它防松可靠，但螺栓上的销孔位置不易与螺母最佳锁紧位置的槽口吻合。多用于变载、振动处。

（2）止动垫圈 图6-21所示为圆螺母止动垫圈防松装置。装入时先把垫圈的内翅插入螺栓的槽中，然后拧紧螺母，再把外翅弯入螺母的外缺口内。图6-22中的带耳止动垫圈可以防止六角螺母回松。当拧紧螺母后，将垫圈的耳边折弯，使零件及螺母的边缘紧贴，它防松可靠，但只能应用于连接部分可容纳弯耳的场合。

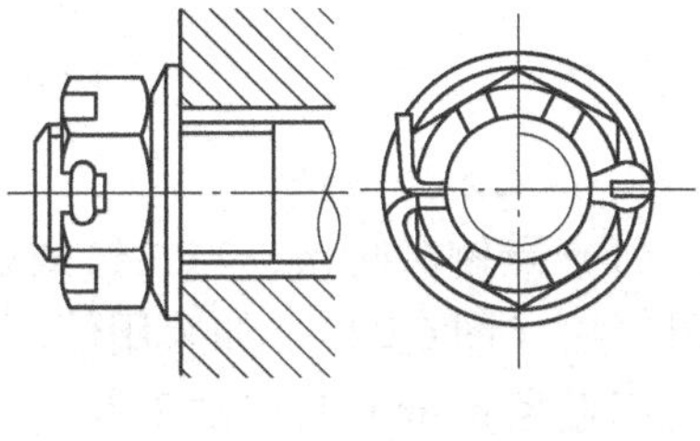

图6-20 用开口销与带槽螺母防松

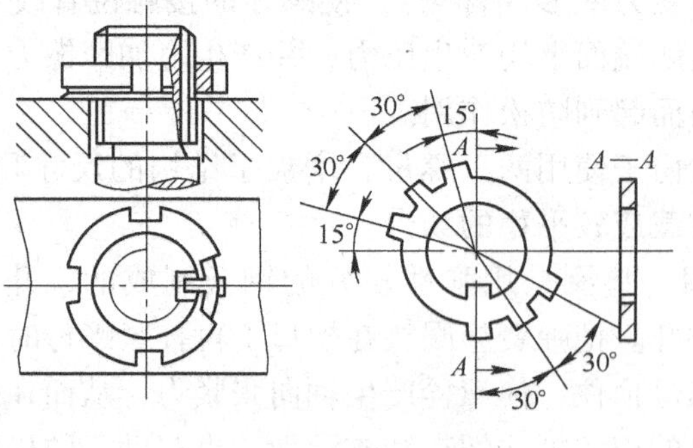

图 6-21　用圆螺母止动垫圈防松

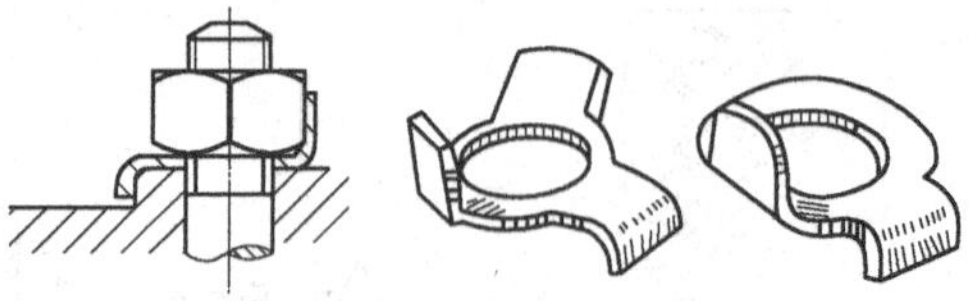

图 6-22　用带耳止动垫圈防松

(3) 串联钢丝　这种装置是用钢丝连续穿过一组螺钉头部的小孔（或螺母和螺栓的小孔），利用钢丝的牵制作用来防止回松（图 6-23）。它适用于布置较紧凑的成组螺纹连接。装配时应注意钢丝的穿绕方向，图 6-23b 中虚线所示的钢丝穿绕方向是错误的，螺母仍有回松的余地。

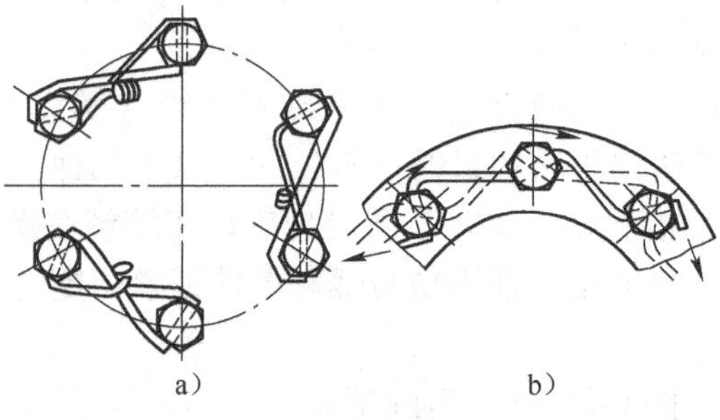

图 6-23　用串联钢丝防松

3. 其他方法防松

(1) 点铆法防松　当螺钉或螺母拧紧后，用点铆的方法也可以防止螺钉或螺母回松（图 6-24）。如采用侧面点铆，当螺钉头部直径 >8mm 时点铆 3 点，螺钉头部直径 <8mm 时点铆 2 点。

这种方法防松尚可靠，但拆卸后连接零件不能再用，适用于各种特殊需要的零件连接。

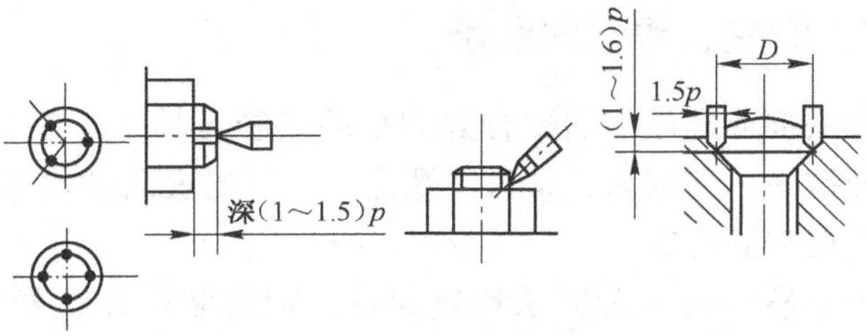

图 6-24　在螺钉上点铆防松

（2）粘结法防松　在螺纹的接触表面涂敷厌氧性粘合剂（在没有氧气的情况下才能固化），拧紧螺母后，粘合剂硬化、固着，效果良好。

第三节　螺纹连接的装配

一、双头螺栓的装配

双头螺栓装配后必须保证与机体螺孔配合有足够的紧固性。通常是利用双头螺栓最后几圈较浅的螺纹，使配合后中径有一定的过盈量，来达到配合紧固的要求。

将双头螺柱拧入机体螺孔的方法很多，常用的有以下两种：

（1）双螺母拧紧法（图 6-25）　先将两个螺母相互锁紧在双头螺柱上，然后转动上面的螺母，即可把双头螺柱拧入螺孔。

（2）长螺母拧紧法（图 6-26）　先将长六角螺母旋在双头螺柱上，再拧紧止动螺钉，然后扳动长螺母，即可将双头螺柱拧入螺孔。

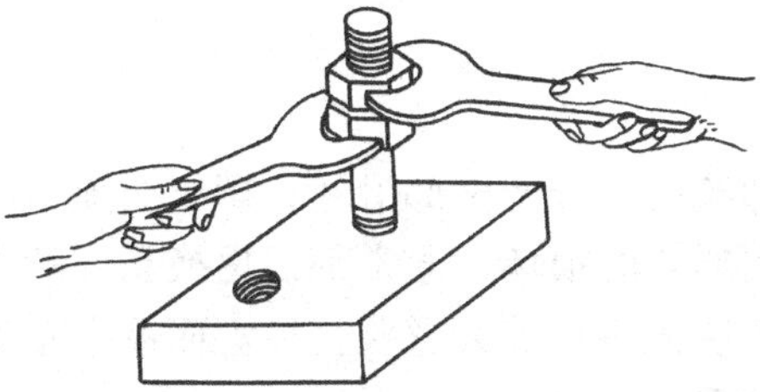

图 6-25　双螺母拧紧法

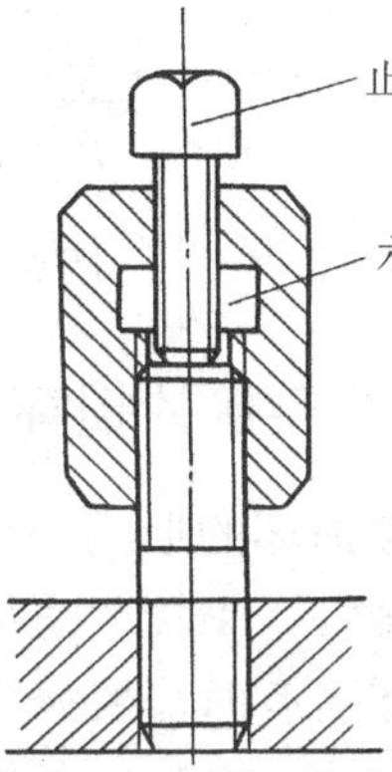

图 6-26　长螺母拧紧法

二、螺钉、螺柱、螺母的装配

零件与螺钉头部或螺母端面贴合处的平面应经过加工。装配前，要将螺钉，螺母和零件表面擦净。装配后，螺钉、螺栓、螺母的表面必须与零件的平面紧密贴合，以保证连接牢固可靠。

螺钉、螺栓、螺母的装配方法比较简单，但在装配成组螺钉、螺栓、螺母时，必须按照一定的顺序拧紧，做到分次、对称、逐步拧紧。否则会使螺栓松紧不一致，甚至使被连接件变形。

如图6-27所示为拧紧直线分布与长方形分布的成组螺母的顺序。方法是先将螺母分别拧到贴近零件表面，然后按图示的顺序，从中间开始，向两边对称地依次拧紧。

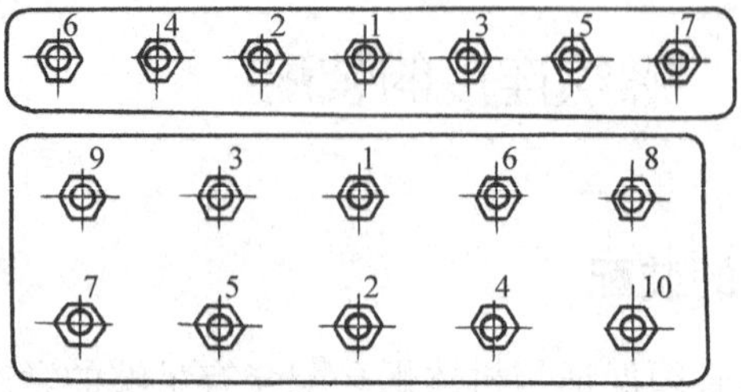

图6-27　直线与长方形分布螺母的拧紧

拧紧方形、圆形分布的螺母时，必须对称地进行，如图6-28所示。

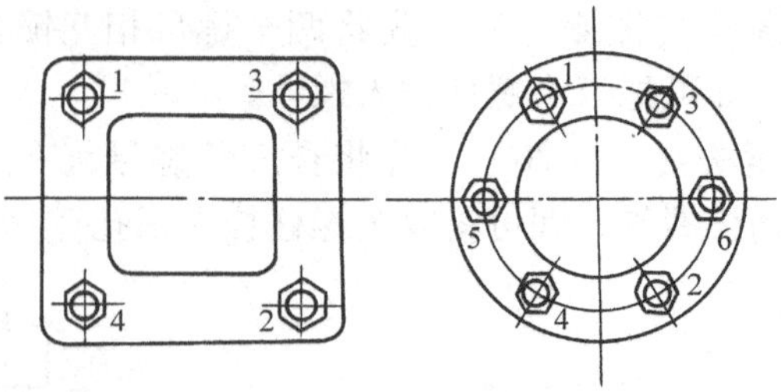

图6-28　方形与圆形分布螺母的拧紧

三、螺纹连接的损坏形式和修理

螺纹连接损坏的形式一般有：螺纹有部分或全部滑牙；螺钉头损坏；螺杆断裂等。对于螺钉，螺栓或螺母的任何形式的损坏，通常都以更换新件的方法来解决。螺孔滑牙后有时需要修理，其方法大多是扩大螺纹直径。而镶入套圈后再重新攻螺纹的方法，在特殊条件下才被采用。

螺纹连接修理时，常会遇到锈蚀的螺纹难于拆卸，这时可采用以下几种辅助措施：

1）用煤油浸润或把锈蚀零件放入煤油中，间隔一定时间后利用煤油的渗入，可使锈蚀处疏松；再用工具拧紧螺母或螺钉，就比较容易拆卸。

2）用锤子敲打螺钉或螺母，使铁锈受到振动而脱落，就容易拆卸。

3）用火焰对锈蚀部位加热，经过膨胀或冷却后收缩的作用，使锈蚀处松动，即可比较容易拆卸。

第四节　键　连　接

通过键将轴与轴上零件（齿轮、带轮、凸轮等）结合在一起，实现周向固定，并传递转矩的连接称为键连接。键连接属于可拆连接，具有结构简单、工作可靠、装拆方便及已经标准化等特点，故得到广泛应用。

常用的键连接类型有：平键连接、半圆键连接、楔键连接、切向键连接和花键连接等。本节主要介绍平键连接。

一、平键的规格代号

平键是矩形截面的连接件，置于轴和轴上零件的键槽内，键的两侧面为工作面，用于传递转矩。平键分普通平键和导向平键两种。

（1）普通平键连接　普通平键连接（图6-29）对中性良好，装拆方便，适用于高速、高精度和承受变载、冲击的场合，但不能实现轴上零件的轴向定位。

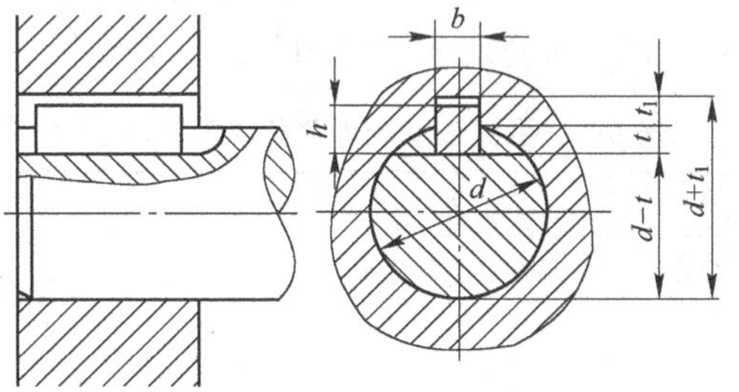

图6-29　普通平键连接及键和键槽剖面尺寸

根据键的头部形状不同，普通平键分圆头（A型）、方头（B型）和单圆头（C型）三种形式（图6-30）。圆头普通平键因在键槽中不会发生轴向移动而应用最广，单圆头普通平键则多应用在轴的端部。

普通平键工作时，轴和轴上零件沿轴向没有相对移动。

（2）导向平键连接　轴上安装的零件需要沿轴向移动时，可将普通平键加

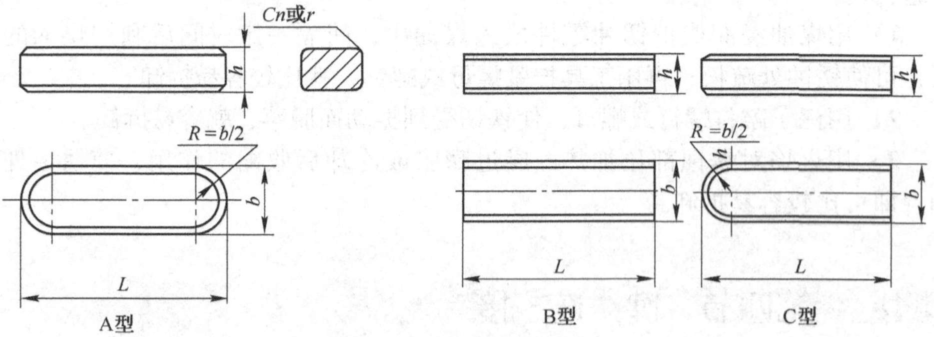

图 6-30　普通平键的形式

长，采用图 6-31 所示的导向平键连接。由于导向平键较长，且与键槽配合较松，因此要用螺钉将其固定于轴槽内。为装卸方便，在导向平键中部设有起键用螺孔。导向平键有圆头（A 型）和方头（B 型）两种形式。

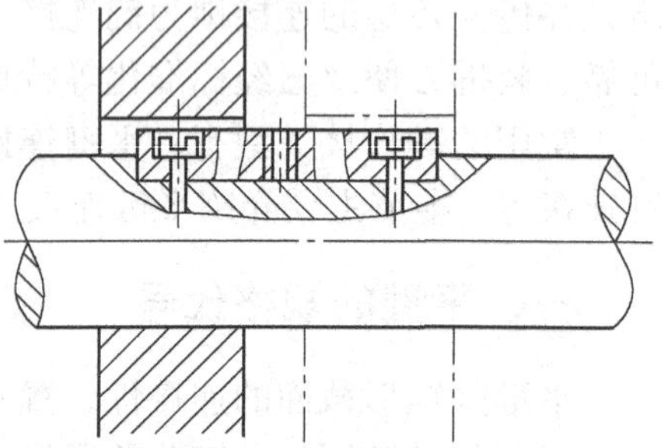

图 6-31　导向平键连接

二、平键连接的配合类型和选用知识

平键连接采用基轴制配合，按键宽配合的松紧程度不同，分为较松键连接、一般键连接和较紧键连接三种。三种连接的键宽、轴槽宽和轮毂槽宽的公差及其选用范围见表 6-2。

表 6-2　平键连接配合种类及其选用范围

平键连接配合种类	尺寸 b 的公差			选用范围
	键	轴槽	轮毂槽	
较松键连接	h9	H9	D10	主要用于导向平键
一般键连接		N9	JS9	用于传递载荷不大的场合，在一般机械制造中应用广泛
较紧键连接		P9		用于传递重载荷、冲击载荷及双向传递载荷的场合

三、平键连接装配要点

1）清理键及键槽上的毛刺，以防止配合产生过大的过盈量而破坏连接的正确性。

2）对于重要的平键连接，装配前应检查键的直线度误差、键槽对轴线的对称度和平行度误差等。

3）用键的头部与轴槽试配，应能使键较紧地嵌入轴槽中。

4）锉配键长，在键长方向，键与轴槽有0.1mm左右的间隙。

5）在配合面上加全损耗系统用油，用铜棒或台虎钳将键压装在轴槽中，并与槽底接触良好。

6）试配并安装套件（齿轮、带轮等），键与键槽的非配合面应留有间隙，以使轴和套件达到同轴度要求，装配后的套件在轴上不能左右摆动，否则容易引起冲击和振动。

四、键的损坏形式和修理

1）键磨损或损坏时，一般是更换新的键。

2）轴与轮上的键、键槽损坏时，可将轴槽（即轮毂）用锉或铣的方法加宽，然后重新配键来修复。

3）键产生变形或剪断，说明键受不了所传递的转矩，在条件允许的情况下，可适当增加键和键槽宽度或增加键长度来解决。也可再增加一个键，使两键相隔180°，以增加键的强度。

第五节 销 连 接

一、销的种类

销主要有圆柱销（图6-32a）和圆锥销两种（图6-32b），其他形式的销都是由它们演化而来的。在生产中常用的有圆柱销、圆锥销和内螺纹圆锥销三种。销已标准化，使用时，可根据工作情况和结构要求，按标准选择其形式和规格尺寸。

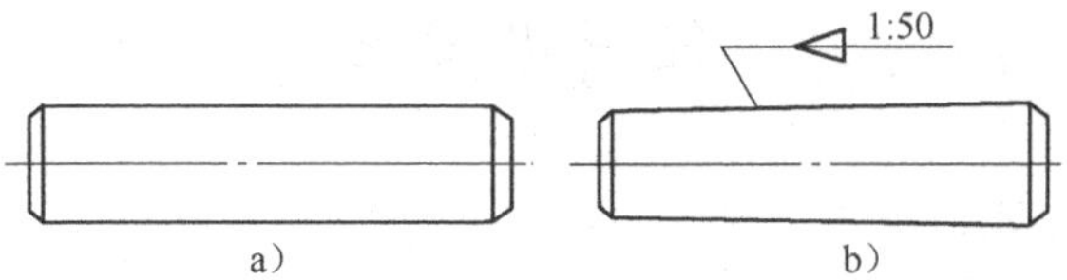

图6-32 销

二、销连接的应用知识

销连接可用来确定零件之间的相互位置、传递动力或转矩，还可用作安全装置中的被切断零件。

用于确定零件之间的相互位置的销，通常称为定位销。定位销常采用圆锥销（图6-33），因为圆锥销具有1:50的锥度，使连接具有可靠的自锁性，且可以在同一销孔中经多次装拆而不影响连接零件的相互位置精度。定位销在连接中一般不承受或只承受很小的载荷。定位销的直径可按结构要求确定，使用数量不得少于两个。销在每一个连接零件内的长度约为销直径的1~2倍。

定位销也可采用圆柱销，靠一定的配合固定在被连接零件的孔中。圆柱销如多次装拆，会降低连接的可靠性和影响定位的精度，因此，只适用于不经常装拆的定位连接中。

为方便装拆销连接或不通孔销连接，可采用内螺纹圆锥销（图6-34）或内螺纹圆柱销。

用来传递动力或转矩的销称为连接销（图6-35），可采用圆柱销或圆锥销，销孔须经铰制。连接销工作时受剪切和挤压作用，其尺寸应根据结构特点和工作情况，按经验和标准选取，必要时应做强度校核。

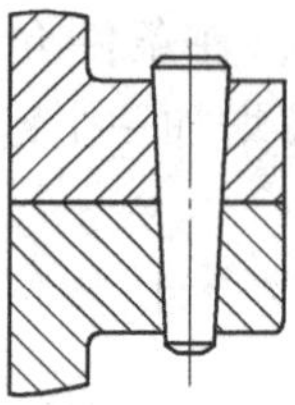

图6-33　定位用圆锥销连接

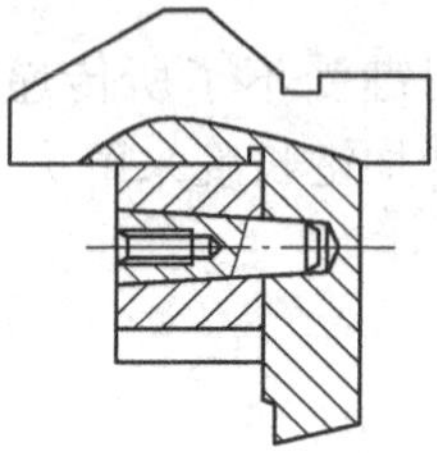

图6-34　用内螺纹圆锥销定位

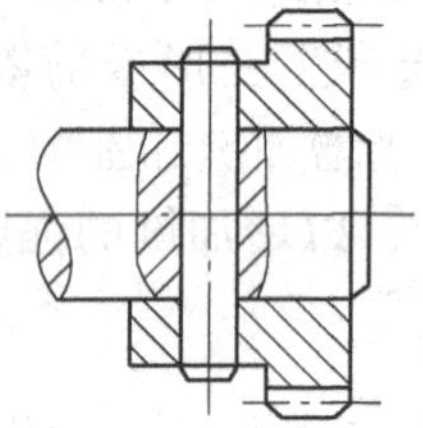

图6-35　用于传递动力和转矩的销连接

当传递的动力或转矩过载时，用于连接的销首先被切断，从而保护被连接零件免受损坏，这种销称为安全销。销的尺寸通常以过载20%~30%时即折断为依据确定。使用时，应考虑销切断后不易飞出和易于更换，为此，必要时可在销上切出槽口。

复习思考题

1. 常用的扳手有哪几种？
2. 试述旋具的使用方法。
3. 试述螺纹连接的类型。
4. 螺纹连接的防松装置有哪些？
5. 双头螺栓的装配方法有哪些？
6. 试述平键的规格及选用知识。
7. 试述销的种类及销连接的应用知识。

第七章

传动机构装配

培训目标 掌握带传动、链传动、螺旋传动、圆栓齿轮传动的装配方法及调整技能，为整机装配打好基础。

第一节　带传动机构的装配

一、带传动的种类及特点

1. 带传动的种类

按带的剖面形状可分为平带、V 带、圆形带、多楔带和同步带五种传动，见图 7-1。其中 V 带传动应用最为广泛，因此本节主要介绍 V 带传动。

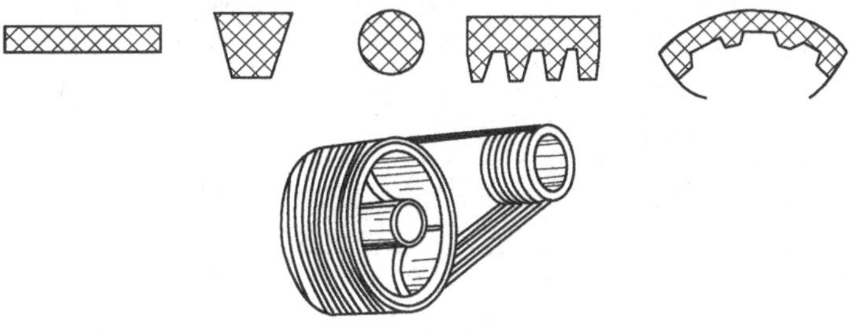

图 7-1　带传动的种类

2. 带传动的特点

带传动是常用的一种机械传动，它是依靠张紧在带轮上的带与带轮之间的摩擦力或啮合来传递动力的。与齿轮传递相比，带传动具有工作平稳、噪声小、结构简单、不需要润滑、缓冲吸振、制造容易及过载保护，并能适应中心距较大的两轴传动等优点。因此得到较广泛的应用。但其缺点是传动比不准确，传动效率低，传动带的寿命短。

二、普通 V 带传动的参数和选用方法

1. 普通 V 带传动的参数

（1）普通 V 带的截面尺寸　普通 V 带分 Y、Z、A、B、C、D、E 七种型号，其截面形状如图 7-2a 所示。

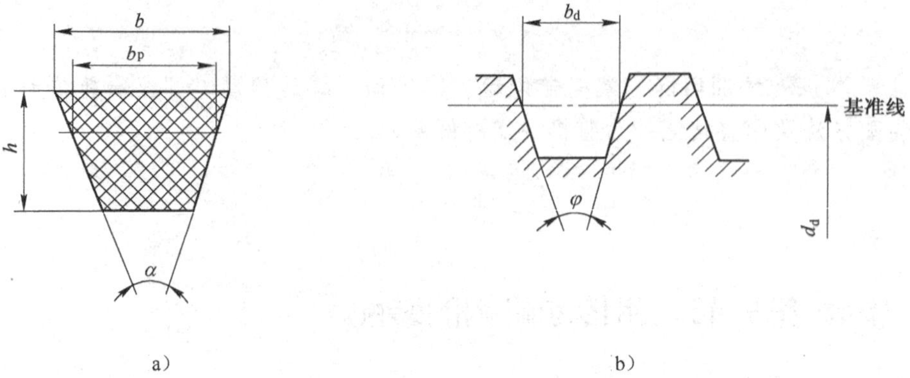

图 7-2　普通 V 带、V 带轮槽的截面形状

各型号普通 V 带的截面尺寸见表 7-1。Y 型 V 带的截面积最小，E 型 V 带的截面积最大。V 带的截面积越大，其传递的功率也越大。

表 7-1　普通 V 带的截面尺寸　（单位：mm）

型号	节宽 b_p	顶宽 b	高度 h	楔角 α
Y	5.3	6.0	4.0	40°
Z	8.5	10.0	6.0	
A	11.0	13.0	8.0	
B	14.0	17.0	11.0	
C	19.0	22.0	14.0	
D	27.0	32.0	19.0	
E	32.0	38.0	25.0	

（2）V 带轮的轮槽截面　V 带轮的轮槽截面形状如图 7-2b 所示。其主要参数如下

1）基准宽度 b_d。通常基准宽度和所配用 V 带的节面处于同一位置，也就是基准宽度等于节宽，$b_d = b_p$。

2）基准直径 d_d。是指轮槽基准宽度处的带轮直径。带轮的基准直径不能太小，基准直径越小，传动时带在带轮上弯曲变形越严重，弯曲应力越大。因此，对各型号的普通 V 带带轮都规定有最小基准直径 d_{dmin}。

普通 V 带传动带轮的基准宽度和最小基准直径见表 7-2。

表 7-2　普通 V 带传动带轮的基准宽度和最小基准直径　（单位：mm）

普通 V 带型号	Y	Z	A	B	C	D	E
带轮的基准宽度 b_d	5.3	8.5	11	14	19	27	32
带轮的最小基准直径 d_{dmin}	20	50	75	125	200	355	500

3）槽角 φ。是指轮槽横截面两侧边的夹角。带轮直径越小，V 带弯曲越严重，楔角 α 越小。为了保证变形后的 V 带两侧工作面与轮槽工作面紧密贴合，轮槽的槽角 φ 应比 V 带的楔角 α 略小，对于 $\alpha=40°$ 的 V 带传动，槽角 φ 常取 38°、36°、34°。小带轮上 V 带变形严重，φ 取小一些，大带轮则 φ 取较大值。

（3）传动比

$$i=\frac{n_1}{n_2}=\frac{d_{p2}}{d_{p1}}$$

式中　d_{p1}——小带轮的节圆直径（mm）；

d_{p2}——大带轮的节圆直径（mm）。

通常，带轮的节圆直径可视为基准直径 d_d。V 带传动的传动比 $i\leqslant 7$。

（4）带的基准长度 L_d　带的基准长度是 V 带在规定的张紧力下，位于测量带轮基准张紧上的周线长度。

（5）长度实际中心距 a

$$a=A+\sqrt{A^2-B}$$

式中，$A=\frac{L_d}{4}-\frac{\pi(d_{d1}+d_{d2})}{8}$，$B=\frac{(d_{d2}-d_{d1})^2}{8}$

（6）小带轮包角 α

$$\alpha=180°-57.3°\times\frac{d_{d2}-d_{d1}}{\alpha}$$

对于 V 带传动，小带轮的包角一般要求：$\alpha\geqslant 120°$。

2. 普通 V 带传动的选用方法

选用普通 V 带传动时，首先根据所需传动的功率和主动轮的转速选择普通 V 带的型号和 V 带的根数，其次选用带轮基准直径 d_d，并进行各项验算。选用方法如下：

1）两带轮直径要选用适当，如小带轮直径太小，则 V 带在带轮上弯曲严重，传动时弯曲应力大，影响 V 带的使用寿命。

2）普通V带的线速度应验算并限制在5～25m/s范围内。V带的线速度越大，V带做圆周运动时所产生的离心力也越大，这使V带拉长，V带与带轮之间的压力减小，导致摩擦力减小，降低传动时的有效圆周力。但V带的线速度也不宜过小，因为速度过小，在传动功率一定时，所需有效圆周力便过大，会引起打滑。

3）V带传动的中心距应适当，中心距越大，传动结构也越大，传动时还会引起V带颤动；中心距太小，小带轮上包角也越小，使摩擦力减小而影响传递的有效拉力，此外，由于单位时间内带在带轮上挠曲次数增多，使V带容易疲劳，影响V带寿命。

三、V带传动机构的装配要求

1. 带轮的正确安装

通常要求其径向圆跳动量为0.0025D～0.005D，端面圆跳动量为0.0005D～0.001D，D为带轮直径。

2. 两轮的中间平面应重合

其倾斜角和轴向偏移量不得超过规定要求。一般倾斜角要求不超过1°，否则会使带易脱落或加快带的侧面磨损。

3. 带轮工作表面的表面粗糙度要适当

因为表面粗糙度过细不但加工成本高，而且容易打滑；过粗则带的磨损加快。所以一般选Ra3.2μm为合适。

4. 带在带轮上的包角不能太小

对于V带传动，包角不能小于120°，否则容易打滑。

5. 带的张紧力要适当

张紧力过小，不能传递一定的功率；张紧力过大，则带、轴和轴承都容易磨损，并降低了传动平稳性。因此，适当的张紧力是保证带传动能正常工作的重要因素。

四、V带传动机构的张紧装置及调整

带传动中，由于带长期受到拉力的作用，会产生永久变形而伸长，带由张紧变为松弛，张紧力逐渐减小，导致传动能力降低，甚至无法传动，因此，必须将带重新张紧。常用的张紧方法有两种，即调整中心距和使用张紧轮。

1. 调整中心距

调整中心距的张紧装置有带的定期张紧和带的自动张紧两种。带的定期张紧装置一般利用调整螺钉来调整两带轮轴线间的距离。如图7-3a所示，将装有带轮的电动机固定在滑座上，旋转调整螺钉使滑座沿滑槽移动，将电动机推到所需位置，使带达到预期的张紧程度，然后固定。这种张紧方式适用于水平传动或接近水平的传动。

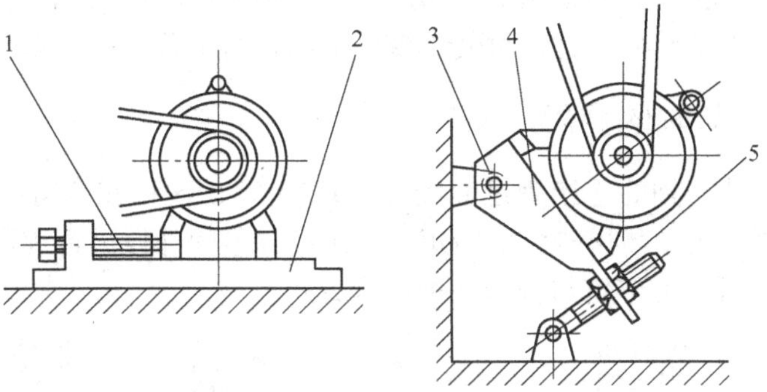

图 7-3 带的定期张紧装置

a) 水平传动 b) 垂直传动

1—调整螺钉 2—滑槽 3—固定轴 4—托架 5—调节螺钉

图 7-3b 所示为垂直或接近垂直传动时采用的定期张紧方式。装有带轮的电动机安装在可以摆动的托架上，旋转调节螺母使托架绕固定轴摆动，达到调整中心距使带张紧的要求。

如图 7-4 所示，将装有带轮的电动机固定在浮动的摆架上，利用电动机及摆架的自重，使带轮随同电动机绕固定轴摆动，自动保持张紧力。这种方式多用在小功率的传动中。

2. 使用张紧轮

张紧轮是为改变带轮的包角或控制带的张紧力而压在带上的随动轮。当两带轮中心距不能调整时，可使用张紧轮装置。图 7-5 所示为 V 带传动时采用的张紧

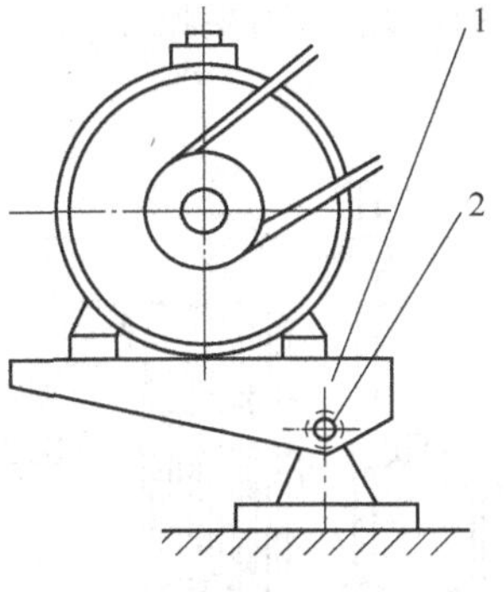

图 7-4 带的重力自动张紧装置

1—摆架 2—固定轴

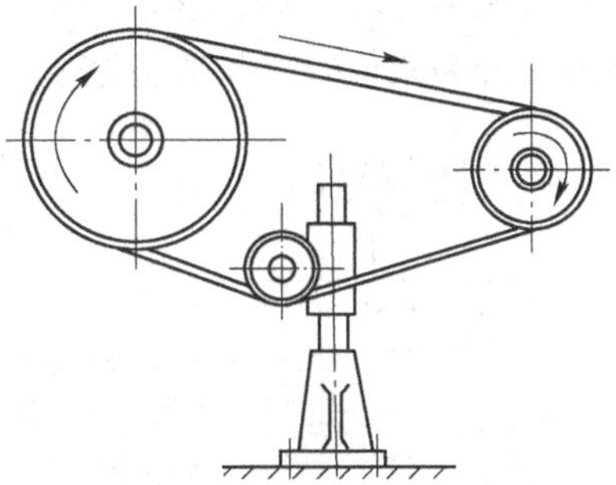

图 7-5 V 带传动的张紧轮装置

轮装置。V带传动中使用的张紧轮应安放在V带松边的内侧。张紧轮放在带外侧，带在传动时受双向弯曲而影响使用寿命；放在带的内侧时，传动时带只受单方向的弯曲，但会引起小带轮上包角的减小，影响带的传动能力，因此，应使张紧轮尽量靠近大带轮处，这样可使小带轮上的包角不致减小太多。

五、带轮与轴的装配

一般带轮孔与轴的连接为过渡配合（H7/k6），这种配合有少量过盈，对同轴度要求较高。为了传递较大的转矩，需用键和紧固件等进行周向固定和轴向固定。如图7-6所示为带轮与轴的几种连接方式。

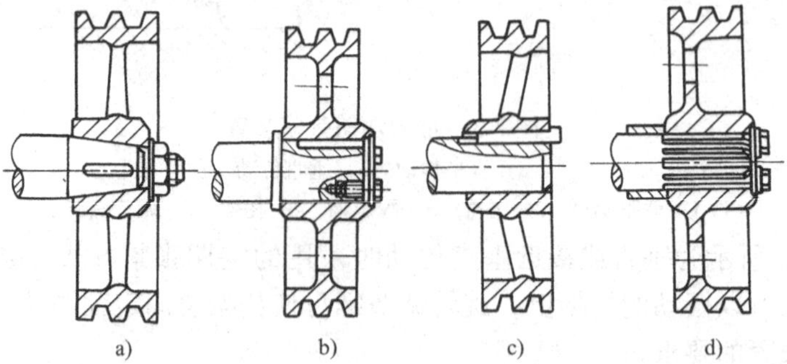

图7-6　带轮与轴的连接

a）圆锥轴颈用螺母固定　b）圆柱轴颈、轴肩、挡圈用螺钉固定

c）圆柱轴颈用楔键连接　d）圆柱轴颈、隔套、花键、挡圈用螺钉固定

装配时，按轴和轮毂孔键槽修配键，然后清除安装面并涂上润滑油。用木槌将带轮轻轻打入，或用螺旋压力机压装，如图7-7所示。由于带轮通常用铸铁制造，故用锤击法装配时应避免锤击轮缘，锤击点尽量靠近轴心。

带轮装在轴上后，要检查带轮的径向圆跳动量和轴向圆跳动量。通常用划线盘或百分表来检查，检查方法见图7-8。

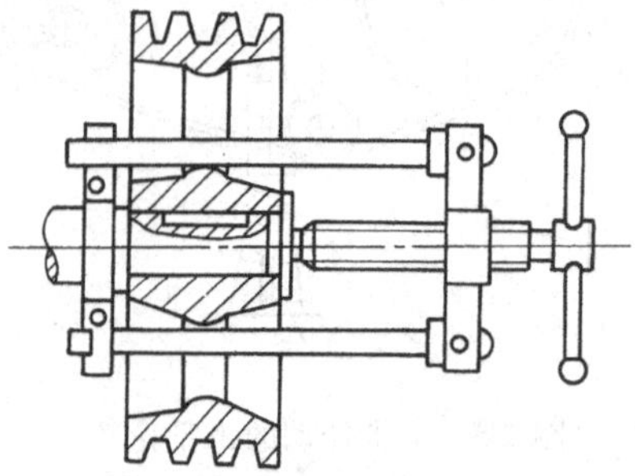

图7-7　螺旋压入工具

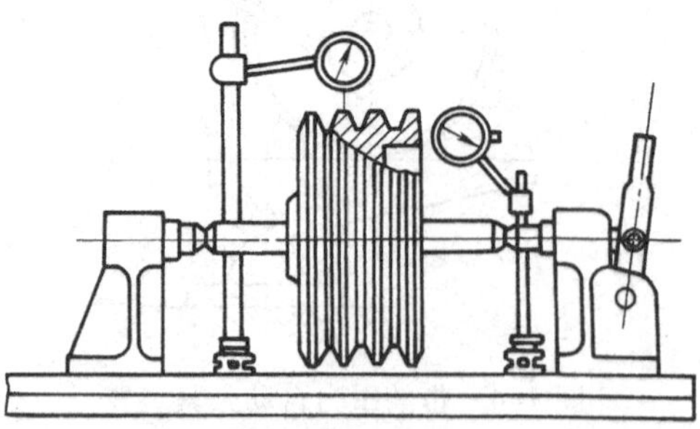

图7-8　带轮圆跳动量的检查

另外装配时，还要保证两带轮相互位置正确，以防止由于两带轮倾斜或错位而引起带张紧不均匀，从而过快磨损。检查方法见图 7-9。中心距较大时用拉线法；中心距不大时可用直尺进行测量。

六、带传动机构的修理

带传动机构常见损坏形式有轴颈弯曲，带轮孔与轴配合松动，带轮槽磨损，带拉长或断裂，带轮崩裂等。

1. 轴颈弯曲

可用划线盘或百分表在轴的外圆柱面上检查摆动情况，根据弯曲程度可采用矫直或更换的方法修复。

2. 带轮孔与轴配合松动

这主要是孔轴之间的相对活动而产生磨损造成的。磨损不大时，可将轮孔修整，有时键槽也需修整，轴颈可用镀铬法增大直径。当磨损较严重时，轮孔可镗大后压入衬套，并用骑缝螺钉固定，如图 7-10 所示。

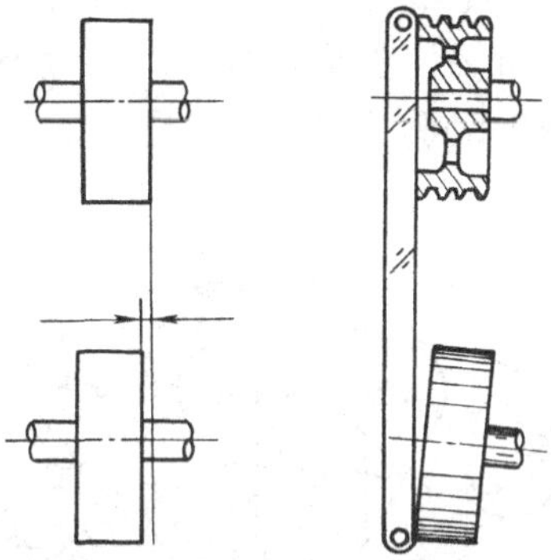

图 7-9　带轮相互位置正确性的检查

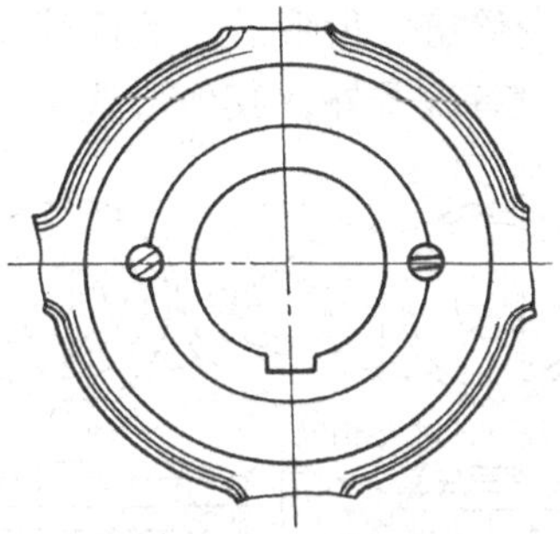

图 7-10　在轮孔内压入衬套

3. 带轮槽磨损

随着带与带轮的磨损，带底面与带轮槽底部逐渐接近，最后甚至接触而将槽底磨亮。如已发亮则必须换掉传动带并修复轮槽。可适当车深轮槽，然后再修整外缘。

4. V 带拉长

V 带在正常范围内拉长，可通过调节装置来调整中心距。当超过正常的拉伸量时，则必须更换传动带。必须注意，应将一组 V 带一起更换，以免松紧不一致。

5. 带轮崩碎

带轮崩碎则必须进行更换。

第二节　链传动机构的装配

一、链传动机构的种类、传动特点

1. 链传动机构的种类

按用途不同，可分为以下三类：

(1) 传动链　应用范围最广泛。主要用来在一般机械中传递运动和动力，也可用于输送等场合。

(2) 输送链　用于输送工件、物品和材料，可直接用于各种机械上，也可以组成链式输送机作为一个单元出现。

(3) 曳引起重链（曳引链）　主要用于传递力，起牵引、悬挂物品的作用，兼作缓慢运动。

本节只介绍传动链，传动链的种类繁多，主要有以下几种形式：套筒滚子链、套筒链、齿形链，套筒滚子链如图 7-11 所示，齿形链如图 7-12 所示。套筒链除没有滚子外，其他形式结构与套筒滚子链相同。

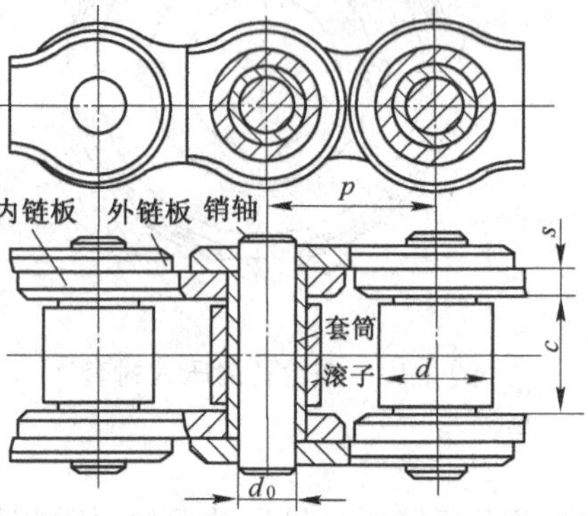

图 7-11　套筒滚子链

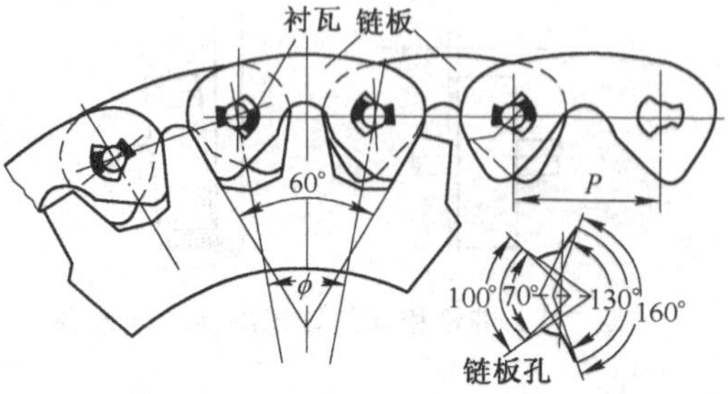

图 7-12　齿形链

2. 链传动机构的传动特点

与同属挠性类（具有中间挠性件）传动的带传动相比，链传动具有下列特点：

1）能保证准确的平均传动比。

2）传递功率大，且张紧力小，作用在轴和轴承上的力小。

3）传动效率高，一般可达 0.95 ~0.98。

4）能在低速、重载和高温条件下，以及尘土飞扬、淋水、淋油等不良环境中工作。

5）能用一根链条同时带动几根彼此平行的轴转动。

6）由于链节的多边形运动，所以瞬时传动比是变化的，瞬时链速不是常数，传动中会产生动载荷和冲击，因此不宜用于要求精密传动的机械上。

7）安装和维护要求较高。

8）链条的铰链磨损后，使链条的节距变大，传动中链条容易脱落。

9）无过载保护作用。

链传动用于两轴平行、中心距较远、传递功率较大且平均传动比要求准确、不宜采用带传动或齿轮传动的场合。

二、链传动的主要参数

链传动的传动比一般为 $i \leqslant 6$，低速传动时 i 可达 10；两轴中心距 $a \leqslant 6\text{m}$，最大中心距可达 15m；传动功率 $P < 100\text{kW}$；链条速度 $v \leqslant 15\text{m/s}$，高速时可达 20 ~ 40m/s。

传动用精密滚子链的基本参数和尺寸有具体规定，分 A、B 两个系列，A 系列有 10 个链号，B 系列有 15 个链号。表 7-3 所列为 A 系列精密滚子链的主要尺寸。

表 7-3　传动用 A 系列精密滚子链的主要尺寸　　（单位：mm）

链号	节距 p	排距 p_t	滚子外径 d_1 最大	内链节内宽 b_1 最小	销轴直径 d_2 最大	套筒内径 d_3 最小	内链节外宽 b_2 最大	外链节内宽 b_3 最小
08A	12.70	14.38	7.95	7.85	3.96	4.01	11.18	11.23
10A	15.875	18.11	10.16	9.40	5.08	5.13	13.84	13.89
12A	19.05	22.78	11.91	12.57	5.94	5.99	17.75	17.80
16A	25.40	29.29	15.88	15.75	7.92	7.97	22.61	22.66
20A	31.75	35.76	19.05	18.90	9.53	9.58	27.46	27.51
24A	38.10	45.44	22.23	25.22	11.10	11.15	35.46	35.51
28A	44.45	48.87	25.40	25.22	12.70	12.75	37.19	37.24
32A	50.80	58.55	28.58	31.55	14.27	14.32	45.21	45.26
40A	63.50	71.55	39.68	37.85	19.84	19.89	54.89	54.94
48A	76.20	87.83	47.63	47.35	23.80	23.85	67.82	67.87

传动用齿形链的基本参数和尺寸也有具体规定，共有 7 个链号、56 种规格。表 7-4 列出了传动用齿形链的链号和节距。

表 7-4 传动用齿形链的链号和节距 （单位：mm）

链号	CL06	CL08	CL10	CL12	CL16	CL20	CL24
节距 p	9.525	12.70	15.875	19.05	25.40	31.75	38.10

三、链传动机构的装配

1. 装配技术要求

1）链轮的两轴线必须平行。两轴线不平行，将加剧链条和链轮的磨损，降低传动平稳性和使噪声增大。两轴线平行度的检查如图 7-13 所示，通过测量 A、B 两尺寸来确定其误差。

2）两链轮的轴向偏移量必须在要求范围内。一般当中心距小于 500mm 时，允许偏移量 a 为 1mm；当中心距大于 500mm 时，允许偏移量 a 为 2mm。其检查方法见图 7-13，轴向偏移量 a 可用直尺法或拉线法检查。

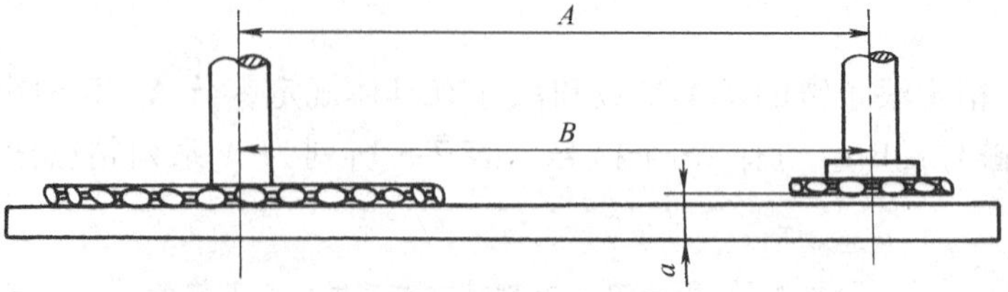

图 7-13 链轮两轴线平行度和轴向偏移的检查

3）链轮的跳动量应符合表 7-5 所列数值的要求。跳动量可用划线盘或指示表进行检查。

表 7-5 链轮允许跳动量 （单位：mm）

链轮直径	套筒滚子链的链轮跳动量	
	径向圆跳动量	端面圆跳动量
100 以下	0.25	0.3
100～200	0.5	0.5
200～300	0.75	0.8
300～400	1.0	1.0
400 以上	1.2	1.5

4）链条的下垂度要适当。链条过紧会加剧磨损；过松则容易产生脱链或振动。检查链条下垂度的方法见图 7-14。一般水平传动时下垂度 f 应不大于 20%L；链垂直放置时，f 应不大于 0.2%L，L 为两链轮的中心距。

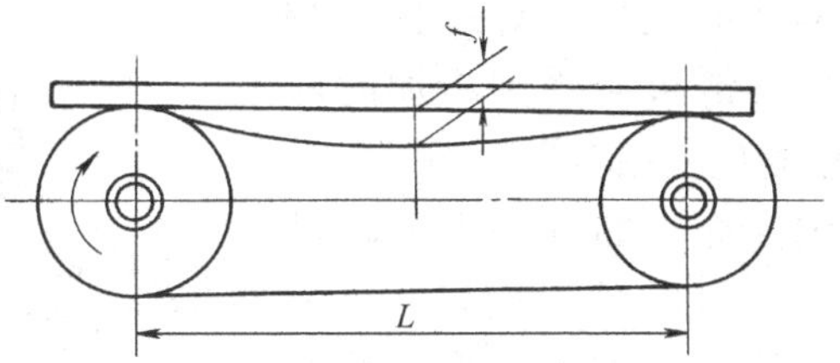

图 7-14　链条下垂度的检查方法

2. 链传动机构的装配

链轮在轴上的固定方法，见图 7-15。图 7-15a 所示为用键连接后，再用紧定螺钉固定；图 7-15b 所示为圆锥销固定，链轮装配方法与带轮装配方法基本相同。

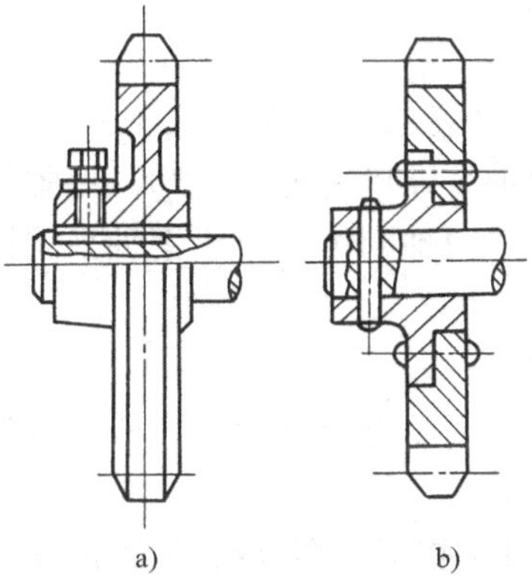

图 7-15　链轮的固定方法

套筒滚子链的接头形式见图 7-16。其中图 7-16a 所示为开口销固定活动销轴；图 7-16b 所示为用弹簧卡片固定活动销轴，这两种都在链条节数为偶数时适用。用弹簧卡片时要注意使开口端方向必须与链条的速度方向相反，以免运转中受到撞碰而脱落。图 7-16c 所示为采用过渡链节接合的情况，这在链节数为奇数

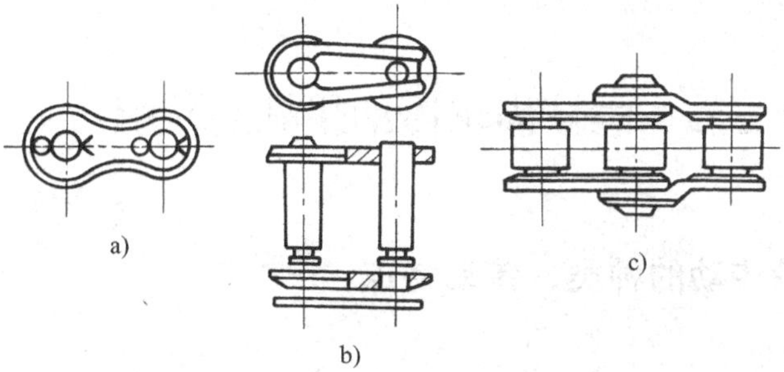

图 7-16　套筒滚子链的接头形式

时适用。这种过渡链节的柔性较好，具有缓冲和吸振作用，但这种链板会受到附加的弯曲作用，所以应尽量避免使用奇数链节。

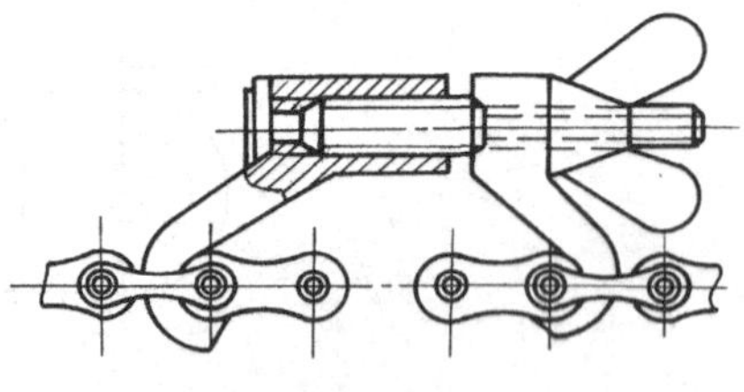

图 7-17 拉紧链条的工具

对于链条两端的接合，如两轴中心距可调节且链轮在轴端时，可以预先接好，再装到链轮上。如果结构不允许链条预先将接头连好时，则必须先将链条套在链轮上，以后再利用专用的拉紧工具，如图 7-17 所示为拉紧链条的工具。

四、链传动机构的拆卸与修理

1. 链传动机构的拆卸

1）链轮拆卸时要求将紧定件（紧定螺钉，圆锥销等）取下，即可拆卸掉链轮。

2）拆卸链条时套筒滚子链按其接头方式不同进行拆卸。开口销连接的可先取下开口销、外连板和销轴后即可将链条拆卸；用弹簧卡片连接的应先拆卸弹簧卡片，然后取下外连板和两销轴即可；对于销轴采用铆合形式的，用小于销轴的冲头冲出即可。

2. 链传动机构的修理

链传动机构常见的损坏现象有链被拉长，链和链轮磨损，链节断裂等。常用的修理方法如下：

1）链条经过一段时间的使用，会被拉长而下垂，产生抖动和脱链现象。修理时，当链轮中心距可调节时，可通过调节中心距使链条拉紧；链轮中心距不可调节时，可以装张紧轮使链条拉紧；另外也可以采用卸掉一个或几个链节来达到拉紧的目的。

2）链传动中，链轮的轮齿逐渐磨损，节距增大，使链条磨损加快，当磨损严重时应更换链轮、链条。

3）在链传动中，发现个别链节断裂，则可更换个别链节予以修复。

第三节 圆柱齿轮传动机构的装配

一、齿轮传动的种类、传动特点

1. 齿轮的分类

齿轮的种类很多，可以按不同方法进行分类。

1）根据齿轮副两传动轴的相对位置不同，可分为平行轴齿轮传动（图7-18）、相交轴齿轮传动（图7-19）和交错轴齿轮传动（图7-20）三种。平行轴齿轮传动属于平面传动，相交轴齿轮传动和交错轴齿轮传动属于空间传动。

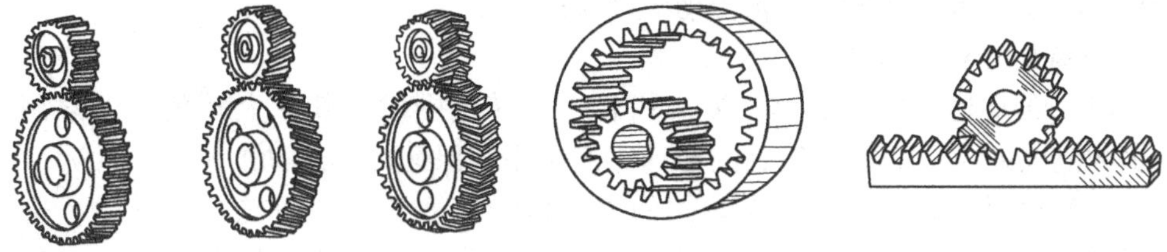
a）　b）　c）　d）　e）

图7-18　平行轴齿轮传动
a）直齿轮副　b）平行轴斜齿轮副　c）人字齿轮副　d）内啮合直齿轮副　e）齿轮齿条副

a）　b）　c）

图7-19　相交轴齿轮传动
a）直齿锥齿轮副　b）斜齿锥齿轮副　c）曲线齿锥齿轮副

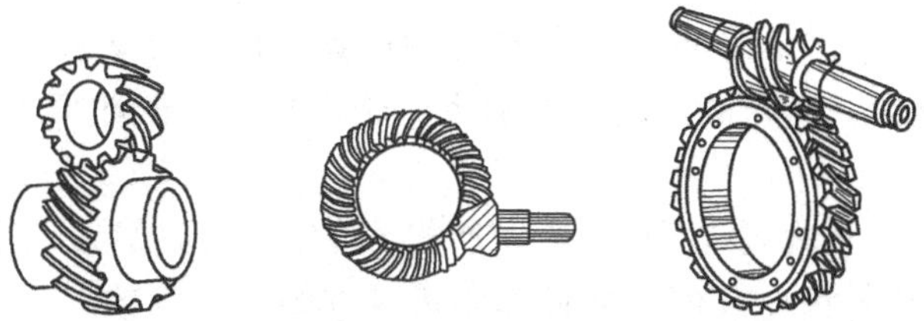
a）　b）　c）

图7-20　交错轴齿轮传动
a）交错轴斜齿轮副　b）准双曲面齿轮副　c）蜗杆副

2）根据齿轮分度曲面不同，可分为圆柱齿轮传动（图7-18、图7-20a）和锥齿轮传动（图7-19、图7-20b）。

3）根据齿线形状不同，可分为直齿齿轮传动（图7-18a、d、e、图7-19）、斜齿齿轮传动（图7-18b、图7-19b、图7-20a）。

4）根据齿轮传动的工作条件不同，可分为闭式齿轮传动和开式齿轮传动。

前者齿轮副封闭在刚性箱体内，并能保证良好的润滑。后者齿轮副外露，易受灰尘及有害物质侵袭，且不能保证良好的润滑。

5）根据齿轮齿廓曲线不同，可分为渐开线齿轮传动、摆线齿轮传动和圆弧齿轮传动等，其中渐开线齿轮传动应用最广。

2. 齿轮传动的特点

（1）传递运动的准确性　要求齿轮在一转范围内，其最大转角误差限制在一定的范围内，从而使齿轮副的传动比变化小，保证传递运动的准确。

（2）传动平稳性　要求齿轮副的瞬时传动比变化小。齿轮在一转中，这种瞬时传动比变动是多次重复出现的，一般把它看成“高频”传动比变动，它是引起齿轮噪声和振动的主要原因之一。

（3）齿面承载的均匀性　齿轮在传动中要求工作齿面接触良好，承载均匀，以免载荷集中于局部区域而引起应力集中，造成局部磨损，从而影响使用寿命。

（4）齿轮副侧隙的合理性　齿轮副的非工作面之间要求有一定的间隙，用于存储润滑油，补偿齿轮的制造误差、装配误差、受热膨胀及受力后的弹性变形等。这样可以防止齿轮在传动时发生卡死或齿面烧蚀现象。但侧隙也是引起齿轮正反转的回程误差及冲击的不利因素。

二、直齿圆柱齿轮的基本参数与几何尺寸的计算方法

1. 直齿圆柱齿轮的基本参数

主要有齿数z、模数m、齿形角α、齿顶高系数h_a^*和顶隙系数c^*。基本参数是齿轮各部分几何尺寸计算的依据。

（1）齿数z　一个齿轮的轮齿总数称为齿数，用代号z表示。当齿轮的模数一定时，齿数越多，齿轮的几何尺寸越大，轮齿渐开线的曲率半径也越大，齿廓曲线越趋于平直。

（2）模数m　齿距除以圆周率π所得到的商称为模数。模数的代号为m，单位为mm。模数是齿轮几何尺寸计算中最基本的一个参数。

渐开线圆柱齿轮的模数系列见表7-6，其中法向模数$m_n<1$mm、分度圆直径$d\leqslant 400$mm的渐开线圆柱齿轮称为小模数齿轮。

表7-6　渐开线圆柱齿轮的模数系列　（单位：mm）

第一系列	第二系列	第一系列	第二系列	第一系列	第二系列	第一系列	第二系列	第一系列	第二系列
0.1			0.7		2.75		(6.5)	20	
0.12		0.8		3			7		22
0.15			0.9		(3.25)	8		25	

（续）

第一系列	第二系列	第一系列	第二系列	第一系列	第二系列	第一系列	第二系列	第一系列	第二系列
0.2		1			3.5		9		28
0.25		1.25			(3.75)	10		32	
0.3		1.5		4			(11)		36
	0.35		1.75		4.5	12		40	
0.4		2		5			14		45
0.5			2.25		5.5	16		50	
0.6		2.5		6			18		

注：1. 表中模数对于斜齿轮是指法向模数。
2. 选取时，优先采用第一系列，括号内的模数尽可能不用。

（3）压力角 α　它是齿轮的又一个重要的基本参数。由渐开线的性质可知，渐开线上任意点处的压力角是不相等的，在同一基圆的渐开线上，离基圆越远的点处，压力角越大；离基圆越近的点处，压力角越小。对于渐开线齿轮，通常所说的压力角是指分度圆上的压力角。国家标准规定渐开线圆柱齿轮分度圆上的压力角为20°。

（4）齿顶高系数 h_a^*　齿顶高与模数的比值称为齿顶高系数，用 h_a^* 表示，即

$$h_a = h_a^* m$$

标准直齿圆柱齿轮的齿顶高系数 $h_a^* = 1$。

（5）顶隙系数 c^*　当一对齿轮啮合时，为使一个齿轮的齿顶面不致与另一个齿轮的齿槽底面相抵触，轮齿的齿根高 h_f 应大于齿顶高 h_a，以保证两齿轮啮合时，一个齿轮的齿顶与另一个齿轮的槽底间有一定的径向间隙，称为顶隙。

顶隙与模数的比值称为顶隙系数，用 c^* 表示，即

$$c = c^* m$$

标准直齿圆柱齿轮的顶隙系数 $c^* = 0.25$。

顶隙还可以贮存润滑油，有利于齿面的润滑。

2. 直齿圆柱齿轮几何尺寸的计算方法

采用标准模数 m，齿形角 $\alpha = 20°$，齿顶高系数 $h_a^* = 1$，顶隙系数 $c^* = 0.25$，端面齿厚 s 等于端面齿槽宽 e 的渐开线直齿圆柱齿轮称为标准直齿圆柱齿轮，简称标准直齿轮。

标准直齿圆柱齿轮的几何尺寸计算公式见表7-7。

表 7-7　标准直齿圆柱齿轮几何尺寸计算公式

名称	代号	定义	计算公式
模数	m	齿距除以圆周率 π 所得到的商	$m=p/\pi=d/z$，取标准值
压力角	α	基本齿条的法向压力角	$\alpha=20°$
齿数	z	齿轮的轮齿总数	由传动比计算确定，一般 z_1 约为 20
分度圆直径	d	分度圆柱面和分度圆的直径	$d=mz$
齿顶圆直径	d_a	齿顶圆柱面和齿顶圆的直径	$d_a=d+2h_a=m(z+2)$
齿根圆直径	d_f	齿根圆柱面和齿根圆的直径	$d_f=d-2h_f=m(z-2.5)$
基圆直径	d_b	基圆柱面和基圆的直径	$d_b=d\cos\alpha=mz\cos\alpha$
齿距	p	两个相邻而同侧的端面齿廓之间的分度圆弧长	$p=\pi m$
齿厚	s	一个齿的两侧端面齿廓之间的分度圆弧长	$s=p/2=\pi m/2$
槽宽	e	一个齿槽的两侧端面齿廓之间的分度圆弧长	$e=p/2=\pi m/2=s$
齿顶高	h_a	齿顶圆与分度圆之间的径向距离	$h_a=h_a^*m=m$
齿根高	h_f	齿根圆与分度圆之间的径向距离	$h_f=(h_a^*+c^*)m=1.25m$
齿高	h	齿顶圆与齿根圆之间的径向距离	$h=h_a+h_f=2.25m$
齿宽	b	齿轮的有齿部位沿分度圆柱面直素线方向量度的宽度	$b=(6\sim10)m$
中心距	a	齿轮副的两轴线之间的最短距离	$a=d_1/2+d_2/2=m(z_1+z_2)/2$

三、圆柱齿轮传动机构的装配、检验

1. 齿轮传动机构装配的技术要求

1）齿轮孔与轴的配合要满足使用要求。例如，对固定连接齿轮不得有偏心和歪斜现象；对滑移齿轮不应有卡死或阻滞现象；对空套在轴上的齿轮不得有晃动现象。

2）保证齿轮有准确的安装中心距和适当的侧隙。侧隙过小，齿轮传动不灵活，热胀时会卡齿，从而加剧齿面磨损；侧隙过大，换向时空行程大，易产生冲击和振动。

3）保证齿面有一定的接触斑点和正确的接触位置，这两者是有相互联系的。接触位置不准确同时也反映了两啮合齿轮的相互位置误差。

4）在变换机构中应保证齿轮准确地定位，其错位量不得超过规定值。

5）对转速较高的大齿轮，一般应在装配到轴上后再作动平衡检查，以免振动过大。

2. 圆柱齿轮传动机构的装配

装配圆柱齿轮传动机构时，一般是先把齿轮装在轴上，再把齿轮轴部件装入箱体中。

（1）齿轮与轴的装配　齿轮是装在轴上工作的，轴安装齿轮的部位应光洁并符合图样要求。齿轮在轴上可以空转、滑移或固定连接。常见的几种结合方式参见图7-21。

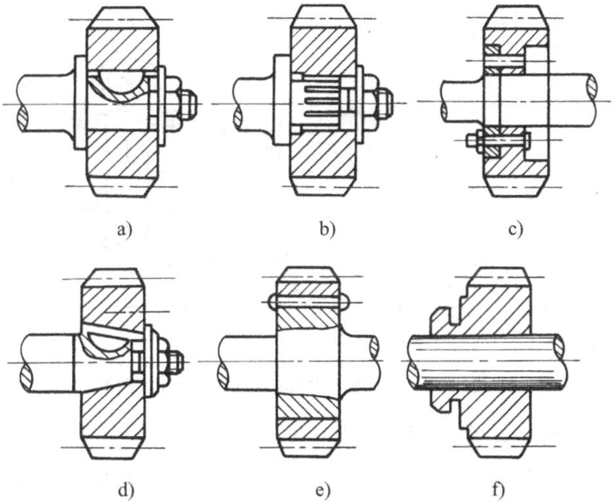

图7-21　齿轮在轴上的结合方式

在轴上空转或滑移的齿轮，与轴为间隙配合，装配后的精度主要取决于零件本身的加工精度。这类齿轮的装配比较方便，装配后，齿轮在轴上不得有晃动现象。

在轴上固定的齿轮，通常与轴为过渡配合或少量过盈的配合，装配时需加一定外力。在装配过程中要避免齿轮歪斜和产生变形等。若配合的过盈量较小，可用手工工具敲击压装，过盈量较大的，可用压力机压装或采用热装法进行装配。

在轴上安装的齿轮，常见的误差是：齿轮的偏心、歪斜和端面未贴紧轴肩，见图7-22。

精度要求高的齿轮传动机构，在压装后需要检查其径向圆跳动和轴向圆

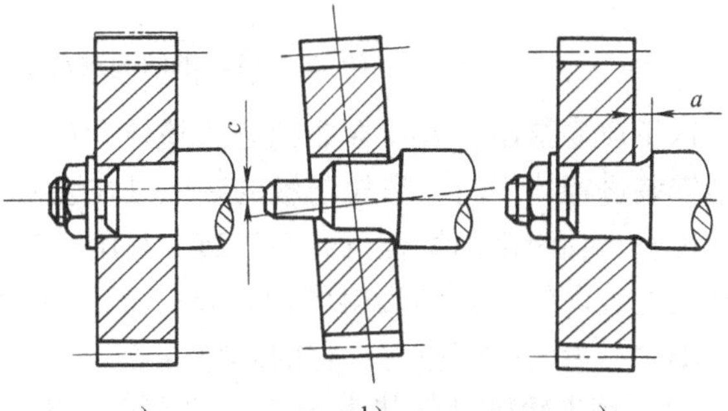

图7-22　齿轮在轴上的安装误差
a）径向圆跳动误差　b）轴向圆跳动误差　c）未靠紧轴肩误差

跳动误差。径向圆跳动误差的检查方法见图7-23。将齿轮轴支持在V形架或两顶尖上，使轴与平板平行，把圆柱规放在齿轮的轮齿间，将指示表测量头抵在圆柱规上，从指示表上得出一个读数。然后转动齿轮，每隔3~4个轮齿重复进行测量，测得指示表最大读数与最小读数之差，就是齿轮分度圆上的径向圆跳动误差。

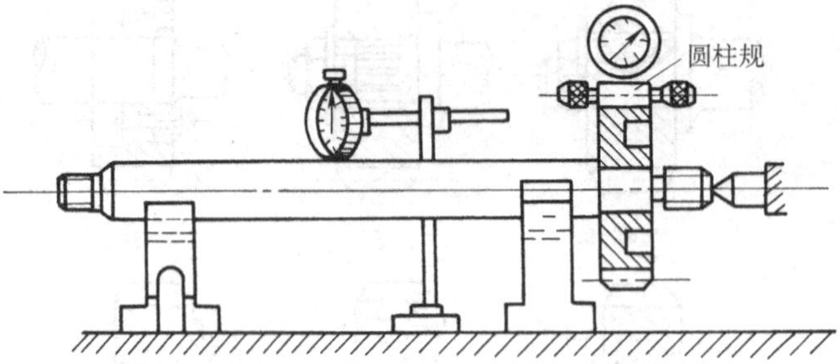

图7-23　齿轮径向圆跳动误差的检查

轴向圆跳动误差的检查方法见图7-24。用顶尖将轴顶在中间，使指示表测量头抵在齿轮端面上，在齿轮轴旋转一周范围内，指示表的最大读数与最小读数之差即为齿轮端面圆跳动误差。

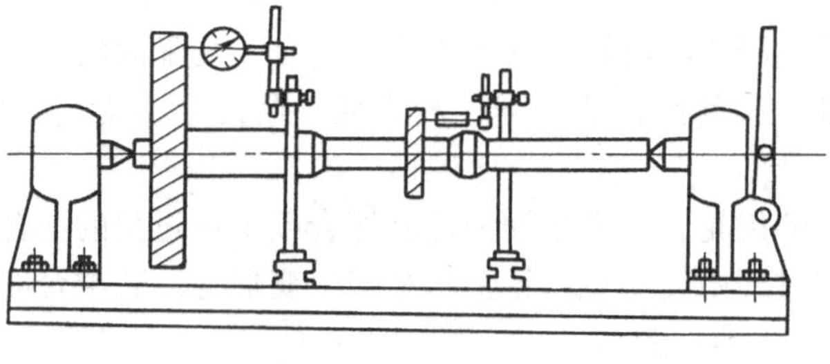

图7-24　齿轮轴向圆跳动误差的检查

这里还要指出，安装在非剖分式箱体内的传动齿轮，将齿轮先装在轴上后，不能安装进箱体中时，齿轮与轴的装配是在装入箱体的过程中同时进行的。

齿轮与轴为锥面结合时见图7-25。常用于定心精度较高的场合。装配前，用涂色法检查内外锥面的接触情况，贴合面不良的可用三角刮刀进行修正。装配后，轴端与齿轮端面应有一定的间隙Δ。

(2) 将齿轮轴部件装入箱体　这是一个极为重要的工序。装配方法应根据轴在箱体中的结构特点而定。为了保证质量，装配前应检验箱体的主要部位是否达到规定的技术要求。检验内容主要有：孔和平面的尺寸精度及几何形状精度；孔和平面的表面粗糙度及外观质量；孔和平面的相互位置精度。前两项检验比较简单，这里就孔和平面相互位置精度的检验方法介绍如下：

1）同轴线孔的同轴度误差的检验。在成批生产中，用专用检验心轴检验，若心轴能自由地推入几个孔中，表明孔的同轴度误差在规定范围之内。对精度要求不高的孔，为减少专用检验心轴的数量，可用几副外径不同的检验套配合检验，见图 7-26。

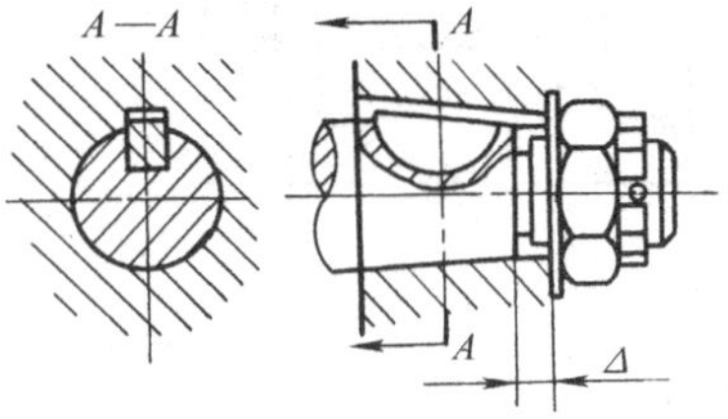

图 7-25　齿轮与轴为锥面结合

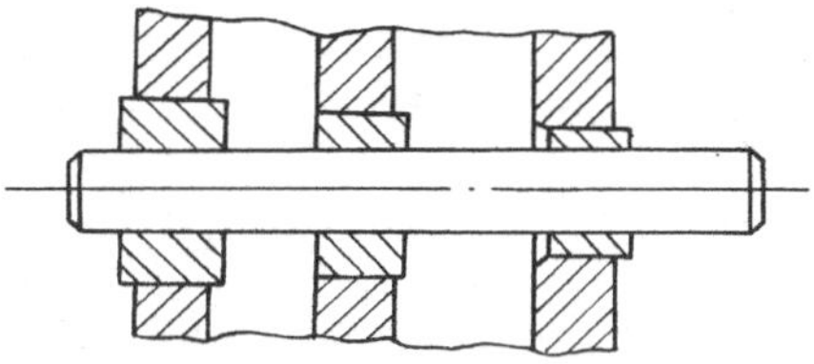

图 7-26　用通用心轴检验孔的同轴度误差

若要确定同轴度误差值，可用检验心轴及指示表，如图 7-27 所示在两孔中装入专用套，将心轴插入套中，再将指示表固定在心轴上，转动心轴即可测出同轴度误差值。

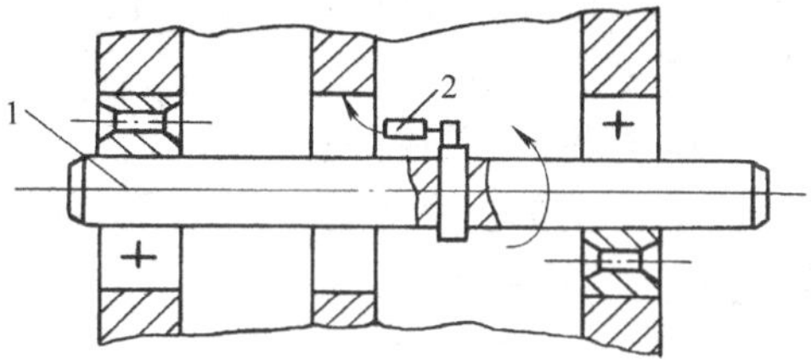

图 7-27　用心轴和指示表检验同轴度误差值

1—检验心轴　2—指示表

2）孔距精度和孔系相互位置精度的检验。

① 孔距常用千分尺或游标卡尺测得 L_1 或 L_2、d_1 及 d_2 的实际尺寸，再计算出实际的孔距尺寸 A（见图 7-28）。

$$A = L_1 + (\frac{d_1}{2} + \frac{d_2}{2})$$

$$A = L_2 - (\frac{d_1}{2} + \frac{d_2}{2})$$

也可用如图 7-28b 所示方法检验孔距。

$$A = \frac{M_1 + M_2}{2} - \frac{d_1 + d_2}{2}$$

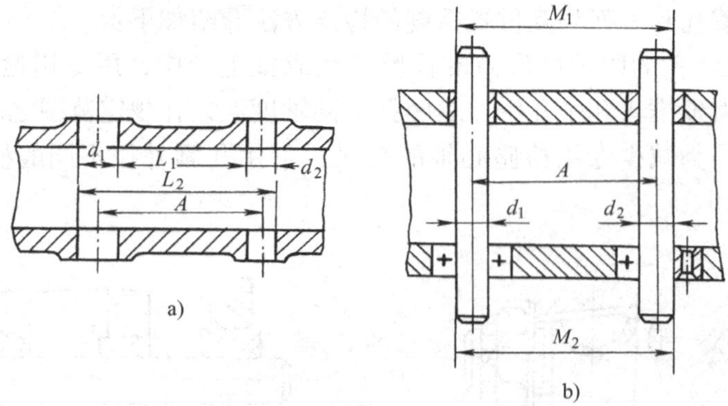

图7-28 孔距精度检验

a）用游标卡尺测量孔距 b）用游标卡尺和心轴测量孔距

② 孔系平行度误差的检验，见图7-28b，分别测量心轴两端尺寸 M_1 和 M_2，其差值就是两轴孔轴线在所测长度内的平行度误差。

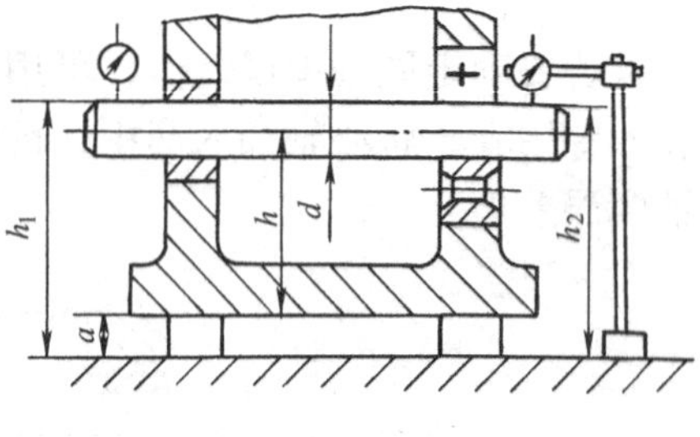

图7-29 轴线与基面的尺寸精度和平行度误差的检验

③ 轴线与基面的尺寸精度和平行度误差的检验，箱体基面用等高垫块支承在平板上，将心轴插入孔中，见图7-29。用游标高度卡尺（或量块和指示表）测量心轴两端尺寸 h_1 和 h_2，则轴线与基面的距离为

$$h = \frac{h_1 + h_2}{2} - \frac{d}{2} - a$$

平行度误差为

$$\Delta = h_1 - h_2$$

④ 轴线与孔端面垂直度误差的检验。将带有检验圆盘的心轴插入孔中，用涂色法或塞尺可检验轴线与孔端面的垂直度误差，见图7-30a，也可用如图7-30b所示方法进行检验。心轴转动一周，指示表指示的最大值与最小值之差，即为端面对轴线的垂直度误差。

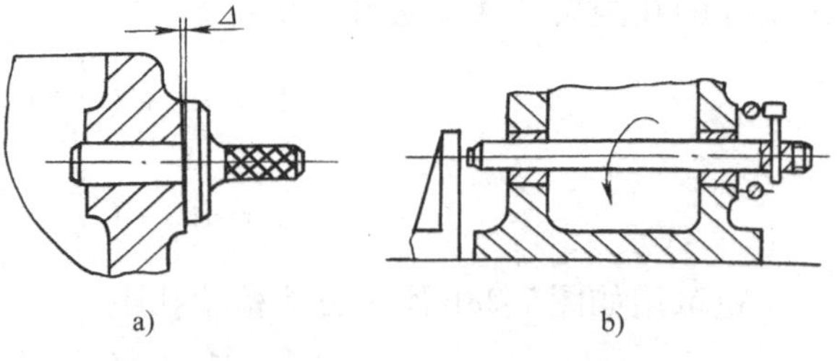

图7-30 轴线与孔端面垂直度误差的检验

a）用涂色法检验 b）用指示表检验

3）接触精度的检验和调整。齿轮轴部件装入箱体后，要检验齿轮副的啮合情况，它包括检查齿轮的接触斑点和侧

隙的大小。

一般齿轮副接触斑点的分布位置和大小，按表7-8和表7-9中的规定选取。轮齿上接触印痕的面积，应该在齿轮的高度上接触斑点不少于30%～60%，在齿轮的宽度上不少于40%～90%（随齿轮精度而定），分布的位置应是自节圆处上下对称分布。通过印痕在齿面上的位置，可以判断误差的原因，见图7-31。

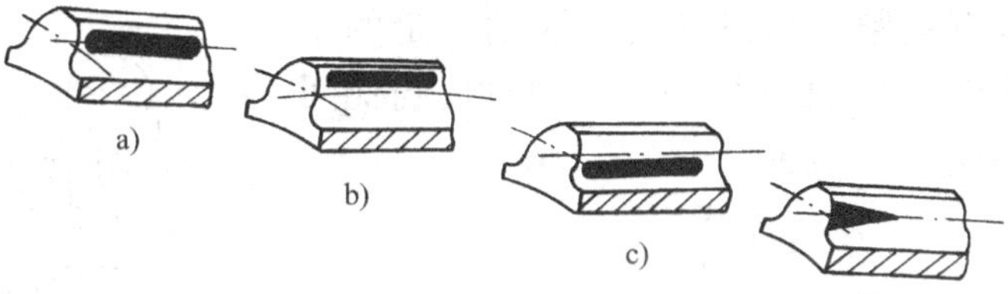

图7-31 圆柱齿轮的接触斑点的位置

a）正确 b）中心距太大 c）中心距太小 d）中心距歪斜

表7-8 齿轮副的接触斑点

接触斑点	精度等级											
	1	2	3	4	5	6	7	8	9	10	11	12
按高度不少于（%）	65	65	65	60	55（45）	50（40）	45（35）	40（30）	30	25	20	15
接触长度不少于（%）	95	95	95	90	80	70	60	50	40	30	30	30

注：括号内数值，用于轴向重合度 $\varepsilon_\beta > 0.8$ 的斜齿轮。

表7-9 接触斑点百分比计算

图例	接触痕迹方向	定义	计算公式
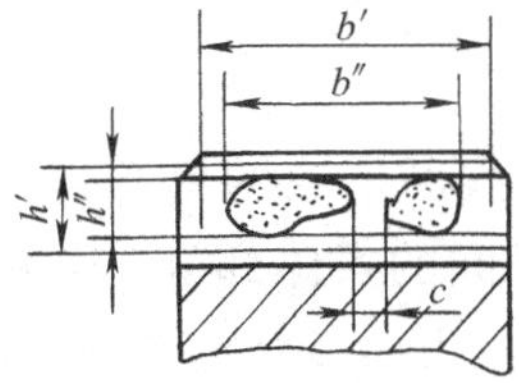	沿齿长方向	接触痕迹的长度 b''（扣除超过模数值的断开部分 c）与工作长度 b' 之比的百分数	$\frac{b''-c}{b'}\times 100\%$
	沿齿高方向	接触痕迹的平均高度 h'' 与工作高度 h' 之比的百分数	$\frac{h''}{h'}\times 100\%$

测量齿轮副侧隙的方法有以下两种：

① 用压熔丝法检验，见图7-32。在齿轮面沿齿长两端并垂直于齿长的方向，放置两条熔丝，宽齿放3~4条。熔丝的直径不宜大于齿轮副规定的最小极限侧隙的4倍。经滚动齿轮挤压后，测量熔丝最薄处的厚度，即为齿轮副的侧隙。

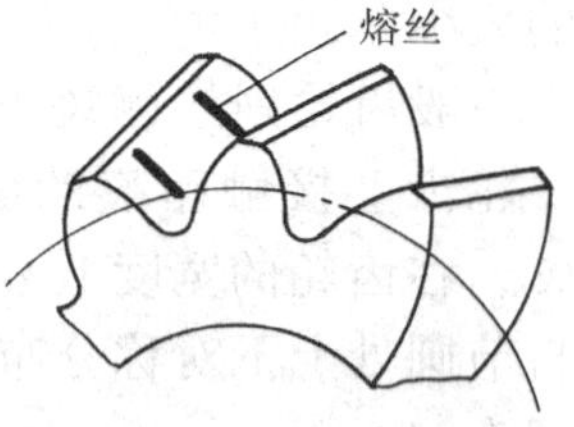

图7-32　用压熔丝检验侧隙

② 用指示表检验，见图7-33，测量时，将一个齿轮固定，在另一个齿轮上装上夹紧杆1。由于侧隙存在，装有夹紧杆的齿轮便可摆动一定的角度，在指示表2上可得到读数为C，则此时齿侧间隙C_n可通过数学关系得到

$$C_n = C\frac{R}{L}$$

式中　C——指示表的读数（mm）；

R——装夹紧杆齿轮的分度圆半径（mm）；

L——夹紧杆长度（mm）；

C_n——齿侧间隙（mm）。

另外也可将指示表测头直接抵在未固定的齿轮的齿面上，将可动齿轮从一侧啮合迅速转到另一侧啮合，指示表上的读数差值即为齿轮副的侧隙值。

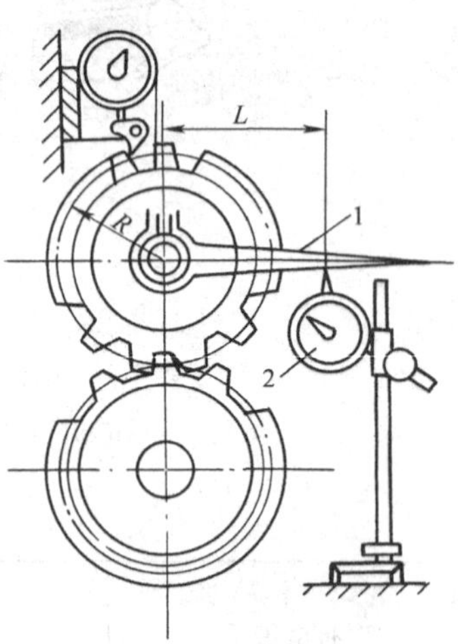

图7-33　用指示表检验侧隙

1—夹紧杆　2—指示表

侧隙大小与中心距偏差有关，圆柱齿轮传动的中心距一般由加工保证。由滑动轴承支承时，可刮削轴瓦调整侧隙大小。

第四节　螺旋传动机构的装配

一、螺纹的形成

（1）螺旋线　螺旋线是沿着圆柱或圆锥表面运动的点的轨迹，该点的轴向位移和相应的角位移成定比（图7-34）。

（2）螺纹　螺纹是在圆柱或圆锥表面上，沿着螺旋线所形成的具有规定牙型的连续凸起（图7-35、图7-36）。凸起是指螺纹两侧面间的实体部分，又称为牙。在圆柱表面上所形成的螺纹称为圆柱螺纹（图7-35a、图7-36a）。在圆锥表面上所形成的螺纹称为圆锥螺纹（图7-35b、图7-36b）。

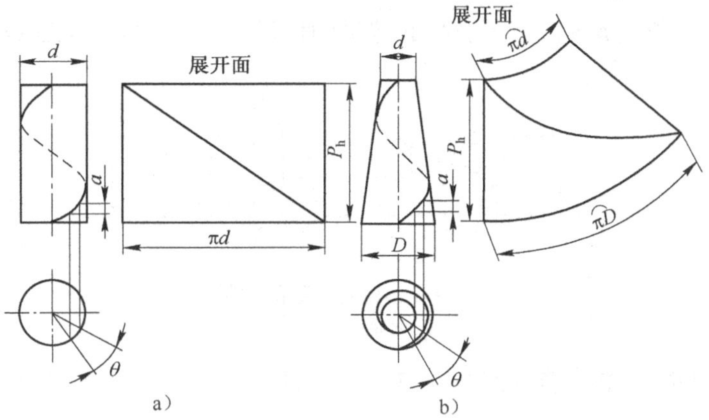

图 7-34　螺旋线的形成

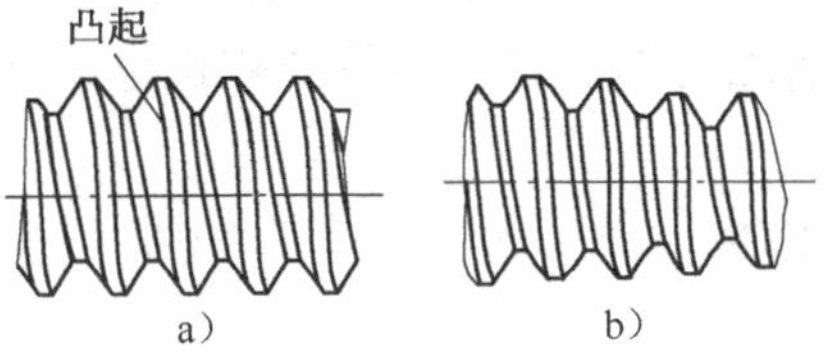

图 7-35　外螺纹

a）圆柱外螺纹　b）圆锥外螺纹

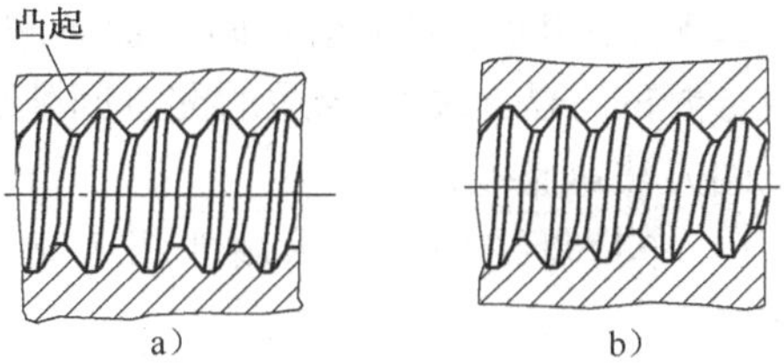

图 7-36　内螺纹

a）圆柱内螺纹　b）圆锥内螺纹

二、螺旋传动机构装配的技术要求

螺旋机构装配时为了提高丝杠传动精度和定位精度，必须认真调整丝杠螺母副的配合精度。一般应满足以下要求：

1）保证规定的配合间隙。

2）丝杠与螺母同轴度及丝杠轴线与基准面的平行度应符合规定要求。

3）丝杠与螺母相互转动应灵活。

4）丝杠的回转精度应在规定的范围内。

三、螺旋传动机构的装配方法

1. 丝杠螺母副配合间隙的测量与调整

配合间隙包括径向和轴向两种。轴向间隙直接影响丝杠螺母副的传动精度，因此需采用消隙机构予以调整。但测量时径向间隙比轴向间隙更易反映丝杠螺母副的配合精度，所以配合间隙常用径向间隙表示。

(1) 径向间隙的测量

1) 如图7-37所示，压下及抬起螺母的作用力Q，只需稍大于螺母的重力。

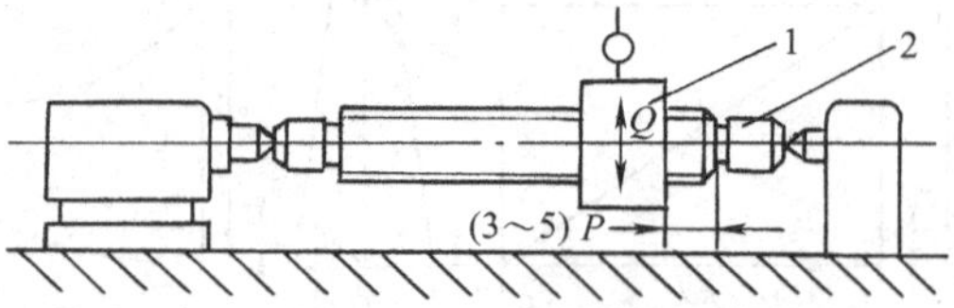

图7-37　径向间隙的测量

1—螺母　2—丝杠

2) 螺母离丝杠一端的距离为3～5个螺距，以避免丝杠弹性变形而引起误差。

测量方法是：将丝杠螺母副置于如图7-37所示位置，使指示表测头抵在螺母1上，轻轻抬动螺母，指示表指针的摆动差即为径向间隙值。

(2) 轴向间隙的调整　调整轴向间隙时，无消隙机构的丝杠螺母副，用单配或选配的方法来决定合适的配合间隙。有消隙机构的按单螺母或双螺母结构采用下列方法调整间隙：

1) 单螺母结构，常采用如图7-38所示机构，使螺母与丝杠始终保持单向接触。

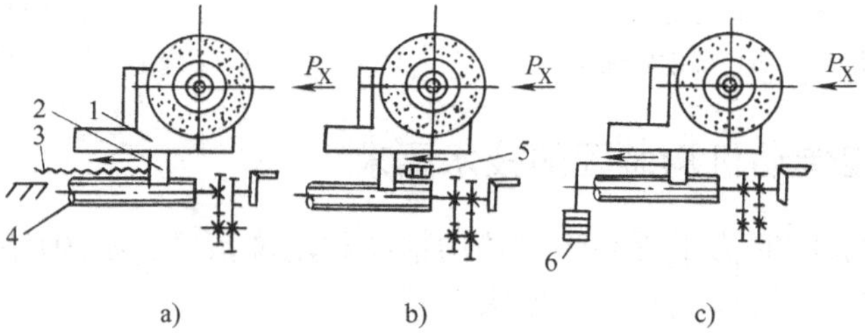

图7-38　单螺母消隙机构

1—机架　2—螺母　3—弹簧　4—丝杠　5—液压缸　6—重锤

如图7-38a所示的消隙机构是靠弹簧拉力；如图7-38b所示的消隙机构是靠液压缸压力；如图7-38c所示的消隙机构是靠重锤重力。

装配时可调整或选择适当的弹簧拉力、液压缸压力、重锤重力，以消除轴向间隙。

单螺母结构中消隙机构的消隙力方向与切削分力P_X方向必须一致，以防止进给时产生爬行，影响进给精度。

2) 双螺母结构，调整两螺母轴向相对位置，以消除轴向间隙并实现预紧，如图 7-39 所示。

如图 7-39a 所示的调整方法是：拧松螺钉 3，再拧紧螺钉 1，使斜楔 2 向上移动，以推动带斜面的螺母右移，从而消除轴向间隙。调好后再锁紧螺钉 3。

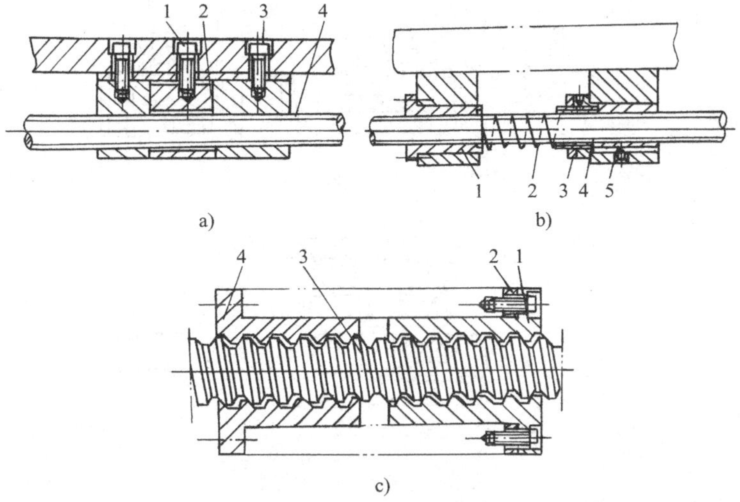

图 7-39　双螺母消隙机构

a）调整方法（一）
1、3—螺钉　2—斜楔　4—丝杠

b）调整方法（二）
1、5—螺母　2—弹簧　3—垫圈　4—调节螺母

c）调整方法（三）
1、4—螺母　2—垫片　3—丝杠

如图 7-39b 所示的调整方法是：转动调节螺母 4，通过垫圈 3 压缩弹簧 2，使螺母 5 轴向移动，以消除轴向间隙。

如图 7-39c 所示的调整方法是：修磨垫片 2 的厚度来消除轴向间隙。

2. 校正丝杠螺母副的同轴度及丝杠轴线对基准面的平行度

其操作步骤为：

1）用专用量具。

2）以平行于导轨面的丝杠两轴承孔中心的连线为基准，校正螺母孔的同轴度，如图 7-40 所示。

3）先校正两轴承孔中心连线在同一直线上，且与 V 形导轨平行，如图 7-40a 所示。根据实测数据修刮轴承座结合面，并调整前、后轴承的水平位置，以达到所需的要求，再以中心连线 a 为基准，校正螺孔中心。

4）如图 7-40b 所示，将检验棒 4 装于螺母座 6 的孔中，移动工作台 2，如检验棒 4 能顺利插入前、后轴承座孔中，即符合要求，否则应根据尺寸 h 修磨垫块 3 的厚度。

5）以平行于导轨面的螺母孔中心线为基准，校正丝杠两轴承孔的同轴度误差。

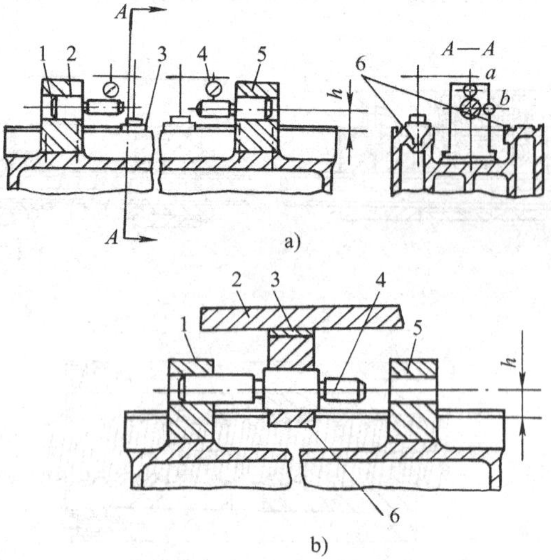

图7-40　校正螺母孔与前后轴承同轴度误差

1、5—轴承孔　2—工作台　3—垫块　4—检验棒　6—螺母座

复习思考题

1. 试述带传动的种类。普通V带分为几种型号？
2. 试述普通V带的选用方法。
3. V带传动机构的张紧方法有哪几种？
4. 带轮与轴连接的方法有哪些？
5. 带轮常见的损坏形式有哪些？
6. 链传动的种类有哪些？
7. 试述链传动机构装配的技术要求。
8. 试述齿轮传动的种类及传动特点。
9. 试述齿轮传动机构装配的技术要求。
10. 试述螺纹的形成。
11. 试述螺旋机构的装配方法。

第八章

轴承、轴组装配和液压传动装配

培训目标 了解滚动轴承、滑动轴承以及轴组的基本结构、代号，掌握轴承的选用方法和装配知识。了解常用润滑剂和润滑脂的种类与特点。了解液压传动装置的工作原理，掌握液压传动系统中各种管接头的连接方式和特点。

轴承用于支承转动轴、减少旋转体与支承体之间相对转动时所产生的摩擦与磨损。轴承包括做旋转运动的滚动轴承、做直线运动的滑动轴承以及做摆动或倾斜运动的关节轴承三大类。

第一节 滚动轴承的装配

一、滚动轴承的结构、代号

滚动轴承是由制造商按轴承的分类方法制造的标准元件。滚动轴承种类繁多、型号复杂、规格各异，径向和角接触轴承一般由内圈、外圈、滚动体和保持架组成。推力轴承（轴向）则由轴圈、滚动体、保持架和座圈组成。根据GB/T271—2008《滚动轴承　分类》标准，滚动轴承可按以下结构类型进行分类：

1. 滚动轴承的结构

（1）按其所能承受载荷的方向或公称接触角的不同进行划分

1）向心轴承：主要用于承受径向载荷的滚动轴承，其公称接触角从0°～45°。按公称接触角不同，又分为：

① 径向接触轴承：公称接触角为0°的向心轴承。

② 角接触向心轴承：公称角度大于0°～45°的向心轴承。

2）推力轴承：主要用于承受轴向载荷的滚动轴承，其公称接触角度大于45°～90°。按公称接触角的不同，又分为：

① 轴向接触轴承：公称接触角为90°的推力轴承。

② 角接触推力轴承：公称接触角＞45°又＜90°的推力轴承。

（2）按滚动体的种类进行划分

1）球轴承：滚动体为球。

2）滚子轴承：滚动体为滚子。滚子轴承按滚子种类又分为：

① 圆柱滚子轴承：滚动体是圆柱滚子的轴承。

② 滚针轴承：滚动体是滚针的轴承。

③ 圆锥滚子轴承：滚动体是圆锥滚子的轴承。

④ 调心滚子轴承：滚动体是球面滚子轴承。

（3）按滚动体的列数进行划分

1）单列轴承：具有一列滚动体的轴承。

2）双列轴承：具有两列滚动体的轴承。

3）多列轴承：具有多于两列的滚动体并承受同一方向载荷的轴承。

（4）按能否调心进行划分

1）调心轴承：滚道是球面形的，能适应两滚道轴心线间的角偏差及角运动的轴承。

2）非调心轴承（亦称刚性轴承）：能阻抗滚道间轴心线角偏移的轴承。

（5）按组件能否分离进行划分

1）可分离轴承：具有可分离组件的轴承。

2）不可分离轴承：轴承在最终配套后，套圈均不能任意自由分离的轴承。

（6）按结构形状进行划分　有无装填槽、有无内外圈、有无保持架及套圈的不同形状和挡边的不同结构等。

2. 滚动轴承的代号

为了便于生产和使用，国家推荐标准（GB/T 272—1993）规定了轴承的代号构成方法。轴承由基本代号、前置代号和后置代号构成（表8-1）。

表8-1　轴承代号的构成

<table>
<tr><td rowspan="3">前置代号</td><td colspan="5">基本代号</td><td rowspan="3">后置代号</td></tr>
<tr><td>数字（或字母）</td><td>数字</td><td>数字</td><td>数字</td><td>数字</td></tr>
<tr><td>类型</td><td>宽（高）度系列代号</td><td>直径系列代号</td><td colspan="2">轴承内径</td></tr>
</table>

（1）轴承前置代号　轴承的前置代号是轴承在形状、尺寸、公差技术要求等有所改变时，在其代号前面添加的补充代号。轴承前置代号用字母表示，代号及含义如下：

L：可分离轴承的可分离内圈或外圈。

R：不带可分离内圈或外圈的轴承（滚针轴承仅适用于 NA 型）。

K：滚针和保持架组件。

WS：推力圆柱滚子轴承轴圈。

GS：推力圆柱滚子轴承座圈。

F：凸缘外圈的向心球轴承（仅适用于 $d \leqslant 10$mm）。

KOW：无轴圈推力轴承。

KIW：无座圈推力轴承。

LR：带可分离的内圈或外圈与滚动体组件轴承。

(2) 轴承的基本代号与特性　轴承的基本代号由类型代号、宽（高）度系列代号、直径系列代号和轴承内径代号构成。

1）第 1 位数字代表轴承的类型。

① 0 表示双列角接触球轴承（图 8-1）：能同时承受径向载荷和双向载荷，具有相当于一对角接触轴承背靠背安装的特性。

② 1 表示调心球轴承（图 8-2）：有两列钢球，内圈有两条滚道，外圈滚道为内球面形，具有自动调心的功能，主要承受不大的轴向载荷，允许角偏差 < 2°～3°能够自动调心，可以补偿由于轴的桡曲和壳体变形产生的同轴度误差。适用于支承座孔不能保证严格同轴度的部件中。

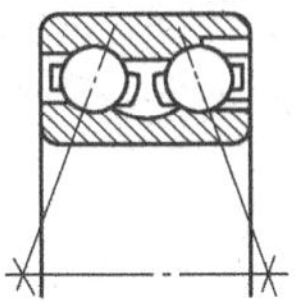

图 8-1　双列角接触球轴承

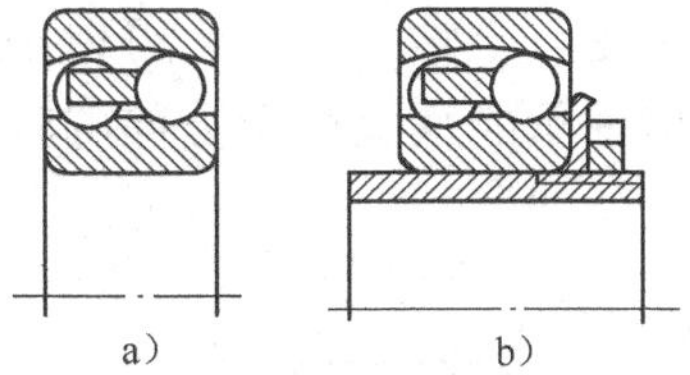

图 8-2　调心球轴承

a) 圆柱孔调心球轴承　b) 带紧定套的调心球轴承

③ 2 表示调心滚子轴承和推力调心滚子轴承（图 8-3）：具有两列滚子，主要用于承受径向载荷，有高的径向载荷承受能力，特别适用于重载或振动载荷下工作。同时也承受一定方向的轴向载荷，但不能承受纯轴向载荷。调心性能良好，能补充同轴度误差。常用于其他种类轴承不能胜任的重载状态。

④ 3 表示圆锥滚子轴承（图 8-4）：主要适用于承受以径向载荷为主的径向与轴向联合载荷，大锥角圆锥滚子轴承承受以轴向载荷为主的径、轴向联合载荷。此类轴承属分离形轴承，其内外圈可以分别安装。在安装和使用过程中可以调整轴承的径向游隙和轴向游隙，也可以预过盈安装。常用于转速不太高、刚性好、轴向和径向载荷很大的轴上。

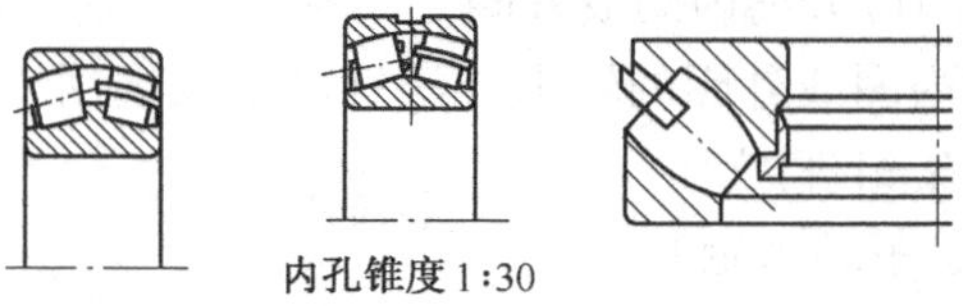

a)　　b)　　c)

图 8-3　调心滚子轴承和推力调心滚子轴承

a）圆柱孔调心滚子轴承　b）圆锥孔调心滚子轴承　c）推力调心滚子轴承

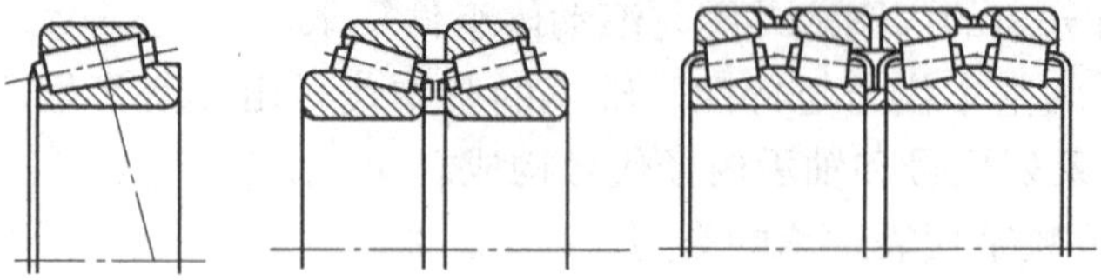

a)　　b)　　c)

图 8-4　圆锥滚子轴承

a）单列　b）双列　c）四列

⑤ 4 表示双列深沟球轴承（图 8-5）：具有深沟轴承的特性，比深沟轴承的承载能力和刚性更大，常用于比深沟轴承要求更高的场合。

⑥ 5 表示推力球轴承（图 8-6）：套圈可以分离，带球面座圈的 51000 轴承只能承受一个轴向载荷，可以限制和外壳的一个方向的轴向移动。52000 双向推力球轴承能承受两个方向的轴向载荷，可以限制轴与外壳两个方向的轴向移动。

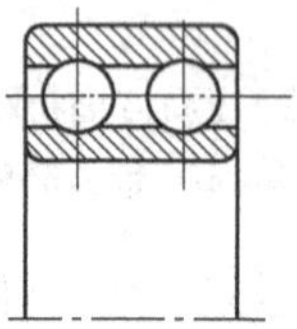

图 8-5　双列深沟球轴承

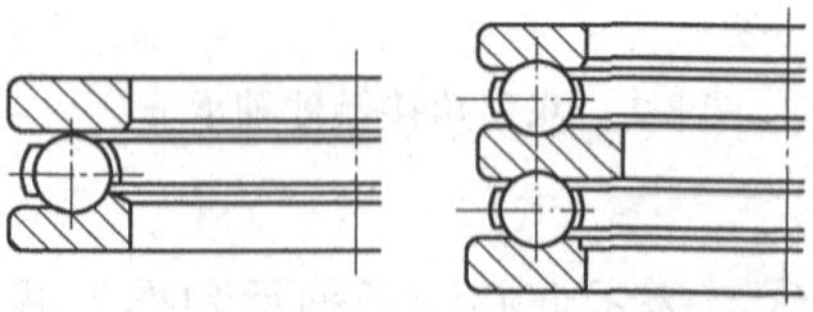

a)　　b)

图 8-6　推力球轴承

a）推力球轴承　b）双列推力球轴承

⑦ 6 表示深沟球轴承（图 8-7）：主要承受径向载荷，也能承受一些轴向载荷。当轴承的径向游隙加大时，具有角接触轴承的性能，可用来承受较大的轴向载荷。该轴承结构简单，摩擦系数小，极限转速高。用于刚性较大的轴上，所承受的冲击能力差。常用于小功率电动机、齿轮变速箱和滑轮等部件中。

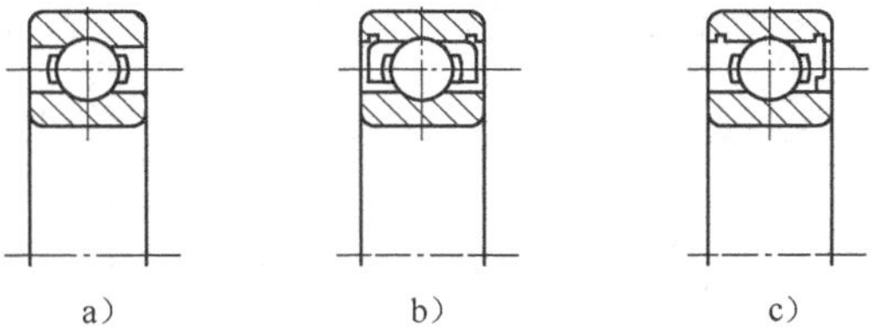

图 8-7　深沟球轴承

a）深沟球轴承　b）双面带防尘盖的深沟球轴承　c）单面带密封圈的深沟轴承

⑧ 7 表示角接触球轴承（图 8-8）：可以同时承受轴向与径向载荷，也可承受纯轴向载荷。极限转速较高。此类轴承承受的轴向载荷的能力由接触角决定，α 越大所承受的轴向载荷能力也就越大。常成对使用，用于转速较高、刚性较好并同时承受径向载荷的轴上。

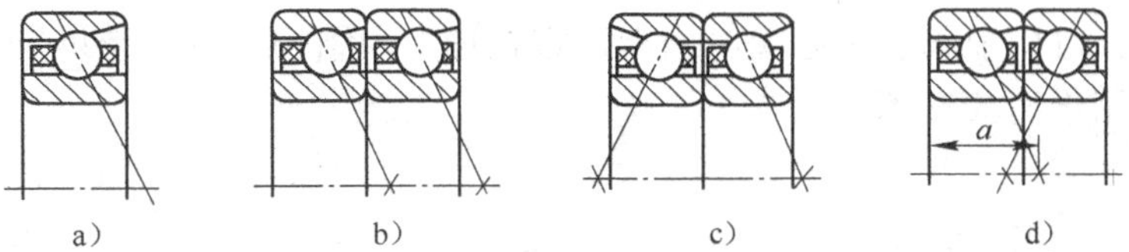

图 8-8　角接触球轴承

a）单列　b）同向安装　c）背靠背安装　d）面对面安装

⑨ 8 表示推力圆柱滚子轴承（图 8-9）：能承受很大的单向轴向载荷，承载能力比推力球轴承大很多。常用于承受轴向载荷大而又不需要调心的场合。

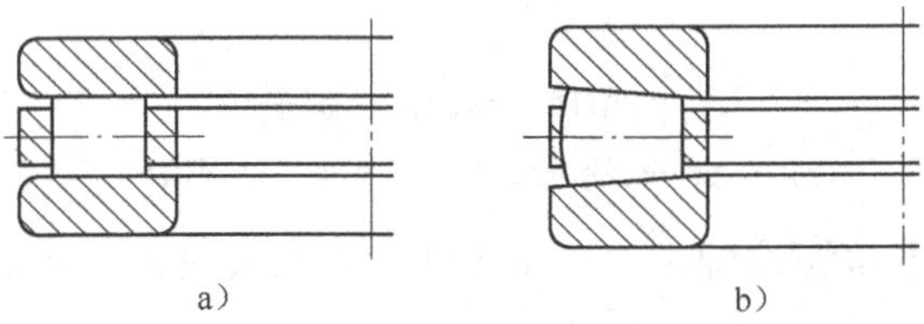

图 8-9　推力圆柱滚子轴承

a）推力圆柱滚子轴承　b）推力圆锥滚子轴承

⑩ N 表示圆柱滚子轴承（图 8-10）：圆柱滚子轴承的滚道呈修正线接触，能消除边缘应力，提高转速，承受径向载荷能力大，适用于承受冲击负荷。只有内外圈均带挡边的单列轴承，可承受较小的常定量轴向负荷或较大的间隙性轴向负荷。

⑪ NN 表示双列或多列圆柱滚子轴承（图 8-11）：双列圆柱滚子轴承，分为圆柱形内孔和圆锥形内孔两种结构，具有结构紧凑、刚性强、承载能力大、受负荷后变形小、极限转速较高等优点，圆柱滚子轴承属分离型轴承。

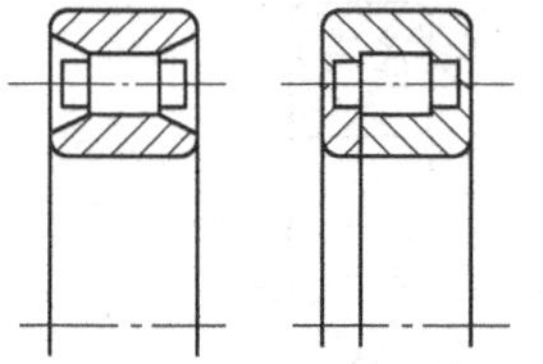

a) b)

图 8-10　圆柱滚子轴承

a) 外圈无挡边

b) 内圈单边带平挡圈

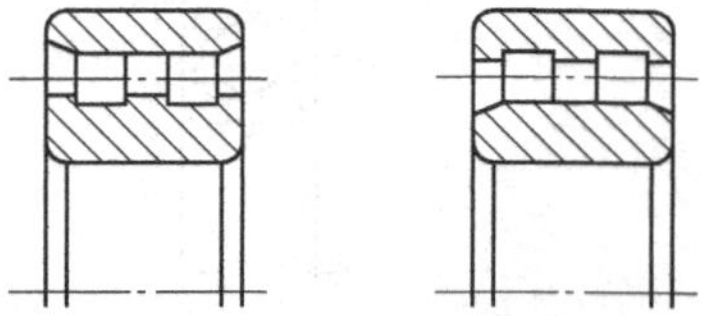

a) b)

图 8-11　双列或多列圆柱滚子轴承

a) 双列圆柱滚子轴承

b) 内圈无挡边双列圆柱滚子轴承

⑫ U 表示外球面球轴承（图 8-12）：承载能力较小，额定动载荷比为 1。这样承受径向载荷也能承受一定的轴向载荷，内部结构与深沟轴承相同，但内圈宽于外圈且外圈具有球形表面，与轴承座的凹球面相配达到自动调心。内孔与轴之间有间隙，可用顶丝、偏心套将内圈固定在轴上。结构紧凑，装拆方便，密封性能好，适用于简单支承。

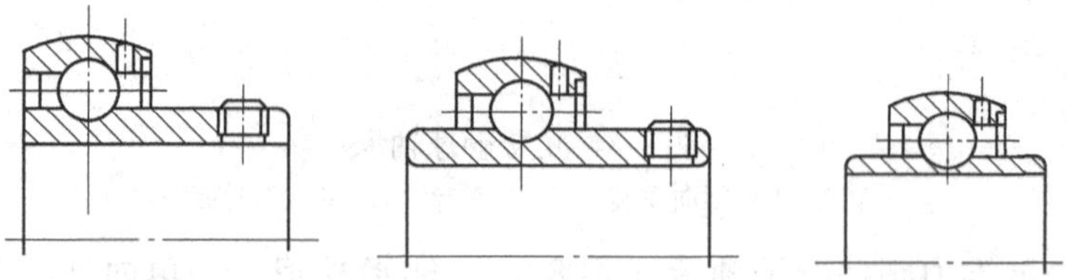

a) b) c)

图 8-12　外球面球轴承

a) 一端平头带顶丝　b) 带顶丝　c) 圆锥孔

⑬ QJ 表示四点接触球轴承（图 8-13）：装球数量多，承载能力大，额定动

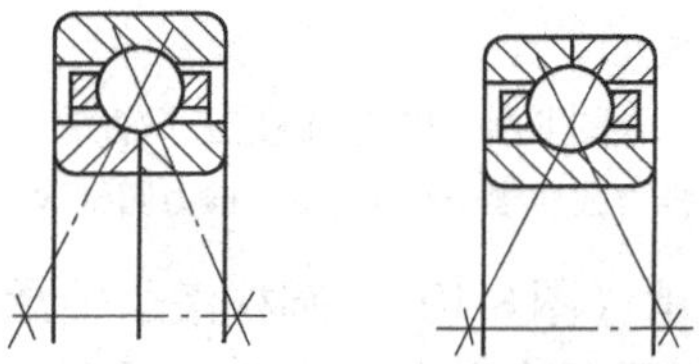

a) b)

图 8-13　四点接触球轴承

a) 双半内圈四点接触球轴承　b) 双半外圈四点接触球轴承

载比 1.4 ~ 1.8，可承受双向载荷，可限制轴或外壳在两个方向的轴向位移。具有成对安装的角接触球轴承的特性，但占用轴向空间更小。无载荷或纯径向载荷作用时，钢球与套圈呈四点接触，在纯轴向载荷时，钢球与套圈为二点接触。极限转速高。

2）第 2 位数字代表宽（高）度系列。0 表示窄系列。1 表示正常系列。2 表示宽系列。3 ~ 6 表示特宽。

3）第三位数字表示直径系列代号。

0 表示超轻。1 表示特轻。2 表示轻。3 表示中。4 表示重。5 表示特重。

4）第四、五位数字代表轴承内径尺寸代号。00 表示 10mm。01 表示 12mm。02 表示 15mm。03 表示 17mm。04 ~ 99 表示代号数字 ×5mm。

5）轴承的后置代号：轴承的后置代号是轴承在形状、尺寸、公差技术要求等有所改变时，在其代号后面添加的补充代号。轴承后置代号用字母（或加数字）表示，代号及含义如下：

① 内部结构改变的后置代号。

A、B、C、D、E：① 表示加强型内部结构改变，增大轴承承载能力。
② 表示标准设计，其含义随不同类型、结构而异。

AC：角接触球轴承，公称接触角 $\alpha = 25°$。

D：剖分式轴承。

ZW：双列滚针保持架组件。

② 密封、防尘与外部形状变化的后置代号。

K：圆锥孔轴承，锥度 1:12（外球面球轴承除外）。

K30：圆锥孔轴承，锥度 1:30。

R：轴承外圈有止动挡边（凸缘外圈）。

N：轴承外圈有止动槽。

NR：轴承外圈上有止动槽，并带止动环。

-RS：轴承一面带骨架式橡胶密封圈（接触式）。

-2RS：轴承两面带骨架式橡胶密封圈（接触式）。

-RZ：轴承一面带骨架式橡胶密封圈（非接触式）。

-2RZ：轴承两面带骨架式橡胶密封圈（非接触式）。

-Z：轴承一面带防尘盖。

-2Z：轴承两面带防尘盖。

-RSZ：轴承一面带骨架式橡胶密封圈（接触式）、另一面带防尘盖。

-RZZ：轴承一面带骨架式橡胶密封圈（非接触式）、另一面带防尘盖。

-ZN：轴承一面带防尘盖，另一面外圈有止动槽。

-ZNR：轴承一面带防尘盖，另一面外圈有止动槽并带止动环。

-ZNB：轴承一面带防尘盖，另一面外圈有止动槽。

-2ZN：轴承两面带防尘盖，外圈有止动槽。

U：推力球轴承，带球面垫圈。

③ 公差等级的后置代号。轴承公差等级分为/P0、/P6、/P6x、/P5、/P4、/P2 六个等级。从/P0～/P2 的精度依次提高。当轴承的公差等级为/P0 级时，在后置代号中可省略不表示。

④ 游隙标准的后置代号。游隙的后置代号用/C1、/C2、-、/C3、/C4、/C5、/CN、/C9、/CM 表示，当公差等级代号与游隙代号同时表示时，可进行简化，取公差等级代号加上游隙组号组合表示（0 组不表示）。

二、滚动轴承的选用方法

不同类型的滚动轴承都有其各自的特点。为适应不同工作状态下的需要，在选择时可以按转速的高低、载荷的大小和方向、公差等级要求以及对支承的刚性和调心性能的要求等，参考下列原则进行：

1）在外形尺寸和公差等级相同时，球轴承的极限转速比滚子轴承高，在高速状态下应优先选用球轴承；滚子轴承的承载能力要大于球轴承，在载荷较大的状态下应优先选用滚子轴承。

2）在有冲击、振动载荷时，应选用滚子轴承；当载荷平稳且较小的时候宜选用球轴承。

3）轴向载荷可以选用推力球轴承（50000 型）；但在较高转速（轴颈圆周转速 $v>5\text{m/s}$）的轴上因受离心力的影响宜选择角接触轴承（70000 型）。

4）在同时承受径向及轴向载荷时，如径向载荷比轴向载荷大很多时，仍可选择深沟轴承（60000 型）；如两种载荷都较大且转速又较高时，可选用角接触轴承（70000 型）；当转速较低时则可选择圆锥滚子轴承（30000 型）；如轴向载荷远远大于径向载荷时，常选用推力轴承加向心轴承的组合结构。

5）角接触轴承（70000 型）和圆锥滚子轴承（30000 型）一般情况下应成对使用、对称安装，可以将一对轴承并起来装在轴的一端，也可以把两个轴承分别装在轴的两端。

6）在轴的刚度较差或多支点的轴上，宜采用调心球轴承（10000 型）和调心滚子轴承（20000 型），注意在同一根轴上不允许与其他类型的轴承混合使用，以免失去调心作用。

7）当需要减小径向尺寸时，可选用轻、特轻系列。需要减小轴向尺寸时可选窄系列。

8）轴承的公差等级一般采用/P0 级。对于旋转精度要求高的，例如金属切削机床的主轴，常采用较高精度的轴承安装在主轴的前端。当径向圆跳动允差在

0.02～0.01mm 时选用/P6 级；在 0.01～0.005mm 时选用/P5 级；在 0.005～0.003mm 时可选用/P4 级。

需要注意的是：不同等级的滚动轴承的价格相差较大。以同样大小的轴承为例，如/P0 级的价格系数为 1 时，则/P6 为 2、/P5 为 4、/P4 为 10。为此，只有在有特殊要求的（旋转精度、极限转速和较长使用寿命）情况下才使用精度较高的轴承。从经济性考虑当有几种类型的轴承都能满足同一使用要求的时候，可选用最价廉的。一般情况下同尺寸同精度的球轴承比滚子轴承便宜，非调心轴承比调心轴承便宜，深沟球轴承的价格最低，可考虑优先采用。其次属圆锥滚子轴承，加上其内外圈可以分类装拆也得到了广泛的运用。

三、滚动轴承的配合方法

使用滚动轴承的目的在于减少轴类工件旋转时的摩擦系数。配合的目的在于使轴承内圈或外圈与轴或外壳固定，以免在相互配合面上出现不利的轴向滑动。这种不利的轴向滑动（亦称蠕变）会引起旋转部件的异常发热，配合磨损及产生振动等问题，使轴承不能充分地发挥作用。为此，GB/T 275—1993 国家推荐标准规定了在一般条件下滚动轴承与轴和外壳配合的基本原则和要求。

与滚动轴承配合时，轴为实心或厚壁钢制轴，外壳为铸钢或铸铁制作。相对于负荷方向固定的套圈，应选择间隙配合。当以不可分离型轴承作游动支承时，则应以相对于负荷方向为固定的套圈作为游动套圈，选择间隙配合或过渡配合。当受冲击载荷或重负荷时，一般应选择比正常、轻负荷时更紧密的配合。对于向心轴承负荷的大小用径向当量动负荷 Pr 与径向额定动负荷 Cr 的比值区分，负荷越大则配合过盈越大。轴承尺寸的变化会影响配合的间隙，随着轴承尺寸的增大选择的过盈配合越大，配合间隙越大。

与滚动轴承配合的轴（图 8-14a）或外壳孔（图 8-14b）的公差等级与轴承精度有关，与/P0、/P6、/P6x 级公差配合的轴，其公差等级一般为 IT6，外壳孔一般为 IT7。对旋转精度和运转平稳性有较高要求的场合，在提高轴承公差等级的同时，轴承配合部位也应按相应的精度提高。当滚动轴承采用过盈配合会导致轴承游隙的减小，应检验安装后轴承的游隙是否满足使用要求，以便正确选择配合精度及轴承游隙。

对于精密轴承的配合，应充分考虑轴承的负荷性质、配合对象的大小、工作时的温度、安装及拆卸方法等各种因素，选择合适的配合公差。为提高轴承的装配精度，可在装配前采用预紧检测、在装配过程中采用定向装配，可达到消除游隙、提高刚度的目的。

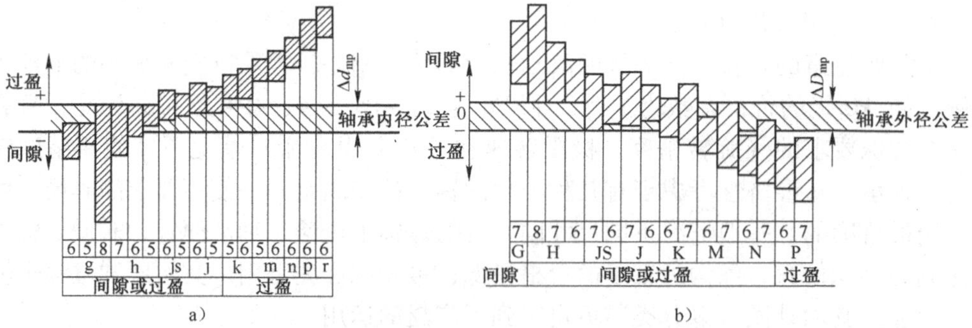

图 8-14　轴承与轴或外壳配合的常用公差带关系图

a）轴承与轴配合的常用公差带关系图　b）轴承与外壳配合常用公差带关系图

第二节　滑动轴承的装配

滑动轴承具有结构简单、制造方便，径向尺寸小、润滑油膜有吸附力、能够承受较大的冲击载荷等优点。滑动轴承工作时状态平稳、无噪声，在保证液体摩擦的情况下，轴可以长期高速运转。因此，在许多机床上仍然得到较广泛的应用。

一、滑动轴承的结构特点

1. 滑动轴承的符号

滑动轴承的符号体系是由拉丁字母、希腊字母、阿拉伯数字和其他符号（如：点、逗号、横线或冒号）等构成。最简单的滑动轴承符号是由一个大写字母或小写字母表示。在特殊情况下由两个或三个大写字母组成，最复杂的符号是基本符号加上下标。

2. 滑动轴承的分类

（1）根据结构形式分类

1）整体式滑动轴承（图 8-15）：轴承座为整体结构，座内压入一个青铜轴套，套内开有油槽与油孔。

2）剖分式滑动轴承（图 8-16）：由轴承座有底座与盖组成，内孔有两个对开轴瓦组成。

3）锥形表面滑动轴承（图 8-17）：其结构有内锥式和外锥式。

4）多瓦式自动调位轴承（图 8-18）：其结构有三瓦式和五瓦式两种，其长度分为长轴瓦和短轴瓦两种。

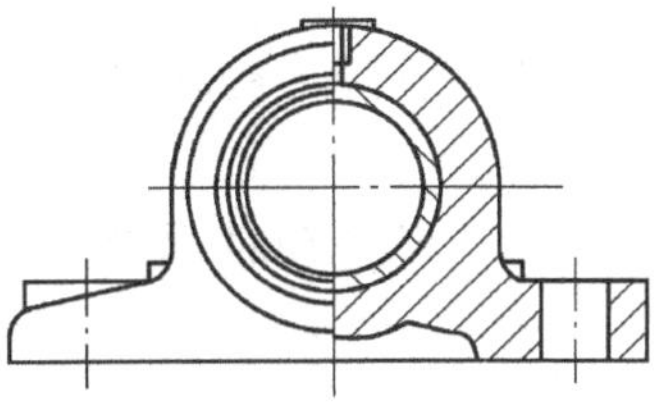

图 8-15　整体式滑动轴承

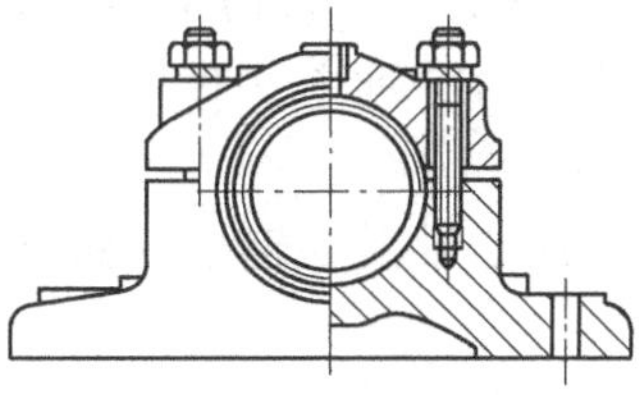

图 8-16　剖分式滑动轴承

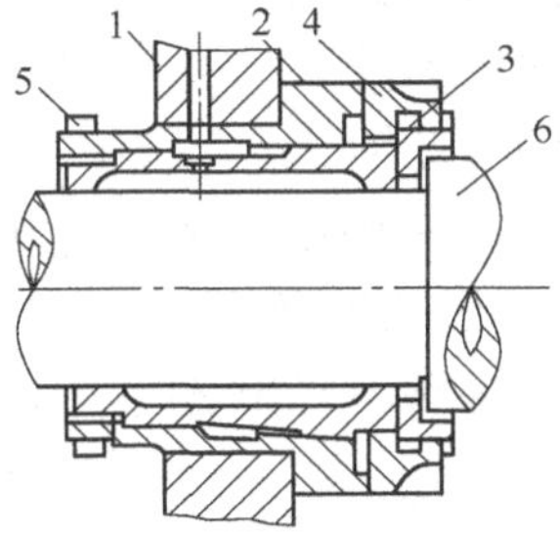

图 8-17　锥形表面滑动轴承
1—箱体　2—轴承外套　3—轴承
4—前螺母　5—后螺母　6—轴

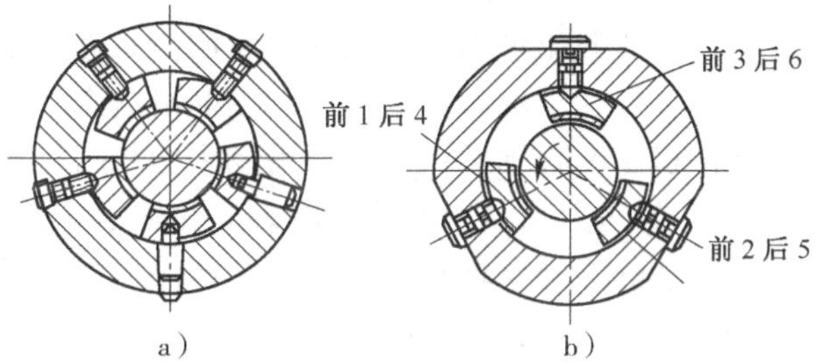

图 8-18　多瓦式自动调位轴承
a) 五瓦式　b) 三瓦式

(2) 根据载荷形式分类

1) 动载荷滑动轴承（图 8-17）：承受大小和（或）方向变化的载荷的滑动轴承。

2) 静载荷滑动轴承（图 8-19）：承受大小和方向均不变的载荷的滑动轴承。

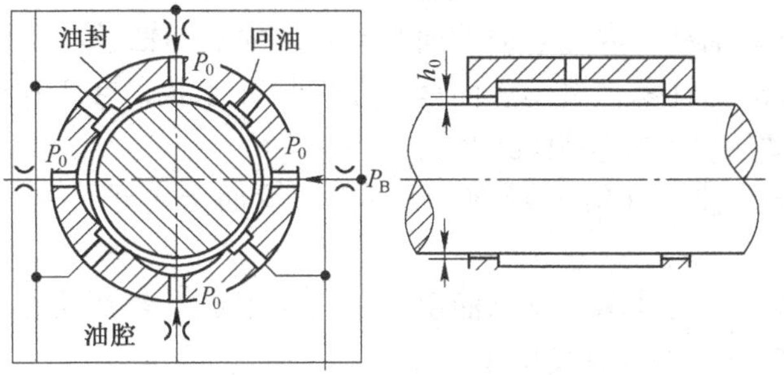

图 8-19　静载荷滑动轴承

(3) 根据承受载荷的方向分类

1) 径向滑动轴承（径向轴承）：是承受径向（垂直于旋转轴线）载荷的滑动轴承。其基本类型有圆轴承、部分瓦轴承、双侧油室供油轴承、浮环轴承、轴向油槽供油轴承、螺旋槽轴承、多沟轴承等10余种。

2）止推滑动轴承（止推轴承）：承受轴向（沿着或平行于旋转轴线）载荷的滑动轴承。

3）径向止推滑动轴承（带止推边轴承）：同时承受径向和轴向载荷的滑动轴承。

（4）根据润滑类型分类

1）气体静压轴承：在气体静压润滑状态下工作的滑动轴承。

2）气体动压轴承：在气体动压润滑状态下工作的滑动轴承。

3）液体静压轴承：在液体静压润滑状态下工作的滑动轴承。

4）液体动压轴承：在液体动压润滑状态下工作的滑动轴承。

5）挤压油膜轴承：由于两滑动表面相对运动而使润滑膜中产生沿旋转运动方向法向的压力，从而使旋转轴表面和轴承完全分离的滑动轴承。

6）动静压混合轴承：同时在流体静压润滑状态和流体动压状态下工作的滑动轴承。

7）固体润滑轴承：用固体润滑剂润滑的滑动轴承。

8）无润滑轴承：工作前和工作时无润滑剂作用的滑动轴承。

9）自润滑轴承：用轴承材料、轴承材料成分或者是固体润滑剂镀覆层做润滑剂的滑动轴承。

10）多孔质自润滑轴承（烧结轴承）：用多孔性材料制成，孔隙充以润滑剂的滑动轴承。

11）自储油滑动轴承组件：带有油池，可以向轴承表面供油的滑动轴承。

（5）根据设计类型分类

1）圆形滑动轴承：内孔各横截面为圆形的滑动轴承。

2）非圆滑动轴承：内孔各横截面为非圆形的滑动轴承。

3）多油楔滑动轴承：滑动表面呈规律性特殊形状，在工作时沿其圆周形成若干楔形流体动压区的径向滑动轴承。

4）瓦块止推轴承（锥面导向轴承）：支承面由若干固定瓦块组成的滑动轴承。

5）径向可倾瓦块轴承：支承面由若干瓦块组成，各瓦块在流体动压作用下能相对于轴颈自行调整其倾角的滑动轴承。

6）止推可倾瓦块轴承：支承面由若干瓦块组成，各瓦块在流体动压作用下能相对于止推环滑动表面自行调整角度防止油膜外泄的止推轴承。

7）浮动轴套：设计为轴套形式，并能在轴颈上和轴承座孔内滑动的滑动轴承。

8）滑动轴承组件：由滑动轴承（径向或止推轴承）装配到支承式轴承座或

止推轴承座组成的支承单元。

① 支承式滑动轴承组件：用垂直于旋转轴轴线的固定元件来固定的滑动轴承组件。

② 止推滑动轴承组件：用平行于旋转轴轴线的固定元件来固定的滑动轴承组件。

二、轴瓦材料和固定方式

径向滑动轴承中与轴颈相配的元件称为轴瓦。滑动轴承通常用较软材料与较硬材料组成摩擦副，一般用较软材料做轴瓦。

1. 轴瓦的常用材料

用于轴瓦的材料应具备必要的摩擦相容性、嵌入性、磨合性、摩擦顺应性、耐磨性、耐疲劳性，以及耐蚀性、耐气蚀性和抗压强度。滑动轴承常用的有金属材料、粉末冶金材料和非金属材料三大类。其中动压轴承、静压轴承和不供油轴承的轴瓦一般用金属材料，含油轴承的轴瓦常用粉末冶金材料，无润滑轴承的轴瓦常用非金属材料。

（1）金属轴瓦材料　金属材料中可以做轴瓦的有铸铁、铅基、铜基和铝基合金。有些材料仅能做多层轴瓦的衬层，有些既可做衬层还可做单层轴瓦。常用的表面涂层材料有 PbSn10、PbSn7、PbSn10Cu2 等。

（2）含油轴承轴瓦材料　可以用作含油轴承轴瓦的材料有木材、成长铸铁、铸铜合金、粉末冶金减摩材料和与润滑油有亲和特性的酚醛树脂等。

（3）非金属轴瓦材料　非金属材料中用于轴瓦的有塑料、炭-石墨、陶瓷、木材和橡胶表面涂层等。

1）塑料轴瓦。塑料具有润滑性、耐腐蚀性强和密度小的特点，因此常用于滑动轴承。由于塑料的机械强度不如金属材料，同时在受温度和湿度的影响下，其形状尺寸的稳定性不高、热导率较低。为改善塑料的性能，常在塑料中加入填充材料，并在滑动轴承的设计时从结构上使塑料轴瓦满足其性能要求。

2）炭-石墨轴瓦。轴瓦用炭-石墨属机械用炭，是耐高温、有自润滑性的轴瓦材料。具有高温稳定性好、耐化学腐蚀能力强，热导率比塑料高，线胀系数比塑料小等优点。在大气和室温条件下，炭-石墨与镀铬表面的摩擦系数和磨损率都较低。在湿度很低的情况下炭-石墨会丧失润滑性。

3）陶瓷轴瓦。陶瓷材料具有材质硬、耐高温、耐磨的特性，但性脆、加工困难及成本高。一般用于气体轴承、高温轴承和一些特殊场合。

4）表面涂层。为改善轴瓦表面与轴的配合性能，并与轴瓦的基体材料适当匹配，可在表面涂覆涂层，获得比单一材料优越的轴承性能。合适的涂层使轴瓦表面与轴颈有良好的摩擦相容性，提供一定的嵌入性、改善轴瓦表面的顺应性和防止含铅衬层材料中的铅对轴颈的腐蚀。常用的涂层材料有PbSn10、PbSn7、PbSn10Cu2，涂层的厚度一般为0.017～0.075mm。

2. 滑动轴承的装配

(1) 剖分式滑动轴承的装配　上下轴瓦应与轴颈（或工艺轴）的尺寸精度要求配合加工，以达到设计规定的配合间隙、接触面积、孔与端面的垂直和前后轴承的同轴度要求。为保证配合面的接触要求，应按滑动轴承的装配精度，根据轴承的不同尺寸及工作状态，刮削滑动轴承轴瓦孔的刮研接触点数。每25mm×25mm内的刮研接触点数可查表获得。

刮研时，上下轴瓦的接合面要紧密接触，用0.05mm的塞尺从外侧检查时，任何部位塞入深度均不得大于接合面宽度的1/3。上下轴瓦应按加工时的配对标记装配，不得装错。瓦口垫片应平整，其宽度应小于瓦口面宽度1～2mm，长度应小于瓦口面长度。垫片不得与轴颈接触，一般应与轴颈保持1～2mm的间隙。

(2) 滑动轴承轴瓦的固定　为了使轴瓦在轴承座内保持正确的位置，滑动轴承的轴瓦常用定位销或骑缝螺钉与定位结构固定。当用定位销固定轴瓦时，应保证瓦口面、端面与相关轴承孔的开合面、端面保持平齐。固定销打入后不得有松动现象，且销的端面应低于轴瓦内孔表面1～2mm。

对于薄壁轴瓦的固定方式，常用定位唇结构加骑缝螺钉。装配时，将轴瓦的定位唇嵌入轴承座相应的定位槽中，与两片轴瓦对应的定位凹槽应配置在同一侧。

(3) 球面自位轴承的装配　球面自位轴承的轴承体与球面座装配时，应涂色检查它们的配合表面接触情况，一般接触面积应大于70%，并应均匀接触。

(4) 整体圆柱滑动轴承装配　固定式圆柱滑动轴承装配时可根据过盈量的大小，采用压装或冷装，装入后内径必须符合设计要求。轴套装入后，固定轴承用的锥端紧定螺钉或固定销端头应埋入轴承内。轴装入轴套后应转动自如。

(5) 整体圆锥滑动轴承装配　装配圆锥滑动轴承时，应涂色检查锥孔与主轴颈的接触情况，一般接触长度应大于70%，并应靠近大端。

第三节　轴承的润滑

滚动轴承与滑动轴承在工作过程中，轴承内部各元件都存在不同程度的相对滑动，从而导致摩擦发热和元件的磨损。选择润滑剂时通常要考虑轴承工作时的温度和轴承的工作载荷以及轴承的转速等因素。润滑轴承的主要目的是减少摩擦发热，避免工作温度过高；降低磨损、防止锈蚀，达到散热和密封的作用。因此，在工作中必须对轴承进行可靠的润滑。

一、常用润滑剂、润滑脂的种类、特点

润滑脂是由润滑油、稠化剂和添加剂在高温下混合而成。根据稠化剂的种类，润滑脂可以分为钙基润滑脂、钠基润滑脂、钙钠基润滑脂、铝基润滑脂和二硫化钼润滑脂等。

一般轴承在工作时多采用脂润滑，脂润滑具有油膜强度高、油脂粘附性好、不易流失，使用时间较长，密封简单，能够防止灰尘、水分和其他杂质进入轴承。钙基润滑脂滴点较低，不易溶于水，适于潮湿、水分较多的工作环境；钠基润滑脂滴点较高，易溶于水，适于干燥、水分较少的环境；锂基润滑脂滴点较高，当选用适当的基础油时，锂基润滑脂可以长期使用在120℃或短期使用在150℃的工作环境中。锂基润滑脂具有较好的机械安定性和较好的抗水性，适于潮湿和与水接触的机械部位，与钙基、钠基润滑脂相比锂基润滑脂的使用寿命可以延长一倍至数倍，同时也具有较低的摩擦因子。二硫化钼润滑脂属于固体润滑脂，与金属表面有很强的结合力。二硫化钼（MoS_2）的摩擦因数为0.06左右，工作时能形成一层耐35MPa的压力和耐40m/s的摩擦速度的膜，具有良好的固体润滑剂的功能。

在高速或高温条件下工作的轴承，一般采用油润滑。油润滑润滑可靠、摩擦因数小，有良好的冷却和清洗作用，能用多种润滑方式以适应不同的工作条件。

二、各种润滑装置的结构、特点

润滑的目的是在机械设备摩擦副相对运动的表面之间加入润滑剂，以降低摩擦阻力和能源消耗，减少表面磨损、延长使用寿命，保证设备正常运转。为保证设备的良好润滑状态和工作性能，合理地选择和设计润滑方法和装置是十分必要的。

（1）油雾发生器凝缩嘴　采用油雾润滑的方法，以压缩空气为能源，用油雾发生器将润滑油形成1～3μm颗粒状油雾，随压缩空气经管道、凝缩嘴送至润滑点实现润滑。油雾发生器凝缩嘴适用于高速运动的滚动轴承、滑动轴承、齿轮、蜗轮及滑动导轨等各种摩擦副上。

（2）手动润滑脂站　采用手动压力润滑的方法，利用储油器中的活塞将油脂压入液压泵中，当转动手柄时液压泵的柱塞及挤压润滑脂到给油器，经管道输送到润滑点。手动润滑脂站适用于给单独设备的轴承以及其他摩擦副供给润滑脂。

（3）电动润滑脂站　采用电动连续压力润滑的方法。通过电动机、减速器带动柱塞泵，将润滑脂从储油器中吸出，经电磁换向阀沿给油主管向各给油器压送润滑脂，给油器在压力作用下，向各润滑点输送润滑脂。电动润滑脂站适用于

润滑各种轧机的轴承以及其他摩擦元件。

(4) 多点润滑脂泵　采用连续压力润滑的方法，是由电动机、齿轮或蜗杆副等传动机构带动凸轮，并通过凸轮偏心距的变化使柱塞实现径向往复直线运动，可以不用给油器等其他润滑元件，不停顿地定量输送润滑脂到润滑点。多点润滑脂泵适用于重型机械和锻压设备的单机润滑，直接向设备的轴承座及各种摩擦副自动输送润滑脂。

第四节　液压传动装配

一、液压传动的工作原理和特点

1. 概述

液压传动是以液体作为工作介质，传递动力和运动的一种传动方式。液压泵将外界所输入的机械能转变为工作液体的压力能，经过管道及各种液压控制元件输送到执行机构→油箱或马达，再将其转变为机械能输出，使执行机构完成各种所需要的动作。依靠密封系统对油液进行挤压所产生的液压能来转换、传递、控制和调节能量的一种传动方式。

2. 液压传动的特点

液压传动由于具有结构简单、机件重量轻、成本低、劳动强度小，并能提高工作效率和自动化程度的优点。采用液压传动可以在传动过程中实现大范围的无级调速，实现无间隙传动，达到传动平稳的效果。在同等输出功率下，液压传动装置的体积较小，重量轻、运动惯性小、动态性能好。由于采用油作为传动介质，液压元件有自我润滑的作用，因此有着较长的使用寿命。由于液压元件都采用标准化、系列化的产品，便于设计、制造和推广应用。因此，液压传动不但在金属切削机床上的往复运动、无级变速以及进给运动和控制系统中广泛应用，同时在矿山机械、冶金设备、农业机械、建筑和航空等行业中也被普遍采用。

3. 液压传动的原理

液压传动借助于处在密封容器内的液体的压力来传递动力和能量。液体没有固定的几何形状，却有几乎不变的体积，可随着容器的变化而变化。当液体被容纳于密闭的几何形体中，就可以将液压油从一处传递到另一处。高压液体在几何形体内（管道、液压缸等）受力作用被迫流动时，可将液压能转换成机械能。

4. 静压力的传递

根据帕斯卡原理，加在密闭液体上的压力，能够大小不变地由液体向各个方向传递。在密闭的容器中压力处处相同。施加于静止液体上的压强将以等值同时传到各点。

在两个相互连通的密闭液压缸中（图 8-20）装着油液（工作介质），两边液压缸上部装有活塞，小活塞和大活塞的面积分别用 A_1 和 A_2 表示，若在小活塞上面施加一外力 F_1，F_1 在小活塞上形成了压力 F_1/A_1。根据帕斯卡原理，同时在大活塞的底面也会产生同样的压力 F_2/A_2，作用在大活塞上的力 $F_2 = F_1A_2/A_1$。设大小活塞的面积之比 $A_2/A_1 = n$，则大活塞输出的力为 nF_1，如两个活塞的面积 A_2/A_1 的比值越大，则大活塞的输出的力也就越大。

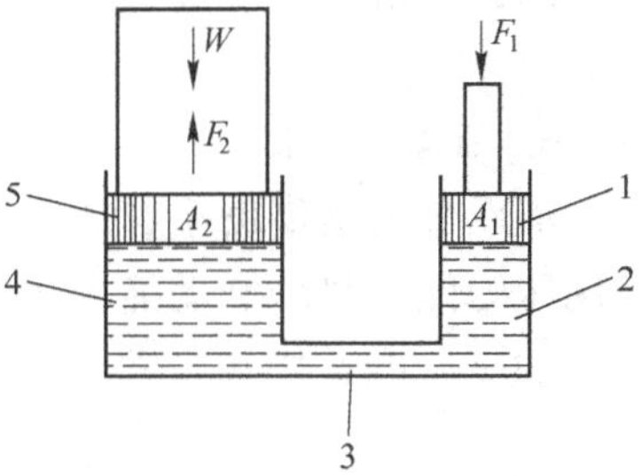

图 8-20　液压千斤顶示意图
1、5—活塞　2、4—液压缸　3—油管

5. 液流的连续性

液流的连续性原理是：流体中任何一点的压力、速度和密度都不随时间而变，则在单位时间内流经管中每一个横截面的液体质量一定是相等的。由于液体的可塑性很小，一般可以忽略不计。因此，液体可在管内作稳定的流动。当液体在等截面的管中流动时，其横截面积与液流速度相等。如图 8-21 所示，当液体在不等横截面的管中流动时，设横截面 1 和 2 的直径分别为 d_1 和 d_2，横截面积分别为 A_1、A_2，在横截面 A_1、A_2 处的平均流速分别为 v_1 和 v_2，由于流经两个横截面处液体的密度“ρ”相同，根据液流的连续性原理，流经横截面 1 和 2 的液体质量相等。则液流的连续性方程式为

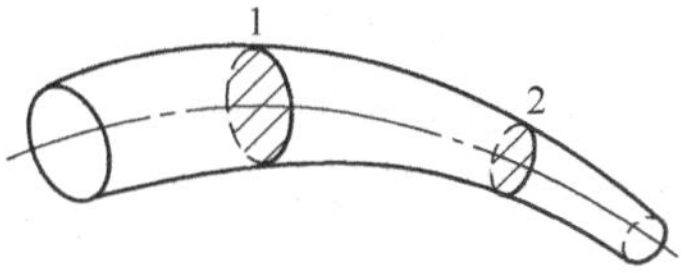

图 8-21　液流

$$\rho v_1A_1 = \rho v_2A_2 = \rho vA = 常量 \tag{8-1}$$

式中　ρ——密度（kg/m^3）；

v——速度（mm/s）；

A——面积（mm^2）。

上式中除以液体的密度“ρ”，则为

$$v_1A_1 = v_2A_2 = vA = 常量 \tag{8-2}$$

或

$$\frac{v_1}{v_2} = \frac{A_1}{A_2} \tag{8-3}$$

以上液流连续性方程式说明，通过管内不同截面的液流速度与其横截面积的大小成反比，即管子细的地方流速大，管子粗的地方流速小。

液流连续性方程式也常用流量表示，即

$$Q = vA \tag{8-4}$$

式中　Q——流量（L/min）。

因此，液流连续性方程式也用以下方法表示：

$$Q_1 = Q_2 = \text{常量} \tag{8-5}$$

6. 伯努利定律

液压传动是借助于有压力的流动液体来传递能量的。伯努利定律是：液体能量用压力能、势能和动能来表现，三者之间可以相互转化，而且液体在管道内任一处的三种能量之和为常数。方程式为

$$\frac{p_1}{\rho} + gh_1 + \frac{v_1^2}{2} = \frac{p_2}{\rho} + gh_2 + \frac{v_2^2}{2} \tag{8-6}$$

式中　p——压力（MPa）；

v——流速（m/s）；

h——高度（m）；

ρ——密度（kg/m^3）；

g——重力加速度（m/s^2）。

通过伯努利定律方程式可以说明：液体的流速越高则压力越低，液体的流速越低则压力就越高。

二、液压传动的各种管接头和连接方式的特点

在液压传动系统中，各元件之间的连接是通过管道和接头实现的。常用的管接头中主要有焊接式、卡套式和扩口式及软管接头等，其中焊接式和卡套式管接头多用于钢管连接中，适用于中、高压系统；薄壁式、扩口式管接头常用于薄壁钢管、铜管、尼龙管或塑料管的连接，适用于低压系统；软管接头常用于橡胶软管，用于两个相对运动件之间的连接。基本类型有以下几种（见表8-2）：

表8-2　各种管接头类型和连接特点

类　型	结 构 图	特　点
端直通管接头	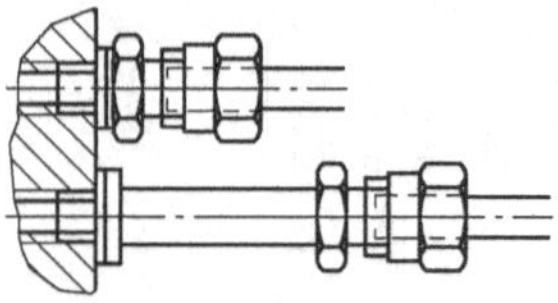	利用不同长度的直通管接头，为避免安装接头部位的干涉，主要用于螺孔间距较小的地方，常与端面管接头交错安装
焊接管接头	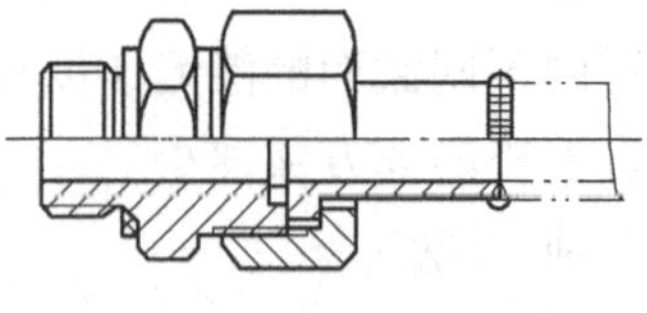	利用接管与管道焊接。接头体与接管之间用O型密封圈端面密封。具有结构简单、容易制造，密封性好，对管道的尺寸精度要求不高的优点。但对焊接质量要求高，装拆不变。工作压力可达63MPa，工作温度－25～80℃，适用于以油为介质的管道系统

（续）

类　型	结 构 图	特　点
卡套式管接头	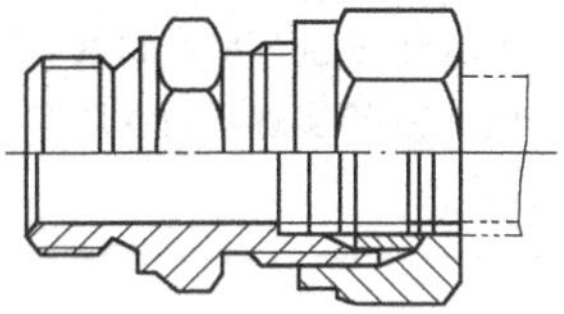	利用卡套变形卡住管道并进行密封，具有结构先进、性能良好，重量轻、体积小，易制造、密封性好的优点。对管道的尺寸及卡套精度要求高，管材常用冷拔钢管，工作压力可达63MPa。适用于油、气及一般腐蚀性介质的管道系统
扩口式管接头	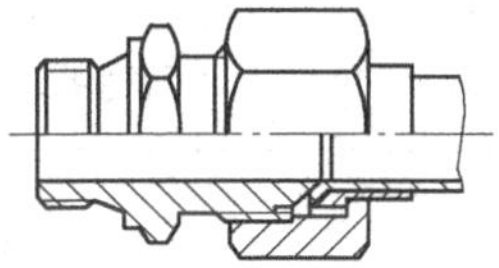	利用管道端部扩口进行密封，不需要其他密封件。结构简单，常用于薄壁管件的连接。适用于油、气为介质的压力较低的管道系统
承插焊管件	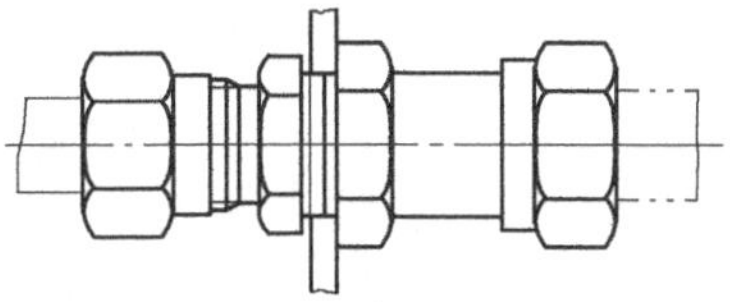	利用承插焊管件，将所需要长度的管道插入管接头与内端接触后，将管道与管接头焊接成一体，可省去接管，但对管道尺寸严格。适用于油、气为介质的管道系统
锥密封焊接式管接头	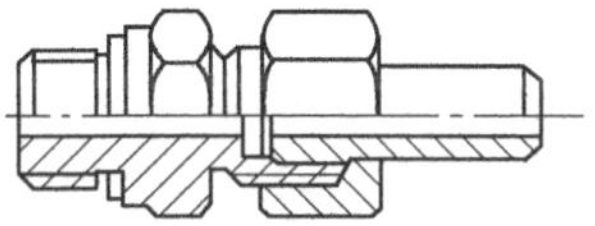	利用接管一端的外锥表面，加O型密封圈与接头内锥表面相配合，用螺纹连接后拧紧。工作压力可达16～31MPa，工作温度－25～80℃。适用于油为介质的管道系统
快速接头（两端开闭式）	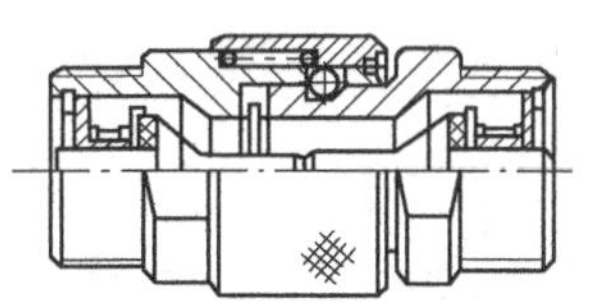	结构比较复杂，局部阻力较大。具有管道拆开后，能自行密封不会让管道内液体流失的优点。工作压力低于31.5MPa，工作温度－20～80℃。适用于油、气为介质的管道系统和经常拆卸的场合
快速接头（两端开放式）	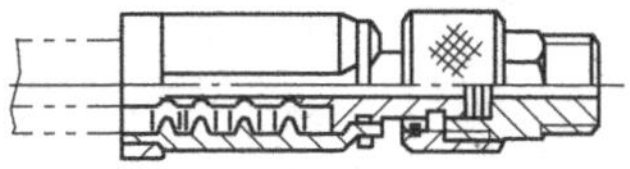	适用于油、气为介质的管道系统，其工作压力、介质温度由连接的胶管限定
过板式管接头	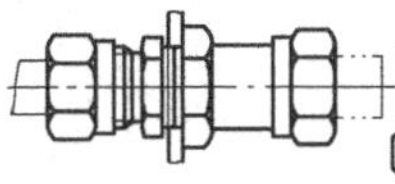 a) 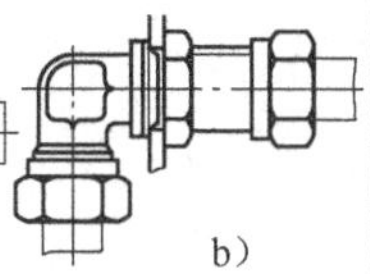 b)	主要用于管道过多成排的布置，可将管道固定在支架上。采用此管接头具有既能够保持箱内密封，又能使管接头得到固定的优点。常用于密封容器内外管道的连接

（续）

类　型	结 构 图	特　点
变径管接头	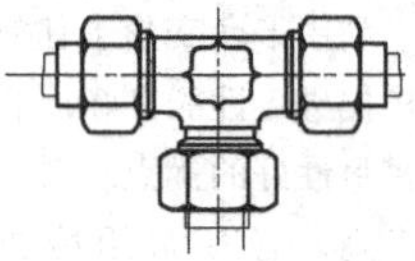	管接头的不同端口接口直径不同，利用变径管接头可实现不同直径管道的连接
扣压式软管接头及软管总成	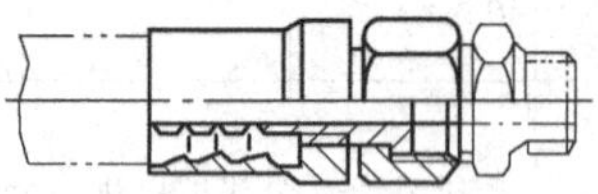	可与扩口式、卡套式、焊接式或快换接头连接使用，其工作压力与软管结构及直径有关，介质（油）温度为 -25 ~ 80℃。常用于油、水、气为介质的管道系统

复习思考题

1. 试述滚动轴承的结构。
2. 试述滚动轴承的代号。
3. 试述滚动轴承的配合方法。
4. 试述滑动轴承的分类。
5. 轴瓦的常用材料是什么？
6. 试述滑动轴承的装配。
7. 试述轴承常用润滑剂、润滑脂的种类、特点。
8. 液压传动的工作原理是什么？
9. 液压传动各种连接方式的特点是什么？

第九章

部件和整机装配

培训目标 了解装配的基础知识，熟悉机械的装配工艺和处理方法，掌握一般部件和整机的装配技能。

第一节 装配的基本知识

一、装配工艺过程

将若干个零件结合成部件或将若干个零件结合成最终产品的工艺过程称为装配，后者称为总装。

装配工作，是产品制造过程的后期工作，它包括各种装配的准备工作，部装、总装、调整、检验和试机等工作。装配质量的好坏，对整个产品的质量起着决定性的作用。通过装配才能形成最终的产品，并保证它具有规定的精度及设计所定的使用功能以及质量要求。如果装配不当，不重视清理工作，不按工艺技术要求装配，即使所有零件加工质量都合格，也不一定能够装配出合格的、优质的产品。这种装配质量较差的产品，精度低、性能差、功率损耗大、寿命短，将造成很大的损失。相反，虽然某些零部件的质量并不很高，但经过仔细地修配和精确地调整后，仍能装配出性能良好的产品。因此，装配工作是一项非常重要而又细致的工作，必须认真按照产品装配图，制订出合理的装配工艺规程，采用新的装配工艺，以提高装配精度。达到质量优、费用少、效率高的要求。

产品的装配工艺过程由以下四部分组成：

1. 装配前的准备工作

1）研究和熟悉产品装配图、工艺文件及技术要求；了解产品的结构、零件的作用以及相互的连接关系，并对装配零部件配套的品种及其数量加以检查（如标准件、外购件等）。

2）确定装配的方法、顺序和准备所需的工具。

3）对装配零件进行清洗和清理，去掉零件上的毛刺、锈蚀、切屑、油污及其他脏物，以获得所需的清洁度。

4）对有些零部件还需进行刮削等修配工作，有的要进行平衡试验、渗漏试验和气密性试验等。

2. 装配工作

比较复杂产品的装配工作应分为部装和总装两个过程。

1）部装是指产品在进入总装以前的装配工作。凡是将两个以上的零件组合在一起或将零件与几个组件结合在一起，成为一个装配单元的工作，都可以称为部装。

把产品划分成若干装配单元是缩短装配周期的基本措施。因为划分成若干个装配单元后，可在装配工作上组织平行装配作业，扩大装配工作面，而且能使装配按流水线组织生产，或便于协作生产。同时，各装配单元能预先调整试验，各部分以比较完善的状态送去总装，有利于保证产品质量。

2）总装是把零件和部件装配成最终产品的过程。产品的总装通常是在工厂的装配车间（或装配工段）内进行的。但在某些场合下（如重型机床、大型汽轮机和大型泵等），产品在制造厂内只进行部装工作，而在产品安装的现场进行总装工作。

3. 调整、精度检验和试运行

1）调整工作是指调节零件或机构的相互位置、配合间隙、结合松紧等。其目的是使机构或机器工作协调，如轴承间隙、镶条位置、蜗轮轴向位置的调整等。

2）精度检验包括工作精度检验、几何精度检验等。如车床总装后要检验主轴中心线和机床导轨的平行度误差、中滑板导轨和主轴中心线的垂直度误差以及前后两顶尖是否等高等。工作精度检验一般指切削试验，如车床要进行车圆柱或车端面试验。

3）试运行包括机构或机器运转的灵活性、工作温升、密封、振动、噪声、转速、功率和效率等方面的检查。

4. 喷漆、涂油、装箱

喷漆是为了防止不加工面的锈蚀和使机器外表美观；涂油是使工作表面及零件已加工表面不生锈；装箱是为了便于运输。它们都需结合装配工序进行。

二、装配方法

为了保证机器的工作性能和精度，在装配中必须达到零部件相互配合的规定要求。根据产品的结构、生产条件和生产批量的不同，为保证规定的配合要求，一般可采用如下四种装配方法。

（1）互换装配法　在装配时各配合零件不经修配、选择或调整即可达到装配精度的装配方法，称互换装配法。按互换装配法进行装配时，装配精度由零件制造精度保证。

互换装配法的特点如下：

1）装配操作简便，生产效率高。

2）便于组织流水线作业及自动化装配。

3）便于采用协作方式组织专业化生产。

4）零件磨损后，便于更换。

但这种方法对零件的加工精度要求较高，制造费用将随之增大。因此，这种装配方法适用于组成件数少、精度要求不高或大批量生产中采用。例如自行车、汽车、电器设备等。

（2）选配法　选配法是将零件的制造公差适当放宽，然后选取其中尺寸相当的零件进行装配，以达到配合要求。这种方法称为选配法。选配法又可分为直接选配法和分组选配法两种。

1）直接选配法。是指由装配工人直接从一批零件中选择“合适”的零件进行装配。这种方法比较简单，零件不必事先分组。但装配中挑选零件的时间长，装配质量取决于装配工人的技术水平，不宜用于节拍要求较严的大批量生产。

2）分组选配法。将一批零件逐一测量后，按实际尺寸的大小分成若干组，然后将尺寸大的包容件（如孔）与尺寸大的被包容件（如轴）相配。将尺寸小的包容件与尺寸小的被包容件相配。这种装配法的配合精度决定于分组数，增加分组数可以提高装配精度。

分组装配法的特点是：

① 经分组选择后零件的配合精度高。

② 因零件制造公差放大，所以加工成本降低。

③ 增加了对零件的测量分组工作量，并需要加强对零件的储存和运输的管理。同时会造成半成品和零件的积压。

分组选配法常用于成批或大量生产，装配精度高、配合件的组成数少，又不便于采用调整装配的情况。如柴油机的活塞与缸套、活塞与活塞销、滚动轴承的内外圈及滚子等。

（3）调整装配法　在装配时改变产品中可调整零件的相对位置或选用合适

的调整件以达到保证装配精度的方法，称为调整装配法。如图 9-1 所示为用垫片来调整轴向配合间隙的方法。图 9-2a 所示是通过调节套筒的轴向位置来保证它与齿轮轴向间隙的要求；图 9-2b 所示是用调节螺钉调节镶条的位置来保证导轨副的配合间隙；图 9-2c 所示是用调节螺钉使楔块上下移动来调节丝杠和螺母间的轴向间隙。

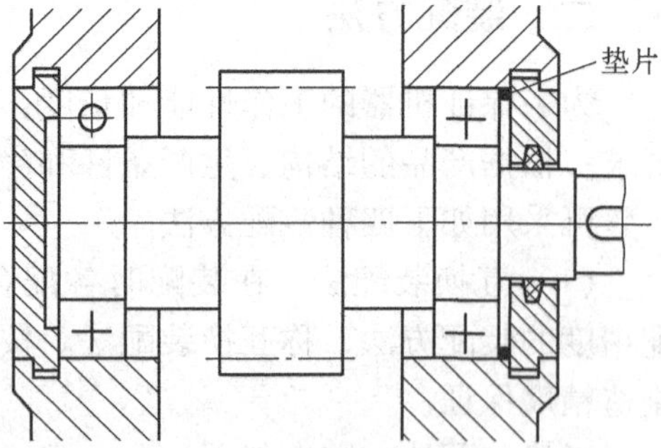

图 9-1　固定调整装配法示例

调整装配法的特点是：

1）装配时，零件不需要任何修配加工，只靠调整就能达到装配精度。

2）可进行定期调整，故容易恢复配合精度，这对容易磨损或因温度变化而需改变尺寸位置的结构是很有利的。

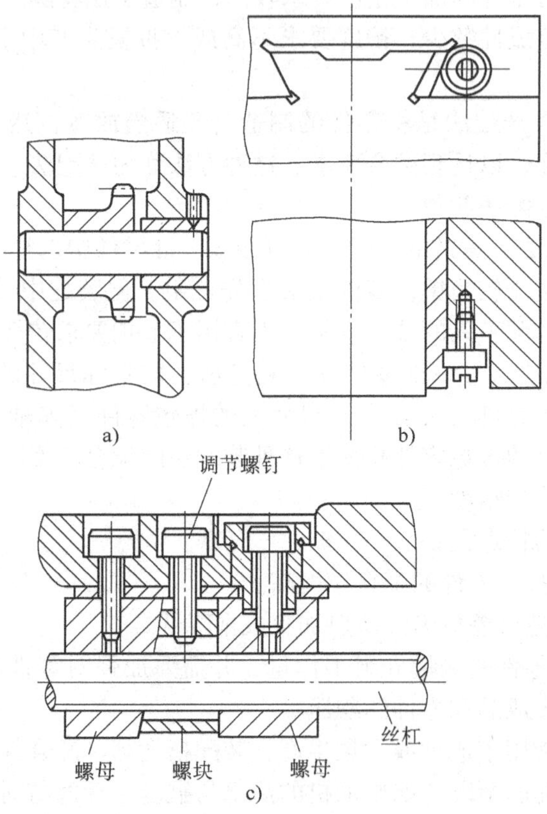

图 9-2　可动调整装配法示例

3）但调整件容易降低配合副的连接刚度和位置精度，所以要认真仔细地调整，调整后，固定要坚实牢靠。

（4）修配装配法　在装配时修去指定零件上预留的修配量，以达到装配精度的方法，称为修配装配法。如图 9-3 所示为通过修刮尾座底板尺寸 A_2 的预留量，使前后两顶尖中心线达到规定的等高度（即允差为 A_0）的方法。

修配装配法的特点是：

1）零件的加工精度要求降低。

2）不需要高精度的加工设备，而又能得到很高的装配精度。

3）装配工作复杂化，装配时间增加，故适宜于单件、小批量生产，或成批生产中精度要求高的产品中采用。

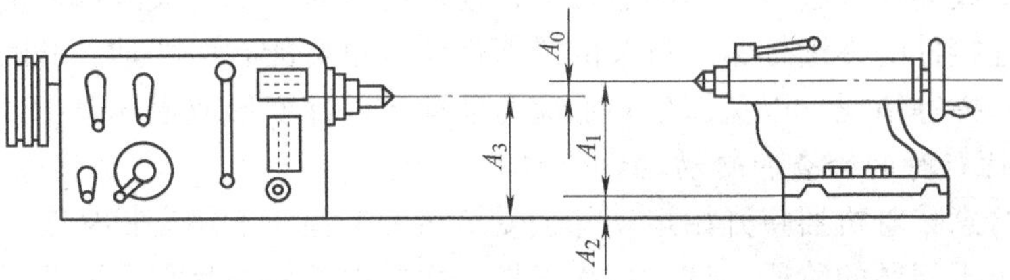

图 9-3　修配装配法示例

三、装配工作的要点和调试

要保证产品的装配质量，主要是应按照规定的装配技术要求去装配。不同的产品其装配技术要求虽不尽相同，但在装配过程中有许多工作要点是必须共同遵守的，它们包括：

1. 做好零件的清理和清洗工作

清理工作包括去除残留的型砂、铁锈、切屑等，对于孔、槽、沟及其他容易存留杂物的地方，尤其应仔细清理。零件加工后的去毛刺倒角工作应保证做到完善，但要防止因操作鲁莽而损伤其他表面而影响精度。

零件的清洗工作一般都是不可缺少的，其清洁的程度，可视相配表面的精密性高低而允许有所差别。例如对于轴承、液压元件和密封件等精密零件的清洁程度，要求应十分严格。特别要注意的是：对于已经仔细清洗过的零件，装配时若随意拿棉纱再去擦几下，这反而是一种不清洁的做法。

2. 做好润滑工作

相配表面在配合或连接前，一般都需加油润滑。因为如果在配合或连接之后再加油润滑，往往不方便和不全面，会导致机器在起动阶段因一旦不能及时供油而加剧磨损。对于过盈连接件，配合表面如缺乏润滑，则当敲入或压合时极易发生拉毛现象。活动连接的配合表面当缺少润滑时，即使配合间隙准确，也常常因有卡滞而影响正常的活动性能，而有时会被误认为配合不符合要求。

3. 相配零件的配合尺寸要准确

装配时，对于某些较重要的配合尺寸进行复验或抽验，这常常是很必要的一项工作，尤其是当需要知道实际的配合是间隙还是过盈时。过盈配合的连接一般都不宜在装配后再拆下重装，所以对实际过盈量的准确性更要十分重视。

4. 边装配边检查

当所装的产品较复杂时，每装完一部分应检查一下是否符合要求，而不要等大部分或全部装完后再检查，此时发现问题往往为时已晚，有的甚至不易查出问题产生的原因。

在对螺纹连接件进行紧固的过程中，还应注意对其他有关零部件的影响，即随着螺纹连接件的逐渐拧紧，有关的零部件位置也可能有所变动，此时要防止发生卡住、碰撞等情况，以免产生附加应力而使零部件变形或损坏。

5. 试运行时的检查和起动过程的监视

试运行意味着机器将开始运动并经受负荷的考验，不能盲目从事，因为这是最有可能出现问题的阶段。试运行前，作一次全面的检查是很必要的，例如装配工作的完整性、各连接部分的准确性和可靠性、活动件运动的灵活性、润滑系统是否正常等。在确保都准确无误和安全的条件下，方可开机运转。

当机器开始起动后，应立即全面观察一些主要工作参数和各运动件的运动是否正常。主要工作参数包括润滑油压力和温度、振动和噪声、机器有关部位的温度等。只有当起动阶段各运行指标均正常稳定时，才有条件进行下一阶段的试运行内容。而起动一次成功的关键在于装配全过程的严密和认真。

四、装配实例

• 训练1　卧式车床尾座的装配

图9-4所示是CA6140－1卧式车床尾座装配图。尾座的关键部件是套筒。虽然它的精度主要取决于机加工质量，但如果钳工装配不当，尾座的精度同样会被降低。

尾座套筒经过加工，键槽和油槽两侧产生毛刺和翻边，这时可将套筒夹在台虎钳上。用锉刀倒角（注意不要划伤套筒的外表面），倒角可稍大些。然后用手检查外圆表面有无隆起或凹坑。套筒两端孔的端面也可用磨石作倒角处理。待清洗干净后，将试配过的丝杠再装上，盖上压盖并将螺钉孔和销孔加工完毕。套筒和尾座体要配合良好，以手能推入为宜。零件全部装好后，注入润滑油，运动部位的运动要感觉轻快自如。

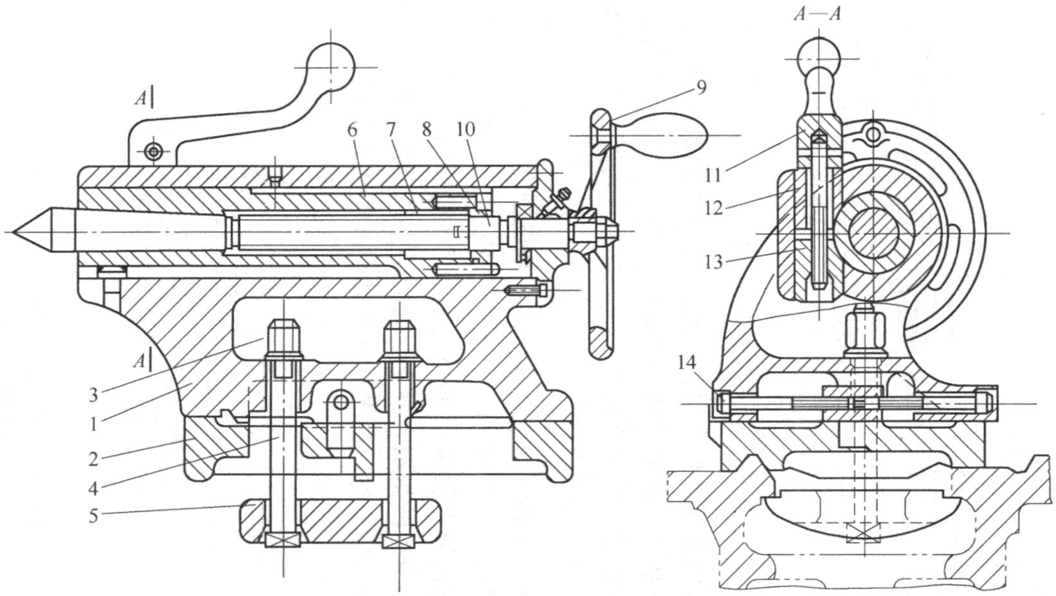

图 9-4　CA6140-1卧式车床尾座装配图

1—尾座体　2—尾座垫板　3—紧固螺母　4—紧固螺栓　5—压板　6—尾座套筒　7—丝杠螺母　8—螺母压盖
9—手轮　10—丝杠　11—压紧块手柄　12—上压紧块　13—下压紧块　14—调整螺栓

尾座套筒的前端有一对压紧块，它与套筒有一抛物线状接触面，若接触面积低于70%，要用涂色法并用锉刀或刮刀修整，使其接触面符合要求。接触表面的表面粗糙度值要尽量低些，防止研伤套筒。为了便于操作，压紧块手柄夹紧后的位置可参考图9-5。

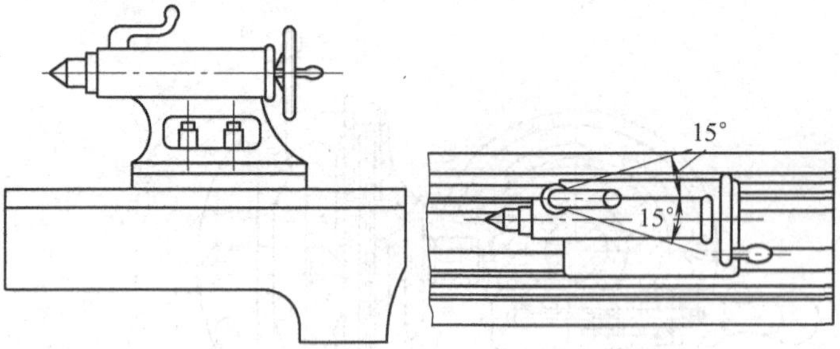

图9-5　压紧块手柄的位置

尾座体与尾座垫板的接触要好，可先将尾座体的接触面在刮研平板上刮出，并以此为准，刮出尾座垫板。刮研尾座体底面时，要经常测量套筒孔中心线与底面的平行度误差。尾座本身和对于主轴中心线的误差，可通过修刮垫板底部与床身的接触面来保证。

以上两种误差在装配完成时必须进行检测，其检测方法是：

(1) 套筒孔（即顶尖套）与床身（底面）导轨的平行度误差的检测　将尾座固定在床身上，使套筒伸出躯体100mm（或最大伸出量的1/2），并与躯体锁紧。移动溜板箱，使溜板上的指示表触于套筒的上素线和侧素线上，表上反映的读数差，即套筒中心线与床身导轨的平行度误差，如图9-6所示。

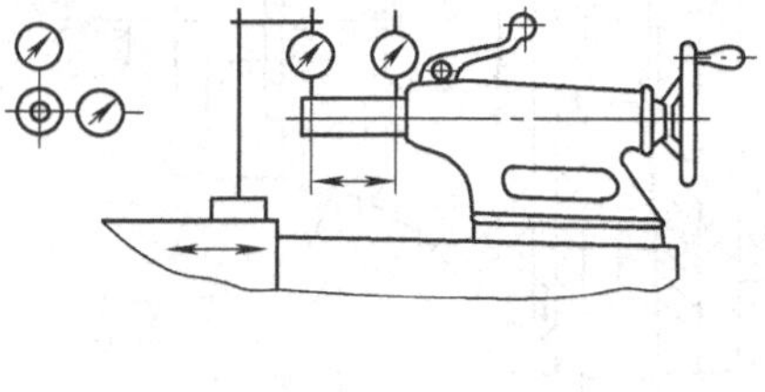

图9-6　顶尖套筒轴线对床身导轨的平行度误差的测量

上素线公差：在100mm长度内为0.01mm，只许套的前端向上偏。

侧素线公差：在100mm长度内为0.03mm，只许套的前端向人操作的方向偏。

（2）主轴锥孔轴线与顶尖套锥孔轴线对床身导轨的等高度的测量（见图9-7）　在车床主轴锥孔中插入一顶尖，并校正其与主轴轴线的同轴度。尾座套筒锥孔中同样插入一顶尖，二顶尖间顶一标准检验棒。移动溜板箱，使溜板上的指示表触于检验棒的上素线上，表上反应的读数差，即主轴锥孔轴线与尾座套筒锥孔轴线对床身导轨的等高度误差。为了消除顶尖套中顶尖本身误差对测量的影响，一次检验后将顶尖套中的顶尖退出，旋转180°重新插入检验一次，误差值即二次测量结果的代数和之半。上素线公差为0.06mm（只许尾座高）。

另一种测量方式如图9-7b所示，分别测量各锥孔中检验棒的上素线，在对照两检验棒的直径尺寸和指示表测量获得的结果经计算求得。

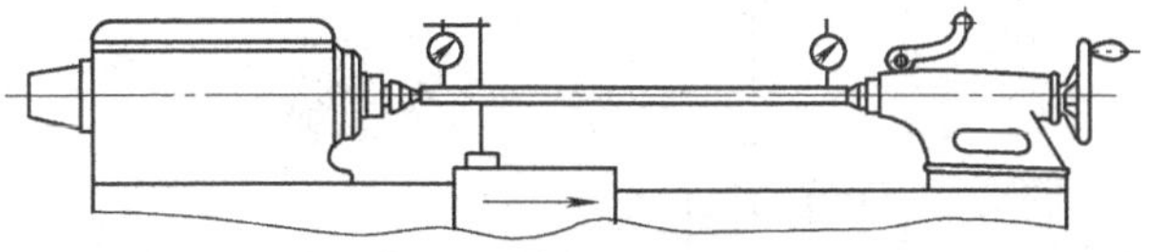

a)

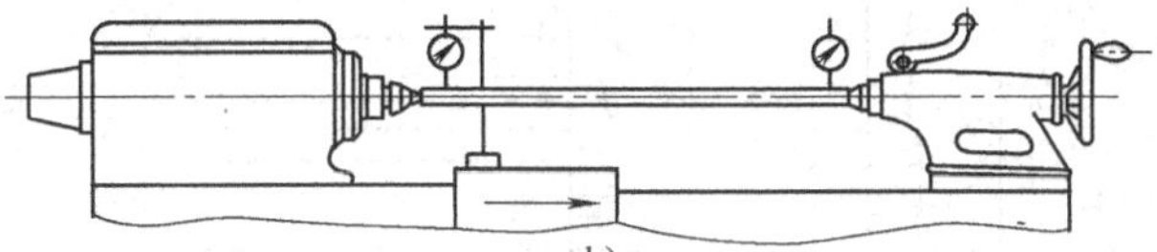

b)

图9-7　主轴锥孔轴线与顶尖套锥孔轴线对床身导轨的等高度的测量

• 训练2　平口钳的装配（图9-8）

平口钳在装配时，带有一定的加工工作量，即固定钳身（钳座）及活动钳身的刮削工作。所以在装配前先要做此工作，这实际上也是装配工作的一部分，所以平口钳装配的操作过程是这样的。

（1）刮削固定钳身　使用直角刮研模板（图9-9a），刮削要求是每25mm×25mm面积上有16～18个研点，刮研操作过程如图9-9b所示。然后以上平面为基准，刮导轨下滑面及底平面，达到平行度误差小于0.01mm，在每25mm×25mm面积上有6～8个研点就可以了。再刮导轨两侧面，达到相互平行度误差小于0.01mm（只许钳口处大），在每25mm×25mm面积上有12～16个研点。

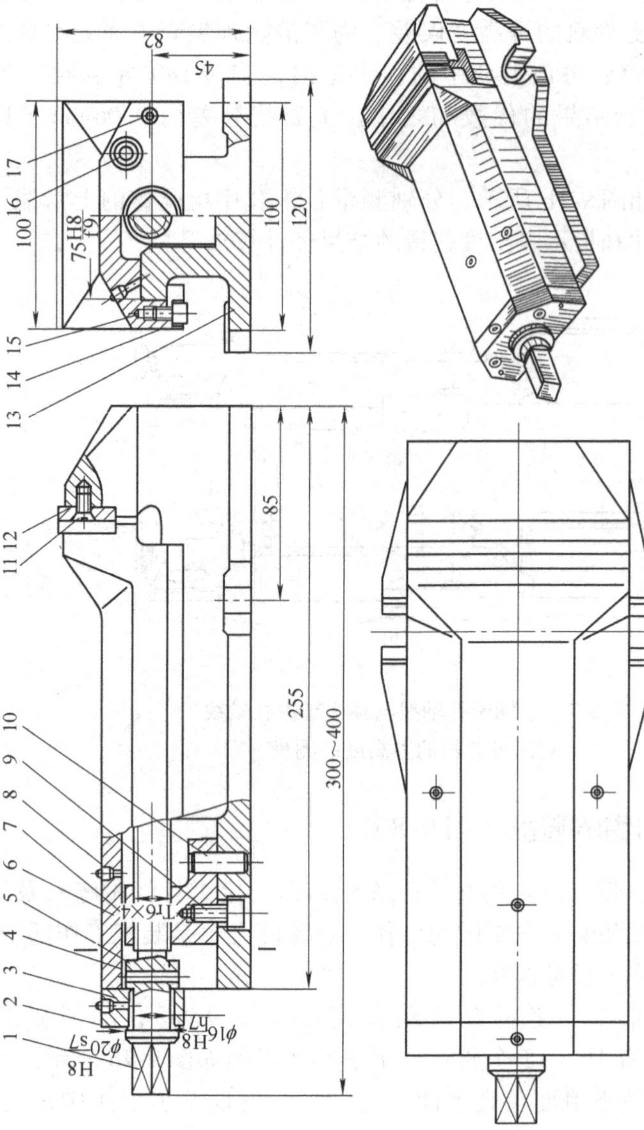

图9-8　平口钳装配图

1—螺杆　2—轴衬　3—挡板　4—锥销（φ4×25）　5—挡圈　6—活动钳身　7—螺母
8—油杯　9—螺钉（M8×6）　10—锥销（φ8×28）　11—螺钉（M6×12）　12—钳口板
13—钳座　14—压板　15—螺钉（M6×16）　16—螺钉（M8×20）　17—锥销（φ6×25）

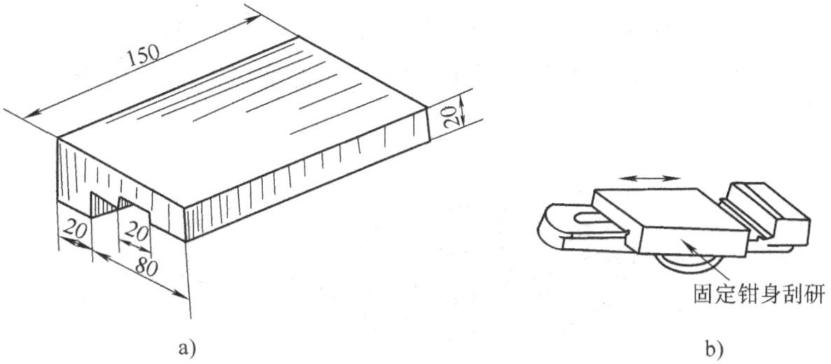

图 9-9　刮研工具及刮研过程
a）直角刮研模板　b）刮研操作过程

（2）底盘加工　刮研底盘上、下表面，达到研点和平行度误差要求后，装定位块，可用等高垫铁和指示表测量，达到定位块与孔的对称度要求则可，见图 9-10。

（3）活动钳身加工和配刮

1）检查来料尺寸，进行倒角、倒棱。

2）按尺寸划线，钻铰 $\phi3 \sim \phi6$mm 油杯孔。

3）与压板配钻 M6 螺孔，要求压板与活动钳身外形平齐。

4）按图开油槽。

5）用刮研模板研刮凹面，达到每 25mm × 25mm 面积上有 12 ~ 16 个研点。

6）研刮活动钳身两侧面，达到配入钳座内滑动轻便均匀，用 0. 04mm 塞尺在端部检查，其塞入深度不超过 10mm，且要求接触点在每 25mm × 25mm 面积上有 8 ~ 12 个研点，其操作过程见图 9-11。

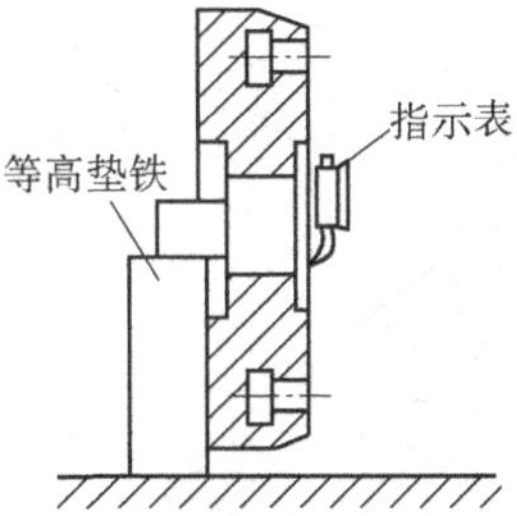

图 9-10　修装定位块

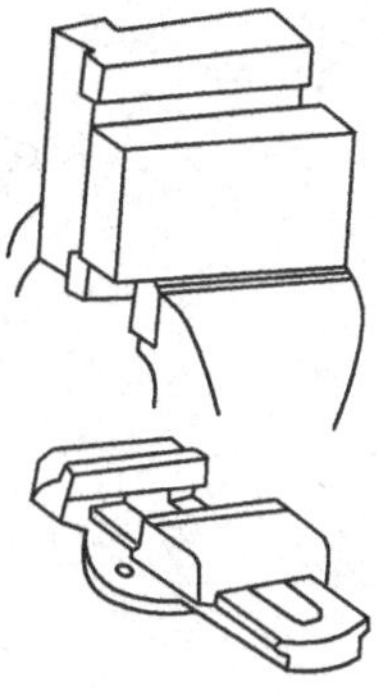

图 9-11　配刮活动钳身

(4) 试装　以钳口铁、滑板配作各连接孔，试装活动钳身与滑板，达到滑动轻快，无向上或左右的松动感。试装钳口铁，以一块钳口铁为基准，修整另一块钳口铁与钳身的接触面，达到两钳口铁装配后的间隙要求，如图 9-12 所示。

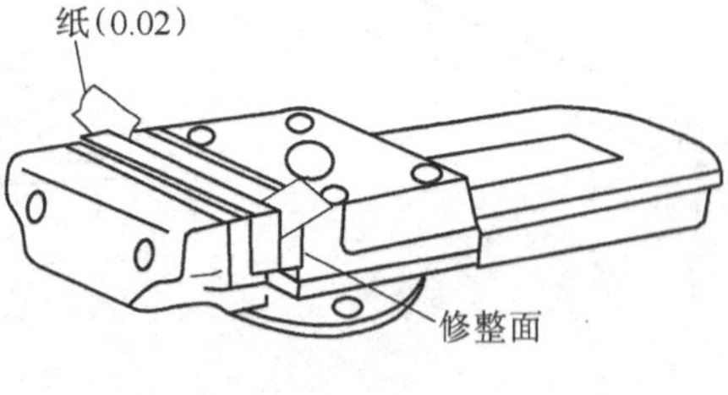

图 9-12　试装滑板与钳口铁

(5) 装配的顺序　以上准备工作做好后，可以进入总的装配，其顺序为：装传动螺母→装螺杆→装活动钳身→装滑板→装垫圈→装钳口铁→将钳口铁重合配作挡圈锥销孔→装入锥销→摇动螺杆，达到活动钳身滑动轻快→精修两钳口间隙，达到活动钳身移动任意位置时两钳口保持平行→全部拆卸清洗，涂油后再重新组装→以定位块为基准靠紧工作台 T 形槽内一侧，用指示表找正钳口铁，打 0 线，如图 9-13d 所示。

图 9-13 所示为平口钳装配的主要顺序。

装配结束后，整理并擦干净工具和量具，然后清洁装配平台和场地。

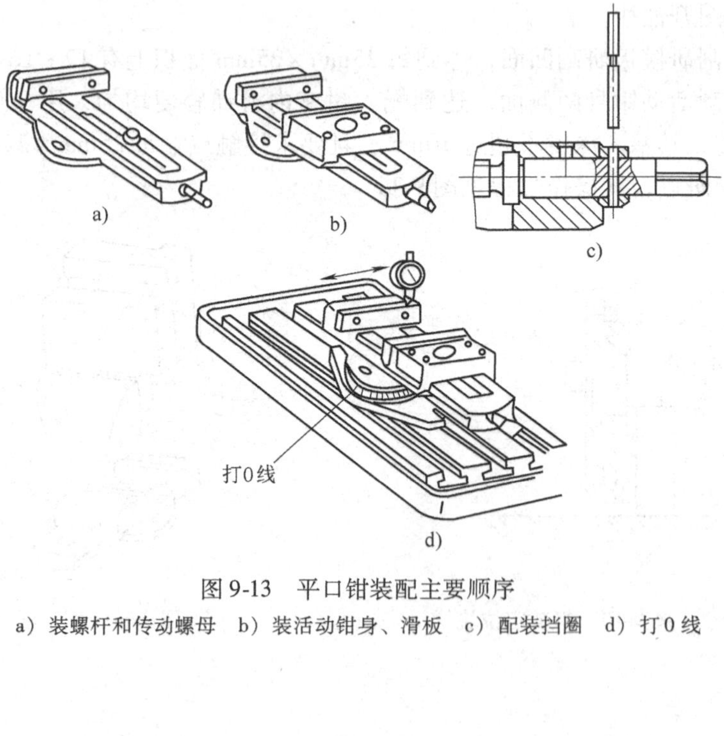

图 9-13　平口钳装配主要顺序

a）装螺杆和传动螺母　b）装活动钳身、滑板　c）配装挡圈　d）打 0 线

第二节 常用起重设备及安全操作规程

钳工在装配过程中，对一些较重的零件或部件，应采用起重设备，以减轻操作者的体力劳动，提高工作效率，保障生产安全。

起重设备一般的有千斤顶、手用葫芦和起重机（吊车）等。

一、千斤顶

适用于升降高度不大的重物的提高、移动等。常用的有螺旋千斤顶、齿条千斤顶和液压千斤顶。图 9-14 所示为液压千斤顶的结构图。

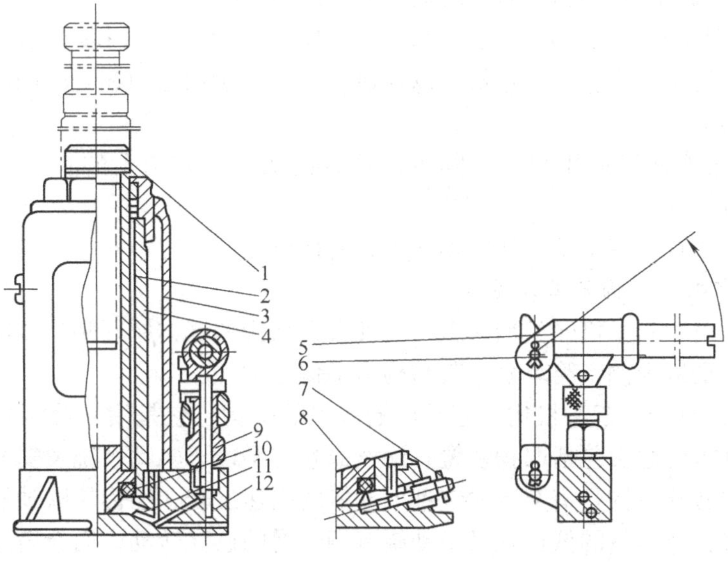

图 9-14 液压千斤顶

1—螺杆 2—主活塞 3—储油缸 4—主缸 5—压把 6—压把杆

7—放油杆 8、11、12—钢珠 9—液压缸 10—胶碗

使用千斤顶时，应注意：

1）千斤顶应垂直地安置在载荷下面，工作地面应坚实平坦，以防止陷入和倾斜。

2）用齿条千斤顶工作时，棘爪必须在棘轮上面滑过。

3）液压千斤顶工作时尽量避免全部旋出螺杆。主活塞的行程不准超过极限的高度标志。

4）不准超载，保证安全使用。

二、起重机

起重机是现代工业生产过程中机械化、自动化的代表之一。它是改善物料的搬运条件、减轻劳动强度、提高劳动生产率必不可少的重要设备。钳工在安装大型机床设备、上万吨级大型船舶的建造，火箭和导弹的发射、大型电站的施工安装，这些工程中都少不了起重机。

1. 起重机的种类

起重机大致可分为四大类。

1）桥式起重机，它除起升机构外，还有小车和大车运行机构，为此，起重机可在大、小车运行机构所能到达的整个场地及其上空作业。

2）梁式起重机是各机械厂车间必备的起重设备。

3）臂架式起重机，它除起升机构外，通常还有变幅、回转和运行机构，由于这些机构的相互配合，起重机可以在运行机构所能到达的和臂架回转机构所及的场地及其上空作业。

4）固定式回转起重机、升降机，只能实现一个方向上的直线作业，如电梯、升船机等。

另外，还有一些小型的如电动葫芦、卷扬机等。

2. 起重机的结构与工作原理

如上所说，起重机的类型较多，但其大致结构和基本原理则是相同的。现以通用桥式起重机为例，简单介绍其结构与工作原理。

1）起升机构：起升机构是起重机最基本的机构，它是用来使货物提升或降落的。起升机构通常包括取物装置、钢丝绳卷绕系统、驱动系统及安全装置等。

典型的起升机构是借交流线绕型电动机的高速旋转，经齿轮联轴器和齿轮减速器相连接，减速器的低速轴又带动绕有钢丝绳的卷筒转动，而卷筒通过钢丝绳和滑轮组与吊钩相联动来工作的。机构工作时，只要控制电动机的正、反转，卷筒使钢丝绳作卷进或放出，从而通过钢丝绳卷绕系统使悬挂的货物实现提升或降落。当机构停止工作时，悬挂的货物依靠制动器刹住。起升机构一般安装在小车架上。

2）小车运行机构：起重机的大车或小车都是沿水平位置移动的，为此，在水平方向上移动的货物就是凭借运行机构实现的，图 9-15 所示是小车运行机构的简单结构图。

小车的运行机构是由双端伸出轴的电动机带动立式减速器，在减速器的低速轴以集中传动的方式连接在小车架上的主动车轮上，在电动机另一端的伸出轴上，则装有制动器。小车的车轮是采用单轮缘车轮，且车轮的轮缘设置在轨道的外侧。

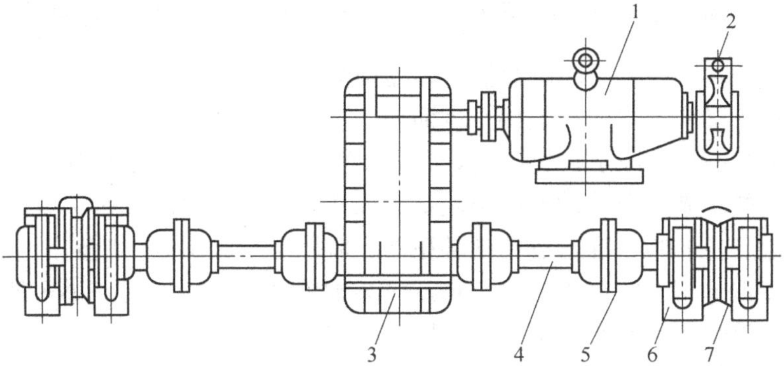

图 9-15 小车运行机构的简单结构图

1—电动机 2—制动器 3—减速器 4—补偿轴 5—联轴器
6—角形轴承箱 7—小车车轮

3）大车运行机构：在起重机桥架端梁的两端安装着大车运行机构用的车轮，起重量在 50t 以下的装置 4 个车轮，其中两个为主动轮；起重量在 75t 以上时，都采用平衡梁的车轮组，常装着 8 个以上车轮。对驱动大车机构的运行装置，通常具有两种形式，即集中驱动和分别驱动。集中驱动是用一台电动机通过减速器及传动轴，带动大车的两个车轮，这种方式已基本淘汰。分别驱动方式是用两台规格相同的电动机，分别通过齿形联轴器直接与减速器高速轴连接，减速器低速轴联轴器与大车车轮连接。对分别驱动的大车运行机构，由两套各自独立的无机械联系的运行机构组成，其简单的结构形式如图 9-16 所示。必须指出的是，大车车轮一般都采用双轮缘车轮。

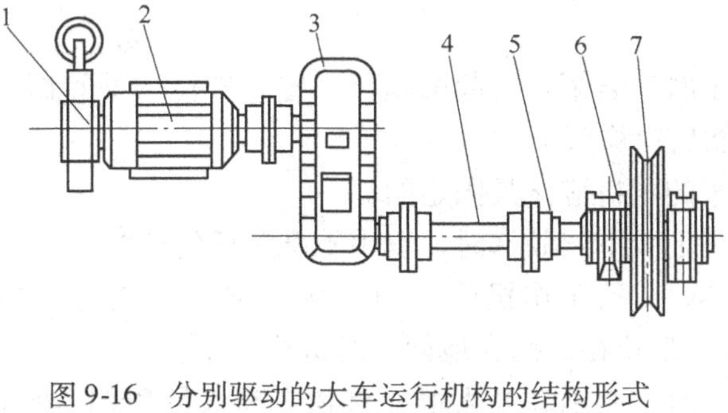

图 9-16 分别驱动的大车运行机构的结构形式

1—制动器 2—电动机 3—减速器 4—补偿轴
5—联轴器 6—角形轴承箱 7—车轮

3. 桥式起重机常见的主要故障

1）桥架的变形。桥式起重机主梁的结构大多是箱式的，一般桥架主梁经使用后，其变形的主要形式是主梁下挠。按规定主梁的允许下挠量为$\frac{1}{800}S \sim \frac{1}{1000}S$（$S$为跨度值），若下挠量超出此值，即需修复。采用预应力法和火焰矫正法两种方法，迫使主梁向上弯曲而上拱，进而使下挠得到克服。

2）啃轨。起重机的啃轨是其大车或小车在轨道上于相对歪斜状态下运行到某一限度后的结果，车轮的轮缘与轨道侧面作强行通过时的摩擦接触现象通常称为啃轨。起重机的啃轨会造成传动轴扭断、脱轮等重大事故。啃轨造成的原因主要有：跨度误差偏大、车轮组的直径及其装配精度超差、桥架和小车架的结构变形等。故若发现此问题，必须分析原因，予以消除。

3）减速器的噪声与漏油。减速器经使用，其零件的磨损、精度失真、装配误差扩大、润滑不良及轴承的配合间隙增加等都会引起减速器噪声，要采取措施，找出噪声源并加以克服。减速器的漏油是由于长期使用，油温升高，原来的润滑油脂变稀，容易蒸发或飞溅泄漏，以及原来的装配质量粗糙而造成的。采用密封件或用密封胶等措施克服。

4. 起重机械使用时应注意的一些问题

钳工在工作过程中，必定会经常碰到使用起重设备，特别是工厂中的行车（天车），使用更为广泛。不管是直接还是间接地使用这些设备，一定要注意安全，避免发生设备或人身事故。所以一定要注意下列一些问题：

1）行车操作者，一定要经过培训，经考试合格，取得安全操作合格证书的方可上车操作。

2）行车在工作前，必须检查行车全部润滑系统情况、离合器及钢丝绳卡等，确认无误后才能上车起动驾驶。

3）行车司机只允许由驾驶扶梯上下行车，禁止从房梁上走动及其他地方攀登上下行车。

4）使用行车时，若第一次起吊载荷，应先进行试吊和试制动。将载荷吊起不高于0.8m，然后徐徐落下。

5）每台行车的司机应该是固定的。

6）行车司机上、下驾驶梯时，双手不准拿任何东西。

7）起吊物体时，行车司机应一切听从起重工（挂钩）的指挥，若指令不清，应按铃请示。禁止物件尚在地面上时进行行车。

8）行车吊物时，必须离开人群，重物应离人员2m以外才可作业。不得将吊起的重物长时间悬挂在吊钩上。

9）行车不得超负荷使用，以免发生危险。

10）吊运物件时，若一定要用钢丝绳的，就不得用麻绳或三角带之类代替。

11）用钢丝绳吊挂带有棱角的物件时，在棱角的地方垫放软垫，以免钢丝绳被折断。

12）使用钢丝绳时应注意以下问题：

① 安全起吊重量，由经验公式 $P=9d^2$ 求得，P 为允许拉力（kg），d 为钢丝绳直径（mm）。

② 使用前应作外观检查，尤其是断丝数和断丝位置，锈蚀和磨损程度和位置，变形情况等。从直径估计是否能安全起吊所拆装的零部件，应避免使用断丝过多的钢丝绳。

选择合适的捆钩位置，以免打滑。无论吊钩端还是工件上均应采用合适的绳扣，以免吊装过程中，工件重心偏移而造成倾倒。

久置不用的钢丝绳应涂油，盘卷后适当放置。

③ 绳扣要采用打扣及解扣方便迅速、不易打滑、较安全的绳扣。

13）检修或上车检查行车时必须切断电源。

14）一个班作业完成后下班时，行车司机应按规定把大、小车定位及收好吊钩。

复习思考题

1. 什么叫装配？为什么说装配工作的好坏对产品质量起决定性作用？
2. 装配工艺过程由哪几部分组成？其主要内容是什么？
3. 什么叫互换装配法？它有什么特点？
4. 什么叫选配法？它有什么特点？
5. 什么叫调整装配法？它有什么特点？
6. 什么叫修配法？它有什么特点？
7. 要做好装配工作，必须掌握哪些要点？
8. 在车床尾座装配时如何测量顶尖套筒轴线对床身导轨的平行度误差？
9. 如何进行主轴锥孔轴线与顶尖套筒锥孔轴线对床身导轨等高度的测量？
10. 使用千斤顶时要注意什么？
11. 桥式起重机（行车）常见的主要故障有哪些？说明啃轨造成的后果。

第十章

设备检测与调试

培训目标 了解装配质量的基础知识和掌握一般机器试运行的步骤和方法。

第一节 装配质量检测

一、外观检查

1）检查机械是否按所需位置安装、安装是否稳固。所有地脚螺栓应符合设计规定，拧紧后的地脚螺栓的外露高度要一致（即螺纹露出螺母2~5牙）。

2）检查机座底与基础间的楔形垫铁，数量和分布位置应符合技术文件规定。

3）检查各类管材表面，应平整光洁、无变形、无裂纹。

4）检查各种性能或监控测量仪表的表盘、表面，应清晰、无物遮盖（如压力表、温度表或温度计等）。

5）检查液压油、润滑油、切削液等的管子，螺纹应满口，中间不得断牙，管子内壁应清洁，管口无毛刺。管子煨弯时，其弯曲半径一般不小于管子外径的6倍，弯好的管子，其弯曲部位与角度应正确，并无死弯、皱折、凹瘪等现象。管路的安装位置、路径及所用材料应符合设计要求。

6）油漆完整，无脱落及碰撞痕迹。

7）气液阀门关闭严密。

8）机械的活动部件（分）用手动盘动应轻便、灵活。

9）电器线路清晰整齐，有接地。

二、精度检测

装配过程中的精度检测是很重要的环节，如果仅有装配技术而缺乏正确的检测方法，很难保证产品达到理想的质量。只有熟练的操作技能和正确的检测方法相结合，运用较先进的并适合实际需要的检测器具来进行检测，才能保证装配质量。

1. 检测方法和原则

在机械产品中，每一个零部件都有其相应的功能和作用。就机床装配来说，其装配精度检测的项目较多，但主要内容有相关零部件配合之间的相互位置精度、相对运动精度和装配中零部件配合面形状的检测，以及形状精度和尺寸精度的检测等。为满足这些功能和要求，判断这些零部件是否符合设计要求，根据检测的原则选择适合的检测方法可以正确地进行检测。

（1）检测原则　在检测中，根据被测零部件的结构特点、精度要求以及检测设备等因素的不同，GB/T 1158—2004《形状和位置　检测规定》标准中，对形位误差的检测规定了五种检测原则：与拟合要素比较原则、测量坐标值原则、测量特征参数原则、测量跳动原则和控制实效边界原则。在生产中可根据零部件的具体生产、装配要求和设备条件，按检测原则制定具体的检测方案。

（2）检测方法　由于零部件的形状和几何位置都有其不同的特征和结构。因此，在检测过程中可根据零部件具体的被测要素选择合适的直接测量法、间接测量法、组合测量法或量规测量法等。通过检测判断零部件是否符合设计和装配要求。

2. 检测内容

装配精度的检测是在部件装配或拼装过程中逐一检测的，这些精度的检测可分为以下几种：

（1）基础零件精度检测　以机床设备为例，其基础零件有床身、立柱、横梁、滑座等。这些零件是各运动部件的基础，也是直接影响机床精度的主要零件。对基础零件精度的检测，主要是导轨的直线度误差、导轨间的平行度误差和导轨间的垂直度误差等。

（2）机床部件之间相互位置精度的检测　组、部件装配后，进行部件之间的装配或总装配，必须在基础零件各项精度合格后进行。但是，部件装配后，常会产生部件装配间的累积误差，有时甚至超过总装配所规定的要求。因此部件装配时，必须对部件之间的位置精度及影响总装配精度的零部件作出规定。例如：卧式镗床立柱导轨的误差分布，就得在立柱导轨的单件加工中消除总装配的累积误差。

三、机械装置的润滑、密封与防漏知识

润滑的目的是在机械设备摩擦副相对运动的表面之间加入润滑剂，用以降低摩擦阻力和能源消耗，减少其表面磨损、延长使用寿命，保证设备正常运转。为保证设备的良好润滑状态和工作性能，合理地选择润滑方法和装置是十分必要的。

1. 润滑油的组成

绝大多数润滑油是由基础油与添加剂调制而成的。基础油分为两种，一种是经过炼制的天然矿物油，另一种是合成油。

为满足润滑油的升级换代，由Ⅰ类矿物质基础油向非常规的Ⅱ类和Ⅲ类发展，更具有其不同牌号与规格的明显特点。根据合成润滑油基础油的化学结构，工业化生产的合成润滑油可分为有机脂、合成烃、聚醚、聚硅氧烷、含氟油和磷酸酯6大类。每类合成油都有其独特的化学结构，特定的原材料和制备工艺，特殊的性能和运用范围。可根据使用要求进行选择。

2. 机械设备常用润滑方法

（1）齿轮油　在齿轮传动中，齿轮齿面的接触应力非常高。在高应力条件下要保证齿轮的正常运转，可根据齿面接触应力不同的载荷，选择合适的齿轮油进行润滑。齿轮润滑常用的装置是油池和液压泵等。齿轮油具有以下主要性能。

1）具有适宜的粘度和流动性。粘度是液体润滑剂的最重要性能指标之一，选择齿轮润滑油的时候首先要考虑粘度是否合适。高粘度齿轮油容易形成较厚的动压油膜，能够支承较大的负载，防止齿面磨损。高粘度齿轮油在流体内摩擦大，会造成摩擦热增加，摩擦面的温度升高，在低温下不容易流动，不利于低温起动。低粘度齿轮油在使用时摩擦阻力小、能耗低，温升不高、机械运行稳定。当齿轮油的粘度太低时，在运行过程中产生的油膜太薄，承受负载的能力小，容易造成磨损和渗漏流失且容易渗入齿轮表面的疲劳裂纹，加速疲劳扩展和疲劳磨损，降低齿轮使用寿命。

2）具有良好的极压抗磨性能。当齿轮传动处于边界润滑状态时，此时润滑油的粘度作用不大，主要靠边界膜强度支承载荷，因此要求润滑油应具有良好的极压性，以保证在边界润滑状态下，在低速重负载及高速重负载起动时，仍有良好的润滑作用。

3）具有良好的氧化安定性和热稳定性。齿轮润滑油的生产、运输、销售、储存到使用有一个过程，为使润滑油不氧化、不变粘、不变质以及不堵塞油路，要求润滑剂具有良好的氧化安定性和热稳定性。

4）具有优良的抗乳化性。在有水部位工作的齿轮，当水混入油中时，会产

生乳化现象。润滑油被乳化或抗乳化性差，会丧失润滑油的流动性和润滑性，也会引起金属腐蚀和磨损。

5）具有优良的抗泡性。良好的抗泡性能够使混入润滑油中的空气顺利地溢出，在循环润滑系统中，抗泡性差的润滑油会引起油的流量减少，降低散热效果。油中的气泡会使摩擦表面供油不足而导致磨损。

6）具有较好的防锈性能。为防止金属齿轮生锈，润滑油应具有保护齿面不生锈的性能。

7）具有较好的抗腐蚀性。润滑油中的酸性物质会造成对金属的腐蚀性，为保证齿面不腐蚀，润滑油应具有较好的抗腐蚀性。

8）满足环保的要求。齿轮润滑油应能生物降解、无毒性，对人体无害。

（2）机床用油　机床上主要的润滑部位是齿轮、导轨、轴承和液压系统。机床上的齿轮由于负载不同，所以对油品的要求各有不同。

1）用于中负载卡头、进给箱刀架，以及闭式齿轮、轴承的强制润滑，应采用抗腐蚀、安定性好的直馏精制抗氧化剂润滑油。

2）用于主轴的滑动轴承或滚动轴承的强制润滑，应采用具有抗氧化性、耐腐蚀性及耐磨损性优良的精制石油系列。

3）用于导轨滑动面、进给丝杆、凸轮以及蜗轮蜗杆和各种滑动部分的润滑和低速滑动面的防爬润滑等，应采用润滑性能、粘附性、防爬性好的精制石油系润滑油。

4）用于滑动轴承和滚动轴承等密封状态下的润滑，应采用抗氧化性、耐腐蚀性好的润滑脂。

3. 密封和防漏

能起阻止泄漏作用的零件称为密封件，简称密封，密封性能的优劣是衡量机器设备质量的重要指标。

密封的作用是：用不同材料的挤压相互封闭空间；阻碍两个相互分隔空间的材料的迁移（比如粉尘、水、气体、油脂等）；防止外界物体的侵入；机器零件的密封，防止润滑油的损失等。

泄漏是造成机器设备工作不稳定，效率降低（一些动力机械），磨损严重，污染环境，影响产品质量，甚至引起设备和人身事故的重要因素，所以在装配机器过程中要密切注意。

（1）对密封的基本要求　对密封的基本要求是严密可靠、结构紧凑、简单易造、维修方便、寿命较长。对其材料的要求如下：强度好、硬度高、有塑性、有弹性以及耐高温性、材料不透性、耐老化性、抵抗能力强、耐磨性能好和摩擦性优良等方面。

(2) 用作密封的材料

1) 软材料密封（软密封）。包括：纸浆，在油中浸过的纸和硬纸板、被织成或压成板形的用作多材料密封的石棉、叠合板、人造橡胶、丁腈橡胶、氯丁橡胶、聚硫塑料、硅树脂、永久弹性塑料制作的密封物、密封剂等。

2) 金属材料用作密封（硬密封）。包括：铅、铝、软铜或钢网组成的密封料。

(3) 密封分类

- 密封
  - 静密封
    - 非金属件
    - 非金属与金属组合件
    - 金属件
    - 液体垫圈
  - 动密封
    - 接触型密封
      - 填料密封
        - 毛毡密封
        - 压盖填料密封
        - 成型填料密封
      - 皮碗密封
      - 胀圈密封
      - 机械密封
    - 非接触型密封
      - 间隙密封
      - 迷宫密封
      - 离心密封
      - 螺旋密封
      - 气动密封

1) 静密封：密封表面与结合表面（零件的）间无相对运动的密封。

2) 动密封：密封表面与结合零件间有相对运动的密封。

3) 接触型密封：靠密封力使密封表面互相压紧以减小或消除间隙的各类密封。绝大多数静密封都属于接触型密封。

4) 非接触型密封：密封表面间存在定量间隙，不需密封力压紧密封表面的各类密封。

(4) 密封的特点和选用　密封的特点及其适用范围见表10-1。

表 10-1　密封的特点及适用范围

静　　密　　封				
名称与简图		材料	特点	适用范围
非金属垫片	矩形橡胶垫圈（片） 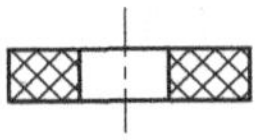	耐油橡胶		一般介质的各种机械设备中
	油封皮垫片 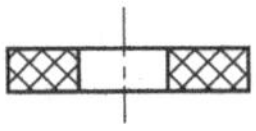	工业用皮革（牛皮或浸油、蜡、合成橡胶、合成树脂牛皮）		各种螺塞、紧密处密封
	油封纸垫片 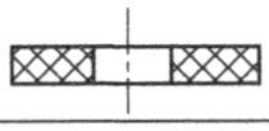	软钢纸板		用于不经常拆卸的螺塞紧密处密封
	其他材质垫片	夹布橡胶，聚四氟乙烯，橡胶石棉板等	耐一定的酸、碱溶剂、油类等介质的浸蚀	用于低温、腐蚀性介质等特殊环境中
非金属与金属复合件	夹金属丝(网)石棉垫片 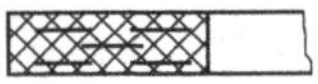	钢（钢或不锈钢）丝和石棉交织构成	因金属丝网包在石棉线内，故增强了垫片的强度	用于高温高压场合下
	金属石棉交织平垫片 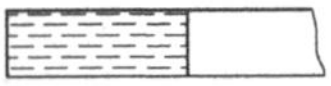	金属丝与金属石棉丝交织构成	耐高温高压	用于内燃机的气缸盖等
	金属包平垫片 	金属板与石棉板（石棉橡胶板）	用金属板包着石棉板或石棉橡胶板	用于高温高压场合下
金属	金属平垫片 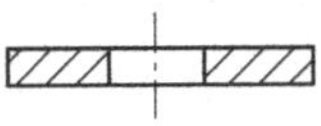	纯铜、铝、铅、软钢、不锈钢、合金钢等		用于高温高压及高真空场合下
	金属齿形垫片 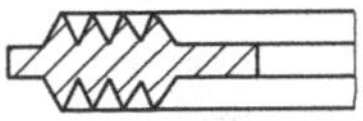	10 钢、1Cr13、铝、合金钢	锯齿尖端与密封表面接触，在螺栓紧固压力作用下可产生较高的接触应力，不易泄漏	用于高压处
	金属透镜垫片 	10 钢、1Cr13、合金钢、不锈钢		用于高温高压处，适用于压力小于 32MPa、温度为 500℃左右

（续）

静　　密　　封					
名称与简图			材料	特点	适用范围
金属	环形垫片	椭圆形 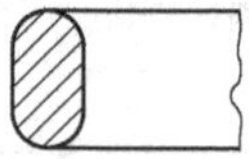	铁、软钢、软铝、蒙乃尔合金、4~6%铬钢、不锈钢、铜		用于高温高压蒸汽的密封（化工设备）
金属	环形垫片	菱形 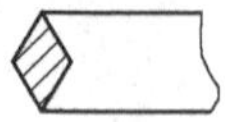			
金属	环形垫片	八角形 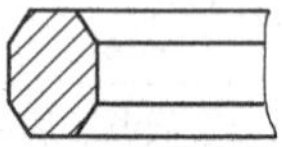			
金属		金属空心O形环 	铜、铝、低碳钢、不锈钢、合金钢	用管材焊接而成，具有优良的密封性能，适用范围广泛	用于低温、高温真空条件及要求严格密封的场合
金属		金属丝垫 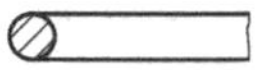	铜丝、无氧铜丝、高纯铝丝、金、钢条	耐烘烤温度高，耐低温，放气量小，但需较大的压紧力，材料价格贵	用于放射性及高压气的场合下
液态垫片		液态密封胶	酚醛树脂、环氧树脂、氯丁橡胶、丁腈橡胶	有一定的流动性和粘度的液体，耐压性能好，对密封表面的加工精度要求低	用于一般车、船、泵设备的平面法兰连接，螺纹连接、承插连接等
液态垫片		密封剂厌氧胶	具有厌氧性的树脂单体和催化剂	涂敷性良好，耐酸、碱、盐、水、油类、醇类等介质，耐热耐寒性良好	适用于仪表密封
接触型密封		皮碗密封（油封） 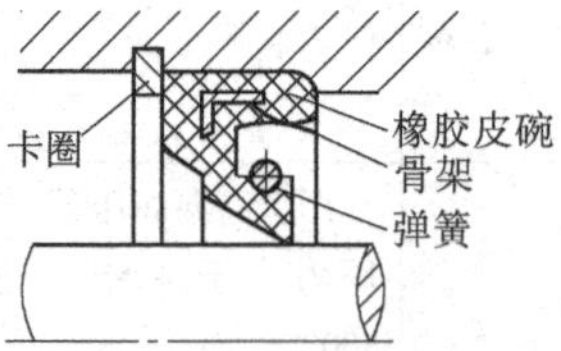	橡胶、皮革、塑料等	结构简单，尺寸紧凑，成本低廉，对工作环境条件及维护保养的要求不高，适用于大量生产	广泛用于液压油润滑系统中作旋转密封件，也可用于防尘及封气上

（续）

静密封				
	名称与简图	材料	特点	适用范围
接触型密封	胀圈密封 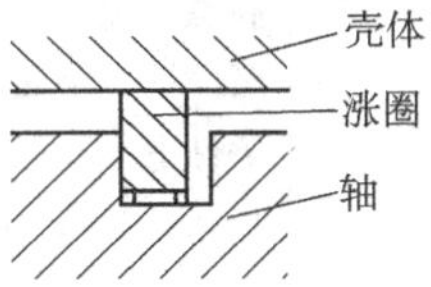	合金铸铁、锡青铜、钢	胀圈与壳体间无相对运动，只有一端与转轴端面产生相对摩擦。胀圈结构简单	常用于液体介质密封
接触型密封	毛毡密封 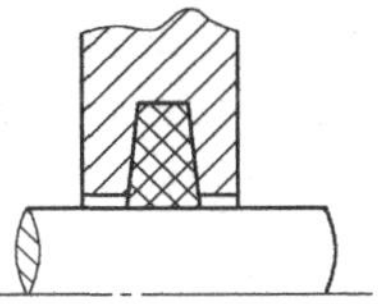	半粗羊毛毡和优质细羊毛毡	毛毡可储存润滑油，轴工作时可反复自行润滑	用于低速常温、常压下工作，可密封润滑脂、油、粘度大的液体，并可作防尘用，不宜用于气体密封
动密封				
	名称与简图	材料	特点	适用范围
接触型密封	压差填料密封 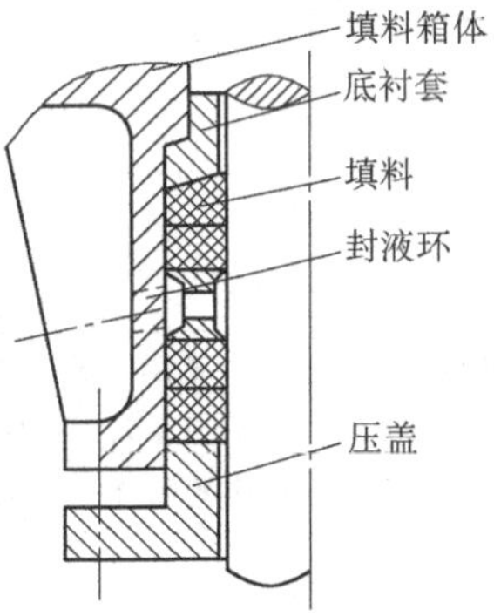	天然纤维类、橡胶类、石棉纤维类、合成纤维类、金属类	在轴与壳体之间缠绕填料，并用压盖和螺钉压紧。压力和轴的转速有关（压力较低时可允许转速高，压力较高时，则转速要低）。结构简单，装卸方便，成本低，但填料磨损快	适用于各种液体或气体介质的泵类密封上，根据软填料材料及结构不同，适用于不同压力、温度和速度
接触型密封	成型填料 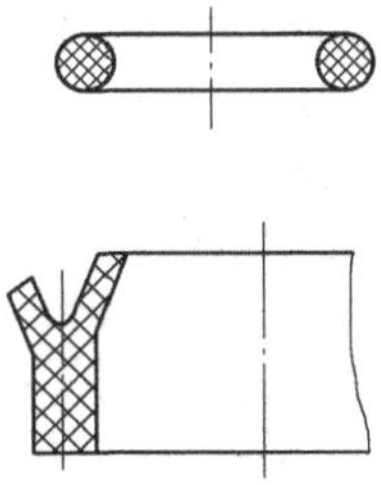	用橡胶、塑料、皮革、金属制成环状密封圈	结构紧凑，品种规格多，密封性能良好	适用于各种机械设备中做往复运动、旋转运动的结构中，介质为矿物油、水及气体

（续）

动密封			
名称与简图		特点	适用范围
接触型密封	机械密封（端面密封） 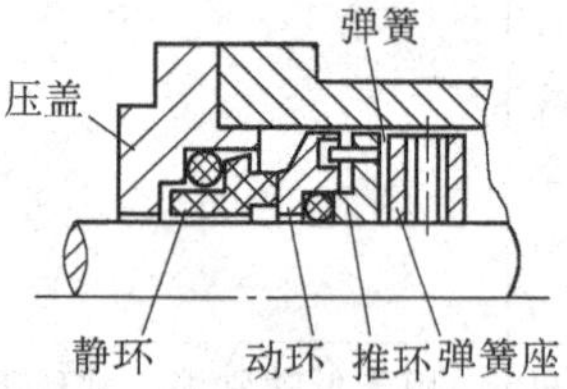	密封性能好，摩擦功率损失小，对轴的磨损小，且工作状况稳定，维修周期长。但结构复杂，加工困难，安装要求高，维修不方便	适用于高压、真空、高温、高速大直径、有腐蚀性，易爆、有毒等条件下
非接触型密封	间隙密封 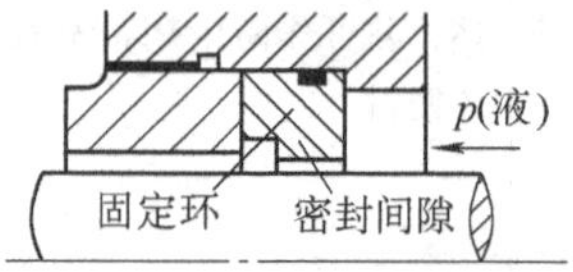	因转子与密封环之间有装配间隙，故无机械磨损，使用可靠，寿命较长。但控制系统复杂，制造精度高，有泄漏	适用于各种压缩机、液压元件、离心泵、航空发动机等机械上的密封
	离心密封 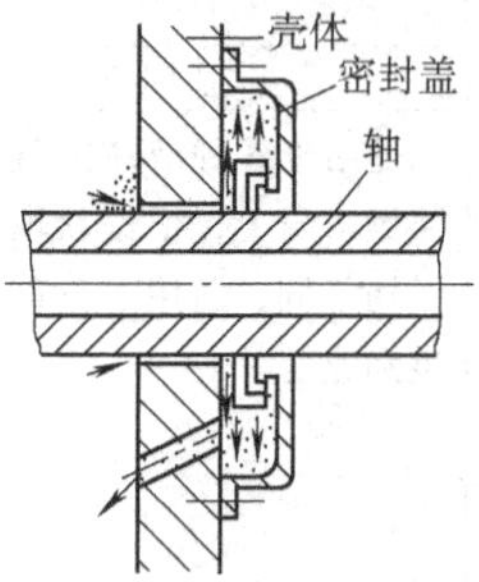	借离心力的作用，将液体介质沿径向甩出，阻止流体从缝隙泄漏。转速越高，甩油密封效果越好。并可允许较大的密封间隙，可密封含固相杂质的介质，无磨损、寿命长、泄漏量小，结构简单，使用可靠	广泛用于各种传动装置
	迷宫密封 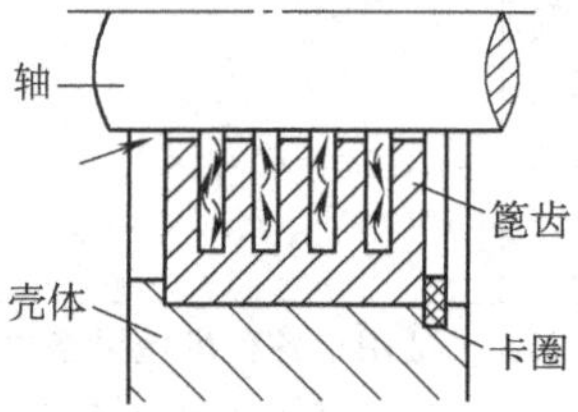	转子与机壳间有迷宫间隙，不需润滑，维修方便，寿命长，但泄漏量较大	主要用于密封气体，适用于高温、高压、高转速的场合
	螺旋密封 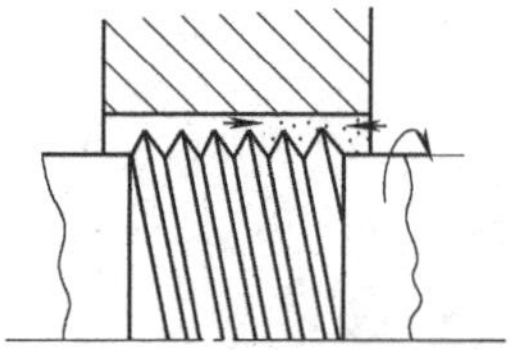	与螺杆泵原理相似，借螺旋作用将液体介质赶回机内，以保证密封。因螺旋旋向影响赶油方向，故设计时应特别注意	常用于核技术和宇航技术中

（续）

动 密 封			
名称与简图		特点	适用范围
非接触型密封	气体密封 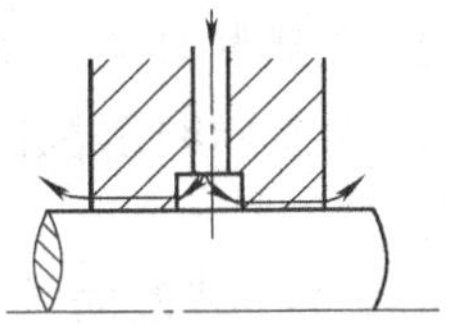	利用空气动力来堵住旋转轴的泄漏间隙，以保证密封。结构简单，但需要有一定压力的气源供气	常用于压差不大的场合，常与迷宫密封或螺旋密封组合使用

4. 密封件的安装实例

• 训练1 安装高压胶管接头

图 10-1 所示为高压胶管接头的安装图，其安装操作如下：

1）将胶管外胶层剥去一段（剥离处倒角 15°，剥外胶层时切勿损伤钢丝层），装入外套内，胶管端部与外套螺纹部分应留有约 1mm 的距离，并在胶管露端作标记（图 10-2）。

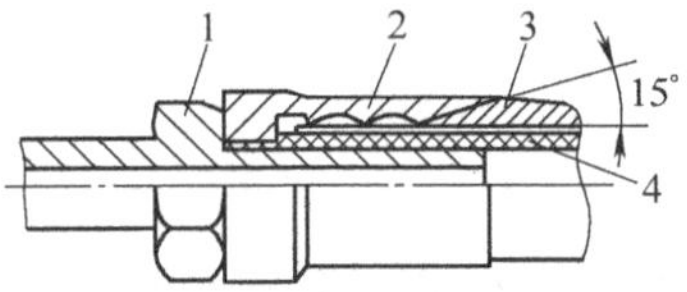

图 10-1 高压胶管接头

1—接头芯 2—外套 3—胶管 4—钢丝层

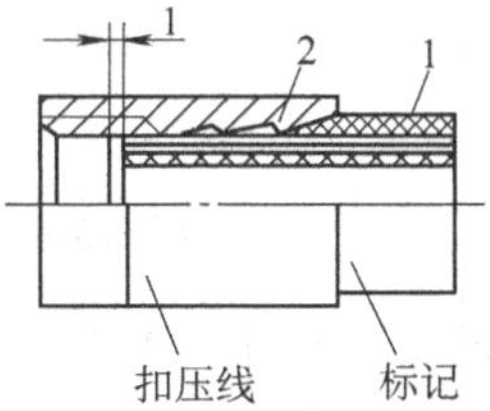

图 10-2 固定式接头

1—胶管 2—外套

2）拧进接头芯子（需涂润滑剂），注意内胶层不得有切出物。

3）对扣压式（固定式）接头，即可进行扣压。扣压的方法有轴向与径向两种。扣压时接头与模具应相互找正、对中、按外套上的扣压线（如图 10-2 所示）进行扣压。不得多压或少压。多压会损坏外螺纹，少压则减少了密封长度，并会降低防脱性能。

• 训练2 安装油封

油封件是用于旋转轴的一种密封装置，如图 10-3 所示，装配时应防止唇部受伤，并使拉紧弹簧有合适的拉紧力。

其装配的操作过程为:

1）检查油封件的尺寸、表面粗糙度是否符合要求，密封唇部有无损伤，然后在唇部和主轴上涂润滑脂。

2）用压入法装配时，要注意使油封件与壳体孔对准，不可偏斜。孔边倒角宜大些。在油封外圈或壳体孔内涂少量润滑油。

3）油封的装配方向，应该使介质工作压力把密封唇部紧压在主轴上（图10-3)，不可装反。如作防尘时，则应使唇部背向轴承。如需同时解决防漏防尘，应采用双面油封。

4）当轴端有键槽、螺钉孔、台阶等时，为防止油封件在装配时受伤，可采用装配导向套（图10-4)。

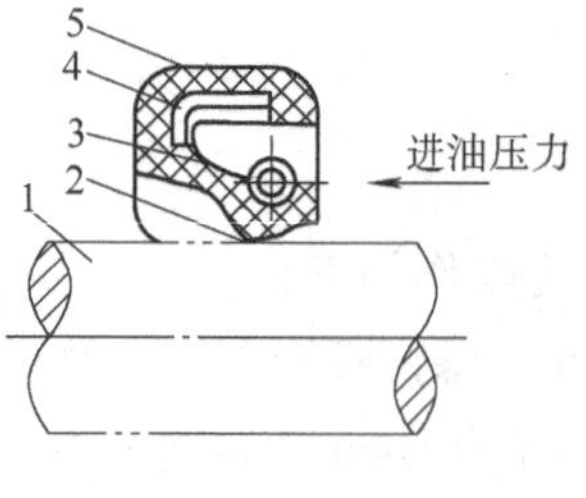

图10-3　油封件

1—主轴　2—密封唇部　3—拉紧弹簧　4—金属骨架　5—橡胶皮碗

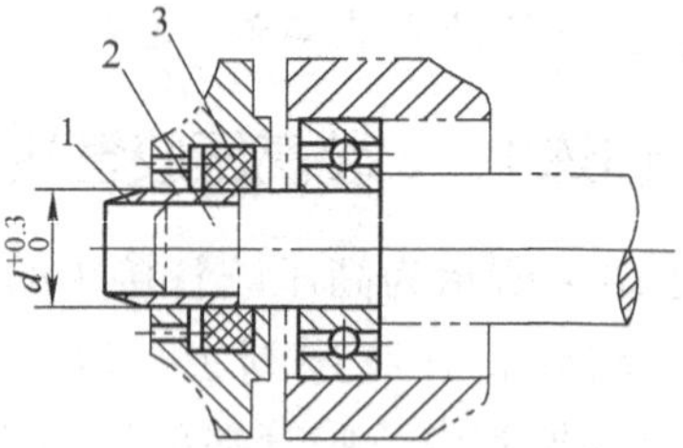

图10-4　油封的装配

1—导向套　2—轴　3—油封

• 训练3　安装密封圈

密封圈有O形、V形、U形、Y形等，用得最普遍和广泛的是O形密封圈。

O形密封圈有运动型和固定型两种。所谓运动型就是O形圈与轴有相对运动，而固定型则不与机件发生相对运动。

装配操作过程为:

1）装配前须将O形圈涂润滑脂。装配时应使O形圈的“毛边”不装在密封面上。

2）装配时，如需越过螺纹、键槽或有锐边、尖角的部位时，可用导向套进行装配。

3）大直径的固定型O形圈，可以用简便的方法根据需要现场自行制作。切取适当长度的圆形橡胶条，在两端涂上粘合剂（如氰基丙烯酸脂)，稍干后，放在带弧形槽的样板上用手压合即成O形圈。

四、机械产品的涂装和防锈知识

金属材料在空气中会产生氧化反应而生成氧化层（生锈），氧化严重时会产生腐蚀，影响机械零件的使用功能。为防止金属材料产生氧化层，常用涂装的方法进行预防。

涂装在机械制造业中指的是用工具或设备，对工件、产品或整个工作系统的表面进行喷、涂、浸漆的工作。

机器、零件涂装的意义是：提高防腐蚀性能；便于清洗和保养工作；装饰外观等。

涂装的方法有：刷漆；喷漆（包括烘漆）；浸渍法涂漆；电泳；静电喷漆；粉末喷漆（塑）等。

各种涂装方法的工艺过程基本相同，现将刷漆和喷漆的工艺简单介绍一下：

根据涂装工件的材质和涂装的质量等要求，先进行工件的表面处理。工件的表面处理主要有去除污秽、油腻、锈蚀（斑），可用铲刮（旧漆的去除）、砂纸打磨、脱脂（表面擦溶剂等）、酸洗、磷化处理等。有些焊接表面还需用角向砂轮打磨，使其表面平整。有的铸件需要经过喷砂处理。通过表面处理后的工件表面应该是平整、光滑、无勾刺。

腻子的刮抹也是要按工件的材质和表面质量要求来调配和刮腻的。刮腻后要进行打磨，使工件表面光滑平整，然后除去工件表面灰尘（残余的细颗粒）。

涂料有单色的、双色、三色组合的颜色。有些涂料还需加入一定量的稀释剂（如香蕉水、甲苯之类）。调配用量应一次完成。

涂刷和喷涂一般都要二次以上才能得到满意的结果。

最后是干燥，涂刷后必须把工件放在无尘、通风干燥处晾干。烘烤的可在烘干后直接取出使用。

浸渍法涂装是最简单的上漆方法，耗漆也最省，不过工件的形状和大小必须要考虑，即避免不能排出漆的槽、沟（工件上）。平面或平面式工件则特别适合用此方法。准确、均匀地从漆池内把工件取出，对于涂漆质量是很重要的。所以要求：①工件从浸渍池内取出的速度要适当。②注意工件上漆的流动速度要均衡。③浸漆的干燥速度要适宜（溶剂汽化时间要掌握）。有可调节送漆装置的浸漆设备为最佳。

随着工业的发展，各种机械及零件的表面处理工艺显得越来越重要。而各个行业都要用到表面处理，不光是刷漆。还有喷塑，用于各种格栅、货架、金属箱柜、冰箱、空调等；涂釉，用于灶具、浴具、装饰品等处；还有黑色金属的表面镀铬、镀锌、镀锡等，以及铝合金的表面氧化处理都属于表面涂层处理的加工范围。

五、设备空运转试验要求

机器在正常运行前必须经过试运行，因此，试运行是装配或修理机器时必经的最后阶段。机器试运行正常后，才能移交给操作人员进行正常运行，装配或修理工作才告完成。试运行未达到正常要求，则仍需对机器的装配或修理工作进行全面检查、返工，直至达到要求为止。

1. 试运行前的准备

机器试运行中，很重要的是起动阶段，因为机器在装配或修理结束后，立即进行起动试运行，此时往往会有预先未能估计到的各种问题和故障暴露出来，应急的措施通常无法充分准备，造成很大的损失。所以需要特别认真和谨慎地做好各项试运行前的准备工作，以免出现重大故障。试运行前的准备工作有以下几项内容：

1）机器在起动前，必须进一步对总装工作进行全面检查，看其是否符合试运行要求。特别是有些部件按规定必须事先单独经过试验的，应该确保其试验结果完好。

2）机器起动前，工作场地要进行一次清理，多余的材料、工件和工具、设备等全部要移开，并使试运行所需的空间位置具有足够的大小，以保证试运行的安全和顺利进行。

试运行时所需用的监测仪器仪表，应保证处于良好状态。

3）机器起动前，机器上有些进给运动机构和部件，暂时不需要产生动作的，通常都应使其处于“停止”位置。待需要参加试运行时再调整到“进给”位置。以免机器起动时，进给机构立即跟随动作，而使试运行人员无法兼顾。机器上有危急保安装置的，应确保其动作可靠，严防产生失灵现象。

4）机器起动前，必须用手转动各传动件，应运转灵活。各操纵手柄应操纵灵活，定位准确，安全可靠。检查润滑系统应清洁畅通以免试运行时发生咬死现象。

5）对于一些大型和复杂的机器，试运行往往需要几个甚至几十个人共同进行。此时试运行时的有关人员必须分工明确，各尽其职，并应在各自的职责范围内全部准备就绪的条件下，方能由试运行的总指挥发布起动指令。

2. 起动过程

试运行必须严格按制订的规程执行。起动过程中需要做的工作，一般有以下几个方面。

1）机器一经起动，应立即观察和严密监视其工作状况。根据机器的不同特性，按试运行规程所定的各项工作性能参数及其指标进行读数，并随时判别其是否正常。例如，轴承的进油、排油温度和进油压力是否正常；轴承的振动和噪声是否正常；机器静、动部分是否有不正常的摩擦或碰撞；有无过热的部位，松动的部位；运动状况是否有不符合要求的部位以及热胀不符合要求的情况；机器其余各部分的振动和噪声是否过大；机器的转速是否准确稳定，功率是否正常；流体的压力、温度和流量等是否正常；密封处有无泄漏现象等。

2）起动过程中，当发现有不正常的征兆时，应立即检查、分析和找出原因，必要时应降低转速。当发现有严重的异常状况时，有时应采取立即停机的措施，而不能茫然对待或作出冒险的行动。

3）起动过程应有步骤地按次序进行，待这阶段的运转情况都正常和稳定后，再继续做后一阶段的试验。某一阶段暴露的问题和故障，一般都应及时分析和妥善处理完毕，否则可能引起故障的扩大或恶化。

4）机器上独立性较强的部件或机构较多时，应尽量分项投入试验。试验正常一个，再投入另一个进行试验，以利于发现和鉴别故障原因。

5）对于某些高速旋转机械，当转速升高到接近其临界转速时，如果振动尚在允许范围，则继续升速时要尽快越过临界转速。以免停留在临界转速下运转过久，而引起共振的危害。但冲越过程中如果发现振动有可能超出允许范围的趋势时，不应再继续强行冲越，必须降速或停机检查，找出原因并予以排除故障后，才能重新起动升速。

6）升速过程达到额定转速后，如果一切均属正常，则一般需按规定再稳定运转一段时间，观察各工作性能参数的稳定性。并对机器各部分的工作状况作详细的检查，作好必要的测定和记录。

7）有些新产品的试运行，还得落实安全防患的应急措施。

3. 试运行的类型

机器试运行的具体内容，根据其不同的目的而异。一般试运行类型可归纳为以下几种：

1）空运转试验，也称为空负荷试验。它是指机器或部件装配后，不加负荷所进行的运转试验。机器空运转试验的目的主要是检查和考核在其工作状态下，各部分的工作是否正常，工作性能参数是否符合指标要求，同时可使各摩擦表面在工作初始阶段得到正常的磨合，为后阶段的负荷试验创造条件。

2）负荷试验是机器或其部件装配后，加上额定负荷所进行的试验。负荷试验是机器试运行的主要任务，它是保证机器能长期在额定工作状况条件下正常运转的基础。

3）超负荷试验是按照技术要求对机器进行超出额定负荷范围的运转试验。超负荷试验主要是检查机器在特殊情况下超负荷工作的能力，观察机器的各部分是否可靠和安全。

4）超速试验是按照技术要求对机器进行超出额定转速范围的运转试验。

超速试验主要是检查机器在特殊情况下超速运转的能力，观察其是否可靠和安全。

5）形式试验是根据新产品试制鉴定大纲或设计要求，对新产品样机的各项质量指标所进行的全面试验或检验。

6）性能试验是为了测定产品及其部件的性能参数而进行的各种试验。例如对金属切削机床所进行的各项加工精度试验；对动力机械所进行的功率试验；对压缩机械所进行的流量、压力试验；以及对各种机械所进行的振动和噪声试验等。

7）寿命试验是按照规定的使用条件（或模拟其使用条件）和要求，对产品或其零部件的寿命指标所进行的试验。

8）破坏性试验是按规定的条件和要求对产品或其零、部件进行直到破坏为止的试验。

六、设备空运转试验实例

立式钻床是一种应用广泛的孔加工机床，也是钳工在进行机械加工时常采用的机床。立式钻床上可安装钻头、扩孔钻、机用铰刀、丝锥和锪钻等孔加工刀具，可以进行钻孔、扩孔、铰孔、攻螺纹、锪孔和锪端面等工作。

Z525型立式钻床的结构比较完善紧凑、具有一定的万能性，最适合于小批量生产、单件生产，是机修、工具和小型机加工车间的常用设备。

Z525型立式钻床在总装配之前，应按技术文件要求分别对变速箱、进给箱、工作台、主轴部件进行装配、调整、检查。这些部件都符合精度要求后，进行总装配。当然有些部件的检查调整可能与总装配穿插进行，其总装配步骤如下：

（1）立柱的安装　先将底座安放于基础垫铁上，将水平仪置于平行平尺上调平底座，纵横两方向水平公差为0.04mm/1000mm。紧固地脚螺栓，然后安装立柱，紧固连接螺栓，接合处用0.03mm塞尺检查，插入深度不大于10mm。按图10-5所示的方法检查立柱垂直度误差。纵向垂直度公差为0.15mm/1000mm，只许立柱向前倾；横向垂直度公差为0.10mm/1000mm。

立柱安装后，将平衡铁接好链条后放入立柱空腔内，并用钢管插入立柱侧面孔内，使平衡铁悬于顶部。待安装变速箱时将链条绕装在链轮上并与主轴套筒连接。

（2）工作台的装配

1）安装工作台。将工作台装于立柱上，用压板调整间隙，滑动接合面间隙用0.03mm塞尺检查，插入深度不得大于20mm。

2）调整升降丝杠位置。在托架上装好升降丝杠，把丝杠顶端装在工作台的丝杠支承孔内，并使丝杠托架自由安装在底座上，拧上紧固螺钉。摇动手柄使工作台在立柱导轨上轻便自如地升降，最后紧固托架，重新铰销孔，用销钉定位。

3）检查工作台面对立柱的垂直度误差。如图 10-6 所示，水平仪纵、横两个方向置于工作台面上，升降工作台。纵向公差为 0.15mm/1000mm，只许偏向立柱；横向公差为 0.10mm/1000mm。

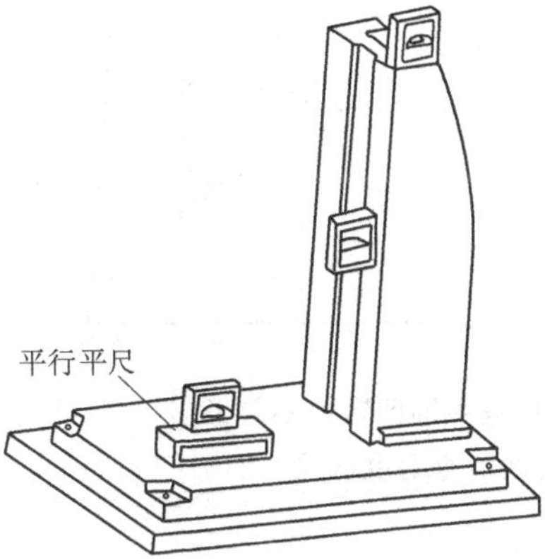

图 10-5　立柱安装示意图

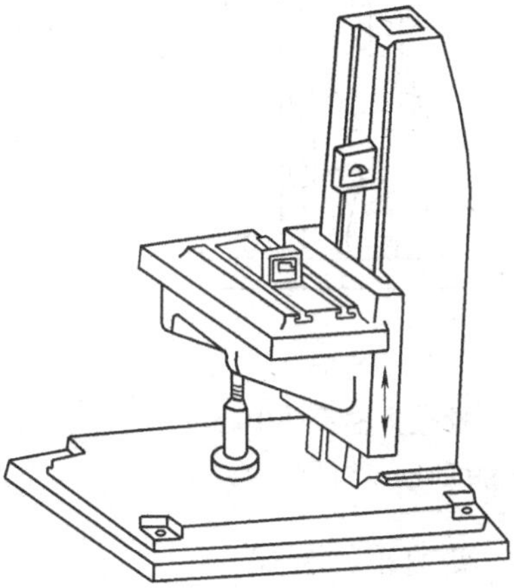

图 10-6　检查工作台面对立柱导轨的垂直度误差

（3）进给箱的装配　在把进给箱装在立柱导轨上时，要同时装上手摇升降机构，并使齿轮与立柱上的齿条啮合好。

1）检查主轴锥孔中心线与导轨的平行度误差。如图 10-7 所示，在主轴中插入检验棒，指示表分别置于纵横两侧素线上，上、下移动工作台。主轴锥孔中心线对立柱导轨的平行度公差：在 300mm 长度上，纵、横方向均为 0.05mm。

2）检查主轴回转中心与工作台面的垂直度误差。按图 10-8 所示方法进行，将指示表装夹在主轴上，表针接触工作台面（回转半径为 150mm）。用手转动主轴，测量主轴回转中心对工作台面的垂直度误差。在 300mm 内测量直径内的公差：纵向为 0.1mm，只许工作台向立柱上端倾斜；横向公差为 0.06mm。

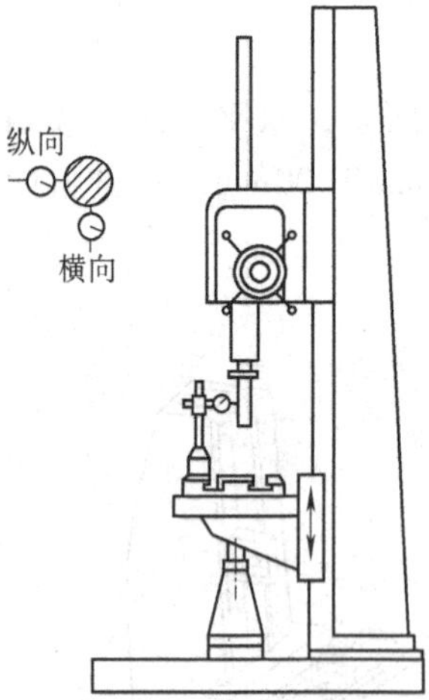

图10-7　检查主轴锥孔中心对立柱导轨的平行度误差

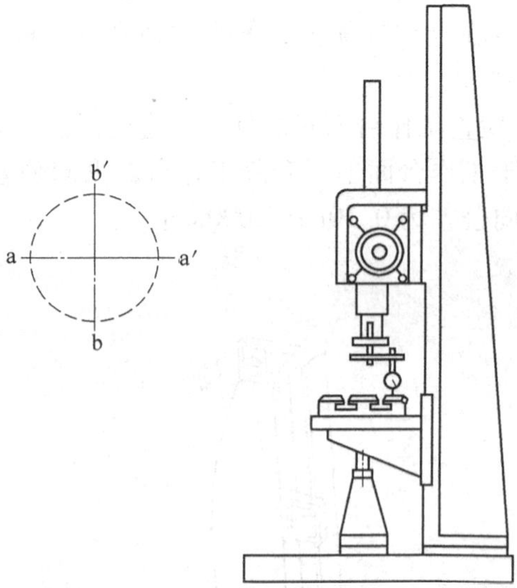

图10-8　检查主轴回转中心与工作台面的垂直度误差

(4) 变速箱的装配

1) 检查空心轴对支承面的垂直度误差。支承面要与立柱顶面相结合，为保证主轴回转中心与立柱平行，要检查空心轴与支承面的垂直度误差。如图10-9所示，将变速箱支承面清理后放于平板上。在空心轴上装夹指示表，测头触及平板上，回转半径为150mm，旋转空心轴，若超差可修刮支承面。其垂直度公差在测量直径300mm上：纵向为0. 03mm，只许向立柱倾斜；横向为0. 03mm。

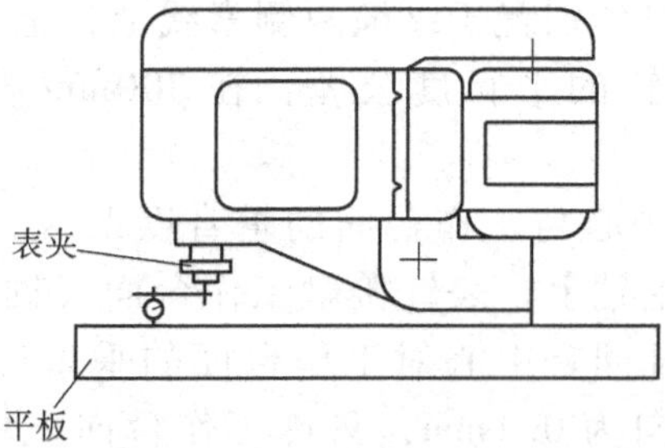

图10-9　检查空心轴的回转中心对支承面的垂直度误差

2）检查主轴中心对空心轴的同轴度误差。按图 10-10 所示的方法进行，把变速箱安装在立柱上。在主轴上装夹指示表，测头触及空心轴，旋转主轴进行测量，同轴度公差为 0.05mm。若超差可调整变速箱位置，重新铰定位销孔，用销定位。

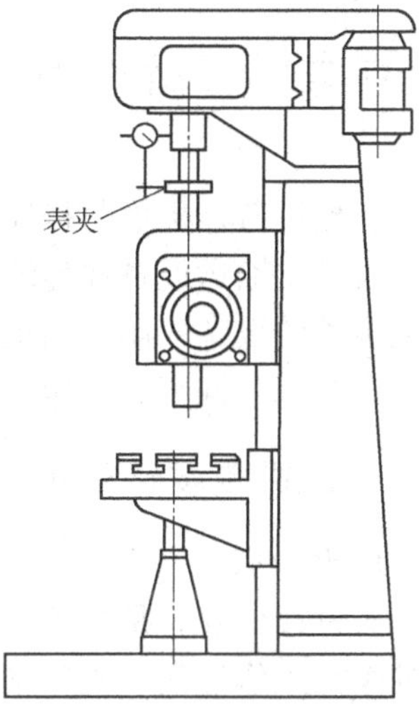

图 10-10　检查主轴对空心轴的同轴度误差

（5）试运行

1）机床空运转试验。其要求如下：

① 在试验前，要对机床所有部件进行检查、清洗，加润滑油。

② 所有紧固螺钉及调整螺钉，必须全部拧紧或调整完毕。

③ 固定连接面应配合紧密，用 0.03mm 塞尺检验时不能插入。滑动导轨配合面，除应涂色检查接触斑点外，还要用 0.03mm 塞尺检验，插入深度不大于 20mm。

④ 检查自动装置和挡铁的工作位置及动作的准确性。

⑤ 主轴应能平稳升降，手柄转动力应大于 50N。

⑥ 机床通电后，主运动机构从最低速度起依次变速，每级速度运转时间不得少于 2min。最高速度时，运转时间不得少于 30min。使主轴轴承达到稳定温度，最高温度不得超过 70℃。

⑦ 检验油窗内润滑油流动是否正常，箱盖和轴套是否有渗漏。

⑧ 检验各部手柄的可靠性和准确性，用于变速和进给量的手柄，所加试验力不得超过 40N。

⑨ 各种转速和进给量时，应传动平稳、没有冲击。

2）机床几何精度检验。根据立式钻床精度标准逐项进行检验。

3）机床负荷试验。在达到热平衡后，方可进行负荷试验。

① 试件规格：45 钢板，上、下平面的表面粗糙度须加工至 $Ra6.3\mu m$。

② 刀具规格：采用 $\phi25$mm 锥柄高速钢通用麻花钻。

③ 切削规范：主轴转速 392r/min；进给量 0.36mm/r；钻孔深度 60mm；钻孔数量 6 个。

采用 0.36mm/r 的进给量时，将水平仪纵向放在工作台面和主轴套筒上，观察工作台受钻削轴向压力而产生的变形，变形量数值为在每 100mm 上不能大于 0.15mm。当进给量增加至 0.48mm/r 时，进给保险应自动脱开。

第二节　设备安装和调试

机械设备是机械与机器的统称。机械设备的种类很多，按其作用可分为金属加工设备、输送设备和包装设备等。切削机床是金属加工设备，是将金属坯料加工成零件的设备，属于制造机器。金属切削机床按加工方式和加工对象的不同可以分为车床、铣床、刨床、磨床、镗床和钻床等。

一、机械设备安装的基础知识

1. 机械设备安装

机械设备安装是指机械设备从制造工厂出厂后，进入安装现场直到正常使用前的全部工作过程。机床精度是保证设备加工的基础，机床精度主要体现在机床的几何精度、加工精度和位置精度，机械设备的加工精度在很大程度上需要靠机械设备的安装质量来保证。机械设备安装是一项跨度较大的应用技术，安装质量将直接影响到设备能否正常投产以及投产后能否达到设计标准。

2. 机械安装的主要任务

机械安装是一项精细而复杂的工作。机械设备安装的主要任务是借助一些工具和仪器，采用先进的安装方法，将设备正确地安装在预定的位置。由于机械设备的种类繁多，形状、大小各异，质量相差悬殊，在安装过程中需做好必要的清洗、检查、组装和调整工作。

3. 机械设备安装的主要特点

1）机械设备安装时，对设备的基础要求较高。其中包括预留、预埋的位置以及表面平整度等。

2）大中型设备安装过程中需要起重与搬运就位，有些设备在安装过程中需要钳、焊接、铆接、探伤或测量等多工种协作配合和立体交叉作业，有时施工组织较为复杂。

3）机械设备安装过程中，要保证设备的功能和加工精度，对重型、大型、精密及构造复杂的设备进行安装时，要有特殊的安装工艺。

4）机械设备安装工程技术复杂、涉及面广、任务不定型、现场施工难度高，对合理组织施工、精心安装和安全保障等方面有很高的要求。因此，对安装人员的要求比较高，既要有比较广博的专业知识，也要有丰富的施工经验。

4. 机械设备安装的通用规范

为确保机械设备安装的质量和安全，各类机械设备安装工程必须严格按照 GB 50231—2009《机械设备安装过程施工及验收通用规范》和 GB50271《金属切削机床安装工程施工及验收规范》施工。从设备开箱、搬运、安装至机械设备的空负载试运转为止的施工与验收，各种施工和每道工序必须遵守以下规定：

1）机械设备安装工程应按设计施工，若施工过程中发现设计有不合理之处应及时提出修改建议，并经设计变更批准之后才能按变更后的设计方案施工。

2）所安装的机械设备、主要零部件与主要材料等，必须符合设计要求和产品标准的规定，且应有合格证明。

3）设备安装过程中所采用的各种计量与检测器具、仪器、仪表和设备等，必须符合国家现行计量法规的规定，其计量精度不得低于被检项目的精度等级。

4）属于设备安装中的隐蔽工程，应在该工程隐蔽之前进行检验，并进行记录，检验合格后才能继续后道工序的安装。

5）在设备安装过程中，应进行自检、互检和专业检查，对每道工序都应进行检验和记录，待安装工程验收时作为验收依据。

5. 机械设备安装的一般方法

机械设备安装的方法主要是根据设备本身的结构特点、施工现场的安装条件，以及施工人员的技术水平和施工机具的功能来考虑。常见的安装方法有以下几种：

（1）整体或分体安装方法　整体安装法常用于中小型机械设备的安装。实施安装操作时是一次吊装到位，然后进行找正找平。分体安装法又称为解体安装法，常用于大型设备或制造商提供的解体式机械设备的安装。整体安装方法具有简便、效率高，减少空间作业量，安全事故小等优点。在机械设备安装时，在现场起重机具的起吊能力和场地条件允许的情况下，尽可能地采用整体安装方法，提高机械设备的预装配程度。

（2）弹性和刚性连接法　弹性连接法是在机械设备底座与混凝土地坪之间，放置可调整机床水平位置的防振垫铁，并将机床精确地调整到规定的水平位置。设备底座与防振垫铁之间用螺栓紧固，设备底座与地坪之间不用灌浆浇注。刚性连接法是在设备底座与基础之间放置可以调整机械设备水平的刚性垫铁，将地脚螺栓放入基础上的预留孔和设备底座的螺栓孔内，先将机械设备初步调整到水平位置，再将混凝土砂浆灌入预留孔内，待混凝土的强度大于80%时，再对机械设备的水平位置进行精确调整，在拧紧螺母后固定设备，确保设备达到规定的安装水平。

（3）有、无垫铁的安装方法　垫铁安装法是一种传统的方法，这种方法简便易行、调整方便、精度可靠、运用广泛。垫铁安装法是在机械设备与底面的基础表面之间放置若干组垫铁，通过改变垫铁组的厚度来调整设备的标高和水平面，对基础第二次灌浆后垫铁即被浇铸在灌浆层内。无垫铁安装法是依靠在基础上设置调整精度更高的千斤顶，来提高设备的找正精度，并在灌浆后撤去。无垫铁安装法的主要优点在于能够提高找正、找平的精度。

6. 机械设备安装前的准备工作

机械设备安装前的准备工作是保证安装过程顺利施工的前提，只有充分地做好安装前的准备工作，才能保证施工的顺利进行。安装前的主要准备工作有以下方面：组织准备、技术准备、材料准备、工具准备、吊装器具准备、设备的预装配和预调整以及场地和临时设施准备等。

二、机械设备安装调试实例

卧式车床是金属切削机床中运用最多、数量最多、分布最广的一种设备。卧式车床主要由床身、主轴箱、进给箱、溜板箱、滑板与尾座等部件组成。中小型卧式车床一般在出厂时都已经装配成整体状态，因此，在安装时多数卧式车床常采用整体安装法。

1. 安装顺序

1）吊装搬运至安装现场。

2）开箱检查。

3）敷设地脚螺栓。

4）安放就位。

5）按规定设置垫铁。

6）初步找正、找平。

7）灌浆。

8）精确找正、找平。

9）固定。

10）检测机床几何精度。

11）空运载试运行。

12）工作精度检测。

13）验收。

2. 安装工艺

（1）搬运　用起重设备搬运装箱的卧式车床时，应按包装箱上的起吊标志用钢丝绳或叉车安放就位。安放时应注意避免箱体受到冲击或剧烈振动，也不得过度倾斜。

用起重设备搬运已经开箱的卧式车床时，应按规定的吊运位置操作，保持设备的平衡。在绳索接触部位垫上木块以避免损伤设备表面。

（2）就位　将卧式车床安放在预定的基础地坪上，在基础的螺栓孔内装上地脚螺栓并用螺母连接在床脚上，预留锁紧空间。用调整垫铁粗调找正、找平车床导轨水平后，用混凝土浇灌进地脚螺栓孔内。待混凝土凝固后再次精调车床的水平，并均匀地拧紧地脚螺栓。

3. 找正、找平方法

（1）粗调　粗调车床承受导轨的水平可用三点调整法。可用水平仪分别在车床导轨的两端和中级位置，初步检测和调整导轨纵向和横向的水平状态。先调整横向水平，再调整纵向水平，要求全长的水平在5格（0.1mm）之内。调整方法如下：

1）先将水平仪平稳地置于靠近主轴的导轨平面上，水平仪的方向与导轨长度方向成90°。然后调整垫铁，在车床平稳的状态下，尽量使水平仪中的水泡位置处于中间的位置。

2）再将水平仪置于导轨的中间位置，待水泡静止后观看水泡位置。水平偏离中间移向哪一侧，则说明该侧导轨平面高，应调低此侧的垫铁或调高另一侧的垫铁，使水平处于或接近中间的位置。

3）最后将水平仪置于导轨尾部位置，与前面的观察、调整方法相同，使水平仪中的水泡处于中间位置。

4）往复1）~3）的调整步骤，通过调整垫铁控制水平仪中的水泡在三个位置的移动范围在5格之内。

5）当粗调好横向水平后，可调整导轨的纵向水平。在调整纵向水平的过程中，应注意放置水平仪的方向与导轨长度方向一致，然后观看水泡的位置，调整两端水平位置的高低，直到水平仪中的水泡在导轨两端和中间的三个位置的移动范围均在5格之内为止。

当对车床粗调水平结束后，用混凝土将地脚螺栓固定在地基孔内，待彻底干涸后再精调车床的水平。

（2）精调　精调车床导轨水平时采用分段调整法。将导轨按水平仪的长度分成若干段来进行测量，使水平仪头尾平稳衔接，逐段检查并记录示值，确定水平仪气泡的移动方向及水平仪的示值格数。在坐标图样上用直线反映气泡移动的“+”、“-”状态，并以此来分析确定导轨直线度的精度误差情况。

1）导轨横向水平的调整。水平仪应横放在导轨上，并沿导轨全长在等距离的各位置上进行调整。调整时，首先调整水平仪的零点，在每一个位置进行检测调整时，应观察和记录水泡的位置，水泡移动的方向是该方向导轨偏高的方向，可通过旋紧地脚螺母往下压，必要时将对应的另一侧通过楔铁往上抬。根据GB/T4020—1997《卧式车床　精度检验》的标准规定，调整好的导轨横向水平仪的变化为0.04mm/1000mm，即水泡的移动应控制在2格之内。

2）导轨纵向水平的调整。水平仪平行于导轨放置于横向滑板上，沿导轨全长在短距离的各位置上检测、调整。检测调整时，将床鞍移动至主轴箱最近的位置，调整并记录水平仪的零点位置，从左往右首尾相接、逐段检测调整，当床鞍移动停止并在水泡静止后，检测调整在任意500mm长度上，普通级车床的偏差不得高于0.02mm，即1.5格；精密级车床的偏差不得高于0.015mm。若超出偏差则通过压紧或抬高垫铁来进行调整。

车床的导轨要求中间凸起。若产生导轨凹陷，可通过楔铁微量抬高，若导轨凸起超标，则可通过地脚螺母向下压。在调整车床导轨水平直线时，无论是凸起还是凹陷，需在导轨两侧微调且同起同落，不可起伏太大。然后再从起点开始重复检测，直到符合机床标准为止。

4. 车床几何精度的检测

机床安装结束后应立即进行验收，验收完毕后机床才能投入生产。车床的几何精度检测项目的顺序是按照机床部件排列的，并不表示实际检测顺序。GB/T4020—1997《卧式车床 精度检验》国家推荐标准中列出了相关的检验项目以及检测的规定。检验机床几何精度时，并不总是必须检验该标准中的所有项目，在检测车床的几何精度过程中，可根据使用者的需要或拆装检验工具和检验方便起见，按任意顺序进行检验。

5. 车床安装后的试运行

在车床附属装置齐全，精确找平和几何精度检验合格之后，可按规定对车床进行试运行。

(1) 车床试运行的技术要求

1) 车床的主运动和进给运动的起动、停止以及操作手柄等动作应灵敏、无阻力方向正确。

2) 操作件的变速、换向、定位及自动进给动作应准确可靠。

3) 主轴在最高转速运转时，滚动轴承的温度不超过70℃，温升不超过40℃。

4) 在多级速度运转时，空运转的振幅为5~10μm，噪声<85dB。

5) 液、气压系统工作正常。液压油温不超过60℃，无泄漏现象，无振动、爬行冲击及停滞现象。

(2) 车床试运行的主要内容

1) 车床的安装质量与运行情况。车床试运行过程中，主要检查连接件是否坚固与可靠。当发现有异常情况或噪声突然增大时应立即停止试验，并进行检查、调整或修理，排除故障之后才能继续试运行。

2) 车床的运动速度试验。车床的运动速度包括主轴旋转运动和车刀进给运动。主轴旋转运动的速度试验应从最低速度到最高速度逐级进行，每级转速试验不得少于5min，最高转速挡试验不得少于30min。进给机构应做各级走刀及快速进给试验。

6. 车床工作精度的检测

当车床的试运行通过后，就可以开始工作精度的检测。检验车床的工作精度时应采用精车工序，由于粗车易产生相当大的切削力，因此不可用粗车。例如：背吃刀量为0.1mm，每转进给量为0.1mm。工件或试件的数目在一个规定试件上的切削次数，需要看情况而定，应使其能得出加工的平均进度，必要时也应考虑刀具的磨损。

7. 验收

车床安装、精度检验通过后，应按通用规范和设备安装工程施工及验收规范进行验收。

复习思考题

1. 什么叫装配？不同的装配方法对质量有何影响？
2. 对密封材料的基本要求有哪些？
3. 对机器、零件涂装的目的是什么？
4. 常用的涂装方法有哪些？
5. 机械设备安装前需要做哪些准备工作？
6. 对设备进行空运转试验有哪些要求？
7. 对车床主运动进行试运行，有哪些具体要求？
8. 车床的工作精度检测应在什么状态下进行？

试　题　库

知识要求试题

一．判断题（对打“√”，错打“×”）

1. 当游标卡尺两爪贴合时，尺身和游标的零线要对齐。（　）
2. 千分尺活动套管转一周，测微螺杆就移动 1mm。（　）
3. 塞尺也是一种界限量规。（　）
4. 台虎钳夹持工件时，可套上长管子扳紧手柄，以增加夹紧力。（　）
5. 在台虎钳上强力作业时，应尽量使作用力朝向固定钳身。（　）
6. 车刀的切削部分要素由刀尖、主切削刃、副切削刃和前、后面组成。（　）
7. 过切削刃选定点而和该点假定主运动方向垂直的面称为基面。（　）
8. 过切削刃选定点与切削刃相切并垂直于基面的平面称为正交平面。（　）
9. 主切削平面 P_s 与假定工作平面 P_f 之间的夹角称为副偏角。（　）
10. 主、副切削平面之间的夹角称为刀尖角。（　）
11. 进行切削时最主要的、消耗动力最多的运动称为主运动。（　）
12. 刀具在进给运动方向上相对工件的位移量称为背吃刀量。（　）
13. 尺寸是以特定单位标示线性长度的数值。（　）
14. 极限尺寸是指允许尺寸变化的两个数值。（　）
15. 尺寸公差是指上极限尺寸加下极限尺寸之和。（　）
16. 基准轴是在基轴制配合中选作基准的轴，用“h”表示。（　）
17. 基准孔是在基孔制配合中选作基准的孔，用“H”表示。（　）
18. 间隙配合中最小间隙是指孔的下极限尺寸与轴的上极限尺寸之和。（　）

19. 过渡配合是指可能具有间隙或过盈的配合。 ( )
20. 过盈配合是指具有过盈（包括最小过盈等于零）的配合。 ( )
21. 复杂零件的划线就是立体划线。 ( )
22. 当毛坯有误差时，都可以通过划线的借料予以补救。 ( )
23. 平面划线只需选择一个划线基准，立体划线则要选择两个划线基准。 ( )
24. 划线平板平面是划线时的基准平面。 ( )
25. 划线前在工件划线部位应涂上较厚的涂料，才能使划线清晰。 ( )
26. 零件都必须经过划线后才能加工。 ( )
27. 划线应从基准开始。 ( )
28. 利用分度头划线，当手柄转数不是整数时，可利用分度叉一起进行分度。 ( )
29. 锯条长度是以其两端安装孔的中心距来表示的。 ( )
30. 锯条反装后，由于楔角发生变化，锯削不能正常进行。 ( )
31. 起锯时，起锯角越小越好。 ( )
32. 锯条粗细应根据工件材料性质及锯削面宽窄来选择。 ( )
33. 锯条有了锯路，使工件上锯缝宽度大于锯条背部厚度。 ( )
34. 固定式锯弓可安装几种不同长度规格的锯条。 ( )
35. 錾削时，錾子前刀面与基面之间的夹角是楔角。 ( )
36. 錾子切削部分只要制成楔形，就能进行錾削。 ( )
37. 錾子后角的大小，是錾削时錾子被掌握的位置所决定的。 ( )
38. 錾子在砂轮上刃磨时，必须低于砂轮中心。 ( )
39. 錾子热处理时，应尽量提高其硬度。 ( )
40. 錾子热处理就是指錾子的淬火。 ( )
41. 当中心距离尽头 10mm 左右时，应掉头錾去余下的部分。 ( )
42. 砂轮两面要装有法兰盘，其直径不得少于砂轮直径的 1/3，砂轮与法兰盘之间应垫好衬垫。 ( )
43. 锉削过程中，两手对锉刀压力的大小应保持不变。 ( )
44. 锉刀的硬度应在 62 ~ 67HRC。 ( )
45. 顺向锉法可使锉削表面得到正直的锉，比较整齐美观。 ( )
46. 锉刀编号依次由类别代号、型式代号、规格和锉纹号组成。 ( )
47. 刮削平板时，必须采用一个方向进行刮削，否则会造成刀迹紊乱，降低刮削表面质量。 ( )
48. 刮削后的表面，不得有任何微浅的凹坑，以免影响工件的表面质量。 ( )

49. 刮削内曲面时，刮刀的切削运动是螺旋运动。 ( )

50. 轴瓦刮好后，接触点的合理分布应该是中间部分研点应比两端多。 ( )

51. 原始平板刮削时，采用对角研刮削的目的是消除平面的扭曲现象。 ( )

52. 刮削前的余量是根据工件刮削面积的大小而定，面积大应大些，反之就小些。 ( )

53. 原始平板采用正研的方法进行刮削，到最后只要任取两块合研都无凹凸现象，则原始平板的刮削已达到要求。 ( )

54. 刮削加工能达到较细的表面粗糙度，主要是利用刮刀负前角的推挤和压光作用。 ( )

55. 研具的材料应当比工件材料稍硬，否则其几何精度不易保持，从而影响研磨精度。 ( )

56. 研磨时，为减小工件表面粗糙度值，可加大研磨压力。 ( )

57. 直线研磨运动的轨迹不但能获得较高的几何精度，同时也能得到较细的表面粗糙度。 ( )

58. 研磨为精加工，能得到精确的尺寸、几何精度和极小的表面粗糙度值。 ( )

59. 研磨是主要靠化学作用除去零件表面层金属的一种加工方法。 ( )

60. 研磨外圆柱面时，研磨套往复运动轨迹要正确，形成网纹交叉线应为45°。 ( )

61. 钻头主切削刃上的后角，外缘处最大，越近中心则越小。 ( )

62. 钻孔时加切削液的主要目的是提高孔的表面质量。 ( )

63. 钻孔属于粗加工。 ( )

64. 钻头的顶角，钻硬材料应比钻软材料选得大些。 ( )

65. 钻头直径越小，螺旋角越大。 ( )

66. 标准麻花钻的横刃斜角为55°。 ( )

67. 钻床的一级保养，以操作者为主，维修人员配合。 ( )

68. 当孔要钻穿时，必须减小进给量。 ( )

69. 钻削速度是指每分钟钻头的转数。 ( )

70. 钻头前角大小与螺旋角有关（横刃处除外），螺旋角越大，前角越大。 ( )

71. 切削液主要起冷却、润滑、排屑、洗涤和防锈作用。 ( )

72. 常用的切削液有以冷却为主的水溶性切削液和以润滑为主的油溶性切削液。 ( )

73. 柱形锪钻外圆上的切削刃为主切削刃，起主要切削作用。 (   )
74. 柱形锪钻的螺旋角就是它的前角。 (   )
75. 机动铰孔结束后，应先停机再退刀。 (   )
76. 铰刀的齿距在圆周上都是不均匀分布的。 (   )
77. 螺旋形手铰刀适宜于铰削带有键槽的圆柱孔。 (   )
78. 铰孔时，铰削余量越小，铰孔后的表面越光洁。 (   )
79. 螺纹的基准线是螺旋线。 (   )
80. 多线螺纹的螺距就是螺纹的导程。 (   )
81. 螺纹精度由螺纹公差带和旋合长度组成。 (   )
82. 螺纹旋合长度分为短旋合长度和长旋合长度两种。 (   )
83. 逆时针旋转时旋入的螺纹称为右螺纹。 (   )
84. 米制普通螺纹牙型角为60°。 (   )
85. M161 含义是细牙普通螺纹，大径为16mm，螺距为1mm。 (   )
86. 机动攻制螺纹时，丝锥的校准部分不能全部出头，否则退出时会造成螺纹烂牙。 (   )
87. 板牙只在单面制成切削部分，故板牙只能单面使用。 (   )
88. 攻螺纹前的底孔直径必须大于螺纹标准中规定的螺纹小径。 (   )
89. 套螺纹时，工件外圆应倒角至15°～20°。 (   )
90. 去除金属零件表面的污物称为清洗。 (   )
91. 水基金属清洗剂，以表面活性剂为主要成分，水为溶剂，金属表面为清洗对象。 (   )
92. 清洗工艺的要求就是可靠性。 (   )
93. 清洗工艺分湿式清洗和干式清洗两种。 (   )
94. 材料腐蚀是材料表面和环境介质发生化学反应，而引起材料的退化和破坏。 (   )
95. 金属表面涂层保护的方法只有电镀。 (   )
96. 扳手通常由碳素结构钢或合金结构钢制成。 (   )
97. 螺钉旋具可以当錾子使用。 (   )
98. 螺纹连接是一种可装拆的固定连接。它具有结构简单、连接可靠、装拆方便迅速等优点。 (   )
99. 螺纹连接可分为普通连接和特殊连接两大类。 (   )
100. 三角形螺纹牙型角大，自锁性能好，而且牙根厚、强度高，故多用于连接。 (   )
101. 国家标准中，把牙型角 $\alpha=55°$ 的三角形米制螺纹称为普通螺纹。 (   )

102. 圆柱管螺纹，牙型角 $\alpha=55°$。（　）

103. 螺纹的防松装置，按工作原理的不同，分为利用附加摩擦力、用机械方法和其他方法防松三大类。（　）

104. 螺纹连接损坏的形式一般有：螺纹有部分或全部滑牙；螺钉头损坏；螺杆断裂。（　）

105. 平键分普通平键和导向平键两种。（　）

106. 普通平键连接对中性良好，装拆方便，适用于低速、高精度和承受变载、冲击的场合。（　）

107. 键磨损或损坏时，一般是更换新的轴。（　）

108. 销主要有圆柱销和圆锥销两种。（　）

109. 用于确定零件之间相互位置的销，通常称为定位销。（　）

110. 圆锥销具有1:50的锥度。（　）

111. 销的尺寸通常以过载10%~20%时即折断为依据确定。（　）

112. 带传动按带的剖面形状可分为平带、V带、圆形带、多楔带和同步带五种。（　）

113. 普通V带分Y、Z、A、B、C五种型号。（　）

114. 对于V带传动，小带轮的包角一般要求：$\alpha \leqslant 120°$。（　）

115. V带传动机构的张紧装置常用的有调整中心距和使用张紧轮。（　）

116. 带传动机构常见损坏形式有轴颈弯曲、带轮孔与轴配合松动、带轮槽磨损、带拉长或断裂、断裂崩裂等。（　）

117. 链传动机构的种类按用途不同，可分为传动链、输送链、曳引起重链。（　）

118. 链传动机构的传动效率高，一般可达0.95~0.98。（　）

119. 链传动机构常见的损坏现象有链被拉长、链和链轮磨损、链节断裂等。（　）

120. 平行轴齿轮传动属于空间传动。（　）

121. 相交轴齿轮传动和交错轴齿轮传动属平面传动。（　）

122. 齿轮传动的特点就是传递运动的准确性。（　）

123. 测量齿轮副侧隙的方法有：用压熔丝法和用指示表检验。（　）

124. 滚动体是圆柱滚子的轴承是滚针轴承。（　）

125. 轴承的基本代号由类型代号、宽（高）度系列代号、直径代号和轴承内径代号构成。（　）

126. 轴承代号的第一位数字代表轴承的直径系列。（　）

127. 在有冲击、振动载荷时，应选用滚子轴承。（　）

128. 滑动轴承中与轴颈相配的元件称为轴瓦。（　）

129. 润滑的目的是降低摩擦阻力和能源消耗，减少表面磨损、延长使用寿命，保证设备正常运转。（ ）

130. 液压传动是以液体或气体作为工作介质，传递动力和运动的一种传动方式。（ ）

131. 液压传动是借助于处在密封容器内的液体的压力来传递动力和能量。（ ）

132. 液压传动系统中常用的管接头主要有焊接式、卡套式、扩口式和软管接头等。（ ）

133. 焊接式、卡套式管接头多用于薄壁钢管、铜管、尼龙管的连接。（ ）

134. 装配或修理工作不包括最后对机器进行试运行。（ ）

135. 认真做好试运行前的准备工作，可避免出现重大的故障或事故。（ ）

136. 机器起动前，应将暂时不需要产生动作的机构置于“停止”位置。（ ）

137. 互换装配法具有很多优点，所以适用于组成件数多、精度要求高的场合。（ ）

138. 选配法是将零件的制造公差适当放宽，然后取其中尺寸相当的零件进行装配，以达到配合要求。（ ）

139. 对于过盈连接的零件装配不需要加润滑油之类的润滑剂。（ ）

140. 装配工作，包括装配前的准备、部装、总装、调整、检验和试运行。（ ）

141. 把零件和部件装配成最终产品的过程称为部装。（ ）

142. 采用分组装配法装配时，只要增加分组数便可提高装配精度。（ ）

143. 修配装配法对零件的加工精度要求较高。（ ）

144. 行车工作前，必须检查行车全部润滑情况，离合器及钢丝绳卡子等。（ ）

145. 起吊时物件尚在地面，可以行车。（ ）

146. 吊物体时，如没有钢丝绳，可用三角带之类代替。（ ）

147. 设备检测只需进行精度检测。（ ）

148. 精度检测内容包括基础零件精度检测和机床部件间相互位置精度的检测。（ ）

149. 机械装置润滑的目的是降低摩擦力和能源消耗，减小表面磨损，延长使用寿命，保证正常运转。（ ）

150. 能起阻止泄漏作用的零件称为密封件。（ ）

151. 对密封件的基本要求是严密可靠、结构紧凑、简单易造、维修方便、寿命较长。 ( )

152. 机器、零件涂装的意义是提高防腐蚀性能，便于清洗保养工作，装饰外观等。 ( )

153. 机器起动前，有些进给运动机构的部件，暂时不需要产生运动，通常应使其处于“进给”位置。 ( )

154. 因有试运行前的准备工作，所以机器一经起动，就不需要观察和监视其工作状况了。 ( )

155. 机械与机器统称为机械设备。 ( )

156. 机械安装过程中要做好必要的清洗、检查、组装和调整工作。 ( )

157. 机械设备安装过程中不需要保证设备的功能和加工精度，这些在设备出厂之前已经做到了。 ( )

158. 机械设备安装人员不需要有专业知识和施工经验，只需按照装配工艺进行安装即可。 ( )

159. 整体安装法适用于大型机械设备的安装。 ( )

160. 检验车床的工作精度应采用精车工序。 ( )

二、选择题（将正确答案的序号填入括号内）

1. 游标卡尺按分度值可分为（ ）mm、0.05mm、0.10mm。

A. 0.02　B. 0.2　C. 0.1　D. 0.5

2. 塞尺实际上就是一种（ ）量规。

A. 角值　B. 尺寸　C. 界限　D. 极限

3. 过切削刃选定点而和该点假定主运动方向垂直的面称为（ ）。

A. 前面　B. 切削平面　C. 基面　D. 正交平面

4. 尺寸公差是指上极限尺寸和下极限尺寸（ ）。

A. 之和　B. 之差　C. 之积　D. 之商

5. 基准孔用（ ）表示。

A. “h”　B. “H”　C. “ø”　D. “R”

6. 间隙配合中最大间隙是指孔的上极限尺寸与轴的上极限尺寸（ ）。

A. 之和　B. 之差　C. 之积　D. 之商

7. 过渡配合用符号（ ）、js（JS）表示。

A. j（J）　B. m（M）　C. h（H）　D. k（K）

8. 砂轮机的托架与砂轮之间的距离，一般应保持在（ ）mm以内。

A. 1　B. 2　C. 3　D. 4

9. 立体划线要选择（ ）个划线基准。

A. 一　　B. 二　　C. 三　　D. 四

10. 零件两个方向的尺寸与中心线具有对称性，且其他尺寸也从中心线起始标注，该零件的划线基准是（　　）。

A. 一个平面和一条中心线　　B. 两条相互垂直的中心线

C. 两个相互垂直的平面　　D. 两个平面和一条中心线

11. 划线时 V 形块是用来安装（　　）工件的。

A. 圆柱形　　B. 圆锥形　　C. 大型　　D. 复杂形状

12. 使用千斤顶支承划线工件时，一般（　　）为一组。

A. 一个　　B. 两个　　C. 三个　　D. 四个

13. 在已加工表面划线时，一般使用（　　）涂料。

A. 白喷漆　　B. 涂粉笔　　C. 蓝油

14. 划线时，应使划线基准与（　　）一致。

A. 设计基准　　B. 安装基准　　C. 测量基准　　D. 装配基准

15. 分度头手柄转一周，装夹在主轴上的工件转（　　）周。

A. 40　　B. 1/40　　C. 1　　D. 20

16. 锯条反装后，其楔角（　　）。

A. 不变　　B. 增大　　C. 减小

17. 锯条有了锯路，可使工件上的锯缝宽度（　　）锯条背部的厚度。

A. 小于　　B. 等于　　C. 大于

18. 锯削时的锯削速度以每分钟往复（　　）为宜。

A. 20 次以下　　B. 20 ~ 30 次　　C. 20 ~ 40 次　　D. 40 次以上

19. 錾子的楔角越大，錾子切削部分的（　　）越高。

A. 硬度　　B. 强度　　C. 锋利程度　　D. 韧性

20. 錾子楔角的大小应根据（　　）选择。

A. 工件材料的软硬B. 工件形状大小　C. 加工尺寸　　D. 錾子切削部分的强度

21. 錾削硬材料时，楔角应取（　　）。

A. 30° ~ 50°　　B. 50° ~ 60°　　C. 60° ~ 70°　　D. 70° ~ 80°

22. 錾削时，錾子切入工件太深的原因是（　　）。

A. 楔角太小　　B. 前角太大　　C. 后角太大　　D. 前、后角都大

23. 刃磨錾子时，主要确定（　　）的大小。

A. 前角　　B. 楔角　　C. 后角

24. 在工件上錾削沟槽和分割曲线形板料时，应选用（　　）。

A. 尖錾　　B. 扁錾　　C. 油槽錾

25. 錾削时锤击力最大的挥锤方法是（　　）。

A. 手挥　　B. 臂挥　　C. 肘挥

26. 细齿锯条适合于（　　）的锯削。

A. 软材料　　B. 硬材料　　C. 锯削面较宽　　D. 锯削面较窄

27. 在锉削窄长平面和修整尺寸时，可选用（　　）。

A. 推锉法　　B. 顺向锉法　　C. 交叉锉法

28. 锉刀断面形状的选择取决于工件的（　　）。

A. 锉削表面形状　B. 锉削表面大小　C. 工件材料软硬　D. 锉削表面精度

29. 为了使锉削表面光滑，锉刀的锉齿沿锉刀轴线方向成（　　）排列。

A. 不规则　　B. 平行　　C. 倾斜有规律

30. 当刮削进行到精刮阶段时，研点要求清晰醒目，可将显示剂涂在（　　），对刮削较有利。

A. 工件表面上　　B. 基准平面上　　C. 工件表面和基准平面上

31. 刮削加工平板精度的检查常用研点的数目来表示，用边长为（　　）的正方形方框罩在被检查面上。

A. 24mm　　B. 25mm　　C. 50mm　　D. 20mm

32. 刮刀切削部分应具有足够的（　　）才能进行刮削加工。

A. 强度和刚度　　B. 刚度和刃口锋利

C. 硬度和刃口锋利　　D. 强度和刃口锋利

33. 刮削前的余量，应根据工件刮削面积的大小而定，一般在（　　）mm之间。

A. 0.05～0.4　　B. 0.4～1　　C. 0.01～0.05　　D. 0.05～0.2

34. 刮削加工会形成均匀微浅的凹坑，所以它属于（　　）。

A. 粗加工　　B. 精加工　　C. 半精加工

35. 刮削常用的显示剂红丹粉广泛地应用于（　　）的工件上。

A. 精密工件　　B. 铝合金　　C. 铜合金　　D. 铸铁和钢

36. 细刮时，在整个刮削面上，每边长为25mm的正方形面积内应达到（　　）个研点时，细刮即告结束。

A. 3～4　　B. 20以上　　C. 12～15　　D. 20～30

37. 经淬硬的钢制零件进行研磨时，常用（　　）材料作为研具。

A. 淬硬钢　　B. 低碳钢　　C. 灰铸铁　　D. 铝

38. 一般所用的研磨工具（研具）的材料硬度应（　　）被研磨零件。

A. 稍高于　　B. 稍低于　　C. 相同于　　D. 远大于

39. 研磨环在研磨外圆柱面时的往复运动速度（　　），将影响工件的精度和耐磨性。

A. 太快　　B. 太慢　　C. 太快或太慢　　D. 适中

40. 研磨余量的大小，应根据（　　）来考虑。

A. 零件的耐磨性　B. 材料的硬度　C. 研磨前预加工精度的高低

41. 工件的表面粗糙度值要求最低时，一般采用（　　）加工。

A. 精车　B. 磨削　C. 研磨　D. 刮削

42. 对工件平面进行精研加工时，应放在（　　）平板上进行研磨。

A. 无槽　B. 有槽　C. 光滑

43. 钻孔时，钻头绕本身轴线的旋转运动称为（　　）。

A. 进给运动　B. 主运动　C. 旋转运动　D. 辅助运动

44. 钻头前角大小（横刃处除外）与（　　）有关。

A. 后角　B. 顶角　C. 螺旋角　D. 横刃斜角

45. 麻花钻刃磨时，其刃磨部位是（　　）。

A. 前面　B. 后面　C. 副后面

46. 当钻头后角增大时，横刃斜角（　　）。

A. 增大　B. 不变　C. 减小

47. 钻孔时加切削液的主要目的是（　　）。

A. 润滑作用　B. 冷却作用　C. 清洗作用　D. 排屑作用

48. 孔将钻穿时，进给量必须（　　）。

A. 减小　B. 增大　C. 保持不变

49. 钻床运转满（　　）h 应进行一级保养。

A. 500　B. 1000　C. 1500　D. 2000

50. 扩孔加工属于孔的（　　）。

A. 粗加工　B. 半精加工　C. 精加工

51. 锥形锪钻按其锥角大小可分为60°、75°、90°和120°四种，其中（　　）使用最多。

A. 60°　B. 75°　C. 90°　D. 120°

52. 可调节手铰刀主要用来铰削（　　）的孔。

A. 非标准　B. 标准系列　C. 英制系列　D. 美制系列

53. 铰孔结束后，铰刀应（　　）退出。

A. 正转　B. 反转　C. 正反转均可　D. 停机后退出

54. 丝锥由工作部分和（　　）两部分组成。

A. 柄部　B. 校准部分　C. 切削部分

55. 攻螺纹前的底孔直径必须（　　）螺纹标准中规定的螺纹小径。

A. 小于　B. 大于　C. 等于

56. 攻不通孔螺纹时，底孔深度要（　　）所需的螺孔深度。

A. 等于　B. 大于　C. 小于

57. 米制螺纹的牙型角为（　　）。

A. 30°　　B. 55°　　C. 60°　　D. 40°

58. 在承受单向受力的机械上的螺杆，一般采用（　　）螺纹。

A. 锯齿形　　B. 三角形螺纹　　C. 圆形螺纹　　D. 梯形螺纹

59. 螺纹从左向右升高的称为（　　）。

A. 左旋螺纹　　B. 右旋螺纹　　C. 管螺纹　　D. 锯齿形螺纹

60. 传统的零件清洗剂是汽油、煤油、（　　）等。

A. 柴油　　B. 水　　C. 酒精　　D. 肥皂水

61. （　　）工艺是目前工业清洗所采用的主要形式。

A. 湿式清洗　　B. 干式清洗　　C. 激光清洗　　D. 干冰清洗

62. 扳手通常由碳素结构钢或（　　）制成。

A. 合金结构钢　　B. 工具钢　　C. 灰铸铁　　D. 球墨铸铁

63. 常用的螺钉旋具有100mm、150mm、200mm、300mm和（　　）mm等几种。

A. 250　　B. 350　　C. 400　　D. 500

64. 螺纹连接为了达到可靠而紧固的目的，必须保证螺纹副具有一定的(　　)。

A. 摩擦力矩　　B. 拧紧力矩　　C. 预紧力

65. 双螺母锁紧属于（　　）防松装置。

A. 附加摩擦力　　B. 机械　　C. 冲点　　D. 粘接

66. 利用开口销与带槽螺母锁紧，属于（　　）防松装置。

A. 附加摩擦力　　B. 机械　　C. 冲点　　D. 粘接

67. 平键分普通平键和（　　）平键两种。

A. 导向　　B. 圆头　　C. 方头　　D. 单圆头

68. 锉配键长，在键长方向，键与轴槽有（　　）mm左右的间隙。

A. 0.1　　B. 0.2　　C. 0.3　　D. 0.4

69. 平键连接是靠平键与键槽的（　　）接触传递转矩。

A. 上平面　　B. 下平面　　C. 两侧面　　D. 上下平面

70. 键产生变形或剪断，说明键受不了所传递的转矩，在条件允许的情况下，可适当增加键和键槽宽度或增加键的长度来解决。也可再增加一个键，使两键相隔（　　），以增加键的强度。

A. 45°　　B. 90°　　C. 180°　　D. 270°

71. 圆锥销具有（　　）的锥度。

A. 1∶10　　B. 1∶20　　C. 1∶40　　D. 1∶50

72. 销在每一个连接零件内的长度约为销直径的（　　）倍。

A. 1～2　　B. 2～3　　C. 3～4　　D. 4～5

73. 销的尺寸通常以过载（　　）时（即折断）为依据确定。

A. 10%～20%　　B. 20%～30%　　C. 30%～40%　　D. 40%～50%

74. 普通V带分（　　）、Z、A、B、C、D、E七种型号。

A. X　　B. Y　　C. O　　D. F

75. V带传动机构中，是依靠带与带轮之间的（　　）来传递运动和动力的。

A. 摩擦力　　B. 张紧力　　C. 拉力　　D. 圆周力

76. V带传动机构装配时，要求两轮的中间平面重合，因而要求其倾斜角不超过（　　）。

A. 10°　　B. 5°　　C. 0.1°　　D. 1°

77. 带轮工作表面的表面粗糙度值一般为（　　）μm。

A. *Ra*1.6　　B. *Ra*3.2　　C. *Ra*6.3　　D. *Ra*0.8

78. 对于$\alpha=40°$的V带传动，槽角φ常取38°、36°、（　　）。

A. 40°　　B. 60°　　C. 34°　　D. 32°

79. 小带轮的包角一般要求：$\alpha \geqslant$（　　）。

A. 40°　　B. 60°　　C. 120°　　D. 180°

80. 张紧力的调整方法是（　　）。

A. 变换带轮尺寸　　B. 加强带的初拉力

C. 改变两轴中心距

81. 链传动机构的传动效率高，一般可达（　　）。

A. 0.8～0.85　　B. 0.85～0.9　　C. 0.9～0.95　　D. 0.95～0.98

82. 两链轮的轴向偏移量，一般当中心距小于500mm时，允许偏移量为（　　）mm。

A. ≤1　　B. ≥1　　C. ≤2　　D. ≥2

83. 直齿圆柱齿轮模数的代号为（　　）。

A. z　　B. m　　C. c　　D. a

84. 直齿圆柱齿轮装配后，发现接触斑点单面偏接触，其原因是由于(　　)。

A. 两齿轮轴不平行　　B. 两齿轮轴线歪斜且不平行

C. 两齿轮轴线歪斜

85. 测量齿轮副副侧隙的方法有（　　）两种。

A. 涂色法和压熔丝法　　B. 涂色法和用指示表检验法

C. 压熔丝法和用指示表检验法

86. 轴承代号的第一位代表轴承的（　　）。

A. 类型　　B. 宽（高）度系列
C. 直径系列　　D. 内径尺寸

87. 轴承的公差等级分为（　　）。

A. 4个　　B. 5个　　C. 6个　　D. 7个

88. 滑动轴承根据润滑类型分类可分为（　　）。

A. 4种　　B. 5种　　C. 6种　　D. 7种

89. 液压传动中高压液体在几何形体内受力作用被迫流动时，可将液压能转换成（　　）。

A. 电能　　B. 动能　　C. 机械能　　D. 热能

90. 同类零件中，任取一个装配零件，不经修配即可装入部件中，都能达到规定的装配要求，这种装配方法称为（　　）。

A. 互换法　　B. 选配法　　C. 调整法　　D. 修配法

91. 在装配时用改变产品中可调整零件的相对位置或选用合适的调整件，以达到装配精度的方法称为（　　）。

A. 互换法　　B. 选配法　　C. 调整法　　D. 修配法

92. 管子煨弯时，其弯曲半径一般不小于管子外径的（　　）倍。

A. 4　　B. 5　　C. 6　　D. 7

93. 接触形密封有填料密封、皮碗密封、胀圈密封和（　　）。

A. 间隙密封　　B. 离心密封　　C. 机械密封　　D. 气动密封

94.（　　）适用于一般介质的各种机械设备中。

A. 矩形橡胶垫圈　　B. 油封皮垫圈　　C. 油封纸垫片　　D. 其他材质垫片

95. 密封圈应用最广泛的是（　　）形。

A. O　　B. V　　C. U　　D. Y

96. 立式钻床主轴锥孔中心线对立柱导轨的平行度公差在300mm长度上，纵、横方向均为（　　）。

A. 0.03mm　　B. 0.04mm　　C. 0.05mm　　D. 0.06mm

97. 机器起动前，机器上暂时不需要产生动作的机构应使其处于（　　）位置。

A. 任意　　B. 进给　　C. 空位

98. 机器试运行前首先须进行的是（　　）。

A. 空运转试验　　B. 负荷试验　　C. 超负荷试验　　D. 疲劳试验

99. 车床主轴在最高转速运转时，滚动轴承的温度不超过（　　）。

A. 50℃　　B. 60℃　　C. 70℃　　D. 80℃

100. 检验车床的工作精度应采用（　　）工序

A. 荒车　　B. 粗车　　C. 半精车　　D. 精车

技能要求试题

一、直角定位块制作

1. 考件图样（见图1）

2. 准备要求

1）熟悉考件图样。

2）检查零件毛坯是否与考件符合。

3）工具、量具、夹具准备。

4）需要使用的设备检查（电气和机械传动部分）。

5）划线（包括划线工具的准备）。

3. 考核内容

（1）考核要求

1）采用锯削、锉削、钻削的方法制作。加工后应达到图样要求的尺寸公差：30mm ± 0.3mm，*Ra*12.5（2处）；60mm ± 0.074mm，*Ra*3.2μm（2处）；30mm ± 0.3mm；15mm ± 0.2mm（2处）。几何公差：垂直度公差0.3mm（2处），0.06mm；平行度公差0.30mm（2处）；平面度公差0.25mm（2处）、0.04mm，轮廓度公差0.06mm。

2）锯削面应一次完成，不准修锉。

3）不准用砂布或风磨机打光加工表面。

4）图样中未注公差按GB/T 1804—2000标准IT12～IT14规定的要求加工。

（2）工时定额为4h

（3）安全文明生产要求

1）正确执行安全技术操作规程

2）应按企业有关文明生产的规定，做到工作场地整洁、工件、工具摆放整齐。

4. 配分、评分标准见表1

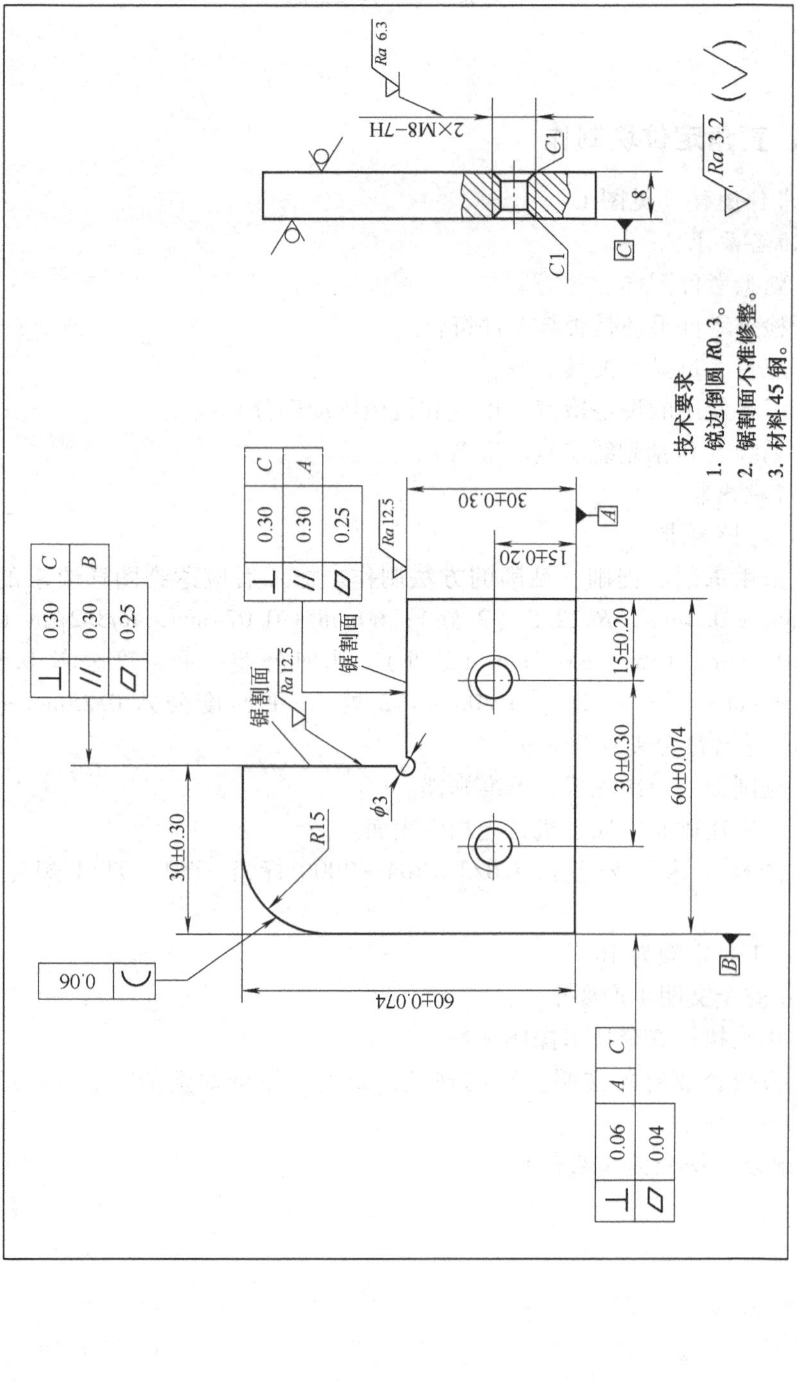
Ra 6.3
2×M8−7H
C1
C1
8
C
Ra 3.2
(√)
技术要求
1. 锐边倒圆R0.3。
2. 锯割面不准修整。
3. 材料45钢。
30±0.30
15±0.20
A
Ra 12.5
锯割面
Ra 12.5
锯割面
⊥ 0.30 C
// 0.30 A
▱ 0.25
⊥ 0.30 C
// 0.30 B
▱ 0.25
φ3
R15
30±0.30
15±0.20
30±0.30
60±0.074
60±0.074
0.06
B
⊥ 0.06 A C
▱ 0.04

图1 直角定位块

表1 直角定位块加工评分表

序号	作业项目	配分	考核内容	评分标准	考核记录	扣分	得分
1	锯削	5×2	垂直度公差0.30mm（2处）	超差无分			
		5×2	平行度公差0.30mm（2处）	超差无分			
		5×2	平面度公差0.25mm（2处）	超差无分			
2	锉削	5	30mm±0.30mm，*Ra* 3.2μm	超差无分			
		5×2	60mm±0.074mm，*Ra*3.2μm（2处）	超差无分			
		5	30mm±0.30mm，*Ra*3.2μm	超差无分			
		5	*R*15mm，*Ra*3.2μm	超差无分			
		5	线轮廓度公差0.06mm	超差无分			
		5×2	垂直度公差0.06mm（2处）	超差无分			
		5	平面度公差0.04mm	超差无分			
3	攻螺纹	6×2	M8-7H，*Ra*6.3μm（2处）	超差无分			
		3	30mm±0.30mm，*Ra*3.2μm	超差无分			
		5×2	15mm±0.20mm（2处）	超差无分			
4	安全文明生产		遵守安全操作规程，正确使用工、夹、量具，操作现场整洁	按达到规定的标准程度评定，一项不符合要求，在总分中扣2～5分，总扣分不超过10分			
			安全用电、防火，无人身、设备事故	因违规操作发生重大人身设备事故，此卷按0分计算			
5	分数合计	100					

二、六角螺母加工

1. 考件图样（见图2）

2. 准备要求

1）熟悉考件图样。

2）检查考件毛坯是否与考件符合。

3）工具、量具、夹具准备。

4）需要使用的设备检查（电气和机械传动部分）。

5）划线及划线工具的准备。

3. 考核要求

（1）考核要求

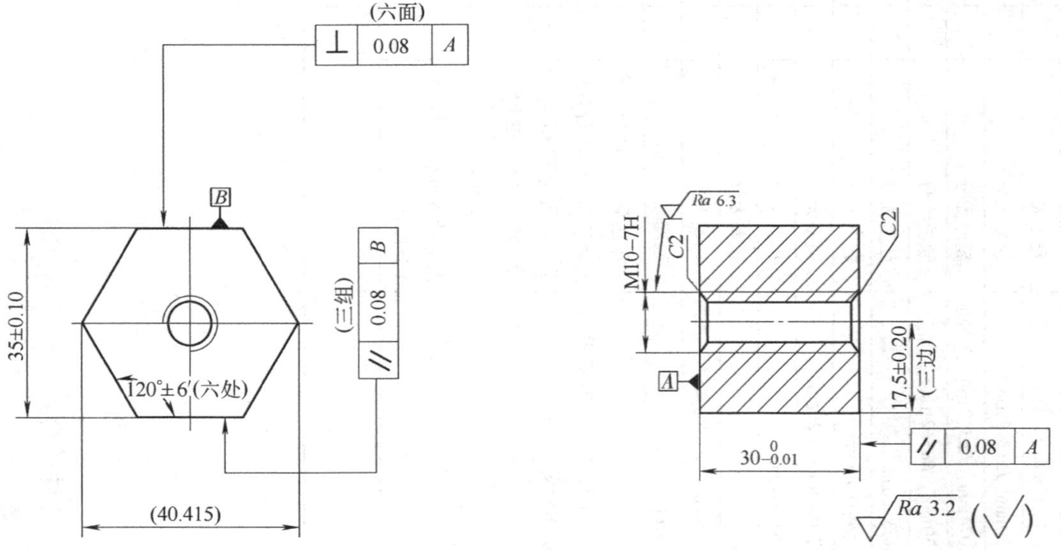

技术要求

1. 锐边倒圆 *R*0.3。
2. 各锉削面平面度公差 0.05mm。
3. 材料 45 钢。

图2 六角螺母

1）采用锉、钻、攻螺纹的方法制作。加工后应达到图样要求的尺寸公差：35mm ±0.10mm（3处），$Ra3.2\mu m$；$30_{-0.10}^{\ 0}$mm，$Ra3.2\mu m$；120°±6′（6处）；17.5mm ±0.2mm（3处）；M10-7H，$Ra6.3\mu m$。几何公差：垂直度公差0.08mm（6处）；平行度公差0.08mm（三组）。

2）不准用砂布或风磨机打光加工表面。

3）图样中未注公差按GB/T 1804—2000标准IT12～IT14规定的要求加工。

（2）工时定额为4h

（3）安全文明生产要求

1）正确执行安全技术操作规程。

2）应按企业有关文明生产的规定，做到工作场地整洁、工件、工具摆放整齐。

4. 配分、评分标准见表2

表2 六角螺母加工配评分表

序号	作业项目	配分	考核内容	评分标准	考核记录	扣分	得分
1	锉削	2×3	35mm ±0.10mm，$Ra3.2\mu m$（3处）	超差无分			
		3	$30_{-0.10}^{\ 0}$mm	超差无分			
		2×6	120°±6′，$Ra3.2\mu m$（6处）	超差无分			
		4×6	垂直度公差0.08mm（6处）	超差无分			
		4×3	平行度公差0.08mm（3处）	超差无分			
		4	平行度公差0.08mm	超差无分			
		4×6	平面度公差0.05mm（6处）	超差无分			
		3	40.415mm	超差无分			
2	攻螺纹	6	M10-7H，$Ra6.3\mu m$	超差无分			
		2×3	17.5mm ±0.20mm（3处）	超差无分			
3	安全文明生产		遵守安全操作规程，正确使用工、夹、量具，操作现场整洁	按达到规定的标准程度评定，一项不符合要求，在总分中扣2～5分，总扣分不超过10分			
			安全用电、防火，无人身、设备事故	因违规操作发生重大人身设备事故，此卷按0分计算			
4	分数合计	100					

三、矩形镶配件加工

1. 考件图样（见图3）

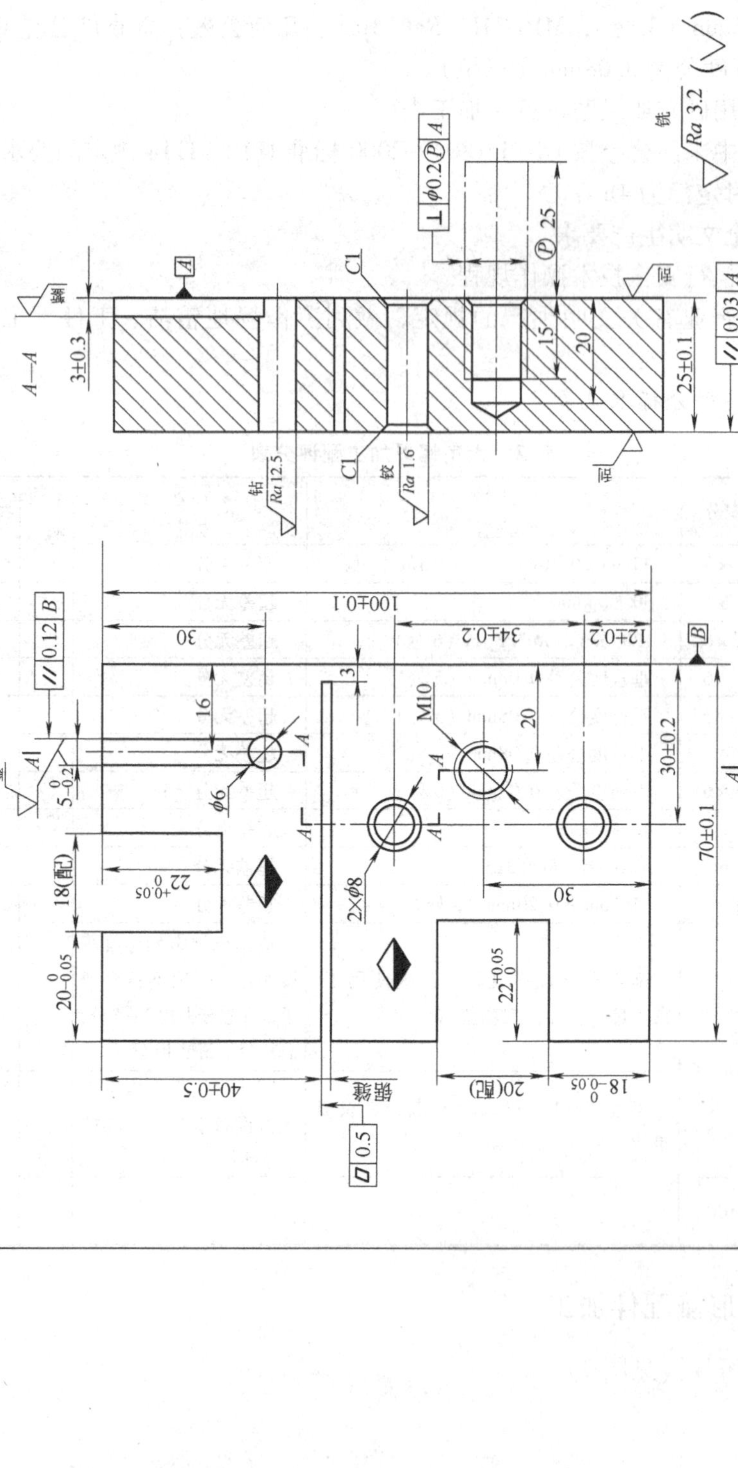

技术要求：材料 HT150。

图3 矩形镶配件

2. 准备要求

1）熟悉考件图样。

2）检查考件毛坯是否与考件相符合。

3）工具、量具、夹具准备。

4）需要使用的设备检查（电气和机械传动部分）。

5）划线和划线工具的准备。

3. 考核内容

（1）考核要求

1）本题采用锯、錾、锉、钻、铰、攻螺纹和刮削多种方法来制作。加工后应达到图样要求的尺寸公差：40mm ±0.5mm；$5_{-0.2}^{0}$mm；3mm ±0.3mm；$18_{-0.05}^{0}$mm；$20_{-0.05}^{0}$mm；$22_{0}^{+0.05}$mm（2 处）；30mm ±0.2mm（2 处）；12mm ±0.2mm；34mm ±0.2mm；配合间隙小于0.12mm（4 处）；刮削接触面积每25mm×25mm 不少于18点（2 面）并无落刀痕和丝纹等。几何公差：平面度公差0.5mm；平行度公差0.12mm 和0.03mm；垂直度公差 ϕ0.2mm。

2）锯削面和錾削面不准修锉。

3）不准用砂布或风磨机打光加工表面。

4）图样中未注公差按 GB/T 1804—2000 标准 IT12 ~ IT14 规定的要求制作。

（2）工时定额为10h

（3）安全文明生产

1）能正确执行安全技术操作规程。

2）能按企业有关文明生产的规定，做到工作场地整洁、工件、工具摆放整齐。

4. 配合、评分标准见表3

表3 矩形镶配件加工评分表

序号	作业项目	配分	考核内容	评分标准	考核记录	扣分	得分
1	錾削	2	$5_{-0.2}^{0}$mm	超差无分			
		1	3mm ±0.30 mm	超差无分			
		1	16mm	超差无分			
		5	平行度公差0.12mm	超差无分			
2	锯削	2	3mm	超差无分			
		3	40mm ±0.5mm	超差无分			
		4	平面度公差0.5mm	超差无分			

(续)

序号	作业项目	配分	考核内容	评分标准	考核记录	扣分	得分
3	锉削	4	70mm ±0.10mm，$Ra3.2\mu m$	超差无分			
		4	100mm ±0.10mm，$Ra3.2\mu m$	超差无分			
		6	$18_{-0.05}^{0}$mm，$Ra3.2\mu m$	超差无分			
		6	$20_{-0.05}^{0}$mm，$Ra3.2\mu m$	超差无分			
		6×2	$22_{0}^{+0.05}$mm，$Ra3.2\mu m$（2处）	超差无分			
		15	配合间隙≤0.12mm	超差0.02mm扣5分，超差0.05mm扣10分，超差>0.06mm无分			
4	钻铰孔、攻螺纹	1	ϕ6mm、30mm	超差无分			
		3×2	ϕ8mm $Ra1.6\mu m$（2处）	超差无分			
		2	12mm ±0.2mm	超差无分			
		2	30mm ±0.2mm	超差无分			
		2	34mm ±0.2mm	超差无分			
		5	M10、15mm、20mm	超差无分			
		2	20mm、30mm	超差无分			
		5	垂直度公差ϕ0.2mm	超差无分			
5	刮削	4	25mm ±0.10mm	超差无分			
		6	平行度公差0.03mm	超差无分			
6	安全文明生产		遵守安全操作规程，正确使用工、夹、量具，操作现场整洁	按达到规定的标准程度评定，一项不符合要求，在总分中扣2~5分，总扣分不超过10分			
			安全用电、防火，无人身、设备事故	因违规操作发生重大人身设备事故，此卷按0分计算			
7	分数合计	100					

四、制作异形板

1. 考件图样（见图4）

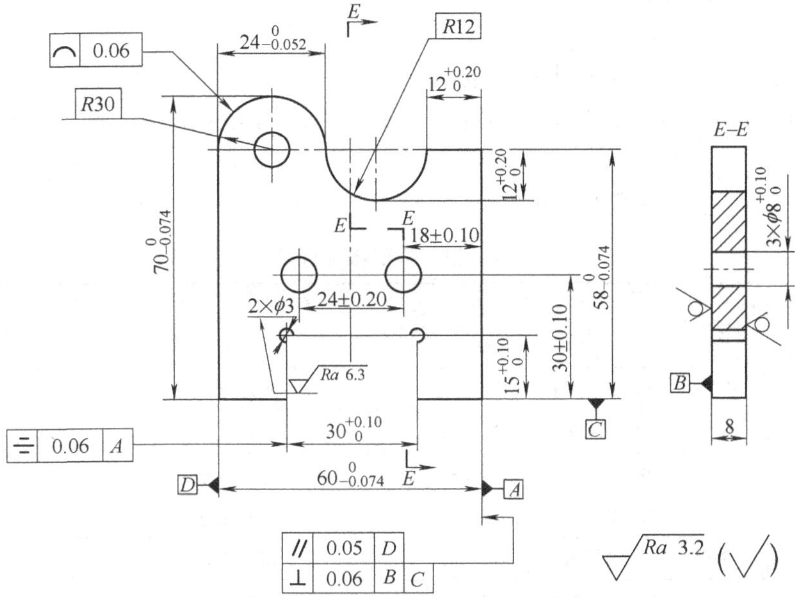

技术要求

1. 锐边倒圆 R0.3。

2. 材料 Q235。

图 4　异形板

2. 准备要求

1）熟悉考件图样。

2）检查考件毛坯是否与考件符合。

3）工具、量具、夹具的准备。

4）需要使用的设备检查（电气和机械传动部分）。

5）划线和划线工具的准备。

3. 考核内容

（1）考核要求

1）本题采用锯、錾、锉、钻方法制作。加工后应达到图样要求的尺寸公差：$60_{-0.074}^{0}$ mm，$Ra3.2\mu m$；$30_{0}^{+0.10}$ mm，$Ra3.2\mu m$；$58_{-0.074}^{0}$ mm，$Ra3.2\mu m$；$15_{0}^{+0.10}$ mm，$Ra3.2\mu m$；$12_{0}^{+0.20}$ mm，$Ra3.2\mu m$；$3\times\phi8_{0}^{+0.10}$ mm，$Ra3.2\mu m$；24mm ± 0.20mm；$30_{0}^{+0.10}$ mm；18mm ± 0.10mm；圆弧线轮廓度 0.06mm，$Ra3.2\mu m$。几何公差：对称度公差 0.06mm；垂直度公差 0.06mm；平行度公差 0.05mm。

2）不准用砂布或风磨机打光加工表面。

3）图样中未注公差按 GB/T 1804—2000 标准 IT12 ~ IT14 规定的要求制作。

(2) 工时定额为5h

(3) 安全文明生产

1) 能正确执行安全技术操作规程。

2) 能按企业有关文明生产的规定，做到工作场地整洁、工件、工具、量具摆放整齐。

4. 配分、评分标准见表4

表4 制作异形板评分表

序号	作业项目	配分	考核内容	评分标准	考核记录	扣分	得分
1	锉削	5	$70^{\ 0}_{-0.074}$mm，$Ra3.2\mu m$	超差无分			
		5	$60^{\ 0}_{-0.074}$mm，$Ra3.2\mu m$	超差无分			
		5	$58^{\ 0}_{-0.074}$mm，$Ra3.2\mu m$	超差无分			
		5	$30^{+0.10}_{\ 0}$mm，$Ra3.2\mu m$	超差无分			
		5	$15^{+0.10}_{\ 0}$mm，$Ra3.2\mu m$	超差无分			
		5	30mm ±0.10mm，$Ra3.2\mu m$	超差无分			
		5	$24^{\ 0}_{-0.052}$mm，$Ra3.2\mu m$	超差无分			
		5	$12^{+0.20}_{\ 0}$mm，$Ra3.2\mu m$	超差无分			
		10	$R30$mm、$R12$mm，$Ra3.2\mu m$	超差无分			
		5	线轮廓度0.06mm	超差无分			
		5	对称度公差0.06mm	超差无分			
		10	平行度公差0.05mm	超差无分			
		10	垂直度公差0.06mm	超差无分			
2	钻、铰孔	4×3	$\phi 8^{+0.10}_{\ 0}$mm $Ra3.2\mu m$（3处）	超差无分			
		4	18mm ±0.10mm	超差无分			
		4	20mm ±0.20mm	超差无分			
3	安全文明生产		遵守安全操作规程，正确使用工、夹、量具，操作现场整洁	按达到规定的标准程度评定，一项不符合要求，在总分中扣2~5分，总扣分不超过10分			
			安全用电、防火，无人身、设备事故	因违规操作发生重大人身设备事故，此卷按0分计算			
4	分数合计	100					

五、制作U形板

1. 考件图样（见图5）

2. 准备要求

1）熟悉考件图样。

2）检查考件毛坯是否与考件相符。

3）工具、量具、夹具的准备。

4）需要使用的设备检查（电气和机械传动部分）。

5）划线和划线工具的准备。

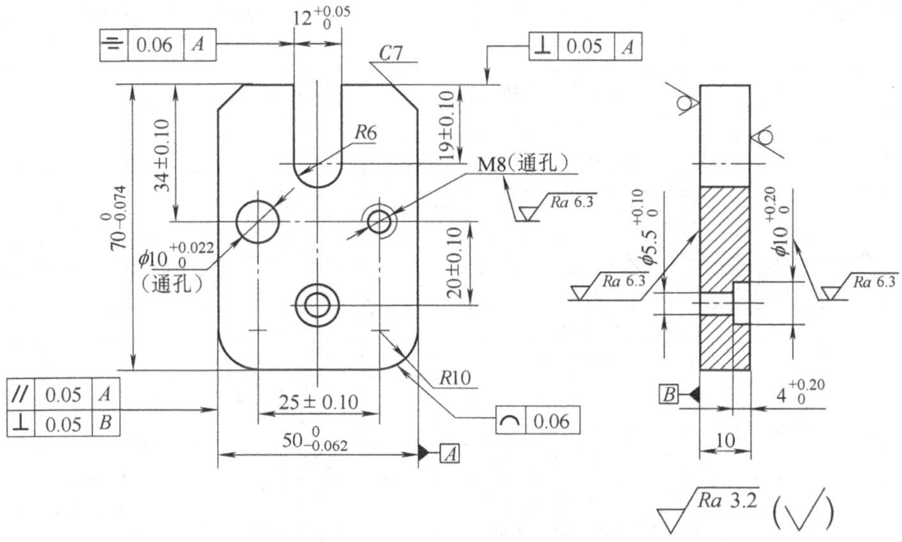

技术要求

1. 锐边倒圆。

2. 材料45钢。

图5　U形板

3. 考核内容

（1）考核要求

1）本题采用锯、锉、钻、攻螺纹的方法制作。加工后应达到图样要求的尺寸公差：$70^{\ 0}_{-0.074}$mm；$50^{\ 0}_{-0.062}$mm；$12^{+0.05}_{\ 0}$mm；$\phi10^{+0.058}_{\ 0}$mm；34mm ±0.10mm；19mm ±0.10mm；20mm ±0.10mm；25mm ±0.10mm；$4^{+0.20}_{\ 0}$mm；$\phi10^{+0.20}_{\ 0}$mm；$\phi5.5^{+0.10}_{\ 0}$mm；斜面 *C*7（2处）；表面粗糙度 *Ra*6.3μm（3处）及 *Ra*3.2μm（3处）等。几何公差：对称度公差0.06mm；线轮廓度公差0.06mm；平行度公差0.05mm；垂直度公差0.05mm（2处）。

2）不准用砂布或风磨机打光加工表面。

3）图样中未注公差按 GB/T 1804—2000 标准 IT12 ~ IT14 规定的要求加工。

（2）工时定额为 4h

（3）安全文明生产要求

1）能正确执行安全技术操作规程。

2）能按企业有关文明生产的规定做到工作场地整洁，工件、工具、量具摆放整齐。

4. 配分、评分标准见表 5

表 5　制作 U 形板评分表

序号	作业项目	配分	考核内容	评分标准	考核记录	扣分	得分
1	锉削	6	$50_{-0.062}^{0}$mm，$Ra3.2\mu m$	超差无分			
		4	$70_{-0.074}^{0}$mm，$Ra3.2\mu m$	超差无分			
		6	$12_{0}^{+0.05}$ mm，$Ra3.2\mu m$	超差无分			
		5	19mm ±0.10mm，$Ra3.2\mu m$	超差无分			
		5	$R6$mm	超差无分			
		6	$C7$（2 处）	超差无分			
		6	$R10$mm（2 处）	超差无分			
		6	线轮廓度 0.06mm	超差无分			
		6	对称度公差 0.06mm	超差无分			
		12	垂直度公差 0.05mm（2 处）	超差无分			
		6	平行度公差 0.05mm	超差无分			
2	钻孔、攻螺纹	6	$\phi 10_{0}^{+0.022}$mm，$Ra3.2\mu m$	超差无分			
		3	$\phi 10_{0}^{+0.20}$mm，$Ra6.3\mu m$	超差无分			
		4	$\phi 5_{0}^{+0.10}$mm，$Ra6.3\mu m$	超差无分			
		3	$4_{0}^{+0.20}$mm，$Ra3.2\mu m$	超差无分			
		3	34mm ±0.10mm	超差无分			
		3	20mm ±0.10mm	超差无分			
		3	25mm ±0.10mm	超差无分			
		7	M8，$Ra6.3\mu m$	超差无分			
3	安全文明生产		遵守安全操作规程，正确使用工、夹、量具，操作现场整洁	按达到规定的标准程度评定，一项不符合要求，在总分中扣 2 ~ 5 分，总扣分不超过 10 分			
			安全用电、防火，无人身、设备事故	因违规操作发生重大人身设备事故，此卷按 0 分计算			
4	分数合计	100					

六、制作凸形块

1. 考件图样（见图6）

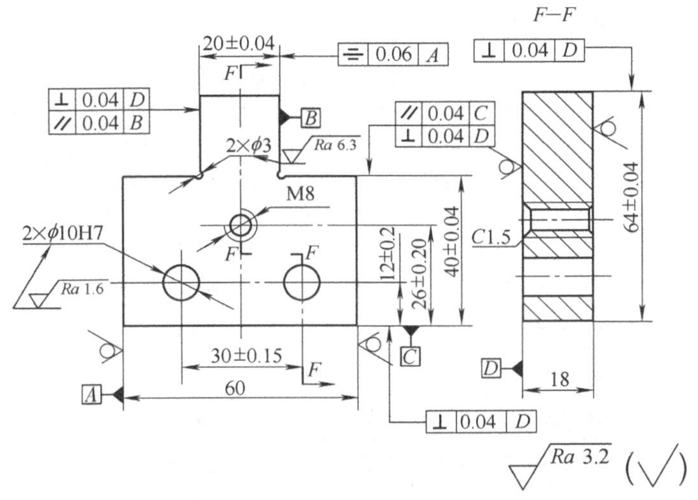

图6 凸形块

2. 准备要求

1）熟悉考件图样。

2）检查考件毛坯是否与考件相符合。

3）工具、量具、夹具准备。

4）需要使用的设备检查（电气和机械传动部分）。

5）划线及划线工具的准备。

3. 考核内容

（1）考核要求

1）本题采用锯、锉、钻、攻螺纹的方法制作。加工后应达到图样要求的尺寸公差：30mm ± 0. 15mm；20mm ± 0. 04mm；26mm ± 0. 2mm；40mm ± 0. 04mm（2 处）；2 × ϕ10H7 等。几何公差：对称度公差 0. 06mm；平行度公差 0. 04mm（2 处）；垂直度公差 0. 04mm（4 处）。表面粗糙度值 *Ra*3. 2μm（7 处）和 *Ra*1. 6μm、*Ra*6. 3μm。

2）不准用砂布或风磨机打光加工表面。

3）图样中未注公差按 GB/T 1804—2000 标准 IT12 ~ IT14 规定的要求制作。

（2）工时定额为 4. 5h

(3) 安全文明生产

1) 能正确执行安全技术操作规程。

2) 能按企业有关文明生产的规定做到工作场地整洁，工件、工具、量具摆放整齐。

4. 配分、评分标准见表6

表6 制作凸形块评分表

序号	作业项目	配分	考核内容	评分标准	考核记录	扣分	得分
1	锉削	7	40mm±0.04mm，*Ra*3.2μm	超差无分			
		7	20mm±0.04mm，*Ra*3.2μm	超差无分			
		7	64mm±0.04mm，*Ra*3.2μm	超差无分			
		1	60mm	超差无分			
		6×4	垂直度公差0.04mm（4处）	超差无分			
		6×2	平行度公差0.04mm（2处）	超差无分			
		6	对称度公差0.06mm	超差无分			
2	钻孔、攻螺纹	6×2	ϕ10H7mm，*Ra*1.6μm（2处）	超差无分			
		5	30mm±0.15mm，*Ra*3.2μm	超差无分			
		5	12mm±0.20mm，*Ra*3.2μm	超差无分			
		8	M8，*Ra*3.2μm	超差无分			
		5	26mm±0.20mm，*Ra*3.2μm	超差无分			
		1	*C*1.5	超差无分			
3	安全文明生产		遵守安全操作规程，正确使用工、夹、量具，操作现场整洁	按达到规定的标准程度评定，一项不符合要求，在总分中扣2～5分，总扣分不超过10分			
			安全用电、防火，无人身、设备事故	因违规操作发生重大人身设备事故，此卷按0分计算			
4	分数合计	100					

七、制作多角样板

1. 考件图样（见图7）

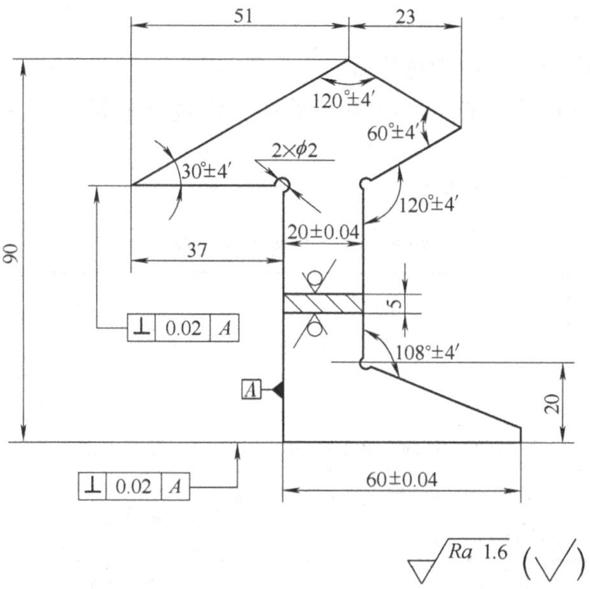

图7 多角样板

2. 准备要求

1）熟悉考件图样。

2）检查考件毛坯是否与考件相符合。

3）工具、量具、夹具的准备。

4）需要使用的设备检查（电气和机械传动部分）。

5）划线及划线工具的准备。

3. 考核内容

（1）考核要求

1）本题采用锯、锉的方法制作。加工后应达到图样要求的尺寸公差（角度）：108° ± 4′；120° ± 4′；60° ± 4′；120° ± 4′；30° ± 4′；60mm ± 0.02mm；20mm ±0.02mm。几何公差：直线度公差0.02mm；垂直度公差0.02mm（2处）。表面粗糙度值 *Ra*1.6μm（共9处）。

2）不准用砂布或风磨机打光加工表面。

3）图样中未注公差按 GB/T 1804—2000 标准 IT12 ~ IT14 规定的要求加工$\left(本题采用 \pm\frac{IT14}{2}\right)$。

（2）工时定额为5h

（3）安全文明生产

1）能正确执行安全技术操作规程。

2）能按企业有关文明生产的规定做到工作场地整洁，工件、工具、量具摆放整齐。

4. 配分、评分标准见表7

表7　制作多角样板评分表

序号	作业项目	配分	考核内容	评分标准	考核记录	扣分	得分
1	锉削	10	60mm ±0.04mm，Ra1.6μm	超差无分			
		10	20mm ±0.04mm，Ra1.6μm	超差无分			
		10	90mm、51mm、23mm、20mm、37mm，Ra1.6μm	超差无分			
		10	30° ±4′	超差无分			
		10×2	120° ±4′（2处）	超差无分			
		10	60° ±4′	超差无分			
		10	108° ±4′	超差无分			
		10×2	垂直度公差0.02mm（2处）	超差无分			
2	安全文明生产		遵守安全操作规程，正确使用工、夹、量具，操作现场整洁	按达到规定的标准程度评定，一项不符合要求，在总分中扣2~5分，总扣分不超过10分			
			安全用电、防火，无人身、设备事故	因违规操作发生重大人身设备事故，此卷按0分计算			
3	分数合计	100					

八、制作梯形板副

1. 考件图样（见图8）

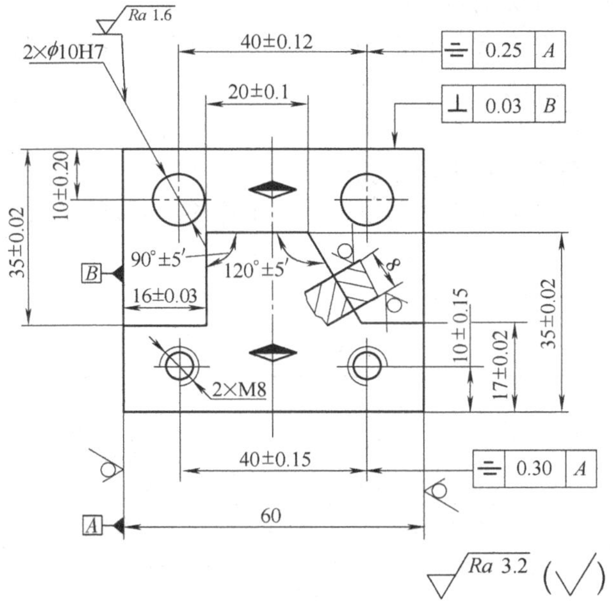

技术要求

1. 以凸件（下）为基准，凹件（上）配作，配合间隙不大于0.05mm，两侧错位量0.05mm。

2. 两孔距40mm ±0.12mm 对基准 A（即凹件本身）的对称度误差不大于0.25mm。

3. 材料Q235。

图8 梯形板副

2. 准备要求

1）熟悉考件图样。

2）检查考件毛坯是否与考件符合。

3）工具、量具、夹具的准备

4）需要使用的设备检查（电气和机械传动部分）。

5）准备划线及划线工具。

3. 考核内容

（1）考核要求

1）主要采用锉削的方法制作。加工后应达到图样要求的尺寸公差：40mm ±0.12mm；35mm ±0.02mm；40mm ±0.15mm；16mm ±0.03mm；17mm ±0.02mm（2

处）；角度公差 $90^\circ \pm 5'$；$120^\circ \pm 5'$；配合间隙不大于0.05mm（5处）；错位量不大于0.05mm。几何公差：对称度公差0.25mm；对称度公差0.30mm；垂直度公差0.03mm。表面粗糙度值 *Ra*3.2μm（12处）；*Ra*1.6μm（2处）；*Ra*3.2μm（2处）。

2）不准用砂布或风磨机打光加工表面。

3）图样中未注公差按GB/T 1804—2000标准IT12～IT14规定的要求加工。

（2）工时定额为7h

（3）安全文明生产

1）能正确执行安全技术操作规程。

2）能按企业有关文明生产的规定做到工作场地整洁，工件、工具、量具摆放整齐。

4. 配分、评分标准见表8

表8　制作梯形板副评分表

序号	作业项目	配分	考核内容	评分标准	考核记录	扣分	得分
1	锉削	3×2	35mm±0.02 mm，*Ra*3.2μm（2处）	超差无分			
		6	17mm±0.02 mm，*Ra*3.2μm	超差无分			
		5	16mm±0.03 mm，*Ra*3.2μm	超差无分			
		4	20mm±0.10 mm，*Ra*3.2μm	超差无分			
		5	$90^\circ \pm 5'$	超差无分			
		5	$120^\circ \pm 5'$	超差无分			
		6	垂直度公差0.03mm	超差无分			
		10	配合间隙≤0.05mm	超差0.02mm扣5分，超差>0.05mm无分			
		10	错位量≤0.05mm	超差0.02mm扣5分，超差>0.05mm无分			
2	钻铰孔、攻螺纹	4×2	ϕ10H7mm，*Ra*1.6μm（2处）	超差无分			
		4	40mm±0.12mm，*Ra*3.2μm	超差无分			
		3	10mm±0.20mm，*Ra*3.2μm	超差无分			
		6	对称度公差0.25mm	超差无分			
		4×2	M8（2处）	超差无分			
		4	40mm±0.15mm，*Ra*3.2μm	超差无分			
		4	10mm±0.15mm，*Ra*3.2μm	超差无分			
		6	对称度公差0.30mm	超差无分			

（续）

序号	作业项目	配分	考核内容	评分标准	考核记录	扣分	得分
3	安全文明生产		遵守安全操作规程，正确使用工、夹、量具，操作现场整洁	按达到规定的标准程度评定，一项不符合要求，在总分中扣 2 ~ 5 分，总扣分不超过 10 分			
			安全用电、防火，无人身、设备事故	因违规操作发生重大人身设备事故，此卷按 0 分计算			
4	分数合计	100					

九、制作角度镶配件

1. 考件图样（见图 9）

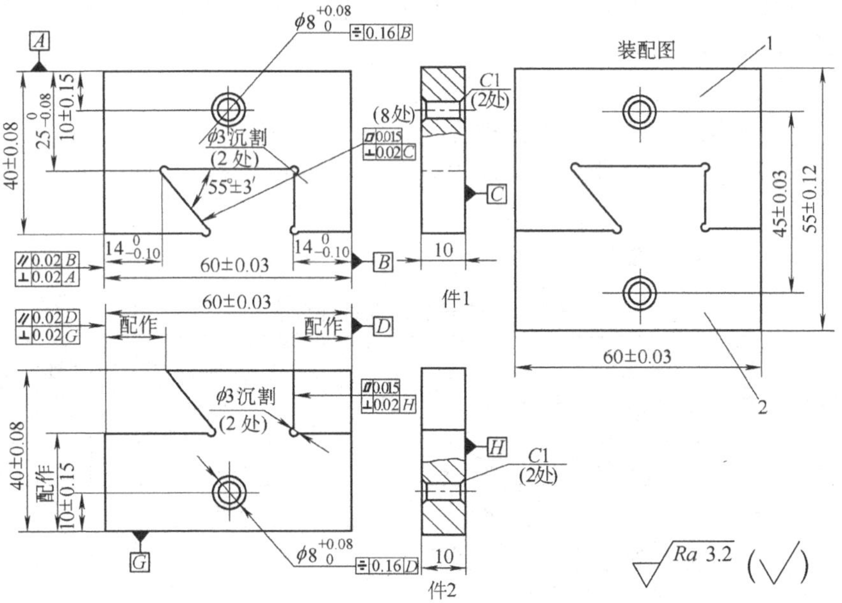

技术要求

1. 件 1 与件 2 配合间隙不大于 0.08。
2. 锐角倒钝 C0.3。
3. 材料 45 钢。

图 9　角度镶配件

2. 准备要求

1）熟悉考件图样。

2）检查考件毛坯是否与考件相符合。

3）工具、量具、夹具的准备。

4）需要使用的设备检查（电气和机械传动部分）。

5）划线及划线工具的准备。

3. 考核内容

（1）考核要求

1）本题采用锯、錾、锉的方法制作。加工后应达到图样要求的尺寸公差。1)件 1：40mm ± 0.08mm，60mm ± 0.03mm，$14_{-0.10}^{0}$ mm（2 处），10mm ± 0.15mm，$25_{-0.08}^{0}$mm，55° ±3′。2)件 2：2 × $\phi 8_{0}^{+0.08}$mm，40mm ±0.08mm，60mm ±0.03mm，10mm ± 0.15mm。几何公差：对称度公差 0.16mm；垂直度公差 0.02mm（2 处）；平行度公差 0.02mm 和平面度公差 0.015mm（2 处）。表面粗糙度值 $Ra3.2\mu m$（12 处）。

2）不准用砂布或风磨机打光加工表面。

3）图样中未注公差按 GB/T 1804—2000 标准 IT12 ~ IT14 规定的要求加工。

（2）工时定额为 6h

（3）安全文明生产

1）能正确执行安全技术操作规程。

2）能按企业有关文明生产的规定做到工作场地整洁，工件、工具、量具摆放整齐。

4. 配分、评分标准见表 9

表 9　制作角度镶配件评分表

序号	作业项目	配分	考核内容	评分标准	考核记录	扣分	得分
1	锉削（件 1）	2	60mm ±0.03mm，$Ra3.2\mu m$	超差无分			
		2 ×2	$14_{-0.10}^{0}$mm，$Ra3.2\mu m$（2 处）	超差无分			
		2	40mm ±0.08mm，$Ra3.2\mu m$	超差无分			
		2	$25_{-0.08}^{0}$mm，$Ra3.2\mu m$	超差无分			
		3	55° ±3′	超差无分			
		4	平面度公差 0.015mm	超差无分			
		4 ×2	垂直度公差 0.02mm（2 处）	超差无分			
		4	平行度公差 0.02mm	超差无分			

（续）

序号	作业项目	配分	考核内容	评分标准	考核记录	扣分	得分
2	锉削（件2）	2	60mm ±0.03mm，$Ra3.2\mu m$	超差无分			
		2	40mm ±0.08mm，$Ra3.2\mu m$	超差无分			
		4	平面度公差0.015mm	超差无分			
		4	平行度公差0.02mm	超差无分			
		4×2	垂直度公差0.02mm（2处）	超差无分			
3	钻孔（件1）	3×2	$\phi 8^{+0.08}_{0}$mm，$Ra3.2\mu m$（2处）	超差无分			
		3	10mm ±0.15mm，$Ra3.2\mu m$	超差无分			
		1	$C1$（2处）	超差无分			
		5	对称度公差0.16mm	超差无分			
4	钻孔（件2）	3×2	$\phi 8^{+0.08}_{0}$mm，$Ra3.2\mu m$（2处）	超差无分			
		3	10mm ±0.15mm，$Ra3.2\mu m$	超差无分			
		1	$C1$（2处）	超差无分			
		5	对称度公差0.16mm	超差无分			
5	装配	7	60mm ±0.03mm，$Ra3.2\mu m$	超差无分			
		7	55mm ±0.12mm，$Ra3.2\mu m$	超差无分			
		7	45mm ±0.03mm，$Ra3.2\mu m$	超差无分			
6	安全文明生产		遵守安全操作规程，正确使用工、夹、量具，操作现场整洁	按达到规定的标准程度评定，一项不符合要求，在总分中扣2～5分，总扣分不超过10分			
			安全用电、防火，无人身、设备事故	因违规操作发生重大人身设备事故，此卷按0分计算			
7	分数合计	100					

十、球心阀装配

1. 考件图样（见图10）

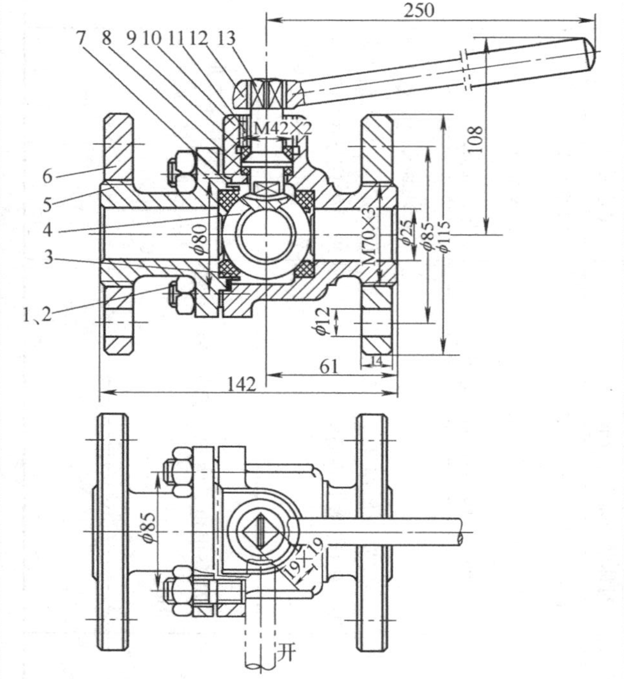

公称压力：40×10^{5}Pa
密封压力：40×10^{5}Pa
试验压力：60×10^{5}Pa
试用温度：$t \leqslant 180$℃

序号	名称	数量	材料
13	阀杆		Cr18Ni12Mo2Ti
12	扳手	1	Q235
11	螺纹压环	1	25
10	阀体	1	Cr18Ni12Mo2Ti
9	密封环	1	聚四氧乙烯
8	垫环	1	聚四氧乙烯
7	垫片	1	聚四氧乙烯
6	法兰	2	25
5	阀体接头	1	Cr18Ni12Mo2Ti
4	球心	1	Cr18Ni12Mo2Ti
3	密封圈	2	聚四氧乙烯
2	螺栓	4	40
1	螺母 M12	4	Q235

制图		球心阀	1:2
审核			

图10　球心阀

2. 准备要求

1）熟悉考件图样，并拟定装配方案及装配顺序。

2）检查装配件是否齐全和符合质量要求。

3）工具、量具、夹具的准备。

4）所使用的设备检查。

5）严格清洗各有关零件，有些需要修毛刺和倒角。

3. 考核内容

（1）考核要求

1）装配顺序正确，工夹量具使用规范及能做到维护保养要求。装配后应达到如下要求：密封环松紧程度适中；阀体接头与阀体联接处四周间隙一致；试验压力下不泄漏。

2）不准用硬物敲击装配件。

3）扳手扳动灵活。

（2）工时定额为3h

（3）安全文明生产要求

1）正确执行安全技术操作规程。

2）应按企业有关文明生产的规定，做到工作场地整洁，工件、工具、量具等摆放整齐。

4. 配分、评分标准见表10

表10　球形阀装配评分表

序号	作业项目	配分	考核内容	评分标准	考核记录	扣分	得分
1	装配	30	密封环松紧程度适中	超差无分			
		30	阀体接头与阀体连接处四周间隙一致	超差无分			
		30	试验压力下不泄漏	超差无分			
		10	扳手扳动灵活	超差无分			
2	安全文明生产		遵守安全操作规程，正确使用工、夹、量具，操作现场整洁	按达到规定的标准程度评定，一项不符合要求，在总分中扣2～5分，总扣分不超过10分			
			安全用电、防火，无人身、设备事故	因违规操作发生重大人身设备事故，此卷按0分计算			
3	分数合计	100					

模拟试卷样例

一、判断题（对打“√”，错打“×”；答错倒扣分；每题1分，共60分）

1. 千分尺活动套管转一周，测微螺杆就移动1mm。（　）
2. 塞尺也是一种界限量规。（　）
3. 在台虎钳上强力作业时，应尽量使作用力朝向固定钳身。（　）
4. 过切削刃选定点而和该点假定主运动方向垂直的面称为基面。（　）
5. 主切削平面 P_s 与假定工作平面 P_f 之间的夹角称为副偏角。（　）
6. 主、副切削平面之间的夹角称为刀尖角。（　）
7. 刀具在进给运动方向上相对工件的位移量称为背吃刀量。（　）
8. 极限尺寸是指允许尺寸变化的两个数值。（　）
9. 基准孔是在基孔制配合中选作基准的孔，用“H”表示。（　）
10. 过盈配合是指具有过盈（包括最小过盈等于零）的配合。（　）
11. 平面划线只需选择一个划线基准，立体划线则要选择两个划线基准。（　）
12. 利用分度头划线，当手柄转数不是整数时，可利用分度叉一起进行分度。（　）
13. 锯条反装后，由于楔角发生变化，锯削不能正常进行。（　）
14. 锯条粗细应根据工件材料性质及锯削面宽窄来选择。（　）
15. 錾削时，錾子前刀面与基面之间的夹角是楔角。（　）
16. 錾子后角的大小，是錾削时錾子被掌握的位置所决定的。（　）
17. 当中心距离尽头10mm左右时，应掉头錾去余下的部分。（　）
18. 砂轮两面要装有法兰盘，其直径不得少于砂轮直径的1/3，砂轮与法兰盘之间应垫好衬垫。（　）
19. 锉刀的硬度应为62～67HRC。（　）
20. 刮削平板时，必须采用一个方向进行刮削，否则会造成刀迹紊乱，降低刮削表面质量。（　）
21. 刮削前的余量是根据工件刮削面积的大小而定，面积大应大些，反之就小些。（　）
22. 刮削加工能达到较小的表面粗糙度值，主要是利用刮刀负前角的推挤和

压光作用。 (　　)

23. 研磨时，为减小工件表面粗糙度值，可加大研磨压力。 (　　)

24. 研磨为精加工，能得到精确的尺寸、几何精度和极细的表面粗糙度。 (　　)

25. 钻头主切削刃上的后角，外缘处最大，越近中心则越小。 (　　)

26. 钻头的顶角，钻硬材料应比钻软材料选得大些。 (　　)

27. 标准麻花钻的横刃斜角为55°。 (　　)

28. 当孔要钻穿时，必须减小进给量。 (　　)

29. 切削液主要起冷却、润滑、排屑、洗涤和防锈作用。 (　　)

30. 机动铰孔结束后，应先停机再退刀。 (　　)

31. 螺旋形手铰刀适宜于铰削带有键槽的圆柱孔。 (　　)

32. 多线螺纹的螺距就是螺纹的导程。 (　　)

33. 逆时针旋转时旋入的螺纹称为右螺纹。 (　　)

34. 米制普通螺纹牙型角为60°。 (　　)

35. 板牙只在单面制成切削部分，故板牙只能单面使用。 (　　)

36. 攻螺纹前的底孔直径必须大于螺纹标准中规定的螺纹小径。 (　　)

37. 水基金属清洗剂，以表面活性剂为主要成分，水为溶剂，金属表面为清洗对象。 (　　)

38. 清洗工艺分湿式清洗和干式清洗两种。 (　　)

39. 螺纹连接是一种可装拆的固定连接。它具有结构简单、连接可靠、装拆方便迅速等优点。 (　　)

40. 三角形螺纹牙型角大，自锁性能好，而且牙根厚、强度高，故多用于联接。 (　　)

41. 普通平键连接对中性良好，装拆方便，适用于低速、高精度和承受变载、冲击的场合。 (　　)

42. 圆锥销具有1:50的锥度。 (　　)

43. 销的尺寸通常以过载10%～20%时即折断为依据确定。 (　　)

44. 普通V带分Y、Z、A、B、C五种型号。 (　　)

45. 对于V带传动，小带轮的包角一般要求：$\alpha \leqslant 120°$。 (　　)

46. 测量齿轮副侧隙的方法有：用压熔丝法和用指示表检验。 (　　)

47. 轴承的基本代号由类型代号、宽（高）度系列代号、直径代号和轴承内径代号构成。 (　　)

48. 液压传动是以液体或气体作为工作介质，传递动力和运动的一种传动方式。 (　　)

49. 液压传动系统中常用的管接头主要有焊接式、卡套式、扩口式和软管接

头等。 ( )

50. 机器起动前，应将暂时不需要产生动作的机构置于“停止”位置。 ( )

51. 互换装配法具有很多优点，所以适用于组成件数多、精度要求高的场合。 ( )

52. 装配工作，包括装配前的准备、部装、总装、调整、检验和试机。 ( )

53. 把零件和部件装配成最终产品的过程称为部装。 ( )

54. 采用分组装配法装配时，只要增加分组数便可提高装配精度。 ( )

55. 修配装配法对零件的加工精度要求较高。 ( )

56. 机械装置润滑的目的是降低摩擦力和能源消耗，减小表面磨损，延长使用寿命，保证正常运转。 ( )

57. 能起阻止泄漏作用的零件称为密封件。 ( )

58. 机械与机器统称机械设备。 ( )

59. 机械安装过程中要做好必要的清洗、检查、组装和调整工作。 ( )

60. 整体安装法适用于大型机械设备的安装。 ( )

二. 选择题（将正确答案的序号填入括号内；每题1分，共40分）

1. 游标卡尺按分度值可分为（ ）mm、0.05mm、0.10mm。

A. 0.02　B. 0.2　C. 0.1　D. 0.5

2. 过切削刃选定点而和该点假定主运动方向垂直的面称为（ ）。

A. 前面　B. 切削平面　C. 基面　D. 正交平面

3. 尺寸公差是指上极限尺寸和下极限尺寸（ ）。

A. 之和　B. 之差　C. 之积　D. 之商

4. 间隙配合中最大间隙是指孔的上极限尺寸与轴的上极限尺寸（ ）。

A. 之和　B. 之差　C. 之积　D. 之商

5. 立体划线要选择（ ）个划线基准。

A. 一　B. 二　C. 三　D. 四

6. 划线时，应使划线基准与（ ）一致。

A. 设计基准　B. 安装基准　C. 测量基准　D. 装配基准

7. 锯削时的锯削速度以每分钟往复（ ）为宜。

A. 20次以下　B. 20～30次　C. 20～40次　D. 40次以上

8. 錾子楔角的大小应根据（ ）选择。

A. 工件材料的软硬　B. 工件形状大小

C. 加工尺寸　　　　　　　　D. 錾子切削部分的强度

9. 錾削时锤击力最大的挥锤方法是（　　）。

A. 手挥　　　　B. 臂挥　　　　C. 肘挥

10. 细齿锯条适合于（　　）的锯削。

A. 软材料　　　　B. 硬材料　　　　C. 锯削面较宽　　　　D. 锯削面较窄

11. 刮削加工平板精度的检查常用研点的数目来表示，用边长为（　　）的正方形方框罩在被检查面上。

A. 24mm　　　　B. 25mm　　　　C. 50mm　　　　D. 20mm

12. 刮削前的余量，应根据工件刮削面积的大小而定，一般在（　　）mm 之间。

A. 0.05 ~ 0.4　　　　B. 0.4 ~ 1　　　　C. 0.01 ~ 0.05　　　　D. 0.05 ~ 0.2

13. 细刮时，在整个刮削面上，每边长为 25mm 的正方形面积内应达到（　　）个研点时，细刮即告结束。

A. 3 ~ 4　　　　B. 20 以上　　　　C. 12 ~ 15　　　　D. 20 ~ 30

14. 一般所用的研磨工具（研具）的材料硬度应（　　）被研磨零件。

A. 稍高于　　　　B. 稍低于　　　　C. 相同于　　　　D. 远大于

15. 钻头前角大小（横刃处除外）与（　　）有关。

A. 后角　　　　B. 顶角　　　　C. 螺旋角　　　　D. 横刃斜角

16. 铰孔结束后，铰刀应（　　）退出。

A. 正转　　　　B. 反转　　　　C. 正反转均可　　　　D. 停机后退出

17. 攻螺纹前的底孔直径必须（　　）螺纹标准中规定的螺纹小径。

A. 小于　　　　B. 大于　　　　C. 等于

18. 螺纹从左向右升高的称为（　　）螺纹。

A. 左旋螺纹　　　　B. 右旋螺纹　　　　C. 管螺纹　　　　D. 锯齿形螺纹

19. 双螺母锁紧属于（　　）防松装置。

A. 附加摩擦力　　　　B. 机械　　　　C. 冲点　　　　D. 粘接

20. 锉配键长，在键长方向，键与轴槽有（　　）mm 左右的间隙。

A. 0.1　　　　B. 0.2　　　　C. 0.3　　　　D. 0.4

21. 销的尺寸通常以过载（　　）时即折断为依据确定。

A. 10%~20%　　　　B. 20%~30%　　　　C. 30%~40%　　　　D. 40%~50%

22. 对于 $\alpha=40°$ 的 V 带传动，槽角 φ 常取 38°、36°、（　　）。

A. 40°　　　　B. 60°　　　　C. 34°　　　　D. 32°

23. 小带轮的包角一般要求：$\alpha \geqslant$（　　）。

A. 40°　　　　B. 60°　　　　C. 120°　　　　D. 180°

24. 直齿圆柱齿轮模数的代号为（　　）。

A. z　　B. m　　C. c　　D. a

25. 直齿圆柱齿轮装配后，发现接触斑点单面偏接触，其原因是由于(　　)。

A. 两齿轮轴不平行　　B. 两齿轮轴线歪斜且不平行

C. 两齿轮轴线歪斜

26. 测量齿轮副侧隙的方法有（　　）两种。

A. 涂色法和压熔丝法　　B. 涂色法和用指示表检验法

C. 压熔丝法和用指示表检验法

27. 轴承代号的第一位代表轴承的（　　）。

A. 类型　　B. 宽（高）度系列

C. 直径系列　　D. 内径尺寸

28. 轴承的公差等级分为（　　）。

A. 4个　　B. 5个　　C. 6个　　D. 7个

29. 滑动轴承根据润滑类型分类可分为（　　）。

A. 4种　　B. 5种　　C. 6种　　D. 7种

30. 液压传动中高压液体在几何形体内受力作用被迫流动时，可将液压能转换成（　　）。

A. 电能　　B. 动能　　C. 机械能　　D. 热能

31. 同类零件中，任取一个装配零件，不经修配即可装入部件中，都能达到规定的装配要求，这种装配方法称为（　　）。

A. 互换法　　B. 选配法　　C. 调整法　　D. 修配法

32. 在装配时用改变产品中可调整零件的相对位置或选用合适的调整件，以达到装配精度的方法称（　　）。

A. 互换法　　B. 选配法　　C. 调整法　　D. 修配法

33. 管子煨弯时，其弯曲半径一般不小于管子外径的（　　）倍。

A. 4　　B. 5　　C. 6　　D. 7

34. 接触形密封有填料密封、皮碗密封、胀圈密封和（　　）。

A. 间隙密封　　B. 离心密封　　C. 机械密封　　D. 气动密封

35. （　　）适用于一般介质的各种机械设备中。

A. 矩形橡胶垫圈　　B. 油封皮垫圈　　C. 油封纸垫片　　D. 其他材质垫片

36. 密封圈应用最广泛的是（　　）形。

A. O　　B. V　　C. U　　D. Y

37. 立式钻床主轴锥孔中心线对立柱导轨的平行度允差在300mm长度上，纵、横方向均为（　　）。

A. 0.03mm　　B. 0.04mm　　C. 0.05mm　　D. 0.06mm

38. 机器起动前，机器上暂时不需要产生动作的机构应使其处于（　　）位置。

A. 任意　　B. 进给　　C. 空位

39. 机器试运行前首先须进行的是（　　）。

A. 空运转试验　　B. 负荷试验　　C. 超负荷试验　　D. 疲劳试验

40. 车床主轴在最高转速运转时，滚动轴承的温度不超过（　　）。

A. 50℃　　B. 60℃　　C. 70℃　　D. 80℃

答 案 部 分

知识要求试题答案

一、判断题

1. ✓	2. ×	3. ✓	4. ×	5. ✓	6. ✓	7. ✓	8. ×
9. ×	10. ✓	11. ✓	12. ×	13. ✓	14. ×	15. ×	16. ✓
17. ✓	18. ×	19. ✓	20. ✓	21. ×	22. ×	23. ×	24. ✓
25. ×	26. ×	27. ✓	28. ×	29. ✓	30. ×	31. ×	32. ✓
33. ✓	34. ×	35. ×	36. ×	37. ✓	38. ×	39. ×	40. ×
41. ✓	42. ✓	43. ×	44. ✓	45. ✓	46. ✓	47. ×	48. ×
49. ✓	50. ×	51. ✓	52. ✓	53. ×	54. ✓	55. ×	56. ×
57. ×	58. ✓	59. ×	60. ✓	61. ×	62. ×	63. ✓	64. ✓
65. ×	66. ✓	67. ✓	68. ✓	69. ×	70. ✓	71. ✓	72. ✓
73. ×	74. ✓	75. ×	76. ×	77. ✓	78. ×	79. ✓	80. ×
81. ✓	82. ×	83. ×	84. ✓	85. ✓	86. ✓	87. ×	88. ✓
89. ✓	90. ✓	91. ✓	92. ×	93. ✓	94. ✓	95. ×	96. ✓
97. ×	98. ✓	99. ✓	100. ✓	101. ×	102. ✓	103. ✓	104. ✓
105. ✓	106. ×	107. ×	108. ✓	109. ✓	110. ✓	111. ×	112. ✓
113. ×	114. ×	115. ✓	116. ✓	117. ✓	118. ✓	119. ✓	120. ×
121. ×	122. ×	123. ✓	124. ×	125. ✓	126. ×	127. ✓	128. ✓
129. ✓	130. ×	131. ✓	132. ✓	133. ×	134. ×	135. ✓	136. ✓
137. ×	138. ✓	139. ×	140. ×	141. ×	142. ✓	143. ×	144. ✓
145. ×	146. ×	147. ×	148. ✓	149. ✓	150. ✓	151. ✓	152. ✓
153. ×	154. ×	155. ✓	156. ✓	157. ×	158. ×	159. ×	160. ✓

二、选择题

1. A	2. C	3. C	4. A	5. B	6. B	7. A	8. C
9. C	10. B	11. A	12. C	13. C	14. A	15. B	16. A
17. C	18. C	19. B	20. A	21. C	22. C	23. B	24. A
25. B	26. B	27. A	28. A	29. C	30. B	31. B	32. C
33. A	34. B	35. D	36. C	37. C	38. B	39. C	40. C
41. C	42. C	43. B	44. C	45. B	46. C	47. B	48. A
49. A	50. B	51. C	52. A	53. A	54. A	55. B	56. C
57. D	58. A	59. B	60. A	61. A	62. A	63. C	64. C
65. A	66. A	67. A	68. A	69. C	70. C	71. D	72. A
73. B	74. B	75. A	76. D	77. B	78. C	79. C	80. C
81. D	82. A	83. B	84. B	85. C	86. A	87. C	88. B
89. C	90. A	91. C	92. C	93. C	94. A	95. A	96. C
97. C	98. A	99. C	100. D				

模拟试卷样例答案

一、判断题

1. ×	2. √	3. √	4. √	5. ×	6. √	7. ×	8. ×
9. √	10. √	11. ×	12. ×	13. ×	14. √	15. ×	16. √
17. √	18. √	19. √	20. ×	21. √	22. √	23. ×	24. √
25. ×	26. √	27. √	28. √	29. √	30. ×	31. √	32. ×
33. ×	34. √	35. ×	36. √	37. √	38. √	39. √	40. √
41. ×	42. √	43. ×	44. ×	45. ×	46. √	47. √	48. ×
49. √	50. √	51. ×	52. ×	53. ×	54. √	55. ×	56. √
57. √	58. √	59. √	60. ×				

二、选择题

1. A	2. C	3. A	4. B	5. C	6. A	7. C	8. A
9. B	10. B	11. B	12. A	13. C	14. B	15. C	16. A
17. B	18. B	19. A	20. A	21. B	22. C	23. C	24. B
25. B	26. C	27. A	28. C	29. B	30. C	31. A	32. C
33. C	34. C	35. A	36. A	37. C	38. C	39. A	40. C